AF535973

Constanze Messal
Kompendium
Schimmel in Innenräumen

Constanze Messal

KOMPENDIUM

Schimmel in Innenräumen

Erkennen, Bewerten und Sanieren

Fraunhofer IRB Verlag

Bibliografische Information der Deutschen Nationalbibliothek:
Die Deutsche Nationalbibliothek verzeichnet diese Publikation in der Deutschen Nationalbibliografie; detaillierte bibliografische Daten sind im Internet über www.dnb.de abrufbar.

ISBN (Print): 978-3-8167-9313-7
ISBN (E-Book): 978-3-8167-9314-4

Lektorat: Claudia Neuwald-Burg
Redaktion: Viola Pusceddu
Herstellung: Andreas Preising
Satz: Fraunhofer IRB Verlag
Umschlaggestaltung: Martin Kjer
Druck Leseprobe: IRB Mediendienstleistungen

Fraunhofer-Informationszentrum Raum und Bau IRB
Nobelstraße 12, 70569 Stuttgart
Telefon +49 11 970-2500
Telefax +49 11 970-2508
irb@irb.fraunhofer.de
www.baufachinformation.de

Inhaltsverzeichnis

Vorwort

Es ist doch erstaunlich, wie so kleine Organismen es schaffen, Mieter wie Vermieter in Aufruhr zu versetzen, Handwerkern und Laboren ein erträgliches Einkommen zu verschaffen, Umweltmediziner an ihre Grenzen zu treiben und Rechtsanwälte zu Höchstform auflaufen zu lassen, mal abgesehen von den Sachverständigen, die auch noch was dazu zu sagen haben. Und das, obwohl von ihnen kaum mehr zu sehen ist als ein feiner Belag an der Oberfläche. Wenn man sie denn überhaupt sieht. Denn die mikroskopisch kleinen Lebewesen selbst sind nur selten gefärbt. Was in den verschiedensten Farben sichtbar wird, sind lediglich die Fortpflanzungsstadien. Auch wenn diese manchmal ganz plötzlich in Erscheinung treten, kann - für das menschliche Auge unsichtbar - schon lange ein Befall vonstattengehen.

Schimmel. Da haben wir ihn. Wir wissen mittlerweile, dass es sich hierbei um mehr handelt als nur um Schimmelpilze. Mit von der Partie sind auch Bakterien, mal als Nutznießer der Pilze, mal in Konkurrenz. Milben weiden den Schimmelrasen ab. Auch Würmer und andere Parasiten können auftreten, je nach Art des Schadens und der Feuchtequelle. Und auch weitergedacht sind Schimmelpilze eben nicht nur Schimmel, sondern auch Bläue auf Holz oder Moderfäule, Schwarze Hefen oder auch mikrokoloniale Pilze.

Was wir letztlich im Schadensfall antreffen, hängt von einer Vielzahl von Faktoren ab. Von der Art des Schadens ebenso wie von den betroffenen Materialen, dem Zeitfaktor, der Temperatur und natürlich vom Wasser. Wasser ist der Masterfaktor, alles andere kann immer irgendwie gehändelt werden. Dann geht es eben mal schneller mit einer hohen Diversität, also in einer mikrobiell bunten Mischung, oder eben langsam, weil nur Spezialisten das Habitat beanspruchen.

Den Schaden feststellen und hinsichtlich einer Sanierungsnotwendigkeit bewerten, stellt einen Schwerpunkt der Sachkundigen- und Sachverständigenarbeit dar. Dabei geht es nur nachrangig darum, welche Mikroorganismen ganz genau dort siedeln, sondern vielmehr darum, wie die Dringlichkeit der Sanierung zu bewerten ist.

Dazu wurden in den vergangenen Jahren zahlreiche Szenarien entwickelt, die eine Schadensbewertung einfach machen. Man schaut sich einfach die befallene Fläche an. Oder man bewertet anhand des Schadenshergangs und der befallenen Materialien, ob mögliche Trocknungszenarien zu einem Erfolg führen können oder nicht. Am Ende steht dann meist der Ausbau des befallenen Materials. Mikrobielle Diagnostik ist dazu nicht nötig.

Es gibt jedoch Situationen, die nicht ganz so einfach einzuordnen sind. Wenn zum Beispiel eine Bewertung nach befallener Fläche nicht möglich ist, weil kein sichtbarer Schimmelbefall vorliegt, oder wenn Nutzer über Symptome klagen, ohne dass Feuchteschäden erkennbar sind. Dann geht die Suche nach versteckten Schimmelschäden los, was nicht ohne mikrobielle Analyseverfahren geht.

Sind Schimmelbefälle lokalisiert, muss bewertet werden, ob es sich auch um einen Schaden handelt. Eine Schwalbe macht noch keinen Sommer und eine Spore noch keinen Befall ... Schimmelwachstum wird zum Schaden, wenn natürliche Belastungen überschritten werden. Dann muss dieser Schaden auch saniert werden. Unberührt hiervon bleibt die bautechnische Bewertung der Schadensursache, die immer beseitigt werden muss. Sonst bleibt die Schimmelbeseitigung Kosmetik und übermäßiges Wachstum kann nicht vermieden werden.

Doch wie wird festgelegt, welche Sanierungsanforderungen zu erfüllen sind? Muss sofort gehandelt werden oder ermöglicht der Schadenshergang ein Zeitfenster? Muss eine professionelle Sanierung erfolgen oder kann der Nutzer selbst Hand anlegen?

Daraus ergibt sich unstrittig das nächste Problem: Bautechnisch kann man ja noch eine Sanierungsnotwendigkeit ableiten, aber wie bewertet man die Notwendigkeit einer Sanierung aus Gründen der Innenraumhygiene? Nun ist die umweltmedizinische Beratung nicht die Aufgabe des Sachverständigen, dennoch muss er wissen, dass die Anforderungen an die Innenraumhygiene für besondere Personengruppen weit über dem liegen, was für den Normalgesunden anzusetzen ist. Der Kontakt mit Mikroorganismen gehört zum normalen Lebensrisiko, jedoch können die Auswirkungen je nach persönlicher Disposition ganz unterschiedlich sein.

Dann steht endlich die Sanierung an. Neben geeigneten Techniken spielt der Arbeitsschutz eine bedeutende Rolle. Die Auswahl der besten Sanierungstechnik sollte auch den höchstmöglichen Schutz für Ausführende und Dritte beinhalten. Denn nun geht es nicht nur um die Erfüllung eines Auftrags, sondern auch um geltende Rechtsvorschriften, deren Nichteinhaltung durchaus als Straftat gewertet werden kann. Und auch sonst steht dem Sachkundigen und Sanierer einiges ins Haus, wenn er in die Haftung genommen wird. Gutachten und Begehungsberichte, Protokolle – andere Sachverständige und im schlimmsten Fall auch Rechtsanwälte werden das kritisch beäugen. Aber auch der Sachkundige selbst wird mit den Gutachten anderer Sachverständiger oder mit Laborberichten konfrontiert und muss diese verstehen, wenn er seinen Sanierungsauftrag richtig ausführen will oder ein Gegengutachten erstellen muss.

Dann ist man endlich fertig? Nein, denn nun kommt die Abnahme der Sanierung und damit die Überprüfung dessen, was zuvor vereinbart wurde – das Sanierungsziel. Es wurde doch ein Sanierungsziel vereinbart, oder? Sonst wieder auf Los und das Problem noch einmal abarbeiten ...

Es ist also Einiges an Wissen und Fertigkeiten notwendig, wenn Sie als Sanierer, Bauherr oder Planer nach der Sanierung von Schimmelschäden zufrieden und sicher ob der erbrachten Leistung sein wollen. Vielleicht werden Sie als Sanierer das Buch viel zu wissenschaftlich finden und sich fragen, warum es nicht ausreicht, einfach eine Checkliste vorgelegt zu bekommen und diese abzuarbeiten. Es ist aber so, dass Sie als verantwortlicher Sachkundiger oder in Leitungsfunktion vor Ort mehr zu beachten haben als ein Unterwiesener. Wenn Sie erfolgreich Schimmelschäden beseitigen wollen, reicht handwerkliches Können nicht aus. Sie brauchen mehr als fundiertes bautechnisches Wissen. Vor allem müssen Sie lernen, dass Sie es bei Schimmel mit Lebewesen zu tun haben, die sich nicht die Bohne an Gesetze oder Regeln halten. Biologische Systeme sind tendenziell und damit nicht exakt beschreibbar. Auch wenn wir versuchen, mit Statistik Gesetzmäßigkeiten herauszustellen. Biologische Systeme sind ständig im Wandel, was Gattungen oder Zellzahlen betrifft; die Lebensäußerungen sind ebenso verschieden wie der Vitalitätszustand, den wir heute vorfinden, morgen aber nicht mehr sehen werden. Sie werden hinnehmen müssen, dass Sie immer zu spät sind, die kleinen Viecher sind längst vor Ihnen da.

Das ist aber auch das Beeindruckende. Stellen Sie sich die Anpassungsfähigkeit vor, den Artenreichtum, die Cleverness, sich auch an unmöglichste Standorte anzupassen, wo sie auf die Gelegenheit warten, zu wachsen. Ihre Aufgabe ist es, diese Gelegenheiten zu erkennen, zu beseitigen und präventiv zu vermeiden, wenigstens zu minimieren. Das geht, und dieses Buch soll Ihnen dabei helfen!

Herzlichst

Ihre Constanze Messal

1 Einleitung

Die Beseitigung von Schimmelschäden erfordert sehr viel mehr als das Abschlagen von Putz oder den Ausbau eines Fußbodens. Die Anforderungen an die Ausführenden sind hoch, jedoch nicht einheitlich geregelt. Daher hat ein Arbeitskreis im Landesnetzwerk Schimmelberatung NRW Vorschläge zur Vereinheitlichung der Handwerkerqualifikationen zur Schimmelsanierung vorgelegt und dafür grundlegende Begrifflichkeiten definiert (Bild 1-1).

Als Mindestanforderung wird die Fachkunde nach Biostoffverordnung angesehen. Der Begriff der Fachkunde ist durch Biostoffverordnung und TRBA200 geregelt. Die Fachkunde setzt sich aus einer geeigneten Berufsausbildung bzw. mehrjähriger Berufserfahrung sowie Kenntnissen im Arbeitsschutz zusammen.

Die Sachkunde muss von den verantwortlichen Personen eines ausführenden Betriebs erbracht werden und beinhaltet die Fachkunde im Arbeitsschutz nach Biostoffverordnung (BioStoffV) sowie die Erweiterung des fachlichen Aufgabengebiets für den Bereich der Schimmelschäden. Diese Sachkunde wird im Rahmen von Weiterbildungen vermittelt und über einen (regelmäßig) abgestimmten Mindeststandard der Prüfungsanforderungen in den folgenden Themenfeldern nachgewiesen: Mikrobiologische Grundlagen, Mikrobiologische Messverfahren und Bewertungsgrundlagen, Bauphysikalische Grundlagen, Physikalisch-chemische Messverfahren, Hygiene und Arbeitsschutz sowie Schadenserkennung und Sanierungstechniken.

Bild 1-1: Die Qualifikationen von Ausführenden und Sachverständigen für das Erkennen, Bewerten und Sanieren von Feuchte- und Schimmelschäden

Die Fachkraft ist eine Qualifikation des Handwerks. Dem jeweiligen Berufsbild angepasst, werden zudem zusätzliche Fertigkeiten im Wiederaufbau und bei der Prävention von Schimmelschäden vermittelt.

Die besondere Sachkunde des Sachverständigen geht darüber hinaus, sein Wissensstand sollte weit über dem der Sachkundigen und der Fachkraft liegen.

Zum Gebrauch dieses Buchs

Dieses Buch ist als Fachbuch für die Sachkunde- und Fachkraftausbildung zur Schimmelschadenbeseitigung und Sanierung von Feuchteschäden konzipiert. Es richtet sich in erster Linie an Gesellen und Meister im Bau- und Ausbaugewerbe sowie an Handwerker mit vergleichbaren Qualifikationen und entsprechender Berufserfahrung in der Sanierung von Feuchte- und Schimmelschäden.

Darüber hinaus werden Themen besprochen, die zur besonderen Sachkunde zählen und daher auch für Architekten, Bauingenieure, Sachverständige und Baubiologen von Interesse sind.

Kurze Zusammenfassungen und Lernkästen fassen Wissen und Lerninhalte zusammen und erleichtern die Vorbereitung auf Prüfungssituationen. Die Inhalte der Kästen sind wie folgt gekennzeichnet:

Grundlagen für den Erwerb der Sachkunde bzw. zum Abschluss der Fachkraftausbildung (Haken)

Branchenspezifisches Zusatzwissen und Praxishinweise (Pfeil)

Spezialwissen für Sachverständige (Lupe)

Grundlegende Kenntnisse im Berufsbild, im Arbeitsschutz, in Sanierungstechniken, in der Planung und Organisation von betriebstechnischen Abläufen und in der Kalkulation etc. werden vorausgesetzt.

2 Grundlagen

2.1 Mikroorganismen und ihre Lebensweise (Grundlagen)

Treten Feuchteschäden in Innenräumen auf, ist es nur eine Frage der Zeit, bis sich Mikroorganismen ansiedeln und in mehr oder weniger starker Ausprägung einen Befall verursachen. Was aber ist der Unterschied zwischen einer Besiedlung und einem Befall mit diesen mikroskopisch kleinen einzelligen oder mehrzelligen Organismen? Sowohl Besiedlung als auch Befall bezeichnen einen Zustand, der durch die Stoffwechsel- und Fortpflanzungsaktivität der Mikroorganismen geprägt ist, jedoch findet eine Besiedlung im nicht sichtbaren Bereich statt; der Befall bleibt quasi wie die Größe seiner Verursacher im Mikroskopischen stecken. Wird eine Besiedlung makroskopisch, also auch ohne Hilfsmittel sichtbar, sprechen wir von einem Befall. Sowohl bei einer Besiedlung als auch im Befallsstadium bilden Mikroorganismen Strukturen aus, die nur durch vitale Zellen und Stoffwechselaktivität erzeugt werden können: einzelne Hyphen, Myzelien, Fruchtstadien oder auch Biofilme. Das unterscheidet eine Besiedlung und einen Befall eindeutig von einer Kontamination, welche lediglich ein Verschmutzen mit Zellen, Sporen oder anderen Bruchstücken der Mikroorganismen darstellt. Kontamination bedeutet Ruhen aller Stoffwechselfunktionen; die für eine Besiedlung oder einen Befall typischen biologischen Strukturen liegen nicht vor. Dies bedeutet aber nicht, dass aus der Kontamination kein Befall entstehen kann: Die abgelagerten Zellen und Sporen können zu neuem Leben erwachen. Bei Sporen kann man sich das gut vorstellen, denn sie sind das Überlebensprogramm der Mikroorganismen und keimen aus, wenn die Lebensbedingungen stimmen. Doch warum sprechen wir auch bei einer Verunreinigung durch vitale Zellen manchmal lediglich von Kontamination und nicht von Befall? Mittlerweile ist bekannt, dass es sogenannte dormante Zellen gibt. Das sind Zellen, die sich aus unterschiedlichsten Gründen, meist aufgrund von Stress, in eine Art Starre verabschiedet haben. Sie sind nicht letal, sie schlafen nur sehr tief und fest. Man könnte es auch als eine Art mikrobielle Bewusstlosigkeit bezeichnen. Diese Zellen sind schwer zu erfassen und nur schlecht anzuzüchten. Es gibt jedoch biophotonische Verfahren, um sie sichtbar zu machen. Und sie können wieder aufwachen.

Aus einer Kontamination kann also eine Besiedlung entstehen, wenn die Bedingungen stimmen. Das ist in der Regel dann der Fall, wenn ausreichend Feuchtigkeit zur Verfügung steht. Dabei ist Feuchte nicht gleich Feuchte. Es muss mikrobiell verfügbares Wasser vorhanden sein, freies Wasser. Um dieses Wasser messbar zu machen, wird der Anteil an freiem Wasser in einem Material als Wasseraktivität bezeichnet. Wir werden uns diesem Thema noch ausführlich in einem späteren Kapitel widmen. Doch vorab sei schon mal erwähnt, dass der Anteil an freiem Wasser in der Luft der relativen Luftfeuchtigkeit entspricht.

Wachstum macht den Unterschied

Kontamination: Zellbestandteile wie Sporen, Einzelzellen, Aggregate oder Hyphenbruchstücke sind unabhängig von ihrem Vitalitätszustand statistisch verteilt als Ablagerung bzw. Verschmutzung nachweisbar. Zum Zeitpunkt der Betrachtung ist jedoch kein Wachstum festzustellen.

Besiedlung: Wachstum ist nachweisbar. Es finden Stoffwechsel- und Fortpflanzungsaktivitäten statt. Sporen haben Keimschläuche ausgebildet, Hyphen verzweigen sich und besiedeln die Oberfläche, Myzelien entstehen. Das Wachstum ist mit bloßem Auge aber noch nicht erkennbar.

Befall: Wachstum ist deutlich sichtbar. Mit zunehmendem Alter kommt es zur Flächenausdehnung und Bildung differenzierter Strukturen im Myzel als Substrat- und Fortpflanzungsmyzel.

Wasser, genauer gesagt freies Wasser, ist also der Masterfaktor für mikrobielle Aktivität. Natürlich benötigen die Mikroorganismen auch noch eine Energiequelle, jedoch sind auch die besten Nährstoffe ohne freies Wasser nicht verwertbar. Licht und Temperatur sind weitere Parameter, allerdings von nachrangiger Bedeutung, was jeder weiß, der schon einmal verschimmelte Lebensmittel im Kühlschrank entdeckt hat.

Wir können hier also ziemlich genau die Lebensansprüche von Mikroorganismen zusammenfassen: Ohne freies Wasser geht nichts, Nährstoffe als Energiequelle sind wichtig, kuschelig warm ist nett, aber nicht notwendig, und Licht braucht man auch nicht unbedingt, aber es schadet auch nicht. Und deshalb finden wir mikrobielle Befälle auch überall, solange es nur ausreichend feucht ist.

Grundsätzlich benötigen alle Mikroorganismen, die wir auf feuchten Baustoffen antreffen können, die gleichen Voraussetzungen. Dennoch gibt es Unterschiede und deshalb ist es interessant, sich ihnen einmal ausführlicher zu widmen.

2.1.1 Schimmelpilze

Was augenscheinlich auf einen mikrobiellen Befall hinweist, sind flauschige, rasenartige, bunt gefärbte Erscheinungen, die allgemein als Schimmel bezeichnet werden.

Schimmelpilze sind weder eine eigene biologische Ordnung noch eine Gattung. Vielmehr handelt es sich beim Schimmelpilz um einen Sammelbegriff, der aus der Beobachtung entstand, dass Lebensmittel, Leder oder Textilien sich verfärben und Beläge zeigen, wenn sie länger feucht waren. Sie verderben, sie schimmeln. Da Strukturmerkmale der Pilze visuell nicht erkennbar sind und auch von der Farbe nicht auf eine Gattung oder Art geschlossen werden kann, macht ein Sammelbegriff Sinn – Schimmel eben. Im Folgenden werden wir feststellen, dass dieser Begriff noch viel mehr als nur Schimmelpilze umfasst. Wir werden den Begriff Schimmel auf alle innenraumassoziierten Mikroorganismen und Kleinsttiere anwenden, die wir im Zusammenhang mit Feuchteschäden antreffen können.

Doch zurück zum Ausgangspunkt, zu den Schimmelpilzen. Pilze sind Eukaryonten, d. h. sie besitzen einen echten Zellkern, gern auch gleich mehrere davon. Das unterscheidet Pilze von Bakterien, die als Prokaryonten keinen echten Zellkern besitzen [Ma1, Sc3]. Vieles, was wir später noch besprechen werden, leitet sich aus diesem kleinen Unterschied ab. Pilze bilden in der Domäne der Eukaryonten ein eigenes Reich neben dem der Pflanzen und dem der Tiere.

Die Systematik der Pilze lässt sich übersichtlich in einem (Fungal) Tree of Life darstellen, einem Lebensbaum, der die Verwandtschaften als Zweige von einem Stamm ausgehend aufzeigt. Innerhalb dieses Reiches werden dann Abteilung, Klasse, Ordnung, Familie und Gattung bis zur Art definiert [Wa4]. Schimmelpilze gehören in das Reich der Pilze, weiter in das Unterreich (Taxon) Dikarya, welches sich wiederum unterteilt in die Abteilungen (Phylum) Ascomycota und Basidiomycota. Die Abteilung der Basidiomycota (Ständerpilze) beinhaltet die Basidiomyceten, die wir häufig als Holzzerstörer antreffen [Ma1]. Wegen ihrer substanziellen Schadwirkung als auch wegen ihres andersartigen Erscheinungsbildes zählen wir die Basidiomyceten nicht zum Schimmel (Bild 2-1).

Bleiben die Ascomycota, die Abteilung der Schlauchpilze. Sie werden nach ihrer Vermehrungsstrategie in Deuteromyceten und Ascomyceten unterschieden. Schlauchpilze, die sich ausschließlich asexuell vermehren oder deren sexuelle Form bisher nicht entdeckt wurde, bezeichnen wir als Deuteromyceten. Pilze in ihrer asexuellen Form werden auch als Anamorph bezeichnet. Sie bilden Konidiosporen. Ascomyceten hingegen können beides. Sie treten je nach Umweltbedingungen als Anamorph oder Teleomorph auf, wie die Gattung *Aspergillus* bzw. *Eurotium*. Damit können sie als Anamorph Konidiosporen ausbilden (siehe Bild 2-2). Entwickeln sie ihre Sporen auf sexuellem Wege, dann werden diese als Ascosporen bezeichnet (siehe Bild 2-3). Sehr häufig unterscheiden sich Anamorph und Teleomorph einer Art auch in ihrer Morphologie, sodass sie auch unterschiedliche Namen führen [Wa4].

Wer sich jetzt durch die weitere Systematik arbeiten möchte, bedarf einer sportlichen Grundeinstellung. Denn die Abteilung der Ascomycota ist eine der größten überhaupt, und so sind bisher weitere drei Unterabteilungen sowie 16 Klassen mit zehn Unterklassen definiert.

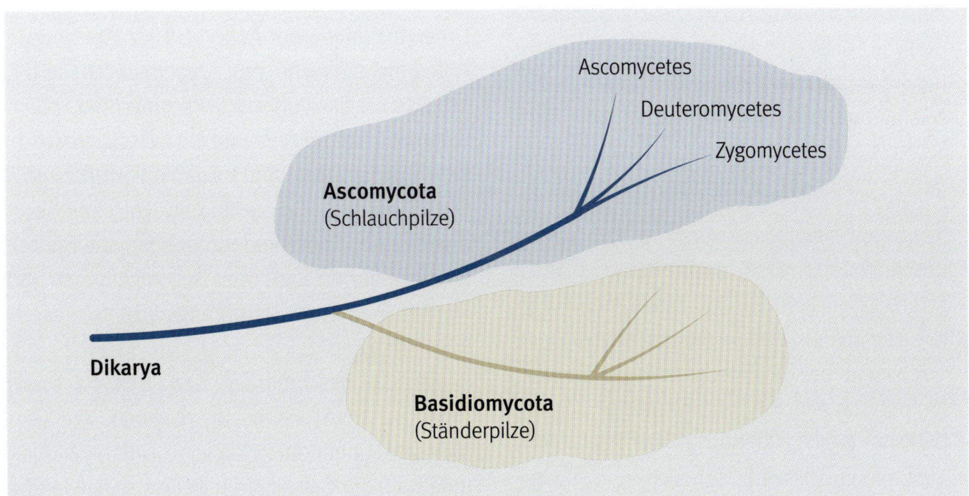

Bild 2-1: Das Unterreich (Taxon) Dikarya mit der Abteilung Ascomycota, in der wir unsere Schimmelpilze in diversen Ordnungen finden, und der Abteilung Basidiomycota, zu denen Braun-und Weißfäuleerreger zählen.

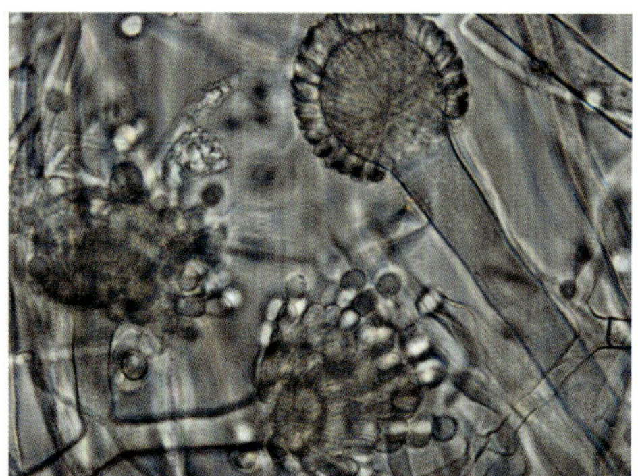

Bild 2-2: Anamorph des *Aspergillus/Eurotium sp.*: Die Fruchtformen der asexuellen Fortpflanzung, die Konidiophoren mit Konidiosporen, sind erkennbar.

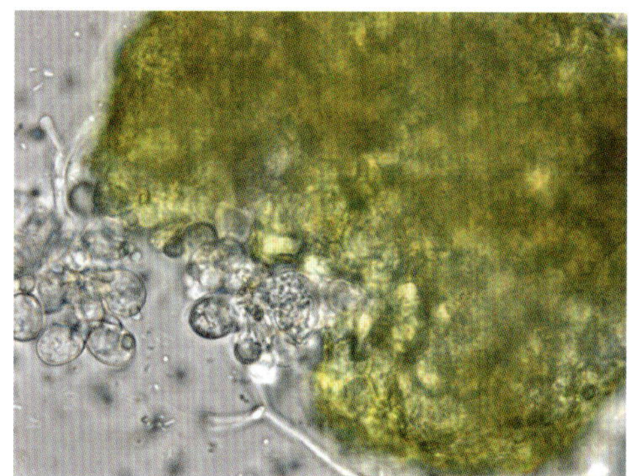

Bild 2-3: Teleomorph des *Aspergillus/Eurotium sp.*: Die große Kugel ist ein Kleistothezium, die Fruchtform des Teleomorphen. Rechts ist erkennbar, dass das Kleistothezium Sporen einer anderen Form enthält, die Ascosporen.

Bezeichnung von Schimmelpilzen

Meistens reicht es zur Bezeichnung von Schimmelpilzen die Gattung anzugeben, z.B. *Aspergillus spp.*, *Penicillium spp.* oder *Cladosporium spp.* Dabei bedeutet *spp.* mehrere Arten (Spezies) aus der Gattung, ohne dass die Arten einzeln aufgeführt werden, und sp. eine Art (Spezies) aus dieser Gattung, aber ohne genaue Bezeichnung der Art vorzunehmen. Soll die Art genau bezeichnet werden, sind hierzu quasi Vor- und Zuname anzugeben, also *Aspergillus fumigatus* oder *Chaetomium globosum*.

Insgesamt sind bisher rund 30.000 Arten beschrieben worden, davon 100 bis 150 Arten, je nach Autor, im Zusammenhang mit Schimmelschäden. Rund 50 dieser Arten sind bei Feuchteschäden in Innenräumen immer wieder anzutreffen. Ausführliche Beschreibungen dieser Pilze und Bestimmungshilfen finden sich in [Sa1]. In der Sanierungspraxis finden sich aber auch immer wieder Exoten.

Diese spalten sich in 56 Ordnungen auf sowie in vier weitere Ordnungen, die bisher nicht in die obigen Stränge eingeordnet werden konnten. Dazu zählen im Übrigen auch Gattungen wie *Rhizopus* und *Mucor*, denen man früher das eigene Phylum der Zygomycota zugeordnet hat. Heute bezeichnet man sie jedoch als Gruppe der Zygomyceten, nachdem es bei jüngeren Untersuchungen der DNS nicht für eine eigene Abteilung gereicht hat. Zygomyceten unterscheiden sich von den Ascomyceten durch nichtseptierte Hyphen und eine vergleichsweise sehr einfach gestaltete sexuelle Fortpflanzung. Gut erkennbar sind sie an den typischen Sporangien oder Sporangiophoren, d.h. die Sporen sind in einer Art Sack oder Ballon gefangen und werden, z.B. durch Berührungsreize, freigesetzt [Ma1, Wa4].

Für die Beschreibung bzw. den Nachweis eines Schadens ist es ausreichend, die Gattungen zu benennen, da eine Differenzierung innerhalb der Gattungen teilweise zu aufwendig ist und für die Problematik im Innenraum keine weiteren Erkenntnisse liefert. Es gibt jedoch auch Arten, die so einzigartig gestaltet sind, dass sie eindeutig erkennbar und somit ohne erhöhten Aufwand zu identifizieren sind. Doch dazu mehr in Kapitel 5.

Unabhängig von der taxonomischen Zuordnung ist allen Schimmelpilzen gemein, dass die Grundvoraussetzung für jegliche mikrobielle Aktivität, aber auch für das minimale Aufrechterhalten von Lebensprozessen, das Vorhandensein von freiem Wasser ist. Wasser kann durch Mikroorganismen nur dann verwertet werden, wenn es weder chemisch noch physikalisch gebunden ist. Es muss frei, also entweder als Wasserdampf oder in kondensierter Form vorliegen. Freies Wasser ist notwendig, damit Nährstoffe und Metabolite, aber auch Gase die Zellmembranen passieren können [Me25, Me27]. Als Maß wird die Wasseraktivität a_W angegeben. Aus einer Spore kann sich bei passendem Lebensumfeld ein kräftiger Befall entwickeln, wie im Pilzzyklus auf Seite 20 zu sehen.

Schimmelpilze bilden zwei Formen von Myzel aus. Das Substrat- oder vegetative Myzel, das sich in das Nährsubstrat oder zum Beispiel in den Baustoff einarbeitet, dient der Aufnahme von Wasser und Nährstoffen, also der Versorgung und Ernährung des Schimmelpilzes. Von der Oberfläche weg hingegen wächst in sogenannter geotroper Reaktion das Luft- oder Reproduktionsmyzel. Hier finden sich spezielle Fruktifikationsorgane, die schließlich zur Bildung von Sporen führen [Ma1, Wat1, Sa1]. In Bild 2-4 ist dies am Beispiel einer *Cladosporium*-Kolonie auf einem Nährboden dargestellt. Beide Myzelien benötigen, obwohl sie zur selben Spezies gehören und selbst wenn sie ursprünglich von derselben Spore abstammen, unterschiedliche Wasseraktivitäten.

Ein a_W-Wert (Kurzform für Wasseraktivität) von 0,8 wird im Allgemeinen als kritischer Wert angesehen, ab dem mit einer Besiedlung durch Schimmelpilze zu rechnen ist. Das resultiert aus der Erfahrung, dass die meisten Pilze zum Auskeimen ihrer Sporen eine Wasseraktivität benötigen, die etwas höher als 0,8 ist. Wenige Arten können bereits unter 0,8 auskeimen. Doch dann ist in der Regel eine höhere Wasseraktivität nötig, damit aus den gekeimten Sporen auch ein Myzel gebildet werden kann. Wie weitreichend die Wasseraktivität den mikrobiellen Lebenszyklus beeinflusst, zeigt sich am Beispiel des *Aspergillus flavus*. Zum Auskeimen benötigen die Sporen des *A. flavus* einen a_W-Wert von 0,8. Obwohl das Wachstumsoptimum bei einer Wasseraktivität von 0,95 liegt, kann Substratwachstum bis zu einem minimalen a_W-Wert von 0,78 stattfinden. Das Luftmyzel sporuliert bevorzugt bei a_W-Werten von 0,95 bis 0,96; minimal müssen aber 0,85 zur Verfügung stehen [LGA2011]. Das Luftmyzel stellt also höhere Anforderungen an die Wasseraktivität als das Substratmyzel, allerdings ist das Substratmyzel für das Heranschaffen entsprechender Wasserreservoire zuständig. Auch die Produktion von

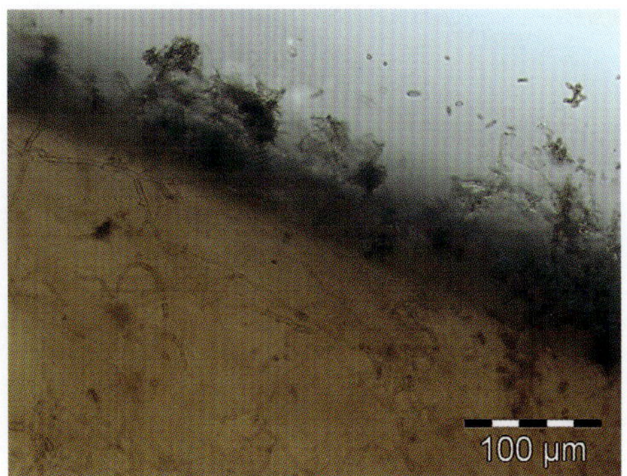

Bild 2-4: Querschnitt durch eine Kolonie von *Cladosporium sp.*: In die Tiefe gehend ist das nichtpigmentierte Substratmyzel erkennbar, darüber bildet sich an der Oberfläche das Fortpflanzungsmyzel mit den Sporenträgern aus. Dieses Myzel ist pigmentiert.

Pilzzyklus

Sporen kontaminieren eine Oberfläche, bei guten Lebensbedingungen kommt es zur Ausbildung von Keimschläuchen, kleinen Nasen, die aus den Sporen herausstehen.

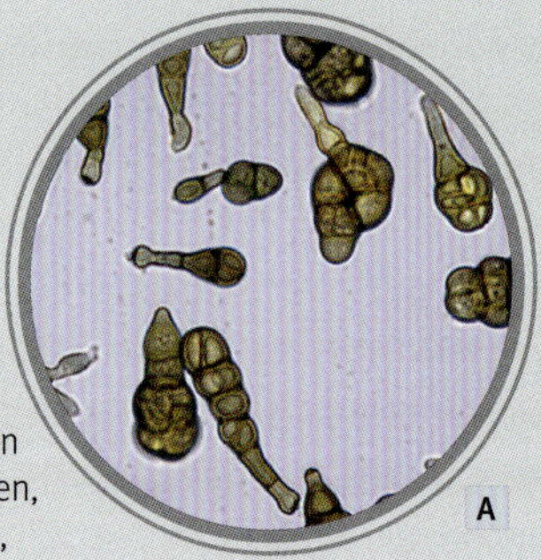

A

Daraus bilden sich erste Hyphen, das Substratmyzel entsteht. Dieses Myzel ist nicht pigmentiert. Stimmen die Lebensbedingungen auch weiterhin, dann bildet sich das Fortpflanzungsmyzel.

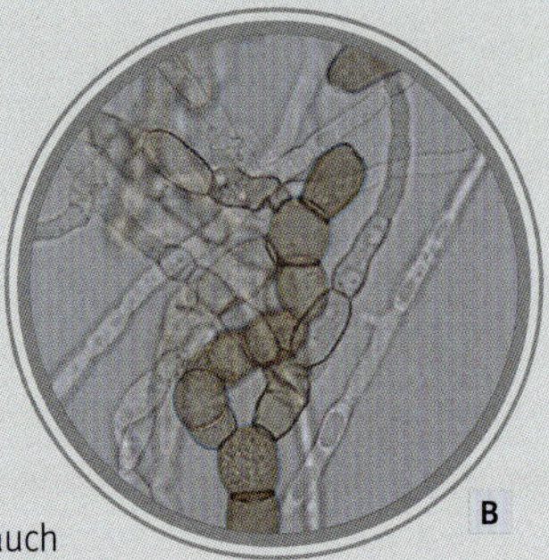

B

Aus diesem pigmentierten Myzel werden die Sporenträger gebildet, hier schnüren sich erste Sporen ab.

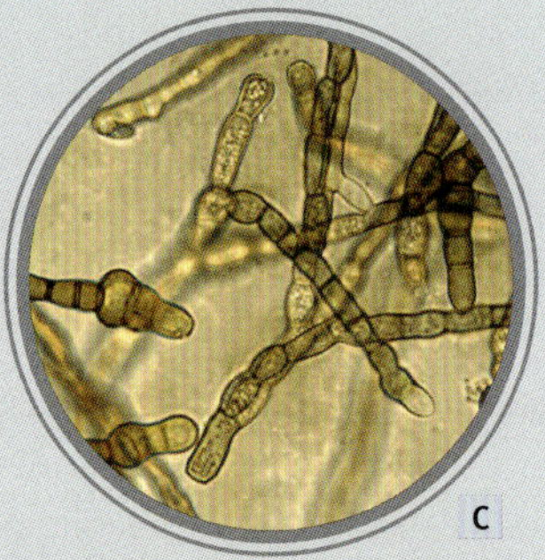

C

In der Folge entwickeln sie sich zu sogenannten Blastoconidia (Konidiosporen, die am Ende einer Hyphe abgeschnürt werden).

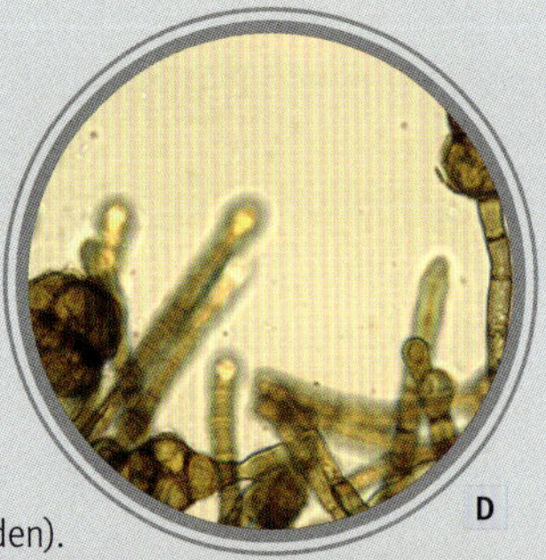

D

Das etablierte Myzel besitzt verzweigte pigmentierten Hyphen, Sporen und eine hohe Zelldichte.

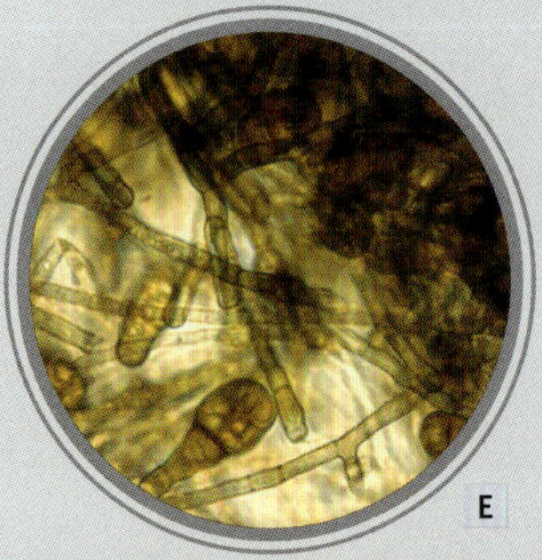

E

Dies Myzel ist dann auch mit bloßem Auge als Befall erkennbar.

F

Mykotoxinen ist an eine Wasseraktivität von 0,8 gebunden, also deutlich unterhalb des Fruktifikationsniveaus. Warum Mykotoxine gebildet werden, ist nicht vollständig aufgeklärt. Vermutlich halten sie Fraßfeinde wie Milben fern, hindern andere Mikroorganismen daran, den gleichen Siedlungsraum zu nutzen, bevor Sporen produziert werden konnten. Auch ist bekannt, dass Pilze, die Mykotoxine produzieren, leichter Pflanzen und Tiere infizieren. Nach dem Motto: »Friss mich nicht, bevor ich sporuliert habe!« Eine sehr effektive Überlebensstrategie.

Das Wachstumsoptimum der meisten Schimmelpilze liegt bei einem a_W-Wert um 0,95 – unabhängig davon, bei welchem a_W-Wert Sporen keimen und ab wann Myzelwachstum möglich ist. Lediglich *Aspergillus penicillioides* hat es gern etwas trockener bei 0,77; wobei er ab 0,75 auskeimen kann. Nachzulesen sind einige a_W-Werte in der Tabelle 2-1. Für die Erkennung von Schimmelpilzbefällen ist dies von Bedeutung, denn auffällig wird ein Befall in der Regel erst durch die Ausbildung eines Luftmyzels und durch pigmentierte Konidienträger und Sporen. Findet aufgrund sehr geringer Wasseraktivität nur vegetatives Wachstum statt, bleibt der Befall visuell lange unbemerkt.

Ohne Wasser geht also nichts im Pilzzyklus. Daher wird beim Feuchteanspruch der Pilze auch vom Masterfaktor gesprochen. Zusätzlich benötigen Schimmelpilze einen Energieträger. Da sie nur organische Substrate verwerten können, werden sie als heterotroph bezeichnet. Energielieferanten sind organische Kohlenstoffquellen natürlichen Ursprungs, aber auch menschengemachte künstliche Substrate, die bei Verbrennung Energie freisetzen. Damit funktioniert der pilzliche Stoffwechsel analog dem menschlichen: Es wird Zucker veratmet. Dabei sind Schimmelpilze recht anspruchslos, was ihre Ernährung betrifft. Sie besitzen ein recht unprätentiöses und unspezifisches Enzymsystem, das diverse Substrate knacken und damit verstoffwechselbar machen kann. Daher finden wir Schimmelbefälle nicht nur auf natürlichen Oberflächen, sondern auch auf Kunststoffen, Farbschichten und organischen Putzsystemen. Natürlich ist eine Staubschicht hierbei als Anschub hilfreich, jedoch nicht notwendig, wenn man beachtet, was an kleinsten Monomeren beim Aushärten und Abbinden von organischen Baustoffen zur Verfügung steht.

Unprätentiös sind auch die Temperaturansprüche der Pilze. Sie decken einen weiten Bereich ab. Von wenigen Grad über Null bis hin zur Adaption an die Körpertemperatur von Warmblütern ist Wachstum ohne Probleme möglich. Viele Arten haben ein Wachstumsoptimum bei 26 bis 28 °C, hier wachsen sie besonders schnell und bilden ebenso flink ihre morphologischen Merkmale aus, sodass eine Bestimmung vorgenommen werden kann. Außerhalb des Optimums wachsen sie ganz einfach langsamer. Wir nutzen diese Eigenschaft im Kühlschrank. Aber auch hier wissen wir aus Erfahrung, dass irgendwann eine Kolonie auf der Marmelade oder dem Käse nachweisbar sein wird. Tiefe Temperaturen hemmen oft das Wachstum, können es aber nicht komplett ausschalten [Ma1, Wa4]. Ähnlich sieht es bei sehr hohen Temperaturen aus. Diese können, wenn nicht Schutzstoffe gebildet werden, zu einer thermischen Zersetzung von Enzymen und Proteinen führen, insbesondere bei Temperaturen über 40 °C. Das kennen wir auch als Fieber. Trotzdem gibt es Pilze, die sich auch an diese höheren Temperaturbereiche angepasst haben. Diese Pilze haben dann durchaus das Potenzial, als Krankheitserreger oder extremophiler Wüstenbesiedler Karriere zu machen. Es macht natürlich Sinn, diese Arten

Spezies	a_W Sporenkeimung ab	a_W Myzelbildung	a_W Optimum	a_W Sporenbildung	a_W Toxinbildung
Alternaria alternata	0,90	0,85	0,98	0,94	–
Aspergillus flavus	0,80	0,78	0,95	0,85	0,80
Aspergillus fumigatus	0,90	0,85	0,98	–	0,82
Aspergillus nidulans	0,82	0,80	0,95	0,85	
Aspergillus niger	0,84	0,77	0,96	0,92	
Aspergillus versicolor	0,78	0,75	0,95	0,80	
Cladosporium herbarum	0,88	0,88	0,95	0,88	–
Penicillium expansum	0,82	0,82	0,95	0,85	0,97
Rhizopus stolonifer	0,93	0,92	0,98	0,92	
Trichothecium roseum	0,90	0,90	0,96	0,92	

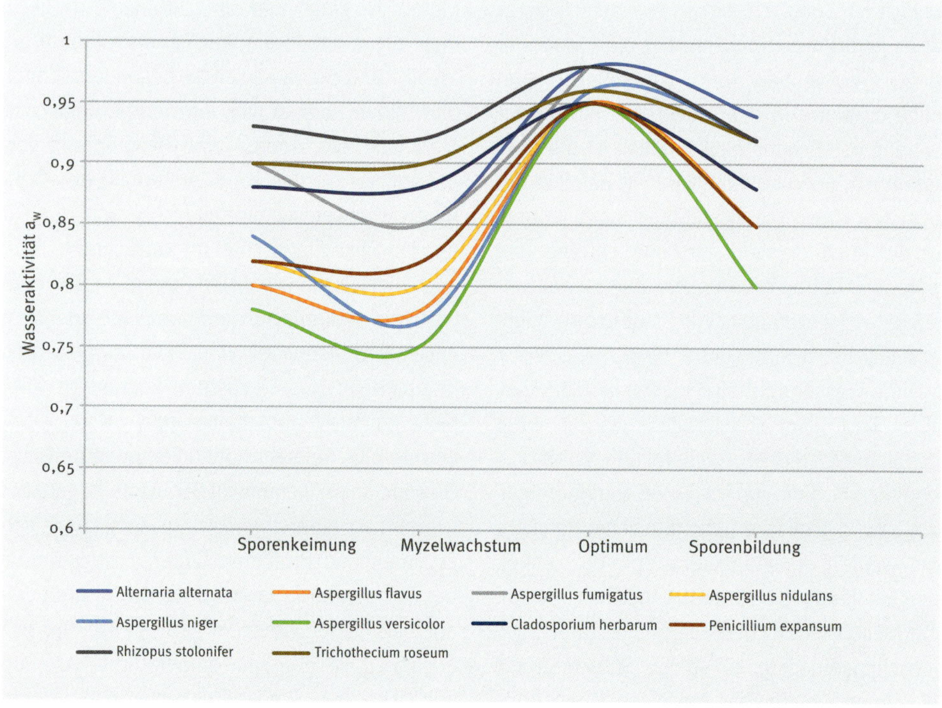

Tabelle 2-1: Die für die einzelnen Spezies notwendige Wasseraktivität ist eine spezifische Eigenschaft. Sie beeinflusst auch den Lebenszyklus der Pilze [nach LGA, Pi1, Ge1].

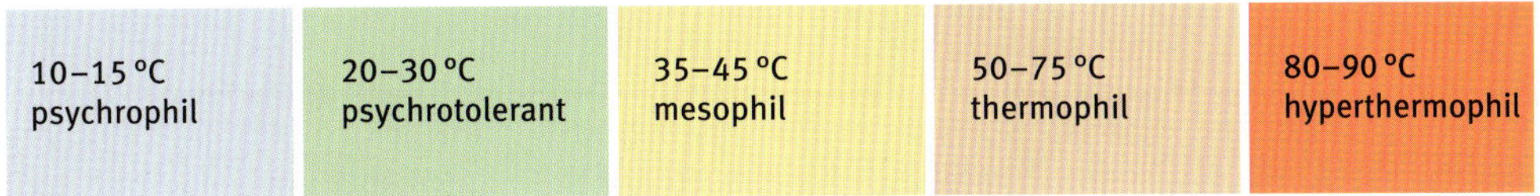

Bild 2-5: Pilze können in einem weiten Temperaturbereich wachsen. Dargestellt sind hier die optimalen Temperaturen für unterschiedliche Pilztypen.

auch entsprechend ihrer Temperaturtoleranz zu beschreiben, wie das in Bild 2-5 nachzulesen ist. Bei Feuchteschäden im Innenraum sind vor allem psychrophile und psychrotolerante Arten zu finden. Pathogene Pilze sind an die Körpertemperatur angepasst und damit mesophil. Pilze auf Gesteinen und in der Wüste sind thermophil bis hyperthermophil – nur so können sie dort überleben.

Was brauchen Schimmelpilze noch? Natürlich ein paar Spurenelemente, Vitamine und Mineralstoffe, um sämtliche Lebensfunktionen aufrecht erhalten zu können.

Was ist mit Licht? Licht stellt keinen wesentlichen Faktor dar, kann aber durchaus Einfluss auf Lebensprozesse nehmen. So begünstigt Licht das Wachstum als Teleomorph und fördert somit die sexuelle Fortpflanzung. Beschrieben ist in der Literatur auch, dass die Sporulierung, also die Sporenproduktion, durch Licht stimuliert werden kann.

Ein hoher pH-Wert hat keine befallsvermeidende Wirkung, wie häufig angenommen wird. Schimmelpilze können über einen weiten pH-Bereich wachsen. Dabei sind pH-Werte bis 11 dokumentiert. Tatsache ist, dass der pH-Wert Einfluss auf den Stoffwechsel von Schimmelpilzen hat. So ist für *Aspergillus niger* beschrieben, dass dieser bei einem pH-Wert von 2,5 Zitronensäure produziert, während bei pH-Wert 10 die Produktion in Richtung Oxalsäure verschoben ist [Sc3].

Auch ändert sich die Morphologie der Zellen. Üblicherweise wachsen Schimmelpilze filamentös und bilden Hyphen, die sich verzweigen und so ein Geflecht (Myzel) bilden. Bei hohen pH-Werten wachsen einige Gattungen stattdessen im sogenannten Pelletwachstum und verlieren ihre Pigmentierung. Dann sind sie eher als kleine, schmierige Häufchen denn als Pilzrasen erkennbar [Ru1].

Pelletwachstum ist auch etwas, was wir als Wuchsform der Hefen kennen. Diese sind im Reich der Pilze einer eigenen Klasse zuzuordnen und werden häufig auch als Sprosspilze bezeichnet, was auf ihre asexuelle Vermehrung durch Knospung (Sprossung) zurückzuführen ist. Aber auch hier gibt es Sex und damit Teleomorphe. Pelletwachstum ist jedoch nicht die einzige Form, die diese kleinen, häufig sehr farbig pigmentierten und zellkernreichen Zellen kennen. Je nach Umgebungsbedingungen können Pseudomyzele oder sogar echte Hyphen gebildet werden [Ma1, Wa1].

Pilze, die nach Belieben filamentös oder als Hefe wachsen können, werden auch als polymorph bezeichnet. In Bild 2-6 und in Bild 2-7 sind polymorphe Pilze dargestellt, die Hyphen gebildet haben, aber auch in der Pelletform auftreten.

2.1.2 Bakterien und Actinomyceten

Neben Pilzen können auch Bakterien an einem Schimmelschaden im Innenraum beteiligt sein.

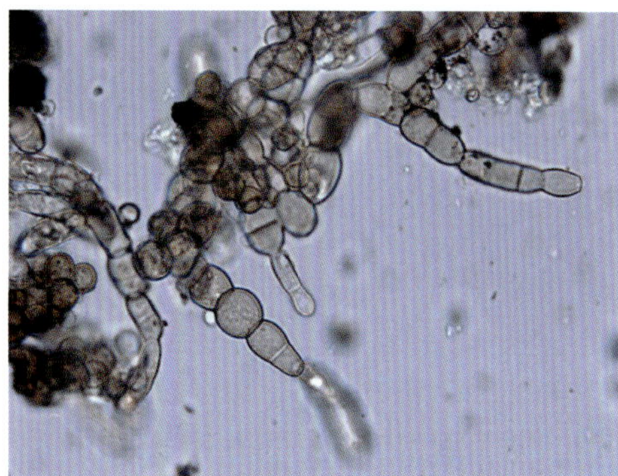

Bild 2-6: Polymorphe Pilze können filamentös wachsen, d. h. sie können Hyphen bilden.

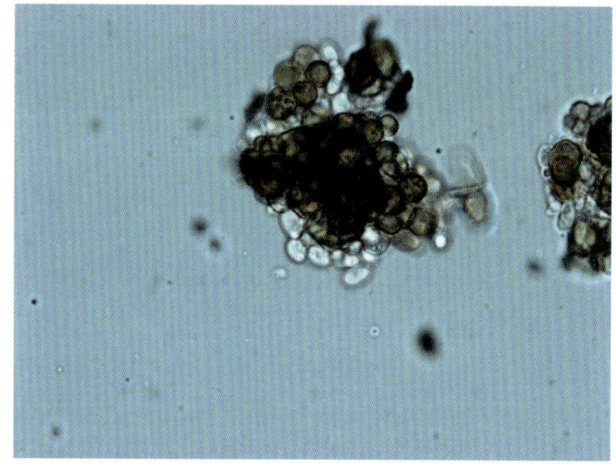

Bild 2-7: Pelletwachstum polymorpher Pilze; dabei wechseln sie in das Hefestadium.

Bakterien sind eine eigene Domäne. Dies verdanken sie zunächst der Tatsache, dass sie keine echten Zellkerne haben und ihre DNA frei im Cytoplasma der Zelle herumschwimmt. Das macht ihre DNA flott und beweglich und damit auch zugänglich für eine Reihe von Austauschprozessen im Genom mit DNA und Plasmiden anderer Zellen, der auch als horizontaler Gentransfer bezeichnet wird. Wenn Bakterien Sex haben, dann nicht um sich zu vermehren, sondern um ihre DNA auszutauschen. Ihre Vermehrung erfolgt durch Zellteilung, dabei entsteht dann jeweils ein identischer Klon der Mutterzelle [Ma1].

Bakterien haben einen anderen zellularen Aufbau als Pilzzellen. Ihre Zellwand ist grob betrachtet in zwei Ausführungen vorzufinden. Manche Bakterien haben dicke Zellwände. Hier wird die Cytoplasmamenbran, die aus Phospholipid-Doppelschichten besteht, mit einer dicken Mureinschicht, einem Polysaccharid, umhüllt. Darum wird die Zelle nochmals von einer Schleimkapsel umgeben. Andere Bakterien verfügen über dünne Zellwände mit nur sehr dünner Mureinumhüllung und mit einer zusätzlichen äußeren Membran aus Phospholipiden. Statt über eine Schleimhülle verfügen diese Zellen über Geißeln und Fimbrien bzw. Pili. Und auch hieraus sind wiederum weitere Eigenschaften ableitbar. Die einen schleimen sich ein und die anderen hakeln sich an Oberflächen fest [Sc3, Ot1, Do1].

Da diese beiden Typen unterschiedlich anfärbbar sind (Bild 2-8), erfolgt eine Zuordnung in gram-positive und gram-negative Bakterien. Gram-positive Bakterien sind die mit der dicken Zellwand. Unter ihnen finden wir viele Sporenbildner. Allerdings dienen diese nicht wie bei Schimmelpilzen der Vermehrung. Vielmehr sind es Überdauerungsstadien der einzelnen Bakterien, quasi kleine Rettungskapseln. Nur wenige Arten bilden mehr als eine Spore pro Zelle. Gram-negative Bakterien hingegen haben diese Eigenschaft nicht. Sie sind daher auch nicht so robust wie gram-positive Bakterien und weniger hitzeresistent. Dafür setzen sie sogenannte Endotoxine aus der äußeren Zellmembran frei, wenn die Zellen zerstört werden. Das sind Lipopolysaccharide, deren Baustein Lipid A bei Menschen als besonders starkes Pyrogen (fiebererzeugend) gilt [Ho1, Ka2].

Bakterien zeigen eine große Formenvielfalt (siehe Kasten »Morphologie von Bakterien« auf

Seite 26). Kugelförmige Zellen werden als Kokken bezeichnet. Hier finden wir gram-positive, aber auch gram-negative Bakterien. Kokken bilden keine Sporen. Stäbchenförmige Bakterien können als Lang- oder Kurzstäbchen auftreten, gern auch weiter charakterisiert als plump oder keulenförmig. Gram-positive Vertreter können Sporen bilden, gram-negative Stäbchen nicht. Darüber hinaus werden gram-negative Stäbchen, die begeißelt sind und sich schnell bewegen, als Vibrionen bezeichnet. Bakterien, die schraubenförmig wachsen, werden als Spirochäten charakterisiert. Eine weitere Form, die in Umweltproben zu finden ist, sind Scheidenbakterien. Diese gram-negativen Bakterien wachsen fadenförmig in einer Hülle aus Polysacchariden, die auch mit Metalloxiden belegt sein können. Auch wenn Unterschiede erkennbar sind – auf die Gattung kann nur selten geschlossen werden.

Obwohl es morphologische Unterschiede zwischen einzelnen Gruppen gibt, ist im Gegensatz zu Schimmelpilzen eine mikroskopische Bestimmung fast unmöglich. Will man Bakterien bis auf die Artenebene identifizieren, sind spezielle Diagnostikverfahren notwendig. Nähere Informationen dazu finden sich in [Ma1, Ka2]. Für unsere Zwecke reicht eine grobe Bestimmung durch Kultivierung auf Selektivnährböden aus, was in einem späteren Kapitel ausführlicher dargestellt wird.

Ebenso vielfältig wie die Gestalt der Bakterien sind ihre Stoffwechselaktivitäten, die zunächst in aerob und anaerob unterteilt werden. Während Schimmelpilze ausschließlich organisch gebundene Kohlenstoffquellen verstoffwechseln können, sind Bakterien hier kaum Grenzen gesetzt. Wie Schimmelpilze können sie organische Substanzen verwerten, was als Chemoorganotrophie bezeichnet wird. Findet dies

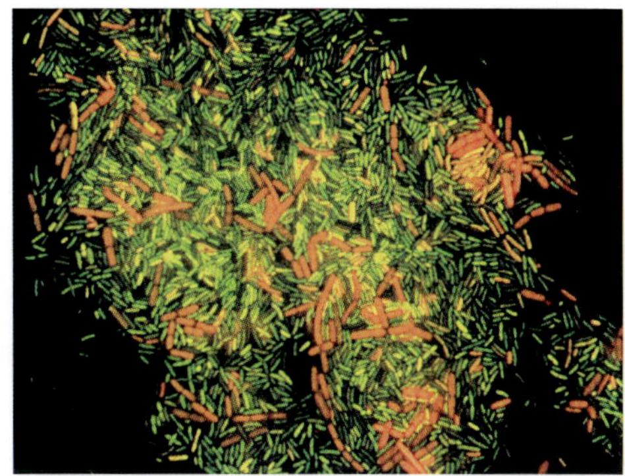

Bild 2-8: Gram-Färbung mit einem kommerziellen Fluoreszenzkit: Hier eine Mischkultur aus *Bacillus cereus* und *Pseudomonas aeruginosa* gefärbt. Gram-positive Zellen fluoreszieren orange and gram-negative Zellen fluoreszieren grün [Foto: Thermo Fisher Scientific].

unter Sauerstoffabschluss statt, spricht man von Fermentation. Auch das können einige Pilze kurzzeitig, man denke nur an die alkoholische Gärung. Laufen diese Prozesse unter Sauerstoffverbrauch ab, bezeichnet man den Prozess als Atmung, genau wie bei Pilzen auch [Ma1, Wa4].

Bakterien können aber auch im anoxischen Bereich atmen, was als anaerobe Atmung bezeichnet wird, nur dass hierbei nicht Sauerstoff oxidiert wird, sondern ein anderer Stoff wie Nitrat oder Schwefelwasserstoff als Elektronenakzeptor dient, zum Beispiel bei der Nitratatmung.

Bakterien sind jedoch nicht auf die Verstoffwechselung organischer Substanzen beschränkt. So können sie ihren Energiebedarf auch durch Chemolithotrophie oder Phototrophie decken. Dennoch geht es auch hier nicht ohne Kohlenstoffquelle, die in dem Fall dann aber anorganisch ist. Wird zum Beispiel bei der anaeroben Atmung, wie zuvor beschrieben, Nitrat als Elektronenakzeptor genutzt, wird beim umgekehrten Prozess der Chemolithotrophie Ammonium zu Nitrat und als Elektronendonator

Morphologie von Bakterien

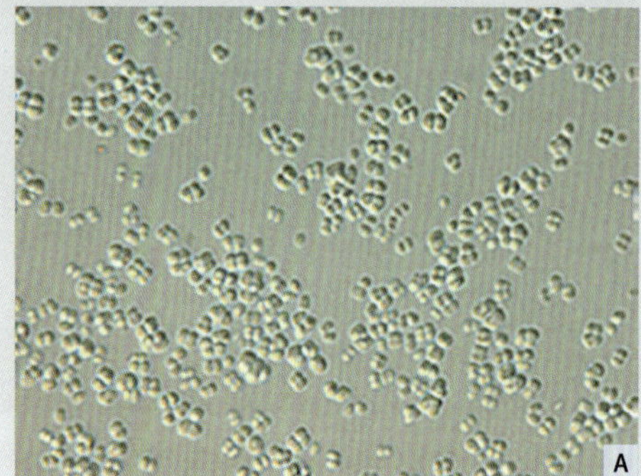

Kokken, die sich zu kleinen Paketen (Sarcinen) ordnen (Durchlichtmikroskop in 600-facher Vergrößerung)

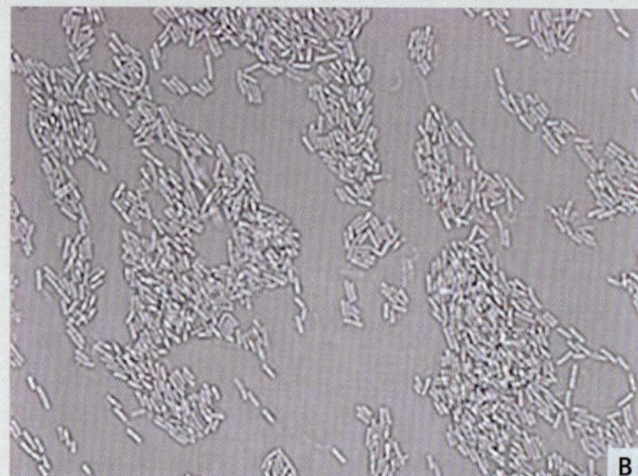

Stäbchenförmige Bakterien (Durchlichtmikroskop in 600-facher Vergrößerung)

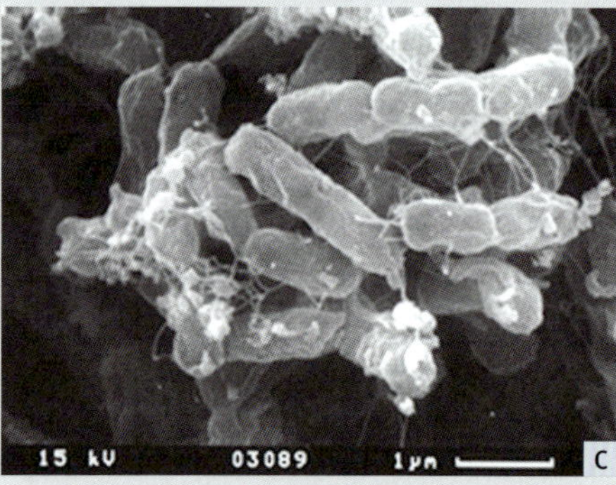

Plump erscheinende **Kurzstäbchen** in einer rasterelektronenmikroskopischen Aufnahme

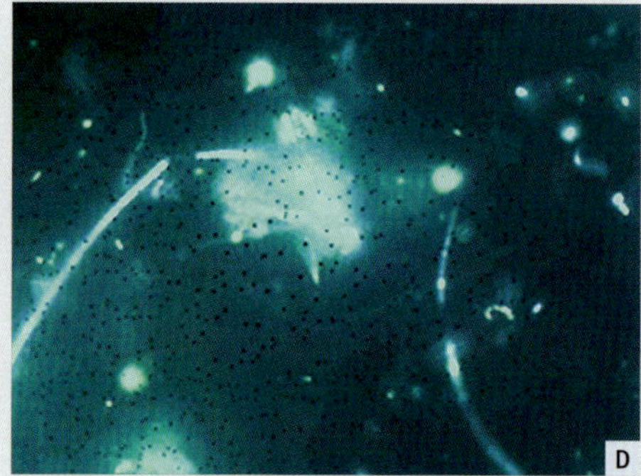

Scheidenbakterien in einer Umweltprobe mit Fluoreszenzmarkierung

benutzt. Wird dazu Kohlendioxid verwendet, spricht man von Autotrophie. Die Prozesse der Chemoorganotrophie und Chemolithotrophie laufen entgegengesetzt ab, daher finden wir in der Natur sehr häufig Paarungen von Bakterien, die sich hierbei ergänzen, sodass sich kleine Stoffschleifen bilden, sogenannte microbial loops. Die einen oxidieren, was die anderen später reduzieren. Besonders gut beschrieben sind die Effekte für Schwefeloxidierer und sulphatreduzierende Bakterien, aber auch für den Stickstoffkreislauf in Gestalt der Nitrifikanten und Denitrifikanten. Und Letztere sind durchaus auch für uns von Bedeutung, wenn wir eine Nitratbelastung im Mauerwerk vorfinden oder aber durch biogene Salpetersäure Biokorrosion entsteht [Br1, Fr2].

Unter den Bakterien finden wir auch Gattungen, die als Phototrophe Photosynthese betreiben. Hierzu zählen z. B. die grünen Schwefelbakterien oder die Cyanobakterien, die früher als Blaualgen bezeichnet wurden, aber als Prokaryonten in die Domäne der Bakterien gehören.

Bakterien sind also in Bezug auf ihren Metabolismus gut ausgestattet. Das ist aber noch nicht alles. Dachte man früher, Bakterien existieren als einzelne, sich stupide aber schnell vermehrende Zellen, so weiß man heute, dass diese an sich sehr einfach gestalteten, aber hoch funktionellen Einzelzellen weitaus mehr können. Die Manifestation dieser beeindruckenden Anpassung an die Umwelt ist der Biofilm.

Eigentlich könnten wir nun von vorn anfangen, denn unabhängig davon, was bisher über Bakterien besprochen wurde, müssen wir feststellen, dass im Biofilm alles ganz anders ist. Denn Bakterien sind äußerst erfolgreich, wenn es ums Überleben geht und bedienen sich hierbei einer Vielzahl von Mechanismen, was in der Ausbildung von Biofilmen gipfelt. Dazu kommunizieren sie miteinander und gestalten auf diese Weise ihre Erscheinungsform: sie vergesellschaften sich, wie in Bild 2-9 dargestellt. Diese Vergesellschaftung unterschiedlichster Mikroorganismen wird dann als Biofilm bezeichnet. Die Protagonisten eines solchen Biofilms können sogar völlig unterschiedliche Lebensansprüche haben.

Durch das symbiotische Zusammenwirken vieler unterschiedlicher Spezialisten erhöht sich im Biofilm die Überlebensfähigkeit der Mikroben erheblich. Tritt Nährstoffmangel auf oder ändern sich die Umweltbedingungen drastisch, z.B. durch den Einsatz von Bioziden, so antworten die Mikroben mit der Bildung von Biofilmen, indem sie sich per Mehrheitsbeschluss mittels Boten- und Signalstoffen über ihr Erscheinungsbild abstimmen [Me25]. Damit werden aus einzelnen suspendierten Zellen plötzlich Zellverbände, die sich mittels extrazellulärer, polymerer Substanzen (EPS) an Oberflächen anheften und Mikrostrukturen ausbilden. So entstehen aerobe und anaerobe Bereiche, Kanäle, Belüftungselemente usw. [Br1]. Gerade die aus Polysacchariden, Proteinen und Lipiden bestehende Biofilmmatrix ist Erfolgsgarant im Überlebenskampf. In der Gelmatrix reichern sich Nährstoffe an und die Mikroorganismen sind vor extremen pH-Werten, Bioziden und hydraulischen Belastungen geschützt [Do1, Ko1].

Bild 2-9: Bakterieller Biofilm auf einer Dämmstoff-Probe bei 400-facher Vergrößerung: Zuvor wurde ein Fluoreszenzsensor hinzugegeben. Die einzelnen Bakterien sind noch erkennbar, jedoch umgibt sie eine wattige Substanz, die aus exogenen, polymeren Substanzen besteht. Sie dienen als Kleber, halten den Biofilm zusammen und fixieren ihn an der Oberfläche.

Es sei klargestellt: Pilze können das nicht, aber sie sind gern Partner im Biofilm. Dennoch ist der Begriff »fungal biofilm« durchaus gebräuchlich, bezieht sich aber auf den medizinischen Bereich [Fa1]. Das zeigt auch Bild 2-10. Daher sprechen wir auch nicht von Pilzbiofilmen, sondern von Myzelien. Dass sich dahinter aber noch mehr verbirgt, besprechen wir in den folgenden Abschnitten.

Warum befassen wir uns so ausführlich mit Bakterien, wo es doch um das Thema Schimmelpilze geht? Feuchteschäden aller Art können auch das Wachstum von Bakterien forcieren. Nehmen wir beispielsweise eine Kontamination der Bausubstanz durch Abwasser aus der Kanalisation, Rückstau oder durch Hochwasser. Hier müssen wir mit einem Eintrag von Fäkallen

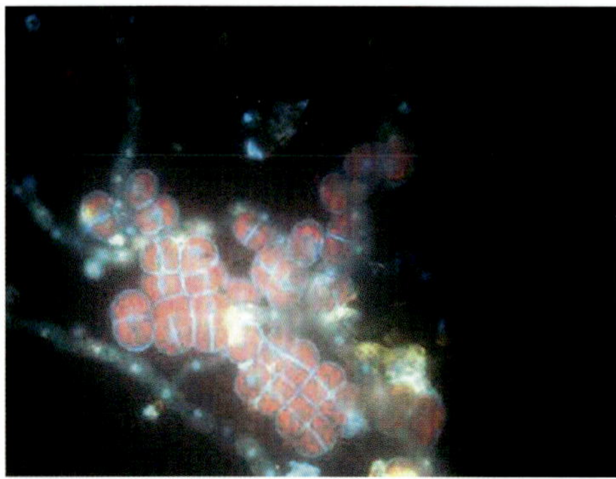

Bild 2-10: Pilze sind gern Juniorpartner im Biofilm, hier zusammen mit aeroterrestrischen Grünalgen, die hier aufgrund der Eigenfluoreszenz des Chlorophylls rot leuchten (600-fache Vergrößerung, UV-Anregung, Floureszensfarbstoff DAPI).

rechnen. Diese sind üblicherweise belastet mit Darmbakterien, sogenannten Fäkalkeimen. Darunter finden wir überwiegend gram-negative Vertreter wie *Enterobacter spp.*, *Citrobacter spp.* und als Indikatorkeim *Escherichia coli*. Aber auch gram-positive Enterokokken. So müssen wir uns damit auseinandersetzen, dass die Vielzahl an gram-negativen Keimen auch mit einer Endotoxin-Problematik verbunden ist [Me26]. Und auch damit, dass wir schlechte Karten haben, einen Fäkalschaden lange nach Schadenseintritt über kultivierende Verfahren nachzuweisen, da wir hier wenig Sporenbildner und ökophysiologisch fragile Organismen vorfinden.

Es gibt aber noch weitere Bakterien, die wir häufig bei Feuchteschäden vorfinden: die Aktinomyceten, eine Gruppe der Ordnung gram-positiver Bakterien, die als Aktinobakterien bezeichnet werden. Die Ordnung der Aktinobakterien umfasst neben den Actinomyceten, d.h. filamentösen, gram-positiven Stäbchen auch die Gruppe der Mycobakterien sowie die Milchsäurebakterien, denen wir uns aber nicht weiter widmen wollen [Ma1].

Gut erforscht sind die sogenannten thermophilen Aktinomyceten, die an höhere Temperaturen (Körpertemperatur) angepasst sind. Sie gehören zur menschlichen Begleitflora, anzutreffen sind sie zum Beispiel in der Mundhöhle. Als opportunistische Krankheitserreger treten sie häufig bei Mischinfektionen in Erscheinung. Im Unterschied zu den innenraumrelevanten Gattungen leben sie mikroaerophil oder anaerob und bilden keine Sporen [Ho1, Ka2].

Die bei Feuchteschäden im Innenraum vorkommenden sporenbildenden, filamentös und aerob wachsenden Actinomyceten bevorzugen im Gegensatz zu den thermophilen gern auch kühlere Temperaturen und sind typische Umwelt- und Bodenkeime. Alkalische Untergründe eignen sich hierbei besser für eine Besiedlung als saure Medien. Dabei bilden sie myzelartige Strukturen, die auch als Pseudomyzel bezeichnet werden. Sie sind Sporenbildner und können dies auch in großem Umfang tun. Anders als Endosporenbildner können sie über Sporophoren, die wie die Konidiophoren der Pilze aus dem Substratmyzel herausragen, viele Einzelsporen abschnüren [La1, Re3, Sc1, Ma1]. Die massive Belegung eines Klebefilms mit Sporen von Actinomyceten ist in Bild 2-11 zu sehen. Die Morphologie etablierter Myzelien der Actinomyceten erinnert daher auch an zu klein geratene Pilzmyzele, wie Bild 2-12 verdeutlicht.

Actinomyceten sind als potente Antibiotika-Produzenten von über 500 Wirkstoffen bekannt, was auch großtechnisch genutzt wird. Viele Penicillin-Ersatzstoffe sind den Actinomyceten zu verdanken. Dabei produzieren insbesondere die Vertreter der Gattung Streptomyces nicht nur Wirkstoffe gegen gram-negative Bakterien, sondern auch Antibiotika, die gegen Pilze und Hefen wirken [Ch1, Ma1, Ka2].

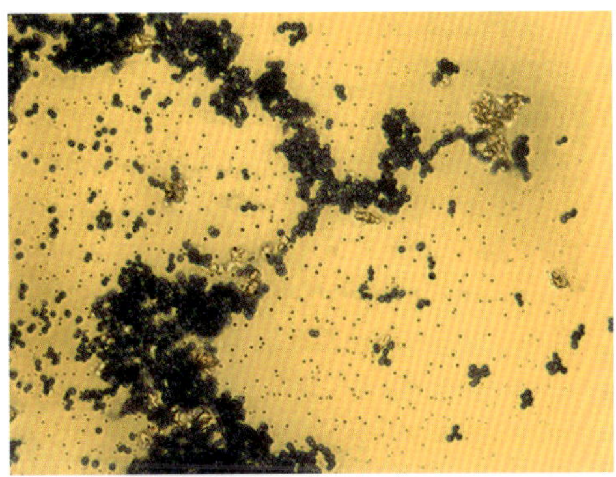

Bild 2-11: Sporen von Actinomyceten in 600-facher Vergrößerung: Klebefilm aus einem Schadensfall, mit Methylenblaufärbung

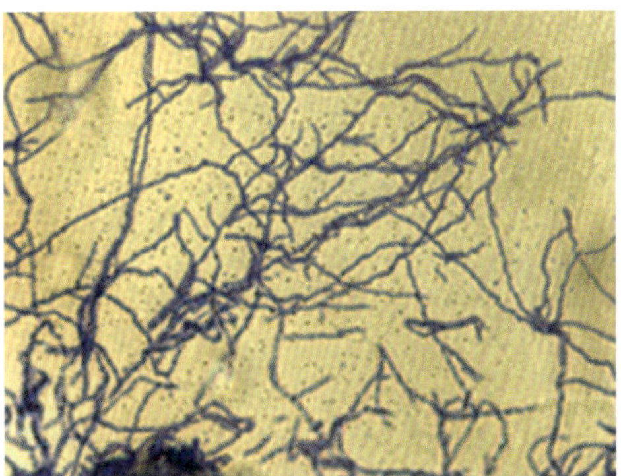

Bild 2-12: Klebefilm aus einem Schadensfall mit Methylenblaufärbung: Im Vergleich zu Schimmelpilzen erscheint das Myzel von Actinomyceten deutlich fragiler, es wirkt wie zu klein geraten (Aufnahme in 600-facher Vergrößerung).

Auffällig werden sie beim Schimmelschaden nicht nur durch eher pastellfarbige Kolonien, sondern auch durch ihre geruchsintensiven Metabolite, die unter der Bezeichnung Geosmin zusammengefasst werden. Diese Geruchsstoffe werden von vielen Menschen durchaus als angenehm empfunden, da sie an den typischen Geruch von Wald erinnern. Actinomyceten verstoffwechseln gern Substrate mit hohem Mineralgehalt und polymeren organischen Kohlenstoffquellen wie Stärke, Zellulose und sogar Hemicellulose oder auch Casein, was ihnen einen gewissen Stellenwert bei Befällen auf historischen, natürlich gebundenen Farbmitteln verschafft hat. Das zeigt Bild 2-13 mit einem Befall auf einer historischen Farbfassung mit natürlichen mineralischen Bindern. Einige können sogar Kohlenwasserstoffe, Lignin oder auch Tannin zersetzen [Gr1, Le1, Ab2]. Das ist möglich, weil sie wie Pilze ein funktionales System an Exoenzymen besitzen. Wenn man betrachtet, was die Actinomyceten alles verstoffwechseln, wird klar, dass sie in der Befallsabfolge recht weit hinten stehen. Man spricht hierbei auch von Sukzession, einer natürlichen Abfolge in der Besiedlung und Verwertung organischer Substanz. Wird organische Substanz zunächst durch Schimmelpilze destruiert, reduzieren nachfolgend Actinomyceten den Rest schwer verstoffwechselbarer Verbindungen [Ma1, Wa4]. Da Actinomyceten sogar das Chitin der Pilzzellwand verstoffwechseln können, sind sie quasi die Müllabfuhr im Befallsgeschehen und somit auch in der Lage, einen Pilzbefall abzubauen. Findet man demnach Actinomyceten

Bild 2-13: Befälle durch Actinomyceten sind nicht auf den ersten Blick erkennbar, da kein rasenartiger Befall in auffälliger Färbung auftritt. Typisch sind vielmehr staubig-mehlige Schleier.

im Innenraum, sind folgende Situationen durchaus wahrscheinlich:

- Altschaden, bei dem die Actinomyceten die hochkomplexen Polymere der Primär- und Sekundärbesiedler abbauen,

oder

- Monobefall durch Actinomyceten auf Substraten wie Casein- oder Leimfarben im Denkmalbereich oder aber auf mineralreichen, wasserverarmten Schichten wie Sandschüttungen etc., die selbst für Pilze schwer aufzuschließen sind [Gr1, Ab2, Pe1].

Natürlich sind weitere Szenarien möglich. Ein Sachverständiger sollte dies stets vor Augen haben und vor Ort die Zusammenhänge eruieren, soweit möglich und notwendig im Rahmen der Aufgabenstellung. Es gibt einen grundlegenden Unterschied zwischen Schimmelpilzen und den hier beschriebenen Actinomyceten: Wir wissen mittlerweile über Schimmelpilze, dass sie ihre Toxine bevorzugt dann bilden, wenn optimale Lebens- und insbesondere Feuchtebedingungen vorherrschen. Viele Pilze benötigen hierfür eine erhöhte Wasseraktivität gegenüber dem normalen Wachstum. Ganz anders die Actinomyceten. Hier ist die Bildung von Antibiotika an die Sporenbildung gekoppelt. Die Sporen- und Antibiotika-Bildung wird jedoch nur dann eingeleitet, wenn das Substrat so abtrocknet, dass eine Stoffwechselaktivität selbst für die so robusten Actinomyceten nicht mehr möglich ist (Ma1). Es wird vermutet, dass dies den Zweck hat, andere Organismen an einer Besiedlung zu hindern, während die Actinomyceten in eine Art Schlafmodus fallen und auf bessere Wasserverfügbarkeit warten. Pilze hingegen produzieren ihre Toxine in der Blüte ihrer Population, damit sie niemand daran hindert, noch mehr Territorium zu erobern oder sie gar abzuweiden (Ge1).

2.2 Protozoen, Nematoden, Milben

Bei Feuchteschäden kann es biologisch betrachtet ziemlich wild zugehen. Je nach Schadensart und Qualität der eingetragenen Feuchtigkeit können bereits mit dem Schaden Wasserorganismen wie Flagellaten, Amöben oder Rädertierchen eingetragen werden. Und wie schon erwähnt, sorgt ein Fäkalschaden für den Eintrag von Enterobakterien. Mit von der Partie sind hier dann auch tierische Einzeller, Nematoden, Wurmeier und Viren, das zeigt uns Bild 2-14. Da es sich hierbei um Organismen handelt, die ihren Lebenszyklus nur innerhalb eines Wirtes vollziehen können, werden sie auch als Parasiten bezeichnet [Ka2]. Aber auch etablierte Pilzbefälle ziehen weitere Besiedler an, die den Schimmelrasen abweiden, wie z. B. Milben. Daher macht es Sinn, sich auch diesen Organismen zu widmen, da auch sie einen negativen Einfluss auf die Gesundheit von Nutzer und Sanierer haben können.

Zunächst befassen wir uns mit den Protozoen. Das sind eukaryotische Einzeller, die bereits dem Tierreich zugeordnet werden. Unterschieden wird zwischen Sporozoen, Ziliaten, Flagellaten und Rhizopoden [Ka2, Ho1]. Diese Namen werden dem Leser vielleicht nichts sagen, aber vielleicht sind sie ihm unter den deutschen Bezeichnungen Sporentierchen, Wimperntierchen, Geißeltierchen und Amöben aus dem Biologieunterricht bekannt.

Einige Protozoen erzeugen massive Krankheitssymptome wie Ruhr oder Diarrhö. Zudem sind besondere Anfälligkeiten bei immunsupprimierten Personen bekannt. Beim Nachweis von Protozoen oder auch den im Folgenden beschriebenen Organismen muss deshalb aber keine Panik ausbrechen. Der Nachweis zeigt zunächst einmal einen hygienischen

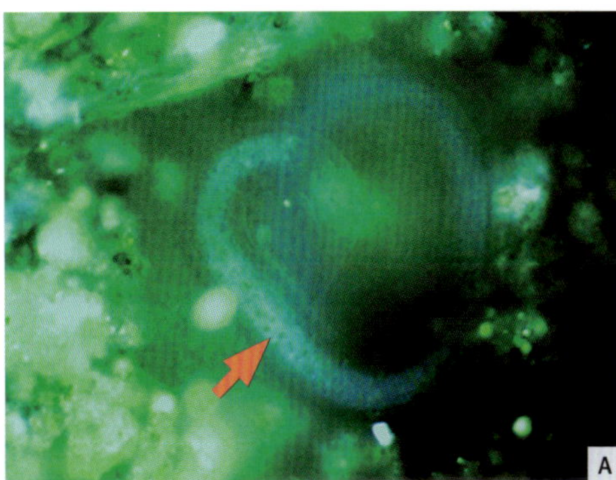

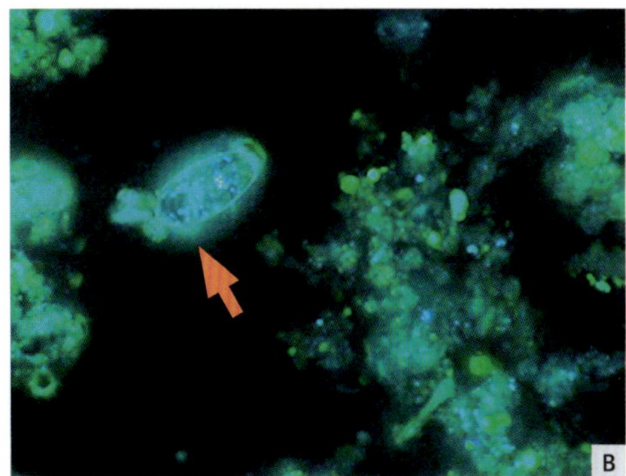

Bild 2-14: Beim Fäkalschaden sind nicht nur coliforme Bakterien von Bedeutung, sondern häufig auch Nematoden A und Protozoen B. Hier werden sie mittels Direktmikroskopie an einem geschädigten Fußboden-Dämmstoff nachgewiesen (in 400-facher Vergrößerung, mit einem Fluoreszenzfarbstoff (DAPI) eingefärbt).

Missstand an, der zu beheben ist. Auch die Ableitung einer Schadensursache ist möglich. Werden die hygienischen Mindestanforderungen und Schutzmaßnahmen eingehalten, die wir in einem späteren Kapitel noch ausführlich beschreiben, dann besteht keine Gefahr einer Infektion. Erhöhte Schutzmaßnahmen müssen hingegen getroffen werden, wenn besondere Risikogruppen involviert sind. Das gilt auch für Würmer und insbesondere deren Eier, die häufig bei Fäkalschäden, aber auch nach Hochwasserereignissen in Baustoffproben nachweisbar sind. Als »lebende« Tiere treffen wir häufig Nematoden an, die nur wenige Millimeter großen Fadenwürmer. Aber auch Eier und Larven von Saugwürmern (Bandwürmern) u.Ä. sind nachweisbar. Neben einer Infektion besteht für Sanierer und Nutzer die Gefahr, als Fehlwirt zu fungieren. Das führt zwar nicht zu einer Erkrankung im herkömmlichen Sinne, kann aber dennoch erhebliche Beschwerden verursachen [Ka2, Ho1, Fr1].

Ein wichtiger Aspekt im Hinblick auf die Gesundheit ist das Thema Sukzession. Nämlich dann, wenn Befallsherde durch Arthropoden (Gliederfußler) besiedelt werden. Darunter verstehen wir Spinnentiere und Insekten. Lästige Vertreter der Spinnentiere sind Milben und Zecken, bei den Insekten sind es Läuse und Käfer.

Milben gelten als Sekundärbesiedler und werden häufig als gefräßige, sporenbehangene Ungetüme auf Klebefilmpräparaten nachgewiesen, wie in Bild 2-15 geschehen. Aber auch im Labor kann ihr Herumwuseln auf älteren Kulturen beobachtet werden. Noch häufiger nachweisbar sind ihre Fecal Pellets: Milbenkot, erkennbar als längliche, kompakte Masse aus verpressten und halbverdauten Sporen. Sowohl

Bild 2-15: Milben weiden gern Schimmelbefälle ab. Hier auf einem Klebefilm, der von einer schimmelbefallenen Oberfläche abgezogen wurde.

Milbenteile als auch ihre Exkremente werden als Hauptallergene im Hausstaub angesehen. Die Symptome, die durch Milben ausgelöst werden, sind nahezu identisch mit allergischen Reaktionen auf Schimmelpilze. Der eindeutige Nachweis einer Allergie muss durch einen Mediziner erfolgen [Ka2, Ho1].

Gelegentlich wird im Zusammenhang mit Feuchteschäden auch das Auftreten von Staubläusen beobachtet. Diese haben keine pathogene Relevanz, können aber auf einen verdeckten Schimmelschaden hinweisen, da auch sie wie die Milben Schimmelpilze abweiden.

2.3 Warum es Schimmelpilze im Innenraum so leicht haben

Schimmelpilze sind keine boshaften Invasoren, die es auf unsere Wohnräume und unsere Gesundheit abgesehen haben. Sie machen einfach ihren Job und räumen auf, indem sie tote Biomasse abbauen. Dumm nur, dass sie gerade dort aufräumen wollen, wo wir uns häuslich niedergelassen haben. Dort bieten wir ihnen ökologische Nischen, die verständlicherweise zu verführerisch sind und einem kargen Leben in freier Wildbahn vorgezogen werden. Natürlich ist es nicht ganz so einfach. Und verniedlichen wollen wir die Schimmelpilzproblematik auch nicht. Dennoch steht am Anfang einer Diskussion über Schimmelpilze in Innenräumen die Feststellung, dass dieses Problem hausgemacht ist. Denn wir bieten mit unseren Baustoffen siedlungsfähiges Substrat und unserem Wohnverhalten ausreichend Feuchtigkeit. Verstärkend kommt hinzu, dass Pilze aufgrund ihrer Konstitution bestens gewappnet gegen Abwehrmaßnahmen sind, weil sie über eine Reihe von Features verfügen, durch die sie äußerst flexibel mit diversen Stresssituationen umgehen können. Sie können Biozide überwinden, alkalische Untergründe besiedeln, ihr Aussehen verändern und die Bauphysik austricksen. Und sie kommen nicht allein, denn Bakterien und Milben sind treue Begleiter. Damit verändern sich die Befallsbilder, aber auch die Symptome bei den Bewohnern. Das macht das Prinzip Pilz-im-Innenraum so erfolgreich.

2.3.1 Innenräume als Habitat

Die Lebensansprüche von Pilzen sind bescheiden. Eine Kohlenstoffquelle, Wasser, etwas Nährstoffe und Spurenelemente reichen völlig aus. Üblicherweise beziehen sie diese Nährstoffe aus abgestorbener Biomasse. Pilze gelten daher auch als Resorbenten und sind in der mikrobiellen Schleife so etwas wie die Müllabfuhr [Sc3, Fr2]. Bei vitaler Biomasse haben es Pilze schwer, sich zu einzunisten. So verfügen viele Pflanzen über fungizid wirkende natürliche Abwehrstoffe wie Tannine oder Terpene [Fr2]. Pilzspezies, die sich besser als andere über diese Hürden hinwegsetzen konnten, werden als pathogen bezeichnet. Während niedere Tiere der Ordnungen Bryozoa und Porifera sowie Mollusken ebenfalls eigene fungizide Naturstoffe synthetisieren können, verfügen höhere Tiere und der Mensch nicht mehr über diese Fähigkeiten. Hier übernehmen spezielle Zelltypen wie Makrophagen die Abwehr. Genau genommen bedeutet dies, dass alle – Pilze, Tiere und Pflanzen – ihren Platz kannten und nur schwache Individuen befallen wurden. Ansonsten praktizierte man das Prinzip der friedlichen Koexistenz.

Das Prinzip der friedlichen Koexistenz wurde empfindlich gestört, als den Pilzen mit dem menschlichen Wohnverhalten ungewollt ein neues Substrat angeboten wurde. Was soll er machen, wenn sein biologisches Programm ihm eindeutig sagt, dass tote Biomasse abgebaut werden muss? Und nichts Anderes ist ein Baustoff aus Sicht der Pilze – eine nichtvitale Kohlenstoffquelle, ob nun aufgrund der Zusammensetzung oder der Konditionierung durch Ablagerung von Stäuben und Aerosolen bei der Nutzung. Gern wollen wir durch zusätzliche fungizide Ausstattung einen vitalen Organismus vortäuschen, doch die Pilze erkennen schnell den Fake [Me12, Me11, Ka1]. Das erzeugt einen evolutionären Selektionsdruck, d. h. nur der Clevere überlebt. Und Pilze sind sehr clever! Denn sie sind in der Lage, Oberflächen zu erkennen und daraus abzuleiten, wie sie wachsen und mit wem sie dabei koalieren wollen. Auch können sie Schutzstoffe produzieren. Wie sie das machen, wird im Folgenden beschrieben.

Pilze können sich an unterschiedliche Bedingungen anpassen und finden auf vielen Oberflächen gute Lebensbedingungen. Selbst der pH-Wert kann nicht viel ausrichten, wie Bild 2-16 verdeutlicht. Studien der Autorin zeigen, dass Pilze keine großen Ansprüche an den pH-Wert des Substrats (Baustoff) haben. Es gibt keine Hinweise dafür, dass hohe pH-Werte das Pilzwachstum bremsen [Sc3]. Im eigenen Labor konnte auf Mörteloberflächen mit einem pH-Wert von 11,5 massives Pilzwachstum erzeugt werden [Me12, Wa3].

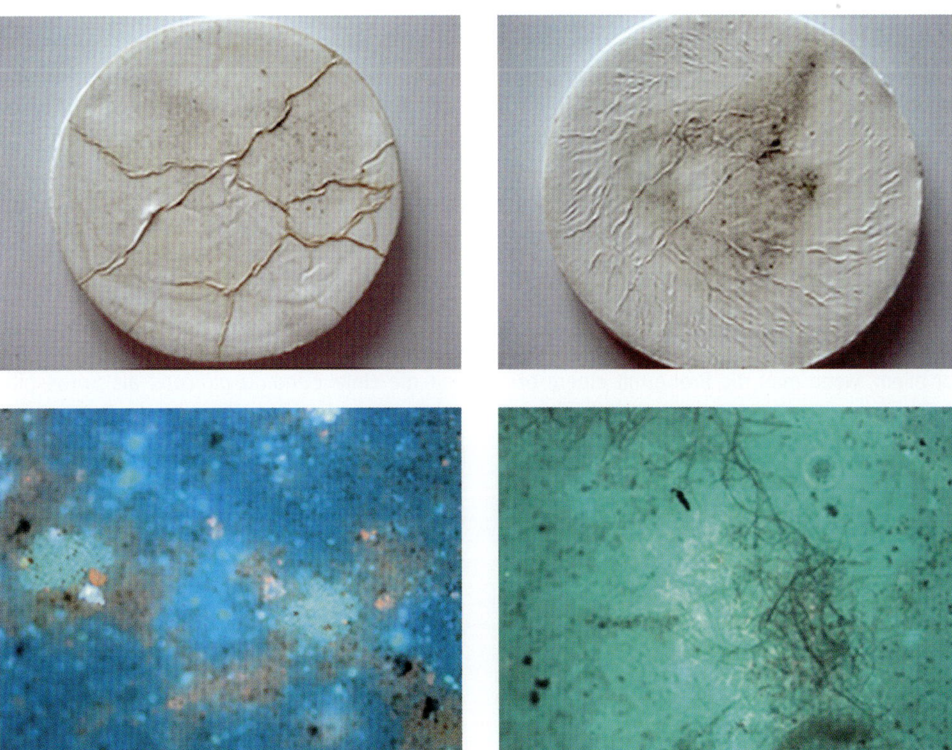

Bild 2-16: Betrachtung von Mörtelproben mit unterschiedlichen pH-Werten; die Betrachtung mit bloßem Auge täuscht: Während die Probe der rechten Spalte mit einem pH-Wert von 7,0 zwar stärker befallen erscheint, sind die Zellzahlen der Probe in der linken Spalte bei einem pH-Wert von 11,0 doppelt so hoch.

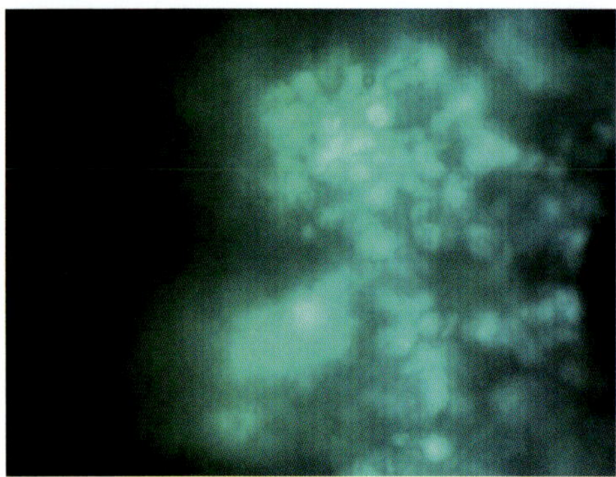

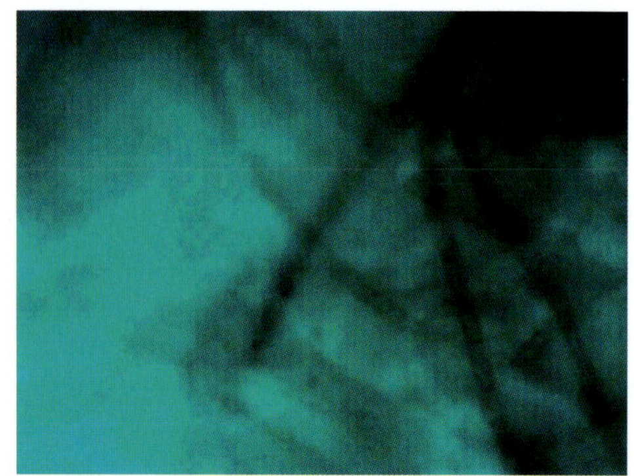

Bild 2-16 (Fortsetzung): Betrachtung von Mörtelproben mit unterschiedlichen pH-Werten; die Betrachtung mit bloßem Auge täuscht: Während die Probe der rechten Spalte mit einem pH-Wert von 7,0 zwar stärker befallen erscheint, sind die Zellzahlen der Probe in der linken Spalte bei einem pH-Wert von 11,0 doppelt so hoch.

Bewiesen ist lediglich, dass Pilze bestimmte Enzyme bevorzugt im sauren Bereich bilden. Auch die Produktion von Metaboliten (mikrobielle Stoffwechselprodukte) ist vom pH-Wert abhängig, aber derart, dass bei einem pH-Wert von 2,5 bis 3,5 bevorzugt Citronensäure produziert wird, während im alkalischen Milieu Oxalsäure entsteht [Sc3].

Auch ein hoher pH-Wert schützt vor Schimmel nicht. In Bild 2-16 wird in der linken Spalte eine Mörtelprobe mit einem pH-Wert von 11,0 gezeigt. Mit bloßem Auge sieht alles gut aus. Vor allem, wenn man die Probe mit einem pH-Wert von 7,0 in der rechten Spalte (Bild 2-16) betrachtet. Diese sieht zwar eindeutig stärker befallen aus, aber bei der mikroskopischen Analyse zeigt sich, dass bei hohem pH-Wert ein Übergang in das Pelletwachstum stattfindet und die Pilze (hier *Cladosporium sp.*) nicht mehr filamentös, sondern in Clustern ohne typisches Myzel wachsen. Die Pigmentierung ist unterdrückt, dadurch erscheint der Befall weniger intensiv. Die Zellzahlen sind jedoch doppelt so hoch.

Was in diesem Bild zu beachten ist, gilt für viele Pilze. Sie passen nicht nur den Stoffwechsel an den alkalischen Untergrund an, sondern auch die Zellmorphologien. Pilze wachsen dann nicht mehr filamentös, sondern mikrokolonial in kleinen Clustern ohne typisches Myzel. Damit wird der Oberflächenkontakt reduziert. Das praktizieren Pilze gern auch auf sogenannten modifizierten Oberflächen, wobei sogar kleine Türmchen aus Pilzzellen entstehen, weil die Pelletformen in die Höhe streben. Als Folge der Anpassung verschwindet mitunter die Pigmentierung der Pilze, man sieht sie dann schlichtweg nicht mehr [Me11, Ka1, Me25].

Aber es geht auch genau umgekehrt. So siedelt die Hefe *Candida albicans* als Sprosspilz relativ unauffällig auf und im menschlichen Körper. Erst wenn durch bestimmte Faktoren filamentöses Wachstum und Pseudomyzelbildung initiiert wird, wechselt die Hefe das Lager und wird pathogen [Ka2].

2.3.2 Kooperationen, Koalitionen und Opposition

Erfolgreiche Invasoren brauchen Verbündete. Schimmelpilze verbrüdern sich gerne mit Bakterien, Cyanobakterien, aber auch Algen. Dabei ist nicht gleich die Flechtenbildung gemeint, aber

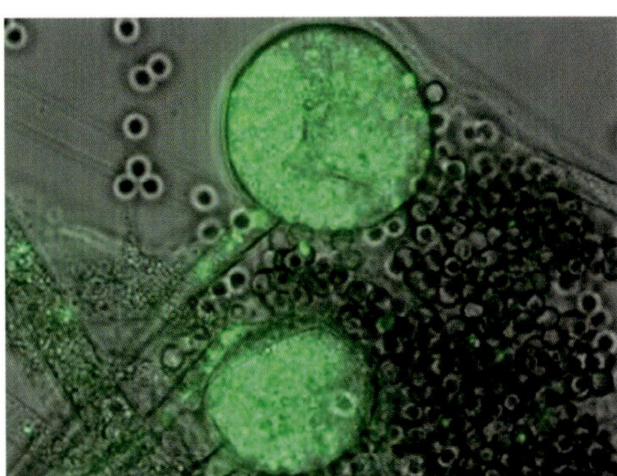

Bild 2-17: Grün fluoreszierende Bakterien der Gattung *Burkholderia* bei der Arbeit: Als endofungale Symbionten produzieren sie für den Schimmelpilz *Rhizopus microsporus* das Mykotoxin Rhizoxin [aus Pa4].

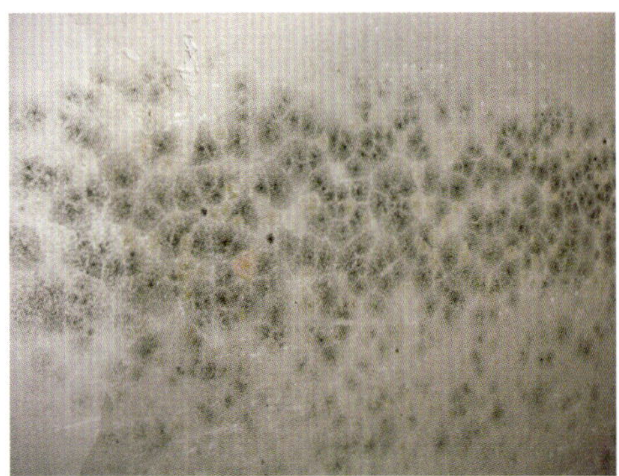

Bild 2-18: Auf Abstand halten: Wenn Pilzkolonien sich zu nahe kommen und um Siedlungsgrund streiten, sorgen Wirkstoffe wie Farnesol und Gliotoxin für klare Grenzen. Die Wirkstoffe lösen beim Gegenüber einen programmierten Zelltod aus. So wird das eigene Territorium erfolgreich verteidigt.

es gibt Vorstufen, z. B. die Pseudolichenisierung, die vor allem bei Fassadenbiofilmen sehr beliebt ist (siehe auch Bild 2-10). Auch Outsourcing ist ein probates Mittel im Reich der Pilze. So beschäftigt der Pilz *Rhizopus spp.* Bakterien der Klade *Burkholderia*, die für ihn das Mykotoxin Rhizoxin synthetisieren [Pa4]. In Bild 2-17 ist es gelungen, durch Fluoreszenzmarkierung die endofungalen Bakterien sichtbar zu machen. Bei diesen Aktionen geht die Initiative zur Verbrüderung jeweils vom Pilz aus. Über Botenstoffe und die Bildung eines Lagers wird der auserwählte Partner animiert, sich in die Fänge des Pilzes zu begeben. Immer zu beiderseitigem Vorteil versteht sich.

Generell sind Pilze nicht zimperlich. Untereinander verteidigt man sich mit Substanzen, die die Apoptose, den Zelltod, bewirken. Damit verschafft man sich Nahrungsvorteile und sichert das Habitat. Bekanntester Wirkstoff hierfür ist das Farnesol, produziert in *Candida albicans*, das z. B. besonders gut gegen *Aspergillus nidulans* wirkt [Se3, Ha3]. Damit erklärt sich auch, dass sich Befallsmuster häufig sauber separiert nach Gattungen abzeichnen, wie Bild 2-18 belegt.

Mitunter finden sich als ein weiterer Partner im Befallsbild die Milben ein. Milben weiden größere Befälle ab und hinterlassen dabei ein neues Problem, die Fecal Pellets, den Milbenkot, dargestellt in Bild 2-19. Damit können ganz andere Allergiebilder entstehen, die nicht ursächlich auf Schimmelpilze als Noxen zurückzuführen sind.

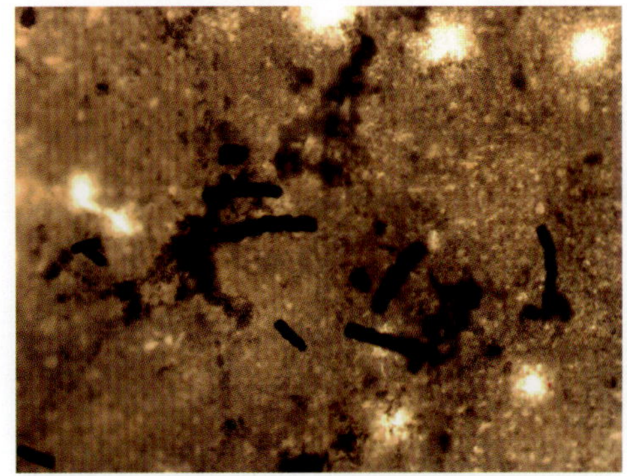

Bild 2-19: Fecal Pellets mit allergenem Potenzial, Klebefilm in 200-facher Vergrößerung; gut erkennbar sind zudem Sporencluster, während das Myzel nicht auszumachen ist.

2.3.3 Eingewanderte Gattungen

Auch bleibt es nicht bei den typischen innenraumrelevanten Gattungen. Es lässt sich internationaler Zuzug feststellen. Sogenannte mikrokoloniale Pilze (micro-colonial melanised fungi, kurz MCF, vgl. Bild 2-20), üblicherweise in der heißen Wüste von Arizona oder der Antarktis beheimatet, sind mittlerweile auch in Innenräumen und auf Fassaden zu finden. Diese polymorphen Pilze können trotz Austrocknung wochenlang überdauern. Sie führen zu ganz speziellen Schadensfällen, sodass wir dem Befallsbild der MCF noch ein eigenes Kapitel widmen (siehe Kapitel 4.2).

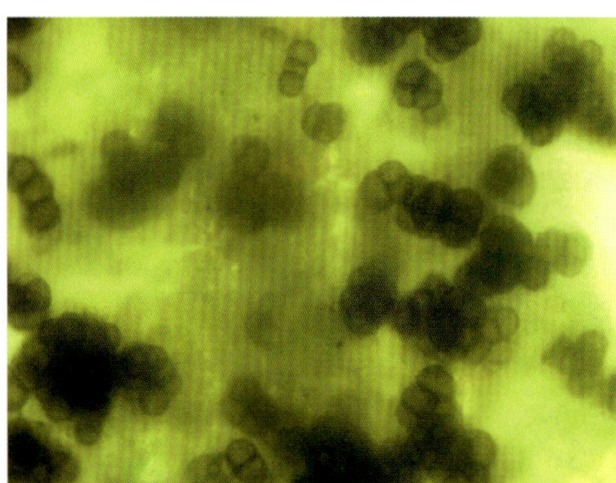

Bild 2-20: Mikrokoloniale Pilze bilden kein klassisches Myzel, sondern wachsen in kleinen Clustern, die aus sporenähnlichen Zellen bestehen. Hyphen sind eher selten, verbinden aber mitunter einzelne Kolonien als sogenannte Satellitenhyphen (Direktmikroskopie einer Tapete bei 600-facher Vergrößerung).

2.3.4 Kommunikation unter Schimmelpilzen

Als hätten wir es nicht schon immer gewusst, haben Forscher nun auch noch festgestellt, dass Schimmelpilze echte Kommunikationswunder sind. Keimen Sporen aus, verhandeln sie untereinander, wer mit wem eine Kolonie bildet. Natürlich kann aus jeder Spore eine Kolonie entstehen, das nutzen wir im Labor aus, wenn Koloniebildende Einheiten (KBE) ermittelt werden. Doch konnte bewiesen werden, dass Kolonien aus nur einer Spore deutlich schwächer und weniger erfolgreich sind als Kolonien unterschiedlicher Sporen [We1]. Um sich einig zu werden, erfolgt eine Kommunikation über Botenstoffe, wobei die Signale jeweils für fünf Sekunden ausgestoßen werden. Das Gegenüber hört zu und antwortet anschließend ebenfalls für fünf Sekunden biochemisch. Wird man sich einig, verschmelzen die Keimschläuche der Sporen. Dabei kommt es zum Gentransfer, mit ökologischem Vorteil, versteht sich (Bild 2-21).

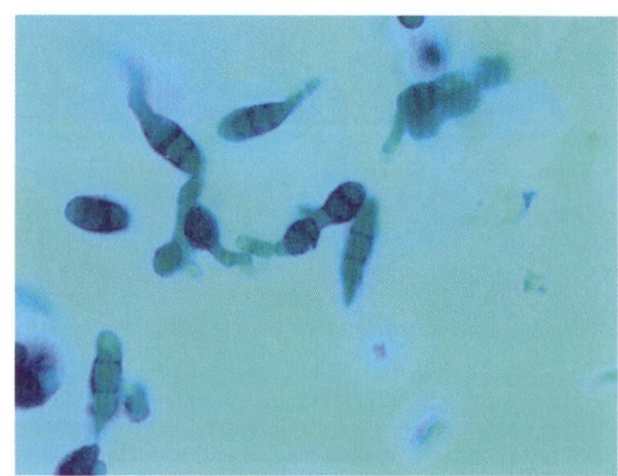

Bild 2-21: Myzelien, die durch das Verschmelzen mehrerer Sporen entstehen, sind robuster und erfolgreicher als Einzelkämpfer. Hier orientieren sich die Keimschläuche der Sporen zueinander, um ein Myzel zu bilden (Direktmikroskopie einer Putzprobe bei 600-facher Vergrößerung).

2.4 Andere Innenraumschadstoffe

In Innenräumen ist nicht nur Schimmel anzutreffen. Doch warum müssen wir uns damit auseinandersetzen? Stellen Sie sich vor, dass Sie einen

Wohnraum begutachten sollen. Nicht, weil dort Schimmel sichtbar ist, sondern weil die Bewohner über unspezifische Symptome klagen. Diese Beschwerden könnten auf einen Schimmelbefall hindeuten. Müssen sie aber nicht. Zahlreiche Innenraumschadstoffe führen zu ähnlichen Symptomen. Im Rahmen der Diagnostik werden Sie vermutlich Proben nehmen und dabei invasiv in das Bauteil eingreifen. Dabei sind Sie womöglich einer Exposition ausgesetzt, die auch Sie selbst gefährden könnte. Daher Augen auf! Hier ein paar Hinweise, was Sie neben Schimmelpilzen erwartet.

Die Historie eines Gebäudes hat nicht nur den einen oder anderen Feuchteschaden zu bieten und damit Potenzial für Schimmelwachstum. Auch spiegelt sich die Historie in mitunter nicht gleich zu erkennenden anderen Innenraumschadstoffen wieder. Früher innovative Baustoffe oder potente Insektizide können heute eine Gefahr für den Nutzer, aber auch für den Gutachter oder Sanierer darstellen.

Daher sollte in Bestandsimmobilien bei jeglicher Art von Probennahme oder geplanten Sanierungsarbeiten im Vorfeld überprüft werden, was sich neben Schimmel noch im Verborgenen befinden könnte. Das ist mitunter nicht einfach, aber kleine Hinweise helfen, das Gefährdungspotenzial einzuordnen.

Nur wenige Innenraumschadstoffe sind organoleptisch erfassbar: Die einen sind geruchlos, einige müssen sich erst im Organismus anreichern, um zu erkennbaren Symptomen zu führen und die nächsten sind nicht erkennbar, weil sie hinter Verschalungen oder in der Installation sitzen. Und wer kommt schon mit einem Sachverständigen für Innenraumschadstoffe zum Ortstermin für Schimmelpilzbefall?

Ob nun mit oder ohne Schadstoffgutachter – oftmals kann auch ohne große Einsicht in die Bauunterlagen (soweit diese überhaupt noch vorhanden sind) und ohne Probennahme abgeklärt werden, ob das Gebäude potenziell mit Innenraumschadstoffen belastet sein könnte. Nämlich mit einem Blick auf die Lebensgeschichte der Immobilie unter Einbeziehung geopolitscher Aspekte.

Bei der Begehung sollte etwas genauer hingeschaut und durchaus dem Bauchgefühl vertraut werden. Wie ist der erste Eindruck? Treten Befindlichkeitsstörungen auf? Riecht es vielleicht? Dann kann man auch schon mal einen Blick auf die Installation (Wasser, Wärme, Strom) werfen: Sehen die alt oder neu aus? Wurde die Gastherme vom Schornsteinfeger überprüft? Gibt es Wartungsprotokolle? Bei der Besichtigung des Dachstuhls sollte man auf Ausblühungen achten. Auch ein Blick auf herumliegendes Gerümpel ist notwendig. Lagern dort eventuell faserhaltige Dachsteine (Asbestverdacht)? Zudem sollte man sich anschauen, ob der Dachstuhl gedämmt wurde und sich die Frage stellen, ob und wie der Dachstuhl genutzt werden soll. Sind Klappen und Revisionsöffnungen vorhanden, sollte man in diese einen prüfenden Blick werfen. Was man bei der ersten Besichtigung nicht sehen kann, sind z. B. Schadstoffe, die maskiert oder eingehaust sind. Es besteht die Gefahr, dass diese, z. B. bei der Probennahme und bei den Sanierungstätigkeiten, freigesetzt werden.

Zwei wesentliche Faktoren beeinflussen eine potenzielle Schadstoffbelastung maßgeblich: Alter und Standort. Das Alter einer Bestandsimmobilie gibt Auskunft darüber, welche Bauepochen durchlaufen wurden. Jede Epoche zeichnet sich durch typische Baustoffe und Konstruktionsweisen aus. Beispiele dafür zeigt Bild 2-22. Viele der verwendeten Baustoffe wurden im Laufe der Zeit durch Sanierungen,

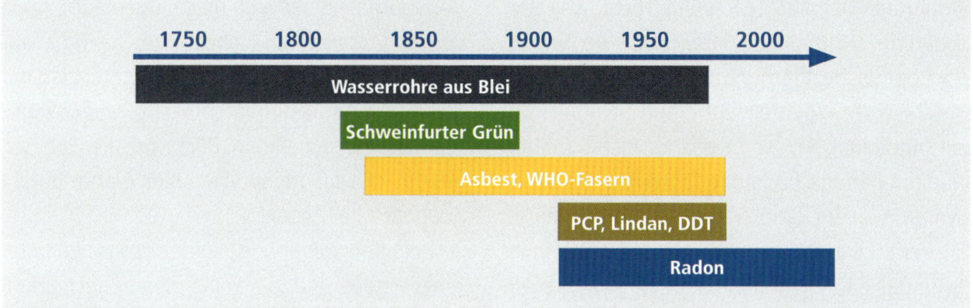

Bild 2-22: Innenraumschadstoffe lassen sich bestimmten Bauepochen zuordnen. Das Alter eines Gebäudes kann somit auf mögliche Belastungen hinweisen.

bauliche Veränderungen und Überarbeitungen verändert. Es wurden Installationen und Fenster getauscht und dadurch die bauphysikalischen Gegebenheiten verändert. Neben den baulichen Veränderungen der ursprünglichen Bausubstanz schlagen sich aber auch nutzungsbedingte Veränderungen in einer potenziellen Schadstoffbelastung nieder. Daher ist abzuklären, wie das Objekt genutzt wurde. Gab es eine Gewerbenutzung oder war die Bestandsimmobilie immer als Wohnhaus genutzt worden? Gab bzw. gibt es Schäden durch Havarien, Leckstellen oder Hochwasser? Auch kann das Alter Auskunft geben über potenziell verbaute Baustoffe oder eingebrachte Substanzen, die heute nicht mehr zugelassen sind oder aber aufgrund von Verboten bereits bei früheren Sanierungen entfernt und ausgetauscht wurden. Hintereinander gelistet ergibt sich somit eine Abfolge möglicher Innenraumschadstoffe.

Auch der Standort spielt bei einer potenziellen Abfolge von Innenraumschadstoffen eine große Rolle. So können schlichtweg politische Hintergründe ausschlaggebend sein, ob man mit einen bestimmen Innenraumschadstoff rechnen kann oder nicht. So gibt es grundlegende Unterschiede zwischen Immobilien in Ost- und Westdeutschland. Des Weiteren treten Belastungen durch natürlich vorkommende Radioaktivität (z. B. durch Radon) auf. Hier helfen Kartierungen, die z. B. vom Bundesamt für Strahlensicherheit

Bild 2-23: Auch der Standort verrät, welche Schadstoffe in Gebäuden auftreten können, hier am Beispiel der Radonkarte (Grafik: Bundesamt für Strahlenschutz, 2017).

herausgegeben werden, wie in Bild 2-23 dargestellt. Aber auch die Nähe zu bestimmten Firmen und die lokale Verbreitung von Baustoffen kann eine Rolle spielen ebenso wie lokale Bauweisen und klimatische Einflüsse. Auch hieraus ergibt sich eine Wahrscheinlichkeit für das Auftreten möglicher Innenraumschadstoffe.

Im Folgenden ist eine Auswahl an Innenraumschadstoffen dargestellt, die jeweils unter ihren historischen und geopolitischen Aspekten beleuchtet werden. Die Aufzählung ist keineswegs vollständig.

2.4.1 Blei

Den Reigen potenzieller Innenraumschadstoffe eröffnet ein Werkstoff, der bereits seit der Antike genutzt wird: das Blei. Blei war außerordentlich beliebt, weil das Metall leicht zu verarbeiten ist. Man kann es ohne großen technischen Aufwand schmelzen, gießen, walzen und löten. Damit konnte es bereits in Epochen genutzt werden, die technologisch wenig entwickelt waren. Bleirohre waren bereits bei den Römern bekannt [He, Ri1, Ro2], sind aber auch noch heute anzutreffen wie in Bild 2-24 zu sehen ist.

Alle Metalle unterliegen beim Wasserkontakt einer Oberflächenpassivierung durch die Ausbildung von Karbonat- oder Oxidschichten. Ohne Passivschichten geht Metall in Lösung. Die Ausbildung von Passivschichten ist wichtig, um Korrosion zu vermeiden. Solange diese Schichten noch nicht ausgebildet sind, kommt es nach dem Einbau neuer Rohre oftmals kurzzeitig zu Verfärbungen oder erhöhten Werten im Trinkwasser, heutzutage bspw. von Kupfer oder Eisen. Leider ist Blei unter bestimmten Bedingungen und abhängig von der Wasserqualität auch bei vorhandenen Karbonatschichten löslich: es migriert weiterhin ins Trinkwasser.

Bild 2-24: Abgetrennte Bleiwasserrohre in einem Kellergeschoss; gut erkennbar an der Wandstärke und dem großen Biegeradius

Berichtet wird über 0,2 bis 3 mg/l. Der Grenzwert für Blei im Leitungswasser liegt seit dem 1. Dezember 2013 bei 0,01 mg/l [TrinkwV].

Blei zeigt eine kumulative Wirkung und gilt bereits in geringen Dosen als chronisches Gift. Beschrieben wird hierbei eine Anreicherung in Knochen, Zähnen und im Gehirn, es beeinträchtigt die Funktionsfähigkeit des Nervensystems. Daraus ergibt sich eine besondere Gefährdung von Kindern. Sie können Intelligenz-, Lern- und Konzentrationsstörungen zeigen. Auch wird über eine erhöhte Infektanfälligkeit durch eine Schädigung des Immunsystems berichtet. Durch Blei wird die Blutneubildung gehemmt. In hohen Dosen können Koma und Kreislaufversagen die Folgen sein [Mo1, Ro2].

An Bleivergiftung starben zahlreiche Maler. Nicht weil sie einen Bleistift verwendeten, sondern weil sie mit Bleiweiß arbeiteten. Dieses Pigment ist auch heute noch in sehr alten Farbfassungen nachweisbar (vgl. Bild 2-25), wird aber heutzutage nicht mehr verwendet. Von Beethoven wird behauptet, er sei an mit Blei gepanschtem Wein gestorben, weil er aus Geiz billigen, sauren Wein getrunken habe, der mit sogenanntem Bleizucker, dem Blei-(II)-acetat, gesüßt war.

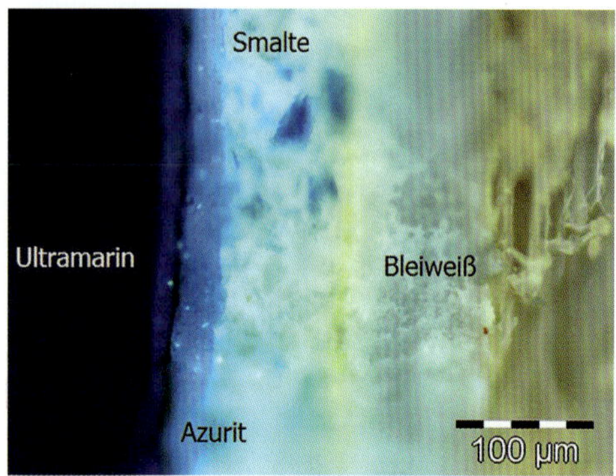

Bild 2-25: Historische Farbfassungen übereinander: Bleiweiß ist die älteste Fassung und stammt aus dem 16. Jahrhundert. Erkennbar ist dies auch an den jüngeren Fassungen, die sich genau zuordnen lassen, wenn man die Pigmente analysiert: Smalte wurde bis zum 17. Jahrhundert, Azurit im 18. Jahrhundert und Ultramarin wurde ab dem 19. Jahrhundert verwendet.

Bis 1973 wurden in Deutschland Bleirohre als Wasserleitung im Haus verbaut. Häuser, die nach 1974 gebaut wurden, sind nicht betroffen. Die meisten Bestandsimmobilien sind bereits umfangreich saniert, aber Schätzungen zufolge sind noch 10 bis 15 % der Haushalte mit veralteten Bleiinstallationen ausgerüstet. Es gibt einen klaren geopolitischen Aspekt, der die Identifikation einer potenziellen Bleiquelle in einer Immobilie erleichtert: So findet man kaum Bleirohre in Trinkwasserinstallationen im Süden, im Osten hingegen einen überdurchschnittlich hohen Anteil.

Bei einer Besichtigung sind Bleirohre an ihrer typischen Verarbeitung leicht erkennbar. Insbesondere die hohen Biegeradien (vgl. Bild 2-24) sind auffällig und auch für den Laien erkennbar [Test 2004].

2.4.2 Schwermetallhaltige Farben und Pigmente

Das nächste Beispiel zeigt, wie bereits vor fast 200 Jahren gesundheitliche und wirtschaftliche Interessen direkt aufeinanderprallten. Leider werden wir feststellen, dass sich dieser Konflikt auch in den folgenden Epochen wiederholte. Kommen wir zum Gift in der Tapete. Die Rede ist hier vom Schweinfurter Grün, ein Kupfer-II-Arsenitacetat mit der chemischen Formel $Cu(CH_3COO)_2 \cdot 3Cu(AsO_2)_2$. Erstmals synthetisiert um 1805 von Ignaz Edler von Mitis (1771–1842) kam es als Mitisgrün auf den Markt. Die technische Herstellung begann um 1805 in Kirchberg am Wechsel und so kam es zu einer Umbenennung in Kirchberger Grün. Zum Renner wurde das Schweinfurter Grün erst, als sich der Industrielle Wilhelm Sattler im unterfränkischen Schweinfurt der Sache annahm und das Pigment somit eine weitere Namensänderung erfuhr. Markteinführung war 1816, ab 1822 wurden Tapeten mit Schweinfurter Grün verkauft. Zunächst sah alles nach einer Erfolgsgeschichte aus. Das neue Farbpigment zeichnete sich durch ein besonders sattes, lichtechtes, beständiges Grün aus. Tapeten, Farben, Gardinen, Textilien, sogar Süßigkeiten wurden damit eingefärbt [An1, Sc4, Ri1, Ro2]. Noch heute vermitteln die Räume der Albertina in Wien einen Eindruck, wie die Raumgestaltung mit Schweinfurter Grün aussah.

Schon früh kamen gesundheitliche Bedenken auf. So kam es bereits 1837 zu einem Gesetz, das giftige Farbpigmente verbot, das aber auf Druck der Industrie wieder zurückgenommen wurde. 1844 erklärte Carl von Basedow in einer Veröffentlichung, dass *Penicillium brevicaule* (heute *Scopulariopsis brevicaulis*) aus leimgebundenem Schweinfurter Grün organische Arsenverbindungen freisetze, die über die Atemluft zu Vergiftungen führten. Natürlich rief das die Industriellen auf den Plan und so verfasste Carl Sattler (Sohn von Wilhelm Sattler) 1855 eine Gegenschrift, in der er den Behörden Panikmache vorwarf. Dennoch kam es in den Jahren von 1879 bis 1882 (hier gibt es unterschiedliche Angaben) zu einem Verbot des Schweinfurter Grüns als Farbe. Bis 1942 wurde Schweinfurter Grün jedoch als Pflanzenschutzmittel im Weinanbau genutzt [An1, Ro2].

Bis in die heutige Zeit gab es zahlreiche Versuche, die Giftigkeit nachzuweisen, aber es gelang erst 1933 Wissenschaftlern der Universität Leeds mit dem Nachweis von Trimethylarsin $As(CH_3)_3$, einem Derivat des tödlich giftigen Arsins AsH_3.

Als berühmteste Opfer galten einst Friedrich Schiller und Napoleon Bonaparte, jedoch wurde dies in beiden Fällen im Jahre 2008 widerlegt.

Die Liste giftiger Farbpigmente ist durchaus beachtenswert, wobei betont werden muss, dass es sich hierbei immer um künstliche Pigmente handelt, nicht etwa um farbige Erden oder Edelsteinmehle. Einige Beispiele seien hier aufgeführt: Lithodur/Elkadur, Zinkgrün, Chromgelb, Chromgrün, Chromorange, Chromrot, das bereits zitierte Bleiweiß, aber auch Bleimennige, Molybdatrot und Antimonweiß [Kl1, Sc4].

2.4.3 Natürliche und künstliche Mineralfasern

Vielleicht ist schon aufgefallen, dass die Aufzählung der Innenraumschadstoffe der Historie folgt. Hier kommen nun die Mineralfasern, angeführt von Asbest. Wer dies für einen modernen Baustoff hält und dabei lediglich an den Eternit-Skandal denkt, dem sei gesagt, dass Asbest bereits seit der Antike bekannt war und genutzt wurde. Die natürlichen, faserigen Silikate, wobei die Minerale Blauasbest (Krokydolith) und insbesondere Weißasbest (Chrysotil) als die technisch bedeutenderen gelten, sind in der REM-Aufnahme in Bild 2-26 dargestellt. Asbestfasern sind hitzebeständig und chemikalienresistent. Die technische Nutzung begann ca. 1820 in feuerfester Kleidung. 1900 erwarb der Österreicher Ludwig Hatschek das Patent für Eternit-Faserzement. Zwischen 1980 und 1990 wurden alle Eternit-Produkte auf asbestfreie Faserzuschläge umgerüstet. Asbestprodukte kamen als Faser/-Spritzzement, Dachplatten oder Dämmstoffe zum Einsatz, aber auch als Einbauten in elektrischen Geräten [Mo1, Ro2].

Bild 2-26: REM-Aufnahme von Asbestfasern [Foto: IGMHS-Rostock]

Bereits 1900 wurde Asbestose als Krankheit entdeckt. Die kritische Fasergeometrie ist der Grund für die gesundheitsgefährdende Wirkung, auch bei künstlichen Mineralfasern. Bei einer Faserlänge >5 µm und einem Durchmesser von <3 µm ist eine Einwanderung in die Alveolen der Lunge möglich und führt schon bei geringer Belastung zur Asbestose. Die lungengängigen Fasern verhaken sich in den Lungenbläschen und können durch die Makrophagen nicht abgebaut und auch nicht vollständig eingekapselt werden, was zu dauernden Entzündungsreaktionen führt. Dadurch erhöht sich das Risiko, an Lungenkrebs zu erkranken. Raucher tragen dabei sogar ein zehnmal höheres Risiko. So wurde bereits 1943 Lungenkrebs als Folge von Asbestbelastungen als Berufskrankheit anerkannt. Seit 1970 wird die Asbestfaser offiziell als krebserzeugend bewertet [WHO1999, WHO2005, BLU1].

1979 trat in der BRD ein Verbot von Spritzasbest in Kraft. Erst 1993 wurde jedoch ein generelles Verbot der Herstellung und Verwendung von Asbest in Deutschland ausgesprochen. Seit 2005 ist der Einsatz von Asbest EU-weit verboten.

Die besondere Gefährdung bei Asbest liegt in der Freisetzung von Asbestfasern durch die Bearbeitung, den Abrieb und die Verwitterung. Leicht zugängliche Asbestfasern im Spritzbeton bedeuten daher eine große Gefährdung, was Sanierungsarbeiten und hierbei sehr hohe Anforderungen an den Arbeits- und Objektschutz erfordert. Eine eher geringere Gefährdung geht vom Faserzement aus, solange dieser unbeschädigt bleibt.

Neben Asbest können auch künstliche Mineralfasern (KMF) zu den Innenraumschadstoffen zählen. Zu den künstlichen Mineralfasern im Innenraum zählen vor allem Glas- und Steinwolle als Dämmstoffe. Ob es sich um eine gesundheitsgefährdende Faser handelt, hängt sowohl von der Fasergeometrie als auch von der Zusammensetzung der Oxide ab. Wie bereits bei den Asbestfasern beschrieben, gelten Faserlängen >5 µm mit einem maximalem Durchmesser <3 µm und einem Verhältnis der Länge zum Durchmesser größer 3:1 als gesundheitsgefährdend. Diese Werte wurden 2005 in einem Konsenspapier der WHO vorgestellt, in dem die Gesundheitsgefahren für Asbest und andere Mineralfasern zusammenfassend dargestellt sind [WHO1999, WHO2005].

Die Beurteilung der Gefährlichkeit erfolgt zudem über die Bestimmung des Kanzerogenitätsindexes (KI-Wert). Der KI-Wert wird ermittelt aus der Differenz der Massegehalte der Oxide von den Elementen Natrium (Na), Kalium (K), Bor (B), Kalzium (Ca), Magnesium (Mg), Barium (Ba) abzüglich des Zweifachen des Aluminiumoxidgehaltes (Al_2O_3). Anschließend erfolgt eine Einteilung in Kategorien: Die Kategorie 1b hat einen KI-Wert <30 und umfasst Stoffe, die als krebserzeugend beim Menschen angesehen werden. Bei der Kategorie 2 liegt der KI-Wert zwischen 30 und unter 40 und umfasst Stoffe, die wegen möglicher krebserregender Wirkung beim Menschen Anlass zur Besorgnis geben. Über diese liegen jedoch nicht genügend Informationen vor, sodass gegenwärtig keine befriedigende Beurteilung möglich ist. Glasige Fasern mit einem KI-Wert >40 werden als nicht krebserzeugend eingestuft und müssen auch nicht kategorisiert werden [BLU1]. Bild 2-27 zeigt ein Beispiel für künstliche Mineralfasern (KMF). Die meisten KMF zeigen Eigenfluoreszenz und sind deshalb gut in Staub- oder Luftproben nachweisbar.

Auch hier lässt sich in der Zeitachse ein wichtiges Datum markieren: Ab 1996 wurden nach Produktionsumstellungen nur noch »unschädliche« Fasern verbaut. Wer also herausfindet, dass die Dämmmaßnahmen nach 1996 vorgenommen wurden, hat schon mal ein Problem

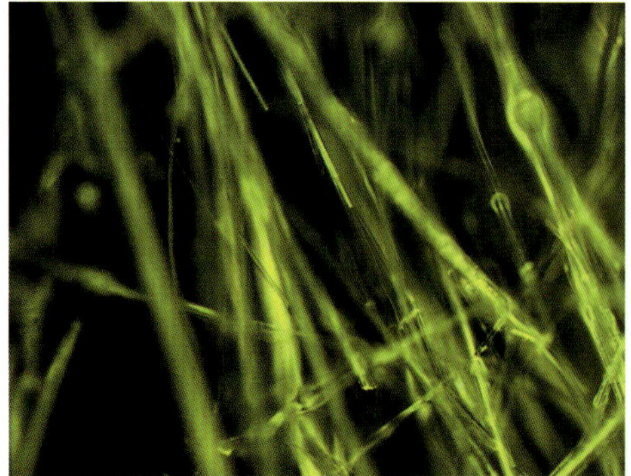

Bild 2-27: Mineralfasern unter UV-Anregung bei 600-facher Vergrößerung; diese Probe enthält WHO-Fasern

weniger, denn er kann davon ausgehen, dass keine WHO-Fasern verbaut wurden.

2.4.4 Holzschutzmittel

Immer wieder ein Problem in Innenräumen sind Wirkstoffe, die zwar hochpotent in ihrer Schutzwirkung sind, aber auch aufgrund ihrer Gesundheitsgefährdung traurige Berühmtheit erlangten. In einer Aufzählung wie dieser dürfen Pentachlorphenol (PCP), Lindan und DDT nicht fehlen. Diese Wirkstoffe wurden nicht nur als Holzschutzmittel wie in Bild 2-28 und in Bild 2-29, sondern auch als Biozid bei der Konservierung von Bedarfsgegenständen und Textilien (z. B. in Museen) eingesetzt. Bei diesen drei Wirkstoffen sind ebenfalls klare geopolitische Aspekte erkennbar. Während in Westdeutschland vor allem PCP eingesetzt wurde, verwendete man in der DDR vorwiegend Lindan. Bei den Liegenschaften der US-Armee ist vor allem DDT nachweisbar [BLU2].

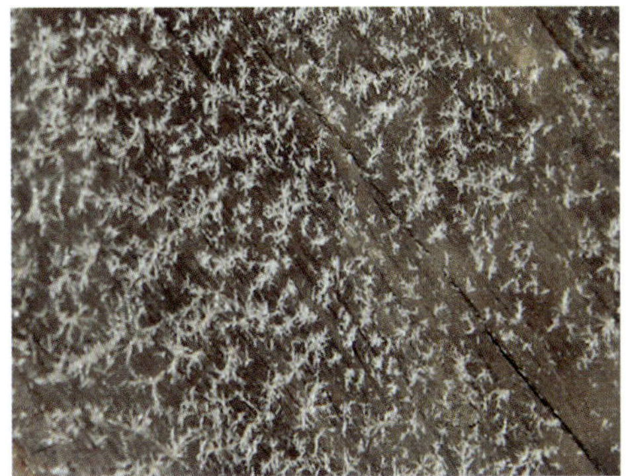

Bild 2-28: Holzschutzmittel kristallisieren an der Oberfläche aus. Eine Belastung ist somit bereits mit bloßem Auge erkennbar. [Foto: Detlef Krause]

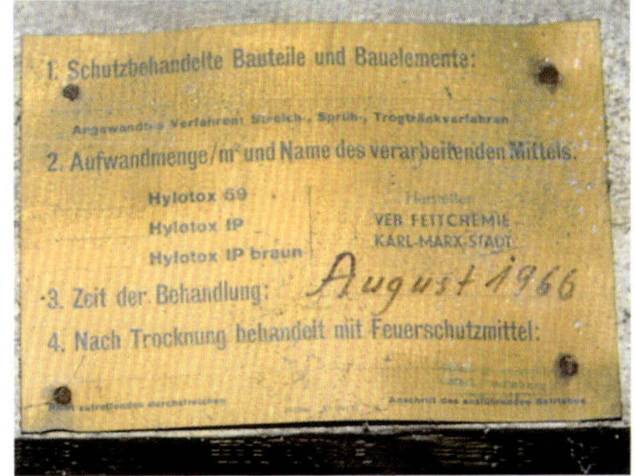

Bild 2-29: Holzschutzmittelanwendungen müssen gekennzeichnet sein. Eine Marke am Balken kann ein Hinweis auf eine Holzschutzmittelbelastung sein, auch wenn keine Kristalle vorhanden sind. [Bildquelle: Detlef Krause]

Pentachlorphenol PCP, PCP-Na

PCP bzw. das dazugehörige Natriumsalz ist ein chloriertes Phenolderivat mit starker fungizider und pestizider Wirkung. Es ist persistent in der Umwelt. Die Halbwertszeit, also der Zeitraum, indem sich eine vorhandene Konzentration halbiert, beträgt ca. sechs Jahre. Es bildet farblose Nadeln und ist leicht flüchtig. Die Dampfdichte nimmt mit der relativen Feuchte zu. Erhöht sich, z. B. bei der Nutzung eines Dachstuhls, die Feuchtigkeit, kann die Flüchtigkeit des PCPs zunehmen. Die Sättigungskonzentration liegt bei ca. 220 $\mu g/m^3$.

Erstmals wurde PCP um 1841 synthetisiert. Seit den 1930er-Jahren wird es kommerziell genutzt. Berühmt für seinen Einsatz als Holzschutzmittel wurde es aber auch in der Konservierung von Leder und Textilien eingesetzt, was zahlreichen Museen noch heute große Probleme beschert. Es wurde aber auch als Reifemittel für Baumwolle und in der Papierherstellung zur Schleimbekämpfung verwendet [Ro2].

Als hochtoxisch werden vor allem die Verunreinigungen wie Dioxine und Furane eingeschätzt. Im Tierversuch ist PCP krebserregend, beschrieben wird zudem der Eingriff in die zelluläre Atmungskette. Akute Wirkungen sind

Stoffwechsel- und Kreislaufstörungen, Herzrasen, Bewusstlosigkeit, Muskelkrämpfe und Erbrechen. Chronische Wirkungen sind nur schwer auszumachen, da das Beschwerdebild schwer differenzier- und nachweisbar ist. Vornehmlich werden Hauterkrankungen und Erschöpfungszustände mit einer chronischen PCP-Vergiftung in Verbindung gebracht [Da1].

Im Jahr 1989 wurde die Herstellung, das Inverkehrbringen und die Verwendung von PCP bzw. Na-PCP mit Konzentrationen von mehr als 1 mg/kg Zubereitung verboten, außerdem von behandelten PCP-haltigen Erzeugnissen mit mehr als 5 mg/kg Zubereitung [PCP-Verordnung]. Ausgenommen sind wissenschaftliche Zwecke und toxikologische Untersuchungen. Ebenso ausgenommen sind Holzbestandteile von Gebäuden und Möbeln sowie Textilien, die vor dem 23.12.1989 mit PCP-haltigen Zubereitungen behandelt wurden. Deshalb sind auch noch einige Altlasten zu finden, auch wenn PCP nicht mehr verwendet wird. 1996 kam dann die PCP-Richtlinie, die dann 2003 in die Chemikalien-Verbotsverordnung überging [BLU2, LAGUS].

Gamma-Hexachlorcyclohexan (HCH)

Auch Gamma-Hexachlorcyclohexan (HCH), bekannt unter dem Namen Lindan, bildet farb- und geruchslose Kristalle. Die Sättigungskonzentration in der Luft bei 20 °C liegt bei ca. 500 µg/m³, also deutlich höher als bei PCP. Lindan ist sehr gut in organischen Flüssigkeiten löslich und besitzt eine vergleichsweise hohe Flüchtigkeit. Es lagert sich sehr stark an den Hausstaub sowie an den Wänden, Textilien und Inneneinrichtungsgegenständen sowie Lebensmitteln ab und ist deshalb auch fast immer in der Staubkonzentration nachweisbar [Ro2, Da1, LAGUS].

Lindan ist das am häufigsten eingesetzte Insektizid im Holzschutz. Erstmals 1825 hergestellt, erfolgte dann 1925 ein Scale up, also eine (groß)technische Synthese. Die technische Nutzung begann schließlich ab 1935. In den frühen 1940er-Jahren wurde Lindan erstmals großflächig zur Bekämpfung landwirtschaftlicher Schädlinge und in der Medizin gegen Krätze eingesetzt. Technisches HCH enthielt herstellungsbedingt die giftigeren Isomere α-HCH und β-HCH, aber lediglich das γ-Isomer (Lindan) ist wirksam. Seit 1977 ist technisches HCH als Pflanzenbehandlungsmittel in der BRD verboten. Im Holzschutz wurde noch bis 1975 technisches HCH eingesetzt und erst später durch reines Lindan ersetzt.

Lindan bzw. alle HCH-Isomere werden über die Atmung, den Magen und die Haut aufgenommen. Eine erhöhte Gefahr besteht durch die vergleichsweise leichte Aufnahme über die Haut. Lindan ist ein Nervengift. Bei chronischer Exposition kommt es zur Einlagerung in die Muttermilch, das Blutplasma, das Körperfett, das Knochenmark und das Zentrale Nervensystem. So waren Knochenmarkschädigungen in der ehemaligen DDR als Berufskrankheit anerkannt [Ba5, LAGUS].

Lindan wurde ab 1984 nicht mehr in der BRD und ab 1989 auch nicht mehr in Ostdeutschland hergestellt, ist aber für einzelne Anwendungen nach wie vor zugelassen.

Dichlordiphenyltrichlorethan (DDT)

Auch DDT ist eine farblose, kristalline, geruchlose Verbindung. Es zeichnet sich durch einen geringen Dampfdruck aus, dennoch können hohe DDT-Konzentrationen in der Luft erreicht werden. DDT zeigt eine geringe Löslichkeit in Wasser, ist aber gut in Aceton und Cyclohexan löslich. Technisches DDT ist herstellungsbedingt wiederum eine Mischung der Isomere p,p'-DDT (ca. 77 %), o,p'-DDT (ca. 15 %) und der Abbauprodukte DDE

(Dichlordiphenyldichlorethen) und DDD (Dichlordiphenyldichlorethan), wobei im Wesentlichen nur das p,p'-DDT wirksam ist, jedoch das DDD als hochtoxisch gilt [Ba5, LAGUS].

Bereits 1874 synthetisierte Othmar Zeidler zum ersten Mal DDT. 1939 entdeckte Paul Hermann Müller die insektizide Wirkung der Verbindung. Er wurde 1948 dafür mit dem Nobelpreis in Medizin geehrt. Unter der Produktbezeichnung Gerasol und Neocid kam DDT ab 1942 auf den Markt. Von 1946 bis 1972 war es das meistgenutzte Insektizid, insbesondere bei der Bekämpfung der Malaria durch Abtötung der Anopheles-Mücke. Für diesen Einsatz ist DDT auch noch heute zugelassen [Ro2].

Insbesondere bei der US Army wurde es massiv zur Entlausung etc. eingesetzt. In der Land- und Forstwirtschaft gab es 1983 und 1984 nochmals einen DDT-Boom, als große Mengen zur Bekämpfung des Borkenkäfers ausgebracht wurden.

DDT ist stark umweltpersistent und adsorbiert an Boden- und Staubpartikeln. Es akkumuliert im Fettgewebe von Tieren und reichert sich auf diese Weise in der Nahrungskette an. DDT ist sowohl für Menschen und als auch für Tiere neurotoxisch und wirkt als endokriner Disruptor, d. h. es kann eine hormonelle Wirkung entfalten. Der Verdacht auf mutagene und kanzerogene Wirkung konnte nicht ausreichend bestätigt werden, aber Studien zeigen, dass DDT eine Tumorbildung stimulieren kann [Sc8].

Die Produktion, Verbreitung und Anwendung von DDT sind in der BRD seit 1972 verboten. In der DDR gab es ab 1971 eine eingeschränkte Verwendung bis im Jahr 1988 DDT auch hier nicht mehr verwendet wurde. Die Stockholmer Konvention aus dem Jahr 2004 legt fest, dass DDT nur noch zur Bekämpfung krankheitsübertragender Insekten eingesetzt werden darf.

Bei allen hier vorgestellten Holzschutzmitteln können eindeutige geopolitische Aspekte festgemacht werden. In der DDR dominierten die Produkte Hylotox 59 (DDT, Lindan), Hylotox IP braun (PCP, DDT, Lindan) und Hylotox S (Pentachlorphenolnatrium). In der BRD waren es die Produkte Xylamon und Xyladecor (PCP und Lindan). Wer eine ehemalige Liegenschaft der US-Army erwerben möchte, dürfte dort erhebliche Anteile an DDT vorfinden. Es ist auch nicht verwunderlich, wenn die DDT-Werte immer am höchsten sind, denn es gibt eine Abhängigkeit in der Wirkdosis, die ungefähr wie folgt beschrieben werden kann:

PCP : Lindan : DDT = 1:3:10, d. h. um die gleiche Wirkung wie beim PCP zu erzielen, braucht man das Dreifache an Lindan und das Zehnfache an DDT [DA1, LAGUS, SMMV].

2.4.5 Radon

Wir nähern uns den modernen Innenraumschadstoffen. Dabei muss natürlich ausgeführt werden, dass das radioaktive Edelgas Radon nicht erst seit dem 20. Jahrhundert besteht. Natürlich gab es schon immer Radon-Vorkommen, nur waren diese nicht nachweisbar bzw. unbekannt und spielten bei früheren Bauweisen vermutlich einfach keine Rolle.

Radon ist in allen Isotopen radioaktiv. Ursache für das Vorkommen und die Anreicherung in Häusern ist hauptsächlich das im Boden gebildete Radon-222 aus dem im Gestein vorhandenen Radium (Zerfallsprodukt des Urans). Damit ist Radon nicht nur ein Problem der Bestandsimmobilien, sondern auch der Neubauten.

Radon hat trotz seiner noch jungen Entdeckung eine bewegte Historie. Entdeckt wurde es 1900 von Friedrich Ernst Dorn. Dieser nannte es Radium-Emanation, als das »aus Radium Herausgehende« [Do2]. Im Jahr 1908 isolierten William Ramsay und Robert Whytlaw-Gray eine ausreichende Menge des Gases und nannten es Niton, weil es leuchtete. Erst 1923 wurden die Bezeichnungen Radium-Emanation und Niton durch den Begriff Radon abgelöst.

Die Radonbelastung ist regional sehr unterschiedlich ausgeprägt. Regional erhöhte Belastungen sind z. B. häufig im Zusammenhang mit Uran-Lagerstätten zu finden. Hierzu haben Bund und Länder eine Radonkarte (siehe Seite 38) für Deutschland herausgebracht, welche die einzelnen Belastungen in Deutschland anzeigt [BMU, Ra1].

Radon dringt durch Gebäudeundichtigkeiten ein und reichert sich an. Bei einem ausreichenden Luftwechsel ist das kein Problem, die zunehmende Luftdichte der Gebäude, von der Neubauten stärker als Bestandsimmobilien betroffen sind, erschwert jedoch die Lüftung und somit die Verdünnung der Isotope (siehe Bild 2-30). Daher ergeben sich besondere Anforderungen an Konstruktion und Lüftungseinrichtungen in gefährdeten Gebieten. Hierzu haben die Ministerien der betroffenen Bundesländer sehr anschauliche Leitfäden herausgebracht.

Die Gesundheitsgefährdung durch Radon ist vor allem in der Inhalation der Isotope und Zerfallsprodukte zu sehen. Bei Anreicherung in der Innenraumluft werden Radon-222 und Zerfallsprodukte mit der Atemluft eingeatmet. Beim Zerfall des Radons entsteht ionisierende Strahlung. Allein die Inhalation macht ca. 30 % der gesamten Belastung der Bevölkerung durch ionisierende Strahlung aus. In der Lunge zerfallen sie weiter unter Aussendung von α- und

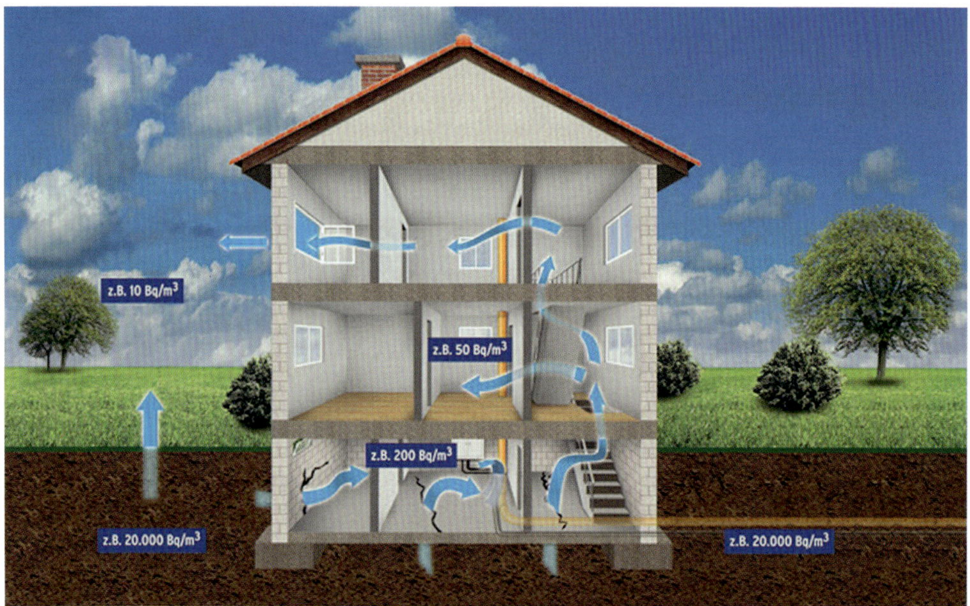

Bild 2-30: Radonbelastungen sind natürlichen Ursprungs. Radon durchdringt feinste Öffnungen oder Spalten in Bauwerken und reichert sich in Innenräumen an. Lüftungsanlagen und radongerechtes Bauen sind Voraussetzung, um Belastungen zu reduzieren (Grafik: Bundesamt für Strahlenschutz).

β-Strahlung. α-Teilchen haben eine hohe Teilchenenergie. Die biologische Strahlenwirkung von α-Strahlen ist gegenüber β- und γ-Strahlung erheblich größer (etwa 20-fach), sodass lokal erhebliche Zellschädigungen verursacht werden, die schließlich zu Lungenkrebs führen können [WHO2010, Sc8].

Eine ausreichende Reduzierung der Radon-Konzentration kann oft schon mit so einfachen Maßnahmen wie kurzes, intensives Lüften (Stoßlüften) erreicht werden. Als Entscheidungsgrundlage für Maßnahmen sollten Ergebnisse von Langzeitmessungen dienen. Die Messdauer sollte mindestens sechs Monate, besser ein Jahr betragen. Kurzzeitmessungen von wenigen Stunden oder Tagen sind im Allgemeinen für Sanierungsentscheidungen nicht geeignet. Zur Unterbrechung von Eintrittspfaden des Radons aus dem Gebäudeuntergrund in die Häuser ist beim Neubau das Einbringen einer gegenüber dem Baugrund durchgängig radondichten Schicht, die auch die Wände einbezieht, effektiv und preiswert. In bestehenden Häusern ist diese Maßnahme oft nur begrenzt möglich oder technisch sehr aufwendig [BfS2016, BfS2011].

2.4.6 PAK und SVOC

Doch damit ist die Bandbreite an Innenraumschadstoffen, die uns bei Feuchteschäden begegnen können, noch lange nicht erschöpft. Die Polyzyklischen Aromatischen Kohlenwasserstoffe (PAK) finden sich zum Beispiel im schwarzen Kleber unterm Parkett oder in teerartigen Überzügen auf Holz (siehe Bild 2-31). Unter PAK versteht man Kohlenwasserstoffe in Ringform (das sind die Aromaten), von denen mehrere miteinander verbunden sind (kondensiert). Chemisch gesehen sind es überwiegend neutrale, unpolare Feststoffe. Viele zeigen Fluoreszenz, wodurch sie in Materialproben auch durch UV-Mikroskopie festgestellt werden können [Ro2]. PAK sind nur sehr gering wasserlöslich; mit zunehmender Anzahl kondensierter Ringe nehmen Flüchtigkeit und Löslichkeit (auch in organischen Lösungsmitteln) ab. Zahlreiche PAK sind nachweislich karzinogen, also krebserregend [UBA 2016, Sc8, WHO2010], daher gibt es EU-Grenzwerte für Verbraucherprodukte, die auf den sogenannten 16 EPA-PAK, von denen sechs krebserregend sind, basieren [EU1272, BfR2010]. Beim Umgang mit PAK-belasteten Materialien ist der Arbeitsschutz strikt durch Einhaltung der

Bild 2-31: PAK sind häufiger nachzuweisen als gedacht.

VOC / MVOC / SVOC

PAK (Polyzyklische Aromatische Kohlenwasserstoffe): PAK sind überwiegend neutrale, unpolare Feststoffe mit geringer Wasserlöslichkeit. Viele zeigen Fluoreszenz. Zahlreiche PAK sind nachweislich krebserregend. (Vorkommen: Erdöl, Kohle, teerhaltige Produkte, Gummi)

VOC (Volatile Organic Compounds): leicht flüchtige organische Stoffe, deren Siedepunkt in einem Bereich von ca. 50 bis 260 °C liegt (Beispiele: Aldehyde, Alkane, Aromaten, Siloxane)

MVOC (Microbially Volatile Organic Compounds): leicht flüchtige Stoffe, die durch mikrobielle Aktivität entstehen und somit auch im Zusammenhang mit der Stoffwechselaktivität von Schimmelpilzen gesehen werden (Beispiele: Dimetyldisulfid, Isobutanol, 1-Octen-3-ol, 3-Methyl-1-Butanol, 3-Methylfuran, 3-Octanon)

SVOC (Semi Volatile Organic Compounds): schwer flüchtige Verbindungen, deren Siedepunkt zwischen 240 und 400 °C liegt (Beispiele: Weichmacher, Holzschutzmittel wie DDT, PCP, Pyrethroide, PCB, PAK und Flammschutzmittel)

Technischen Regel für Gefahrstoffe TRGS 551 [TRGS551] umzusetzen. Dabei wird als Leitsubstanz im Arbeitsschutz das Benzoapyren (aBAP) bewertet.

PAK haben ihren natürlichen Ursprung in Erdöl und Kohle, sind aber insbesondere in den weiteren Verarbeitungsstadien, wie z. B. in teerhaltigen Produkten oder Gummi, zu finden [Ro2]. Heute noch finden wir PAK als Kleber unter Holzfußböden und als Trennpapier in Estrichen, im Gussasphaltestrich und Asphaltfußbodenplatten. PAK-haltige Substanzen wurden außerdem in Bauwerksabdichtungen wie Dach- und Dichtungsbahnen, Teerpappen sowie in Anstrichen für erdberührte Bauteile und als Horizontalsperre im Mauerwerk verwendet. Aber auch teergebundene Korkdämmplatten und Backkorkplatten sind noch in manchem Kühlraum versteckt [UBA2016]. Außerdem enthalten das Holzschutzmittel Carbolineum und einige Spachtelmassen hohe PAK-Anteile.

Aufgrund der hohen gesundheitlichen Relevanz sind teerhaltige Produkte seit 1970 verboten. Fußbodenkleber enthielten noch bis ca. 1980 PAK. Jedoch waren noch bis 1990 PAK-haltige Holzschutzmittel zulässig. Verunreinigungen sind aufgrund des Herstellungsprozesses nicht vollständig vermeidbar, sodass bei kohle- oder erdölbasierten Bauprodukten gegebenenfalls eine Überprüfung erfolgen sollte [BfR2010].

Neben den PAK sind auch die sogenannten SVOC (siehe Infokasten VOC/MVOC/SVOC auf Seite 48) zu berücksichtigen. Während MVOC die leichtflüchtigen organischen Substanzen aus mikrobieller Stoffwechselaktivität sind, sind SVOC semi- oder schwerflüchtige Kohlenwasserstoffverbindungen und haben vergleichsweise sehr große Moleküle, die aufgrund ihrer physikalischen Eigenschaften temperaturabhängig als Gas oder Partikel auftreten können. Allen gemeinsam ist ein Flammpunkt bei einer Temperatur zwischen 240 bis 400 °C [Ro2].

SVOC haben einen geringen Dampfdruck und sind sehr häufig durch Adsorption an Staubpartikeln, Möbeln und Textilien nachweisbar. Das ist aber nicht der Ursprungsort dieser Verbindungen, sondern sie stammen aus Bauprodukten wie Dämmstoffen oder anderen behandelten Bauteilen. Bekannte Vertreter sind Dioxine, Furane, aber auch die bereits beschriebenen Holzschutzmittel sowie Herbizide und Pestizide wie z. B. Pyrethroide. Ebenso zählen Weichmacher wie Phthalate oder Flammschutzmittel hierzu.

Als Flammschutzmittel wurden häufig die polychlorierten Biphenyle (PCB) eingesetzt. Auch Anstrichen waren sie zugesetzt. Zu finden sind sie außerdem in elektronischen Baugruppen wie Kondensatoren. Seit 1989 dürfen sie nicht mehr eingesetzt oder in den Verkehr gebracht werden, dennoch sind sie in einzelnen Bauteilen oder Produkten noch nachweisbar und müssen entsprechend bewertet und entsorgt werden. Hier sind Regelungen der Länder zu berücksichtigen [PCB-Richtlinie], aber auch Grenzwerte in den Verbraucherprodukten einzuhalten.

Bei den SVOC steht die toxische Wirkung im Vordergrund [Sc8, WHO2010], insbesondere die lungengängigen Partikel gelten als Auslöser des Sick Building Syndroms, bekannt sind aber auch kanzerogene und hormonelle Wirkungen [Ro3]. Es wird einigen SVOC die Entstehung des Fogging-Phänomens zugewiesen. Da die SVOC eine sehr große Substanzgruppe umfassen, ist eine Eingrenzung oft nicht möglich. Wer sich mit dieser Gruppe an Innenraumschadstoffen auseinandersetzen muss, braucht neben einer guten Spürnase auch ein gutes Labor, um alles zu erfassen, was einem da begegnen könnte. Um den Laboraufwand in Grenzen zu halten, empfiehlt es sich, typische Leitsubstanzen zuerst zu erfassen, um sich dann gegebenenfalls in eine tiefere Analytik zu begeben.

Umgang mit Innenraumschadstoffen

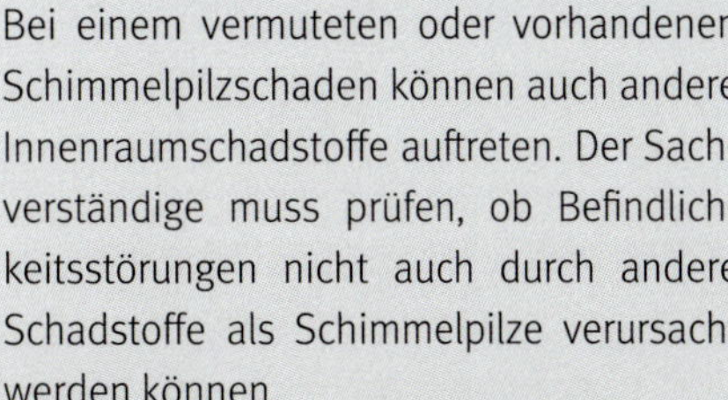

Bei einem vermuteten oder vorhandenen Schimmelpilzschaden können auch andere Innenraumschadstoffe auftreten. Der Sachverständige muss prüfen, ob Befindlichkeitsstörungen nicht auch durch andere Schadstoffe als Schimmelpilze verursacht werden können.

Viele Innenraumschadstoffe sind auf den ersten Blick nicht erkennbar!

Alter, Lage, Bauwerkshistorie und Nutzung eines Gebäudes können Hinweise auf Schadstoffe geben. Werden Schadstoffe vermutet, sind Analysen durch Sonderfachleute anzufordern.

Innenraumschadstoffe gefährden auch die Gesundheit der Sanierer. Es ist zu deshalb zu prüfen, ob erhöhte Anforderungen an den Arbeitsschutz bestehen.

3 Ursachen von Feuchteschäden

Was wir an mikrobiologischen Vorgängen an und in Bauwerken und Bauteilen beobachten können, ist immer an das Auftreten von Feuchtigkeit gebunden. Ohne Wasseraktivität ist mikrobielles Wachstum nicht möglich. Auf vielfältige Weise kann aufgrund von Wasser ein Feuchteschaden entstehen. Meist greifen viele Ursachen ineinander. Für das Schimmelwachstum ist es letztlich nur wichtig, dass Wasser in ausreichender Menge mikrobiell verfügbar ist. Der Sachkundige oder Sachverständige hingegen muss herausfinden, wo das Wasser herkommt, wenn er eine Bewertung der Schadensursachen vornehmen und deren Beseitigung erreichen will. Wir kommen später noch dazu festzustellen, dass dieses hehre Ziel nicht immer erreicht werden kann. Nichtsdestotrotz ist es wichtig, sich mit den klassischen Feuchteschäden und den jeweils richtigen Maßnahmen auseinanderzusetzen, die anschließend ergriffen werden müssen. Richtig sind in diesem Zusammenhang immer Maßnahmen zur Vermeidung weiterer Schäden an der Bausubstanz sowie zur Vermeidung von Erkrankungen beim Nutzer oder Sanierer.

Es hat sich gezeigt, dass die Unterscheidung zwischen einem Ad-hoc-Ereignis und einem latenten Feuchteeintrag hilfreich ist, um mikrobielle Aktivität und Sanierungsmaßnahmen schnell einschätzen zu können. Im Folgenden widmen wir uns einigen Beispielen.

3.1 Wasserschäden: Lecks in der Installation, Hochwasser, Fäkalwasser

Fangen wir an mit dem klassischen Fall des Ad-hoc-Wasserschadens. Er zeichnet sich dadurch aus, dass innerhalb kürzester Zeit eine enorme Wassermenge in den Baukörper eindringt. Was danach passiert, ist erheblich von der Qualität des eindringenden Wassers abhängig. Handelt es sich um einen Rohrbruch mit einem Trinkwasserschaden, der mit geringer mikrobieller Belastung und nur wenig Nährstoffeintrag einhergeht, ist dies, wenn schnell gehandelt wird, der optimale Anwendungsfall für die Bauteiltrocknung. Die Wasseraktivität wird zügig reduziert, Schimmel kann gar nicht oder in nur geringem Ausmaß entstehen. Verzögert sich die Bauteiltrocknung, dann kann daran nochmals das Thema Sukzession beobachtet werden: Zunächst dominieren Bakterien das Befallsgeschehen, die besser mit den sehr hohen Wasseraktivitäten der nassen Bauteile klarkommen als Pilze. Trocknet das Bauteil ab, durchläuft es zunächst die Wasseraktivitäten der Pilze mit einem hohen Feuchteanspruch, bis es dann auf a_W-Werte absinkt, die den xerophilen Pilzen genügen (Bild 3-1).

Anders verhält es sich, wenn fäkalhaltiges Wasser entweder bestimmungswidrig austritt, also nicht in der üblichen Richtung das Klo verlässt oder aber Abwasserrohre platzen. Auch hier wird in kurzer Zeit eine enorme Menge Wasser freigesetzt, das Unmengen von Bakterien, Protozoen, Würmern und Viren enthält. Der Nährstoffgehalt ist demzufolge sehr hoch und zugleich ist mit zahlreichen Krankheitserregern

Bild 3-1: Ein frischer Wasserschaden vom Wochenende, am Montag entdeckt und gleich geöffnet. Ursache ist ein Leck in der Spüle der Einbauküche. Das ausgetretene Wasser ist in die Leichtbauwände aufgestiegen. Die Dämmung ist stark durchnässt und es besteht die Gefahr, dass Schimmelpilze und Bakterien zu einem Befall führen.

zu rechnen [Ha2, Me20]. Handelt es sich lediglich um eine Pfütze auf den Fliesen, reicht eine Grundreinigung der Oberfläche aus. Sind jedoch tiefe Bauteilschichten betroffen, sollte sowohl aus hygienischen als auch geruchlichen Gründen ein Ausbau der betroffenen Bauteile und Materialien vorgenommen werden [VDB1] (Bild 3.2).

Schwieriger gestaltet sich der Umgang mit Hochwasser. Hier ist wie beim Fäkalwasser aus der Installation von einer erhöhten Gesundheitsgefährdung durch Krankheitserreger auszugehen, da man nicht wissen kann, was durch das Hochwasser schon alles überschwemmt wurde: die Kanalisation, aber auch Friedhöfe, Felder, Ställe und nicht zu vergessen Chemieanlagen oder auch Heizöltanks in der Nach-

Bild 3-2: Wasser im Fußbodenaufbau: Die Dämmung ist durchnässt und verfärbt.

Bild 3-3: Doppelhaushälfte nach Hochwasser mit zusätzlicher Kontamination durch Heizöl [Bildquelle: Wolfgang Böttcher]

barschaft [Ha2, UBA2017]. Demzufolge können auch Chemikalien, wie z. B. Mineralische Kohlenwasserstoffe, das Mauerwerk kontaminieren, die durchaus gefährlich sein können. Eine Sanierung belasteter Mauerwerke ist möglich und kann auch technisch umgesetzt werden, jedoch ist in den allermeisten Fällen der Ausbau die sinnvollste Maßnahme [Ha2]. Widerspruch ist an dieser Stelle erlaubt: Natürlich kann man nicht einfach den Keller oder die Bodenplatte austauschen. Hier wurden nach leidvollen Hochwassererfahrungen der letzten Jahre Verfahren entwickelt, die eine akzeptable Sanierung ermöglichen. Dazu kommen wir später (Bild 3-3).

In die Gruppe der Ad-hoc-Wasserschäden gehören auch Schäden durch Starkregenereignisse. Wenn das Oberflächenwasser nicht abfließen kann, weil Drainage fehlt oder im stark ansteigenden Grundwasserpegel unwirksam wird, kann bei fehlender oder unzureichender Abdichtung Wasser in Kellerwände eindringen und kapillar in den Bauteilen aufsteigen. In Bild 3-4 kann nachverfolgt werden, wie aus einer Durchfeuchtung ein Schimmelschaden wird: Zwischen dem Zustand in Bild A und dem in Bild B liegen 14 Tage im Juli. Bild C zeigt die Schadensursache.

Bild 3-4: Eine kleine feuchte Stelle an der Wand über der Fußleiste...

Bild 3-4 (Fortsetzung): ...kann sich in wenigen Tagen in einen Schimmelschaden B verwandeln, wenn das Haus aufgrund von Starkregenereignissen nasse Füße bekommt C.

3.2 Bauschäden und Mängel als Ursache

Eine weitere Ursache für Feuchtigkeit im Baukörper sind Bauschäden oder Mängel in der Bauausführung. Undichtigkeiten am Dach oder an der Fassade, eine mangelhafte Abdichtung erdberührter Bauteile und undichte Fassaden führen dazu, dass Feuchte eintreten kann. Das sind mitunter nur kleine Mengen, doch der Zeitraum von der Schadensentstehung bis zur Behebung ist hier entscheidend [Me13]. Sehr häufig führt der latente Wassereintrag zu einer kompletten Durchfeuchtung der Bauteile. Temperatur- und Konzentrationsgradienten folgend sucht das Wasser seine Verdunstungszone. In der Regel ist das dann die raumseitige Wandoberfläche, an der wir dann auch den Schimmel feststellen können. Denn dort bestehen die notwendigen Feuchtevoraussetzungen für mikrobielle Aktivität, wie Bild 3-5 an verschiedenen Beispielen zeigt.

Schon bauliche Mängel, die für sich genommen noch keine Schäden, sondern ledig-

Bild 3-5: Schimmelpilzschäden entstehen häufig infolge von Bauschäden, wie z. B. durch Undichtigkeiten an Dächern A oder an Fenstern B.

lich Abweichungen darstellen, können zu einem latenten Wassereintrag in die Bausubstanz führen. Insbesondere unzureichende Dämmeigenschaften sind hier zu nennen. Schimmel wäre dann ein Schaden, wenn infolge mangelhafter Wärmedämmung zu geringe Bauteiloberflächentemperaturen vorliegen, aus denen erhöhte Wasseraktivitäten bis hin zur Kondensatbildung resultieren, was dann das Schimmelwachstum ermöglicht.

3.3 Kondensat und Bauteiloberflächentemperaturen

Auf kalten Oberflächen kondensiert der Wasserdampf der Luft. Wann immer man ein Seminar zum Thema Schimmel besucht, wird an dieser Stelle immer das kühlschrankfrische Feierabendbier präsentiert, das appetitlich mit Kondensat bedeckt ist [Dr1, Lo2]. Dieses Bild verdeutlicht den physikalischen Hintergrund:

Eine Erdgeschosswohnung mit Schimmelschaden. Klassischer Kondensatschaden? Möbel ungünstig an der Außenwand platziert? Die Bilder aus dem Innenraum lassen das vermuten.

Die Begutachtung der Fassade zeigt, dass zwar ein Wärmedämmverbundsystem (WDVS) angebracht ist, der Sockelbereich aber freiliegt. Nicht nur das: Der Sockel ist so ausgebildet, dass das Wasser – erkennbar am Algenwachstum – bis an das Mauerwerk gelangt. Nun kann weder ausgeschlossen werden, dass das Mauerwerk durchfeuchtet ist und so Schimmelwachstum verursacht oder aber eine feuchtebedingte Wärmebrücke entsteht.

Bild 3.6: Nur die genaue Untersuchung eines Schadens führt zur richtigen Bewertung der Schadensursachen.

Die Sättigung der Luft mit Wasserdampf ist temperaturabhängig (Tabelle 3-1) und folglich kann die relative Feuchtigkeit in der Raummitte eine andere sein kann, als an der Wandoberfläche, wenn diese wie die Flasche aus dem Kühlschrank eine geringere Temperatur hat.

Kondensatbildung kann viele Ursachen haben [Dr1]:

- Die Wand hat eine zu geringe Wärmedämmung, sodass in der kalten Jahreszeit die Wärme der Innenwandoberfläche nach außen abfließt. Ähnlich verhalten sich Wärmebrücken, bei der lokal eine höhere Wärmestromdichte auftritt und einen Wärmeabfluss nach außen und somit eine Abnahme der Oberflächentemperatur verursachen. Schlagregenbelastete, durchfeuchtete Fassaden weisen eine erhöhte Wärmeleitfähigkeit auf, die zu einem Auskühlen der Wandoberfläche führt.
- Einbauschränke und Möbel an Außenwänden behindern eine Erwärmung der raumseitigen Wandoberfläche. Sie verhindern zudem

Wasserdampfbeladung der Luft und relative Luftfeuchtigkeit

In Abhängigkeit von der Temperatur nimmt Luft bis zur Sättigung (Taupunkt) Wasserdampf auf. Dabei nimmt warme Luft mehr Wasserdampfmoleküle auf als kalte. Kühlt sich Luft ab, so steigt bei gleicher Anzahl der Wasserdampfmoleküle die Luftfeuchtigkeit an.

Bezieht man die enthaltene Wasserdampfmenge auf die maximal mögliche Beladung der Luft in Prozent, so erhält man die relative Luftfeuchte. Dargestellt ist dieser Zusammenhang im sogenannten h,x-Diagramm von Richard Mollier. Hier kann die maximale Wasserdampfbeladung der Luft in Abhängigkeit von der Temperatur sowie Änderungen der relativen Feuchte bei Erwärmung und Abkühlung bei gleichem Wasserdampfgehalt abgelesen werden.

Wichtig: Da sich die relative Feuchte mit der Temperatur ändert, muss berücksichtigt werden, dass die relative Feuchte in der Raummitte nicht mit der Feuchte an einer kälteren Bauteiloberfläche übereinstimmt. Ist die Temperatur der Bauteiloberfläche bekannt, lässt sich in einfachen Schritten berechnen, wie hoch die relative Feuchte an der Bauteiloberfläche tatsächlich ist.

Beispielrechnung:

Lufttemperatur in der Raummitte:	21 °C
Relative Feuchte in der Raummitte:	52 %
Bauteiloberflächentemperatur Außenwand:	11 °C

1. Schritt:

Maximaler Wasserdampfgehalt bei 21 °C: 18,35 g/m³

Bei 52 % enthält die Luft demzufolge 18,35 g/m³ × 52 % : 100 % = **9,54 g/m³ Wasserdampf**

2. Schritt:

Die maximale Beladung der Luft bei 11 °C: 10,00 g/m³

Bei 9,54 g/m³ Wasserdampfbeladung ergibt sich demzufolge 9,54 g/m³ : 10,00 g/m³ × 100 % = **95,4 % relative Feuchte**

3. Schritt

Bewertung: die relative Luftfeuchte an der Bauteiloberfläche liegt in einem Bereich, in dem Schimmelpilzwachstum möglich ist.

die Konvektion und damit ein Abtrocknen der Wand.

- Einzelne Räume in Wohnungen werden nicht ausreichend erwärmt und warme Luft aus beheizten Räumen strömt nach.
- In den Sommermonaten wird schwülwarme Luft in kühle Wohnungen eingelüftet.

Die zentrale Frage bei der Ursachenforschung ist immer, in welche Richtung sich das Wasser bewegt. Die Antwort lautet: Es folgt immer einem Konzentrations- oder Temperaturgradienten, der sich daraus ableitet, was thermodynamisch für das Wassermolekül am günstigsten ist. Diese Eigenschaft des Wassers spielt auch bei der Einordnung von Schadensursachen eine Rolle. Im Falle zu geringer Bauteiloberflächen sucht der Wasserdampf der Luft eine Kondensatfläche und bewegt sich damit auf geringe Temperaturen zu. Im Falle einer Durchfeuchtung sucht das Wasser eine Verdunstungsfläche und bewegt sich auf

Bild 3-7: Kondensatschaden hinter Einbauten (hier hinter einer Küchenzeile)

T [°C]	w [g/m³]	T [°C]	w [g/m³]	T [°C]	w [g/m³]
−10	2,150	6	7,280	22	19,400
-9	2,340	7	7,760	23	20,550
-8	2,550	8	8,270	24	21,800
-7	2,770	9	8,820	25	23,050
-6	3,005	10	9,400	26	24,350
-5	3,260	11	10,000	27	25,750
-4	3,530	12	10,650	28	27,200
-3	3,820	13	11,350	29	28,700
-2	4,140	14	12,100	30	30,350
-1	4,475	15	12,850	31	32,050
0	4,840	16	13,650	32	33,850
1	5,205	17	14,500	33	35,700
2	5,590	18	15,400	34	37,650
3	5,985	19	16,300	35	39,600
4	6,395	20	17,300	36	41,700
5	6,825	21	18,350	37	43,900

Tabelle 3-1: Taupunkttabelle - maximale Wasserdampfbeladung in Abhängigkeit von der Temperatur

Arten von Wärmebrücken

Konstruktiv und materialtechnisch bedingte Wärmebrücke

Baustoffe mit unterschiedlicher Wärmeleitfähigkeit sind in einer Weise mit der Außenwand verbunden, dass ein erhöhter Wärmestrom über das Bauteil mit der höheren Wärmeleitfähigkeit nach außen erfolgt. Solche Bauteile mit höherer Wärmeleitfähigkeit sind zum Beispiel auskragende Bauteile wie Balkone oder Rippen, Wandaufbauten, unterbrechende Stahlbetonträger oder Ständerwerke, Fensteranschlüsse, WDVS-Dübel.

Geometrisch bedingte Wärmebrücke

Einer kleinen wärmeaufnehmenden Innenfläche steht eine große wärmeabgebende Außenfläche gegenüber, sodass sich der Wärmestrom in Richtung Außenfläche erhöht. Sehr häufig ist dies anzutreffen in Gebäudeecken und dreidimensional bei Geschosskanten.

Feuchtebedingte Wärmebrücke

Mit erhöhter Bauteilfeuchte verstärkt sich auch die Wärmeleitfähigkeit, sodass sich die Dämmeigenschaften verschlechtern.

Konvektive Wärmebrücke

Sie entsteht durch Undichtigkeiten in der Gebäudehülle. Wärme wird mit bzw. durch Konvektion der Luft in den Außenbereich transportiert.

Mindestanforderungen für Wärmebrücken

Zur Bewertung der Schimmelwahrscheinlichkeit an Wärmebrücken kann vereinfachend der Temperaturfaktor f_{Rsi} nach DIN 4108-2 herangezogen werden. Er dient der Abschätzung, ob aus der Baukonstruktion heraus eine Schadensursache zu vermuten ist.

An der ungünstigen Stelle (Fenster ausgenommen) ist bei stationärer Berechnung ein Temperaturfaktor f_{Rsi} von mindestens 0,7 einzuhalten.

Dies entspricht bei Normbedingungen (Innentemperatur 20 °C, Raumluftfeuchte 50 %, Außentemperatur –5 °C) einer Oberflächentemperatur von 12,6 °C und einer relativen Feuchte von 80 % an der Bauteiloberfläche. Man spricht hierbei auch vom Schimmelkriterium.

Berechnung des Temperaturfaktors

Der Temperaturfaktor f_{Rsi} ist eine konstante bauspezifische Größe und unabhängig von dem aktuell herrschenden Temperaturunterschied zwischen Innenraum und Außenluft.

$f_{Rsi} = (\Theta_{si} - \Theta_e) / (\Theta_i - \Theta_e)$.

Dabei ist:

Θ_{si}	die raumseitige Wandoberflächentemperatur
Θ_e	die Außenlufttemperatur
Θ_i	die Innenlufttemperatur

Beispielrechnung

Θ_{si}	11 °C
Θ_e	–5 °C
Θ_i	20 °C

$f_{Rsi} = (11 - (-5)) / (20 - (-5)) = 16/25 = 0{,}64$

Bewertung

Der f_{Rsi}-Wert liegt unter 0,7. Schimmelpilzwachstum kann auftreten.

hohe Temperaturen zu [Lo1]. Schauen wir uns zunächst an, was der Nutzer selbst noch beisteuert, um kritische Situationen herbeizuführen.

3.4 Nutzerverhalten

Direkte Schäden an der Bausubstanz, aber auch Mängel an Leistungsmerkmalen der Bauteile (Wärmedämmung, Diffusionsdichtheit) können Ursache von Feuchteschäden sein. Doch auch ohne solche Mängel und Schäden kann es zum Schimmelbefall kommen. So führte die Energiesparverordnung dazu, dass Bauteile besonders luftdicht ausgeführt wurden, um unnötigen Energieverlust an die Umwelt zu vermeiden [Dr1, UBA2017, Lo2]. Als Folge davon wurde eine Luftdichtheit erzielt, die zwar die Energie, mit ihr aber auch anfallende Innenraumschadstoffe in der Wohnung zurückhält. Durch übliches Wohnverhalten (Kochen, Duschen, Wäsche waschen und trocknen, Atmen, Schwitzen etc.) kommen je nach Studie bis zu fünf Liter Wasser pro Person und Tag zusammen (Bild 3-8). Diese Feuchtigkeitsmenge muss abgelüftet werden [Dr1]. Schwierig wird dies nach einer Fenstersanierung oder im Niedrigenergiehaus. Bei manueller Lüftung muss entschieden werden, wann und wie oft gelüftet werden muss und wer das macht. Neben dem Lüftungsverhalten spielt auch die Möblierung der Räume eine zentrale Rolle. Sind die Bauteiloberflächen mit Möbeln zugestellt, wird die Erwärmung der Wände verhindert, insbesondere an den ohnehin kritischen Außenwänden. Auch zu intensives Lüften oder gar Dauerkipplüften kann zu Schimmelbefall, insbesondere an Fensterlaibungen führen, da diese auskühlen und nun hier der Wasserdampf der Raumluft auskondensieren kann [Dr1, Lo2, UBA2017].

Bild 3-8: Lüften ist notwendig, um die erhöhte Luftfeuchtigkeit abzuführen.

Ein wichtiger Aspekt zur Schimmelvermeidung ist die Aufklärung des Nutzers. So kann eine Verhaltensänderung die feuchtetechnische Situation verbessern. Dabei gibt es jedoch Zumutbarkeitsgrenzen, die durch viele Gerichte bestätigt wurden [Dr1].

3.5 Neubaufeuchte

Mit dem Einbringen von Putzen, Estrichen und Farben ist der Baukörper automatisch einer

Bild 3-9: Durch Putzen, Tapezieren und Streichen können hohe Raumluftfeuchten entstehen, die und Schimmelbildung hervorrufen.

hohen Feuchtelast ausgesetzt. Beim Abbinden und Aushärten der Baustoffe wird Wasser an die Raumluft abgegeben (Bild 3-9) [Dr1, Ha6]. Auch ein schlecht vor Witterung geschützter Rohbau sorgt für eine zusätzliche Feuchtelast, die ebenfalls die Wasserdampfbelastung der Raumluft erhöht. Nach der Schließung des Baukörpers, d. h. nach der Dachdeckung und dem Einbau der Fenster und Türen, ist diese Baufeuchte im Bauwerk eingeschlossen. Das ist zunächst ein normaler Vorgang, der bei technischer Trocknung oder ausreichender Ablüftung nur von temporärer Bedeutung ist [Ha6]. Wird aber versäumt, diesem Umstand Rechnung zu tragen, weil in der Bauphase Überwachungs- und Kontrollaufgaben vernachlässigt werden, kann es bereits hier zu Schimmelschäden kommen.

Mitunter ist das Problem der Baufeuchte jedoch nicht so augenscheinlich, dass technische Maßnahmen ergriffen werden. Die Probleme treten dann erst später auf, wenn der Nutzer dazu kommt und die eigens produzierte Feuchte in Summe mit der Baufeuchte zu kritischen Situationen führt [Dr1].

Vom Feuchte- zum Schimmelschaden

Schimmelpilz- und Bakterienwachstum kann nur dort stattfinden, wo erhöhte Feuchten auftreten. Eine große Gruppe von Schäden kann als **Ad-hoc-Schaden** durch eine Havarie in der Hausinstallation oder durch Hochwasser bezeichnet werden. Hier kommt es in kurzer Zeit zum Eintrag hoher Wassermengen, wobei das Wasser biologisch mit Fäkalkeimen und chemisch, z. B. mit mineralischen Kohlenwasserstoffen (Heizöl), belastet sein kann. In der Regel sind hier bei schnellem Handeln keine Schimmelpilzschäden, wohl aber bakterielle Belastungen zu erwarten.

Dem stehen **latente Feuchteeinträge** entgegen. Verursacht durch sehr kleine Undichtigkeiten in der Gebäudehülle oder der Hausinstallation findet lediglich ein minimaler, kaum zu bemerkender Wassereintrag in das Bauwerk statt. Teilweise werden diese Schäden über Jahre nicht bemerkt, sodass dennoch hohe Bauteilfeuchten auftreten können. Hier sind hohe mikrobielle Belastungen zu erwarten mit der Beteiligung von Schimmelpilzen, Bakterien und anderen Organismen.

Eine dritte große Gruppe sind **Kondensatschäden**. Hier kommt es zu vergleichsweise geringen Feuchtelasten, die ebenfalls über lange Zeiträume zu guten Lebensbedingungen, insbesondere für Schimmelpilze, führen. Ursachen dafür sind zu geringe Bauteiloberflächen und erhöhte Raumluftfeuchten, die nicht abgeführt werden. Verantwortlich sind Kombinationen aus Baumängeln und Nutzerverhalten, sodass hier für die Ursachenermittlung eine sehr genaue Schadensbeschreibung notwendig ist.

Zu beachten sind aber Schäden, die während der **Bauphase** durch bautechnisch bedingte Wasserfreisetzung entstehen. Dabei lassen sich derartige Schäden gut durch begleitende Maßnahmen wie Bautrocknung und Koordination der Gewerke vermeiden. Bleiben sie unbeachtet, können sie während der Nutzung als **Neubaufeuchte** Folgeschäden, wie Schimmelbefall, verursachen.

4 Schadensbilder erkennen, Schäden suchen

Schimmelpilzbefälle in Innenräumen lassen sich in zwei große Schadenstypen einteilen: sichtbare und versteckte Schimmelpilzbefälle. Sichtbare Schimmelpilzbefälle kann der Laie mit bloßem Auge an den flauschigen Belägen in unterschiedlichsten Farben erkennen. In dem Fall sollten schnell Gegenmaßnahmen gegen das mikrobielle Wachstum getroffen werden. Versteckte Schimmelpilzbefälle können zwar durch MVOC oder Sporenfreisetzung auffallen, sind jedoch auf direktem Wege nicht leicht erkennbar, weil sie gut verborgen hinter Verschalungen, Trockenbauwänden oder im Fußbodenaufbau sitzen. Für Eigentümer oder Nutzer von Gebäuden ist es nicht einfach, versteckte Schimmelschäden nachzuweisen, denn oft gibt es nur geruchliche Hinweise oder Befindlichkeitsstörungen als Zeichen einer verborgenen mikrobiellen Aktivität. Hier muss der Fachmann mit den geeigneten Hilfsmitteln suchen [Me13].

4.1 Sichtbare Schimmelschäden

Sichtbare Schimmelschäden festzustellen, ist nicht weiter schwer. Die Befälle, mal in Form von vollflächig überzogenen Wänden, mal mit Demarkationslinien sauber voneinander getrennte Befallsherde, sind auch für den Laien gut erkennbar und häufig Anlass für das Hinzuziehen eines Sachkundigen (Bild 4-1). Für die Schadensfeststellung bei sichtbaren Schäden ist es nicht notwendig, mikrobiologische Analysen durchzuführen, allein der Sichtbefund reicht aus [UBA2017].

Mitunter sind Verfärbungen oder flauschige Strukturen erkennbar, die nicht so einfach einzuordnen sind. Dabei könnte es sich auch um Salze handeln, wie das im Bild 4-2 nicht ohne Weiteres erkennbar ist. Das kann vor Ort ganz einfach überprüft werden, denn typische Bauschadenssalze sind wasserlöslich, Schimmel hingegen nicht. Dazu entnimmt man eine kleine Probe und gibt, z. B. in einer kleinen Petrischale, etwas Wasser dazu - schon zeigt sich, ob es sich um Schimmel oder um Salz handelt [Me3].

Doch leider ist das, was sich makroskopisch als Schimmel zeigt, immer nur das das schon pigmentierte Luft- oder Fortpflanzungsmyzel,

Bild 4-1: Sichtbarer Schimmelbefall ist gut erkennbar und hinsichtlich seiner Ausdehnung einzuordnen.

Bild 4-2: Schimmel oder Salz? Einfache Tests helfen, das vor Ort zu prüfen.

das bereits Sporen gebildet hat. Der sichtbare Schaden stellt damit meist nur die Spitze des Eisbergs dar. Um auch den nicht sichtbaren, also sehr frischen, noch nicht pigmentierten Befall zu erfassen, plant man entweder eine gewisse Sicherheitszugabe ein oder grenzt den nicht sichtbaren Befallsbereich durch Probennahme ein [Me1].

4.2 Befallsbild MCF

Damit Schimmelpilze im Innenraum wachsen und zu einem sichtbaren Schaden führen können, wird modellhaft angenommen, dass an mindestens fünf aufeinander folgenden Tagen über mindestens 12 Stunden eine relative Luftfeuchtigkeit von 80 % an der Bauteiloberfläche vorherrschen muss [DIN 4108-8]. Dies soweit in der Theorie. Nun beziehen sich diese Modellbetrachtungen ableitend vom Isoplethenmodell [Se1] auf filamentös, das heißt fadenförmig

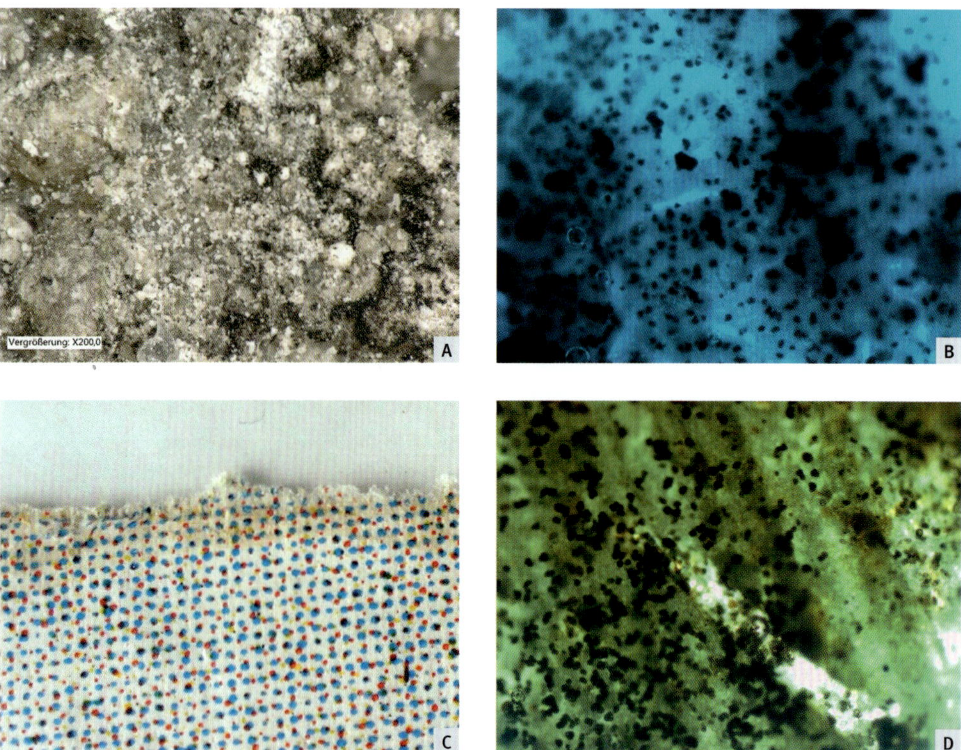

Bild 4-3: Eine besondere Form von Pilzbefall: mikrokoloniale Pilze (MCF). Auf außenseitigen Bauwerksoberflächen mit hoher Strahlenbelastung wie Fassaden sind sie keine Seltenheit. Beispiele hierfür zeigen die Abbildung **A** im Digitalmikroskop sowie die Abbildung **B** in 200-facher Vergrößerung, nach DAPI-Färbung und UV-Anregung. Auch in Innenräumen sind mikrokoloniale Pilze nachweisbar, wie in Bild **C** und in Bild **D** dargestellt. **C** zeigt, dass MCF im Innenraum auf Tapete kaum als Befall auszumachen sind. Bild **D** zeigt die gleiche Probe bei 600-facher Vergrößerung, nun sind die MCF deutlich erkennbar.

wachsende Pilze. Pilze also, die klassischerweise Hyphen und ein verzweigtes Myzel bilden und sich über Konidio- oder Ascosporen vermehren. Im Allgemeinen können auf diese Weise sichtbare Schimmelschäden schnell erfasst werden.

Es gibt jedoch immer häufiger offen sichtbare Schäden in Innenräumen, die nicht flauschig sind und zudem bei einer Wasseraktivität a_W deutlich unterhalb von 0,8 in Erscheinung treten. Makroskopisch zeigen sich nur graue Schleier, wie in Bild 4-3 C zu sehen ist, oder winzig kleine schwarze Flecken und Einprenkelungen, die eher wie Fliegendreck aussehen und weniger wie ein Schimmelbefall, und die leicht übersehen werden können [Me21].

Unter dem Mikroskop betrachtet outen sich diese Befälle als kleine hyphenlose Kugelhaufen (Cluster) hefeartiger schwarzer Zellen (Bild 4-3 D). Es handelt sich um mikrokolonial wachsende melanisierte Pilze (microcolonial melanised fungi, MCF), die weder Sporen noch Hyphen oder gar ein Myzel ausbilden.

Bekannt sind die kleinen schwarzen Kugeln bereits seit den 1970er-Jahren. Beschrieben werden sie als Kolonialisten extremer Lebensräume wie den Wüsten in Arizona, Israel oder Ägypten, aber auch in der Antarktis oder im Reaktorbereich von Tschernobyl [Pa1, Pa2, Pe3]. Sie gelten als extrem umwelttolerant, können Temperaturen bis 100 °C überstehen und fallen bei Frost einfach in den Winterschlaf. Insbesondere die Fähigkeit, lange Phasen extremer Trockenheit zu überdauern, macht die MCF zu einem interessanten Studienobjekt: Sie können trotz Austrocknung bis auf 10 % Restfeuchte noch 80 Stunden lang ihren Stoffwechsel aufrechterhalten und als dormante (schlafende) Zellen überdauern. Auch nach acht Wochen völliger Trockenheit können sie bei ausreichender Feuchte innerhalb eines Tages bis zu 20 % ihrer ehemaligen Biomasse wieder aufbauen. Damit sind auch Befälle auf Oberflächen möglich, die eigentlich als trocken gelten [Pa2, Go1, Za2]. Nachdem bekannt wurde, dass diese Extrembesiedler zudem einen großen Anteil an der biogenen Krustenbildung auf Gesteinsformationen haben, auch Rock Varnish genannt (Bild 4-4), wurde auch an anderen vergleichbaren Standorten, sogenannten Pseudowüsten, gesucht [Pe2, Pe3].

Bild 4-4: Befälle durch MCF sind mit bloßem Auge kaum zu erkennen, auf Bild **A** ist lediglich eine Verschmutzung mit kleinen schwarzen Sprenkeln feststellbar. Ursprünglich bilden MCF auf Gesteinen eine massive schwarze Schicht, Gesteinslack (Rock Varnish) genannt. **B** zeigt am Beispiel einer mediterranen Bauwerksoberfläche, wie kompakt die MCF als schwarzer Gesteinslack wachsen können, hier in Kombination mit Flechten.

Gefunden wurden sie dann auf Putzen und historischen Monumenten (Bild 4-4 B), deren dunkle Patina als Biofilm aus MCF und Phototrophen identifiziert wurde. In Nordeuropa und in Deutschland gewannen die MCF zunehmend Bedeutung bei der Besiedlung von künstlichen Substraten im Außenbereich wie WDVS-Fassaden (Bild 4-4 A) oder Betonwänden, die in diesem Zusammenhang auch als Pseudowüsten bezeichnet werden, da es morgens feucht und mittags extrem heiß werden kann. Hier treten die mikrokolonialen Pilze meist in komplexen Biofilmen mit Cyanobakterien oder Algen auf.

Die extreme Anpassungsfähigkeit verschafft den MCF einen ökologischen Vorteil: Sie können Oberflächen besiedeln, die mesophilen Pilzen nicht mehr zugänglich sind, wie z.B. auf abgetrockneten Feuchteschäden oder auf nur temporär feuchtebeaufschlagten Bauteilen. Auch auf Estrichdämmschichten sind sie schon nachgewiesen worden (Bild 4-5).

Die mikrokolonialen melanisierten Pilze besitzen eine Multilayer-Zellwand. Sie produzieren UV-Schutzpigmente wie Carotinoide oder Mycosporine sowie MAA (mycosporinähnliche Aminosäuren). Die schwarze Färbung weist bereits darauf hin, dass in den Zellen reichlich Melanin eingelagert ist. Dabei ist jede einzelne Zelle eingefärbt. Typisch für das mikrokoloniale Wachstum ist, dass es weder Sporen noch Fortpflanzungsstadien gibt. Doch die Zellwandstruktur der einzelnen Zellen ist so aufgebaut, dass sie der von pigmentierten Dauersporen gleicht [Go1]. Jede einzelne Zelle bzw. jedes Cluster ist also eine Survival Unit und somit für sich allein überlebensfähig.

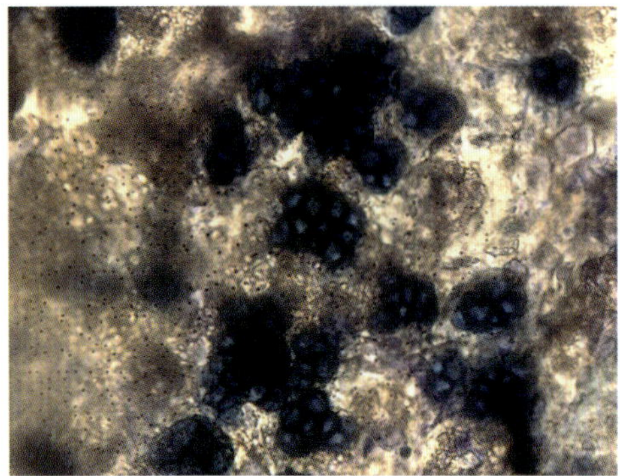

Bild 4-5: Klebefilm mit MCF mit Methylenblau gefärbt in 600-facher Vergrößerung. Typisch ist das Fehlen von Hyphen. Die MCF treten nur in Clustern bzw. Pellets auf.

Typisch und namensgebend ist das Fehlen von Hyphen, ein Myzel wird nicht aufgebaut (Bild 4-6). Stattdessen werden die einzelnen Cluster durch einzelne sogenannte Satellitenhyphen miteinander verbunden [Go1, St1, Za1, Za2]. Daraus ergibt sich ein hefeartiges Pelletwachstum, was auf eine Verwandtschaft mit den schwarzen Hefen wie *Aureobasidium sp.* oder *Recurvomyces sp.* schließen lässt. MCF und schwarze Hefen haben gemeinsame Vorfahren, jedoch sind die schwarzen Hefen eine eigene ökologische Gruppe und den echten Sprosspilzen zuzuordnen.

Viele schwarze Hefen wachsen wie die MCF auch in Clustern, können aber auch filamentös wachsen, was ein klares Unterscheidungsmerkmal ist. Während bei den mikrokolonialen Pilzen die Synthese von Melanin als Anpassung auf extrem schwankende Umweltbedingungen angesehen wird, gibt es bei den schwarzen Hefen Hinweise darauf, dass die Melanisierung die Pathogenität der schwarzen Hefen wie *Hortaea sp.* oder *Exophiala sp.* unterstützt und die Invasion vereinfacht, während die Mikrokolonialen weitgehend als apathogen gelten [Bu1]. Auch sind die Zellwände der schwarzen Hefen einfacher gestaltet, was aber durch die Produktion von exogenen polymeren Substanzen (EPS) kompensiert wird [St1].

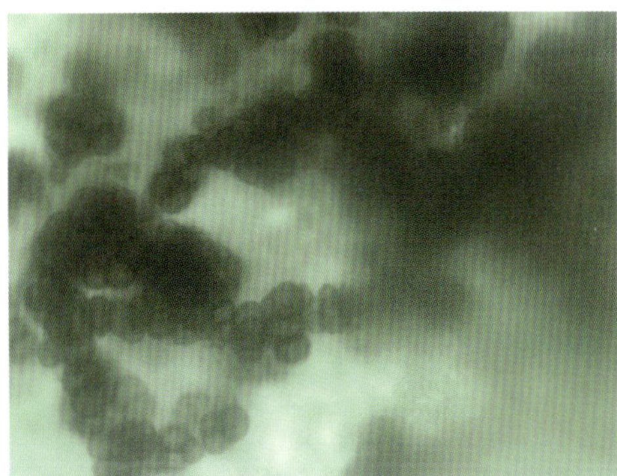

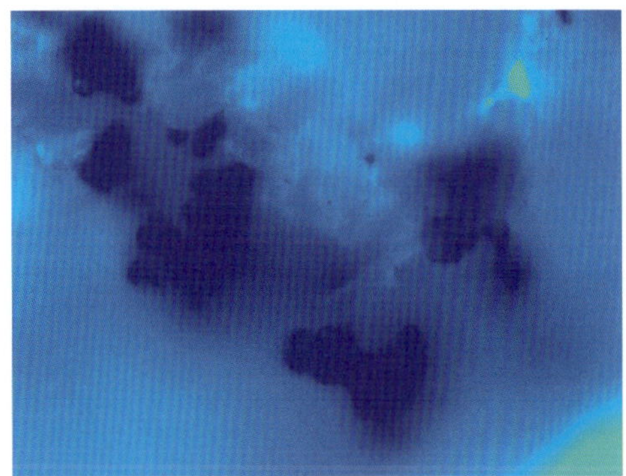

Bild 4-6: Die Befallsstrukturen gleichen sich, egal wo der Bewuchs festgestellt wird: Immer sind es kleine Cluster während Hyphen und etablierte Myzelien fehlen. Lediglich sporenartige Zellen sind erkennbar – und das macht sie so überlebensfähig, dass MCF sogar den Marssimulator überlebt haben.

Die MCF wurden in den letzten Jahren intensiv erforscht. Dabei wurde sowohl ihre Fähigkeit zur Überwindung widriger Umweltbedingungen als auch ihre Rolle in Biofilmen und bei der Flechtenbildung untersucht. Das Ergebnis war, dass zwei ökologische Gruppen von Bedeutung sind, die sich auch in ihrer Morphologie und Stoffwechselaktivität unterscheiden [St1, Za1]. Die eine Gruppe, die in Gegenden mit täglich wechselnden Luftfeuchten, Temperaturschwankungen und hoher Strahlungsintensität siedelt, reagiert auf die Schwankungen durch die Produktion von Carotinoiden und MAA, Zuckern und Lipiden, während die andere Gruppe in Zonen mit Dauerfrost, z. B. in polaren Wüstengebieten, ihre Zellaktivität einfach ruhen lässt und zu dormanten Zellen (Schläferzellen) werden [Go1, St1].

MCF können im Labor unter geeigneten Bedingungen in das filamentöse Wachstum rücküberführt werden und ein differenziertes Myzel ausbilden, was auch als ein wesentlicher Unterschied zu dem Pseudomyzel von schwarzen Hefen angesehen wird. Andererseits können alle Pilze, die meristematische Zellen (undifferenzierte Zellen, Stammzellen) ausbilden, in das mikrokoloniale Stadium übergehen. So können bei MCF-Schadensfällen neben den typischen MCF wie *Sarcinomyces sp.* oder *Coniosporium sp.* auch *Alternaria sp.*, *Ulocladium sp.* oder *Cladosporium sp.* nachgewiesen werden. In der Literatur ist zu finden, dass diese »normalen« Schimmelpilze deshalb nachweisbar sind, weil sie extrem widerstandsfähige Sporen bilden [St1]. Eigene Untersuchungen zeigen aber, dass diese Gattungen ebenfalls meristematische Zellen bilden und auf Pseudowüsten im Labor mikrokolonial wachsen können, wobei nach wie vor ungeklärt ist, wann und wie der Übergang vom filamentösen zum mikrokolonialen Wachstum stattfindet.

Wie nun die MCF in den Innenraum gelangen, ist nach wie vor ein Rätsel. Ob sie wie Actinomyceten Altbefälle verwerten, ist ebenso unklar wie die Frage, ob es sich nicht doch um Schimmelpilze handelt, die bei Abtrocknung in das MCF-Stadium wechseln. Bisher dokumentierte Schadensfälle traten immer auf Oberflächen auf, die mit diversen Biofilmen besiedelt waren, die entweder behandelt oder abgetrocknet sind.

Da sie sehr isolierte und extreme Standorte besiedeln, besteht für die MCF keine große Ge-

Schäden durch MCF

Mikrokoloniale Pilze sind im Außenbereich deutlich häufiger anzutreffen als im Innenraum. Möglicherweise werden sie auch einfach übersehen, denn das makroskopische Schadensbild weicht deutlich von einem sichtbaren Schimmelbefall ab. Dennoch wurden MCF auf Tapeten, Putzen, Estrichdämmschichten und auf Holzwerkstoffen nachgewiesen, häufig auf Altschäden und Bauteiloberflächen mit geringem oder periodischem Feuchteanfall.

Nach wie vor ist ungeklärt, ob auch »normale« Schwärzepilze in der Lage sind, in das mikrokoloniale Stadium zu wechseln, wenn längere Trockenphasen oder erhöhte Strahlungsbelastungen auftreten. Erste Ergebnisse deuten darauf hin, dass Gattungen wie *Stemphylium spp.* oder *Ulocladium spp.* Zelltypen zeigen, wie sie auch die MCF aufweisen, zumal sie häufig gemeinsam mit typischen MCF von Oberflächen isoliert werden.

Die Bewertung von Schäden durch MCF sollte analog zu Schimmelpilzen durchgeführt werden, eine besondere Gefährdung ist derzeit nicht bekannt. Allerdings haben erste Sanierungsversuche gezeigt, dass nur der Ausbau befallener Materialien Erfolg versprechend ist.

fahr vor Fraßfeinden oder Konkurrenten, sodass bisherigen Erkenntnissen zufolge weder eine Toxinbildung angelegt ist noch pathogenes Verhalten erwartet wird [Me21].

4.3 Versteckte Schäden suchen

Wenn typische sichtbare Schadensbilder fehlen und nur Begleitsymptome eines Schimmelbefalls auftreten, wird es schwierig, den Schaden aufzuspüren. Es gibt aber »Klassiker«, deren Überprüfung bei Verdacht auf einen versteckten Schimmelpilzschaden sinnvoll ist.

4.3.1 Leckstellen in der Trink- und Abwasserinstallation

Leckstellen sind eine der häufigsten Ursachen für versteckte Schimmelpilzbefälle. Dabei reden wir hier nicht vom Rohrbruch, dessen Auswirkungen unmittelbar zu spüren sind, sondern von der klitzekleinen Undichtigkeit in der Montagenaht (Bild 4-7). Das Wasser, ob nun Frisch- oder Fäkalwasser, kann lange Zeit ungehindert und unbemerkt in den Wand- oder Fußbodenaufbau sickern, sich anreichern und die notwendigen Voraussetzungen für mikrobielles Wachstum schaffen. Schäden dieser Art, insbesondere wenn es sich nur um geringste Leckagen han-

Bild 4-7: Kleines Loch mit großer Wirkung: Mitunter können kleine Leckstellen lange unerkannt bleiben und so zu einer starken Durchfeuchtung von Fußbodenaufbauten und angrenzenden Trockenbauwänden führen.

Bild 4-8: Bauteilöffnung frei Haus: Revisionsöffnungen sind in vielen Bereichen vorhanden und ermöglichen einen ersten Einblick in das Bauteil, ohne dass zerstörend in den Wandaufbau eingegriffen werden muss.

delt, sind schwer feststellbar, da sich derart geringe Wasserverluste nicht unbedingt in einer erhöhten Wasserrechnung niederschlagen. Schon gar nicht, wenn es sich um eine Abwasserleitung oder eine undichte Duschtasse handelt. In diesen Fällen sollte eine Leckstellenortung durch einen Fachmann vorgenommen werden [Ha2].

Ein erster Blick sollte, wenn möglich an Revisionsöffnungen vorgenommen werden (Bild 4-8). Insbesondere, wenn sich Frisch- und Abwasser oder andere Flüssigkeiten (z. B. im medizinischen Bereich) hinter der den Versorgungsleitungen vorgesetzten Leichtbauwand oder Vorsatzschale ausbreiten können, findet man häufig über die Revisionsöffnungen erste Hinweise, auch weil z. B. ein Blick auf die Rückseiten der Gipskartonwände möglich ist [Me13].

4.3.2 Kondensatschäden hinter Einbauten

Kondensatschäden sind vor allem dort anzutreffen, wo wasserdampfbeladene Luft an kühlere Bauteiloberflächen gelangt. Insbesondere hinter Einbauschränken, Vorsatzschalen oder abgehängten Decken, die nicht von der warmen Raumluft umströmt werden können, kann es bei geringen Bauteiloberflächentemperaturen zu Kondensatschäden kommen (siehe Bild 4-9) [Me13, UBA2017]. Hier hilft meist nur das Verschieben oder Ausbauen der Möbel, um den Schäden auf die Spur zu kommen. Veränderte bauphysikalische Bedingungen hinter Einbauten lassen sich auch rechnerisch nachverfolgen. So kann abgeschätzt werden, ob sich hinter einem Einbauschrank oder der Küchenzeile kondensatbedingte Schäden befinden können.

Bild 4-9: Möbel verschieben A und Decken öffnen B: Nur so bringt man versteckte Schäden ans Licht.

4.3.3 Schimmelpilzschäden hinter Innendämmungen

Dieser Fall gehört eigentlich auch zu den Kondensatschäden: Innendämmungen werden aufgebracht, um die Bauteiloberflächentemperatur so zu erhöhen, dass die hygienischen Anforderungen eingehalten werden und erhöhte Feuchtelasten an der Bauteiloberfläche gar nicht erst entstehen können. Durch die Innendämmung wird der Wärmedurchgang durch den Wandaufbau so verändert, dass der Taupunkt nun innerhalb der Konstruktion liegt. Dringt nun wärmere Luft hinter die Innendämmung, weil z.B. die Dampfsperre fehlt, verletzt ist oder nicht richtig ausgeführt wurde, wirkt der Bereich hinter der Innendämmung als Kondensatfalle [Kr2]. Auch bei Calciumsilicat-Platten können Schäden durch auftretende Feuchtelasten auf der Rückseite entstehen. Hier steht der wärmedämmende Effekt nicht unbedingt im Vordergrund, aber auch hier kann ein versteckter Schimmelpilzbefall entste-

Berechnung von Bauteiloberflächentemperaturen hinter Einbauten

Um kritische Oberflächentemperaturen hinter Einbauten berechnen zu können, müssen zunächst die Wärmeübergangswiderstände der einzelnen Baustoffe im Wandaufbau ermittelt werden. Diese berechnen sich für jeden Baustoff einzeln aus der Schichtdicke in Metern dividiert durch die Wärmeleitfähigkeit (λ-Wert).

$R = R1 + R2 + R3$

Liegt der R-Wert unter 1,2 m²K/W, ist der Mindestwärmeschutz nicht erfüllt.

Zusätzlich sind nun die Wärmeübergangswiderstände an der Innen- und Außenwand zu berücksichtigen. Während der R_{se} immer mit 0,04 m²K/W anzusetzen ist, wird der Wärmeübergangswiderstand R_{si} der Innenwand je nach Situation angesetzt, und zwar:

0,25 m²K/W	für die ungestörte Wand
0,3 m²K/W	mit vorhängen unten
0,5 m²K/W	bei freistehendem Schrank
1 m²K/W	bei Einbauschrank

$R_{ges} = R_{si} + R_{Wandaufbau} + R_{se}$

Nun wird unter Normbedingungen die Oberflächentemperatur bei Gesamttemperaturdifferenz innen/außen (25 K) ermittelt.

$\Theta_{si} = 20\,°C - (R_{si}/R_{ges} \times 25K)$

Beispielrechnung

1. Schritt

Der R-Wert einer Wand (Kalkputz, Mauerwerk und Verblender) ist zu ermitteln.

Leichtputz	0,02 m / 0,25 W/mK
Mauerwerk (Porenbeton)	0,24 m / 0,18 W/mK
Verblender 2,200 kg/m³	0,115 m / 1,2 W/mK

$R = 0{,}08 + 1{,}33 + 0{,}096 = 1{,}51$ m²K/W

2. Schritt

R_{ges} ermitteln je nach Situation

$R_{ges} = R_{si} + 1{,}51$ m²K/W + 0,04 m²K/W

ungestört $R_{ges} = 1{,}8$ m²K/W

hinter Einbauschrank $R_{ges} = 2{,}55$ m²K/W

3.Schritt

Berechnung der Oberflächentemperatur

ungestört

$\Theta_{si} = 20\,°C - (0{,}25/1{,}8 \times 25\,K) = 16{,}5\,°C$

Hinter Einbauschrank

$\Theta_{si} = 20\,°C - (1/2{,}55 \times 25\,K) = 10{,}2\,°C$

Schäden an Innendämmungen

Oberflächentemperaturen und Temperaturverlauf an einer monolithischen Außenwand im Bereich der Geschossdecke unter Normbedingungen:

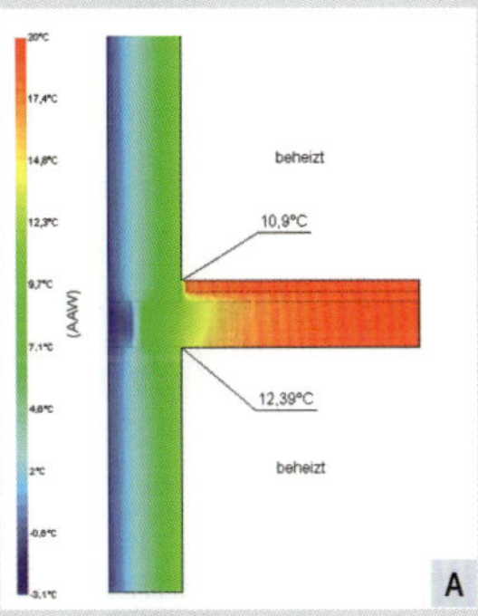

Ohne Dämmung

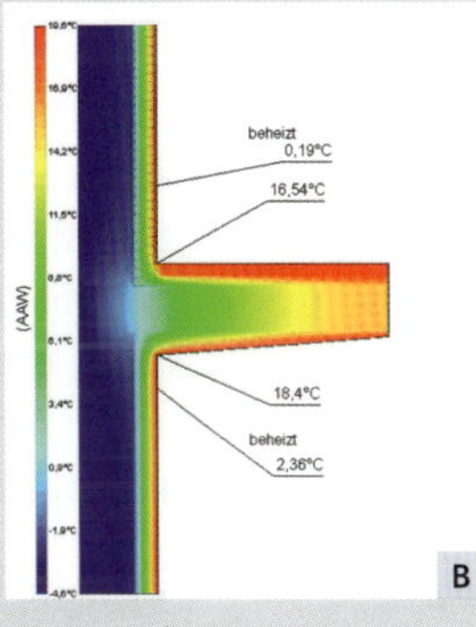

mit Innendämmung

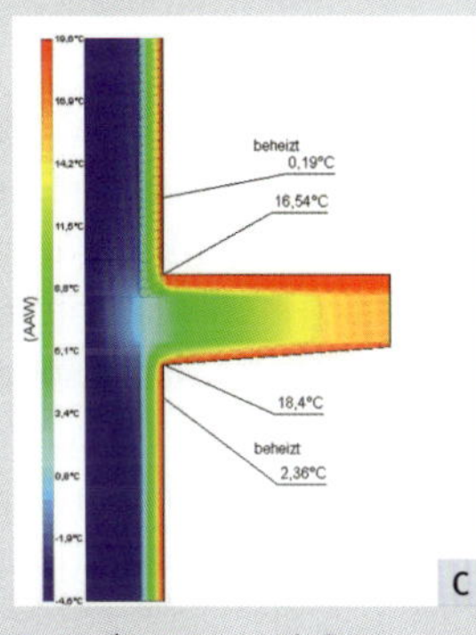

Innendämmung mit Dämmung der Geschossdecke

Für die in (A) dargestellte Außenwand ergibt sich ohne Dämmung ein Risiko von Schimmelschäden, weil die Bauteiloberflächentemperaturen zu gering sind und erhöhte Luftfeuchten bis hin zur Kondensatbildung auftreten können.

Bei gleichem Wandaufbau mit Innendämmung (B) erhöht sich die Bauteiloberflächentemperatur, jedoch ändert sich der Temperaturverlauf im Mauerwerk, kritische Bereiche werden in die Geschoßdecke verschoben. Das führt zu typischen Schadensbildern wie (D) verdeutlicht. Wird die Geschossdecke im Übergangsbereich mitgedämmt (C), werden kritische Oberflächentemperaturen komplett vermieden. Jedoch besteht nach wie vor ein Schimmelrisiko hinter der Innendämmung (E).

Bild 4-10: Schäden an Innendämmungen; D zeigt Schimmelpilzwachstum an einer Geschossdecke, nachdem die Wände mit einer Innendämmung versehen wurden. In Bild E ist Schimmelwachstum auf einer alten Putzoberflächen zu sehen, nachdem diese mit einer Innendämmung überdeckt war.

hen, wenn die Platten nicht fachgerecht vollflächig verklebt und verfugt werden [Kr2].

4.3.4 Abgesperrte Bauteile mit hohen Feuchtelasten

Ebenso ein Klassiker ist das noch baufeuchte oder nach einem Wasserschaden unzureichend getrocknete Mauerwerk, das derart überarbeitet wird, dass die Feuchtigkeit nicht mehr aus dem Baukörper austreten kann, sondern sich hinter der Vinyl- oder Alutapete staut. Dann sind auch Schimmelpilzschäden hinter den hoch wasserdampfdichten Tapeten oder Fliesen etc. möglich. Es bildet sich ein Eldorado für Schimmelpilze und Bakterien, jedoch mit entsprechenden Konsequenzen. Mitunter macht der Befall dadurch auf sich aufmerksam, dass der Klebemörtel durch die Säureproduktion oder den enzymatischen Angriff so geschädigt wird, dass Fliesen aufschüsseln oder ganz abfallen.

An solchen Stellen einmal vorsichtig die Tapeten abzulösen, um den Verdacht überprüfen, scheint im Vergleich zu anderen Maßnahmen ein minimalinvasiver Eingriff zu sein. Alutapeten oder unter einer »normalen« Tapete verklebte Alufolie kann man z. B. an ihrer hohen Leitfähigkeit erkennen. Dann zeigen kapazitive Messverfahren oder eine Leitfähigkeitsmessung plötzlich sehr hohe Werte an. Alutapeten sind in Altbauten dort zu finden, wo der Schornstein an Innenwände grenzt, um ein Versotten zu verhindern. Apropos: Versottungen sehen auch gern mal aus wie Schimmelpilzbefälle. Diese können rasch mithilfe eines Klebefilms überprüft werden (Bild 4-12).

4.3.5 Schimmelpilzwachstum im Fußbodenaufbau

Schimmelpilzschäden im Fußbodenaufbau sind ein Dauerthema, wenn es um versteckte Schadensbilder geht. Neben hygienischen spielen auch juristische Aspekte eine Rolle: Diskutiert wird von Bauleuten und Juristen, was wann entfernt werden muss und was in der Fußboden-

Bild 4-11: Schäden durch Absperren der Feuchte: Obwohl die Belegreife des Kalkzementestrichs noch nicht erreicht war, wurde Laminat verlegt. Monate später wurde Schimmelpilzwachstum festgestellt und ein Feuchtegehalt von 2,8 Masse-% ermittelt.

Bild 4-12: Schimmelpilzwachstum an einem Schornstein? Versottungen können einem Schimmelpilzbefall verdächtig ähnlich sehen. Zur Überprüfung wird die Oberfläche mit einem Klebefilm abgezogen und einem Labor zur mikroskopischen Untersuchung übergeben (Genaueres zur Klebefilmmethode siehe Kapitel 5).

konstruktion verbleiben darf, genauso wie die Frage der Wertminderung durch im Fußboden verbleibende Biomasse [Ha2, UBA2017].

Die Ursachen für Schimmelpilzwachstum, aber auch Bakterienbefälle in der Fußbodenkonstruktion sind sehr vielfältig. Neben Adhoc-Wasserschäden (Bild 4-13) und latentem Eintrag durch sehr kleine Leckstellen wird auch hier immer wieder der Einfluss der Neubaufeuchte und der Kondensatbildung, z. B. in der Fußbodenkonstruktion über Kellerdecken, diskutiert. Unabhängig davon, wie das Wasser in die Fußbodenkonstruktion gelangt, spielen auch Folgeschäden durch ein falsche, unzureichende Trocknung eine große Rolle [Ha2].

Im Fußbodenaufbau ist zu beachten, dass überwiegend die eingesetzten Dämmstoffe von massiven Befällen betroffen sind [UBA2017]. Die Estriche können ebenfalls besiedelt werden, allerdings sind die Dämmstoffe teilweise produktionsbedingt und durch die mitunter unsachgemäße Lagerung auf der Baustelle deutlich

Bild 4-13: Versteckter Schimmelschaden: Nach einem Starkregenereignis ist Wasser durch den Fassadenaufbau bis in das Erdgeschoss eingedrungen. Es wird vermutet, dass es bis auf die Bodenplatte gelangt ist. Um das tatsächliche Schadensausmaß festzustellen, wird die Fußbodenkonstruktion an der äußeren Gebäudeecke geöffnet **A**. An der Trockenbauwand, die auf der Bodenplatte aufsitzt, sind Schimmelbefälle vorhanden **B**. Nach Ausbau der Dämmung wird eine Durchfeuchtung der Bodenplatte offenkundig **C**. Die Dämmung selbst zeigt nur leichte Schatten, ein ausgeprägter Befall ist nicht erkennbar **D**. Der Status kann erst durch eine mikrobiologische Untersuchung geklärt werden.

stärker kontaminiert als Estriche oder Putze, die zum Zeitpunkt des Abbindens aufgrund extrem hoher pH-Werte und der chemischen Wasserbindung nahezu keimfrei sind und erst durch den Befall der Dämmung oder aber durch das eintretende Wasser (z.B. Fäkalwasser) infiziert werden.

Der Nachweis von Schimmelpilzen und Bakterien im Fußbodenaufbau ist immer mit einer Bauteilöffnung verbunden. Dazu ist es ratsam, im Vorfeld zu prüfen, wie der Fußboden konstruiert ist und zwar nicht nur in Bezug auf die verwendeten Bau- und Dämmstoffe. Es ist auch zu klären, inwieweit z.B. Innenwände oder Versorgungsschächte die Ausbreitung der Feuchtigkeit begrenzen oder begünstigen können. Denn insbesondere bei der Bauteilöffnung im Fußboden und an tragenden Bauteilen ist die Anzahl an möglichen Probennahmestellen begrenzt. Außerdem ist es mitunter schwierig, den Schadensort genau zu erfassen. Es muss also bezogen auf die Fläche ausreichend und zudem an sinnvoll ausgewählten Bereichen beprobt werden. Achtung: Bei notwendigen Bauteilöffnungen ist immer zu bedenken, dass auch andere versteckte Innenraumschadstoffe freigesetzt werden können.

Bild 4-14: Schnelle Entscheidung mit der Handlungsempfehlung für Fußböden (UBA 2017): Probebohrung in einen Gussasphaltestrich mit zwei Lagen Holzfaserdämmplatten und darunter liegender Schüttung. Bei der an einen in Tee getunkten Keks erinnernden Festigkeit der Holzfaserplatten spielt die Mikrobiologie keine Rolle mehr. Hier kann nur noch der Ausbau empfohlen werden.

Einen Ansatz, dies möglicherweise zu umgehen, weil von Gegebenheiten ausgegangen werden kann, die entweder einen Ausbau oder einen Verbleib von Baustoffen nahelegen, gibt die Handlungsempfehlung des Umweltbundesamtes [UBA2017]. Darin sind klare Entscheidungshilfen für ausgewählte Situationen zu finden, wie z.B. bei der in Bild 4-14 dargestellten Situation. In komplizierteren oder nicht eindeutig aufgeklärten Fällen bedarf es jedoch einer Probennahme zur Abklärung eines Schadens und zur Planung weiterer Maßnahmen.

4.3.6 Schimmelpilzwachstum in Gefachen und Metallständerwerken

Versteckte Schimmelpilzbefälle können auch in Gefachen von Fachwerkhäusern und Holzständerbauweisen auftreten, wenn diese mit losen Dämmstoffen verfüllt sind. Untersuchungen haben gezeigt, dass es mit der Zeit zu Setzungen in der Schüttung kommt und im oberen Bereich des Gefaches ein Hohlraum entsteht. Es kommt zu Konvektionsströmungen, in deren Folge Kondensat in den nicht mehr gedämmten oberen Bereichen anfällt und Schimmelpilzwachstum hervorruft. Ebenso wurde deutlich, dass lose Dämmstoffe ebenfalls hochgradig kontaminiert sein können, sodass eine ausreichende Keimlast zur Initialisierung eines Schimmelpilzbefalls gegeben ist [Be3, Ri2].

Bei Metallständerwerken ist der Klassiker schlichtweg die insbesondere auf der Rückseite befallene Gipskartonplatte nach Wasserschäden. Auch die Zwischenwanddämmung bei

Bild 4-15: Schimmelbefall auf einer Leichtbauwand mit Doppelbeplankung. Äußerlich ist der Schaden kaum erkennbar A, jedoch zeigt bereits die Gipskartonlage einen deutlichen Schimmelpilzbefall B. Auch die zweite Lage C sowie die Mineralwolle D sind betroffen.

Doppelbeplankung, oftmals Mineralwolle, kann hierbei gut bewachsen sein (Bild 4-15). Durch die Konstruktion kann sich innerhalb der Metallständerprofile das Wasser gut und unerkannt in der Leichtbaukonstruktion ausbreiten. Häufig ist hierbei von außen, also auf der verputzten oder tapezierten Gipskartonseite kein Schaden erkennbar, während sich der Befall im Hohlraum ungehindert entwickeln kann. Gerade Gipskartonplatten sind aufgrund ihres Feuchteverhaltens und dem Nährstoffangebot der Kartonagen ein für Schimmelpilze sehr geeignetes Substrat [Me13, Me10].

4.4 Wohnräume

Schimmelschäden in Wohnräumen sind äußerst vielfältig und bilden das gesamte Spektrum der bisher beschriebenen Schäden ab. Schäden zu erkennen ist oftmals eng verknüpft mit der Kenntnis möglicher Ursachen. Kam es zum Beispiel zu einem Wasserschaden im darüberliegenden Geschoss, sind wahrscheinlich der Deckenbereich und die angrenzenden Wände von oben nach unten betroffen, vermutlich mit bereits sichtbaren Feuchte- und Schimmelschäden. Abhängig vom Wandaufbau kann es aber auch zu versteckten Schäden in der Leichtbau-

Bild 4-16: Schimmelschäden in Wohnungen können ganz unterschiedliche Ausprägung haben, das Erscheinungsbild ist nahezu immer an die Schadensursache geknüpft (A zeigt einen Wasserschaden im Obergeschoss, B eine Wärmebrücke).

konstruktion gekommen sein. Das Wasser kann sogar bis in den Fußbodenaufbau vorgedrungen sein. Ist in der eigenen Wohnung die Waschmaschine ausgelaufen, dürfte im Wesentlichen mit einem nicht sichtbaren Schaden im Fußboden zu rechnen sein, der je nach Kapillarität der Wandaufbauten langsam über der Fußbodenleiste sichtbar wird (Bild 4-16).

Kondensatschäden werden zuerst an den Wärmebrücken sichtbar, gern in den Ecken der Geschossdecken, an auskragenden Bauteilen und an Außenwänden. Natürlich lohnt immer ein Blick hinter die Möbel, hinter Gardinen, sogar hinter Bodenvasen kann man fündig werden.

Bild 4-17: Mehrfaches Überstreichen hilft nicht, denn der Schimmel schlägt immer wieder durch (200-fache Vergrößerung, Digitalmikroskopie).

Weitere Schwach- und damit Schadensstellen sind Fenster, aber auch Nebenräume: Der Einfluss von Kellerräumen oder Dachgeschossen auf die Innenraumluft ist nicht zu unterschätzen. Es kann auch zu Verdriftungen kommen.

Schimmel kann sich auch hinter Vorsatzschalen verbergen, insbesondere wenn dort wasserführende Installationen liegen. Und manchmal muss man gerade bei Wohnräumen prüfen, ob ein Schaden nicht sogar absichtlich durch Überstreichen oder Übertapezieren versteckt wurde (Bild 4-17).

4.5 Räume mit besonderen Anforderungen

Neben den klassischen Schimmelschäden in Wohnungen sind auch andere Innenräume betroffen, die teilweise besonderen Anforderungen unterliegen und deshalb abweichende Schadensbilder zeigen können. Da später auch noch auf Unterschiede in der Bewertung eingegangen wird, die sich aus gerade diesen besonderen

Anforderungen ergeben, hier eine kurze Aufzählung, was uns an Schadensbildern erwarten kann.

In Kitas und Schulen erwarten uns Schimmelbefälle, die sowohl den Schäden und Mängeln an der Bausubstanz (Bild 4-18) als auch dem hohen Personenaufkommen und den damit verbundenen Feuchtelasten geschuldet sind. Insbesondere bei alten Schulgebäuden lässt die Bausubstanz oft zu wünschen übrig und die Sanitärinstallationen sind veraltet. So haben wir gute Chancen, auch andere Innenraumschadstoffe, wie z.B. WHO-Fasern, anzutreffen. Aber auch ersatzweise aufgestellte Containerbauten bieten bauphysikalische Voraussetzungen für viele Kondensatschäden [Me10]. In Schulen sind es abgehängte Decken, Luftbefeuchter, Kuschelecken, Schwingböden in Turnhallen, die man im Zusammenhang mit mikrobiellen Befällen genauer untersuchen sollte.

In Kitas finden wir oftmals die gleichen Probleme vor. Hier kam die Tatsache hinzu, dass mit dem Anspruch auf einen Kita-Platz in den letzten Jahren viele Kitas aus dem Boden gesprießt sind, bei denen Schäden durch Baufeuchte festzustellen waren, noch bevor eine Nutzung überhaupt möglich war.

Im Lebensmittelbereich kommen zu den baulichen Aspekten besondere Nutzungsaspekte hinzu, denn durch die Herstellung, Verarbeitung und Lagerung von Lebensmitteln ist ein reichhaltiges Nährstoffangebot vorhanden. Es wird gekocht, gekühlt, gespült – die Feuchtelasten sind enorm. Somit ist mit massiven Kondensatproblemen zu rechnen.

Doch nicht nur Kondensat ist im Lebensmittelbereich ein Problem. Aufgrund der Produktionsbedingungen ist es häufig dauerfeucht: Schmutzwasser wird durch spezielle Abflüsse im Boden abgeführt; es wird häufig und gern großzügig nass gewischt. Wenn dann Bodenbeläge, Abflüsse und Fugen Defekte haben, sind massive Schäden im Fußbodenaufbau und angrenzenden Bauteilen keine Seltenheit [Me11].

Aber auch dort, wo es eigentlich trocken sein sollte, kommt es zu Schimmelschäden: in Museen, Archiven und archäologischen Depots. Hauptursache ist hier der Platzmangel. Archive und Depots sind meist in Keller oder unters Dach verbannt, also in Bereiche, die nicht gut für die Lagerung und Klimatisierung von wertvollen

Bild 4-18: Nicht nur die Bausubstanz ist betroffen, auch eingelagerte Objekte sind durch Schimmel gefährdet. Hier muss nicht nur der Umgang mit den Objekten geregelt, sondern auch vermieden werden, dass der Schimmel die Objekte bis zum vollständigen Verlust zerstören kann.

Papieren, Kunstgegenständen und Artefakten geeignet sind. Werden die Räume zudem überbelegt, greifen raumlufttechnische Maßnahmen nur noch bedingt. Es bildet sich Schimmel auf den Akten, Bildern oder Keramiken (Bild 4-18). Mitunter lässt der Schaden lange auf sich warten, da die eingelagerten Materialien sehr viel Feuchte puffern können. Hier sind nicht nur Schäden an der Bausubstanz zu suchen, sondern auch die Archivarien zu untersuchen [Me2].

4.6 Schimmel auf Holzkonstruktionen

Schimmel auf Holz ist in den letzten Jahren vermehrt in den Fokus der Aufmerksamkeit gerückt. Nicht nur die Anzahl der dokumentierten Schäden, sondern auch deren Diskussion hat zugenommen [Be5]. Für den Holzschützer sind es nur holzverfärbende Pilze, die keinen nennenswerten Schaden am Holz hinterlassen. Dennoch sind Schimmelpilze ein Problem, denn übermäßiges Wachstum kann durch die Freisetzung von Sporen und anderen Pilzbestandteilen, Stoffwechselprodukten und eventuell auch Toxinen zu Gesundheitsbeeinträchtigungen der Nutzer führen (Bild 4-19). Das ist anders als bei den holzzerstörenden Pilzen, bei denen bisher kein sensibilisierendes Potenzial beschrieben wurde. Daher sollten Schimmelpilzbefälle, auch wenn keine Schäden am Holz aufgetreten sind, prophylaktisch entfernt werden [Be2, Me6].

Schimmelschäden an Holz und Holzwerkstoffen treten selbst in Neubauten auf, weil die relevanten Holzschutznormen, insbesondere die DIN 68800-1:2011-10, Schimmelpilze schlichtweg vernachlässigen. Dies ist der Fall, weil Schimmelpilze nicht in den Geltungsbereich der Normen fallen oder aber, was noch ungünstiger ist, weil die Lebensbedingungen der Schimmelpilze einfach mit denen der holzzerstörenden Pilze gleichgesetzt werden. Damit werden die Bedingungen für Schimmelwachstum in den Normen zwangsläufig falsch eingeschätzt. Es gelten z. B. Einbaubedingungen oder Innenraumklimata als zulässig, die sich in Bezug auf die Vermeidung von Schimmelpilzschäden bereits in einem mehr als kritischen Bereich bewegen und mit dem Schimmelpilz-Kriterium der DIN 4108-2 bzw. dem Fachbericht 4108-8 kollidieren. Insbesondere die in Struktur und Zusammensetzung vom Vollholz abweichenden Holzwerkstoffe sind durch Schimmelpilze leicht zu besiedeln. Auch

Bild 4-19: Schimmelbefall am Dachstuhl und anderen Holzkonstruktionen ist keine Seltenheit. Da ein Luftaustausch mit anderen Räumen besteht, beeinflusst ein Schimmelschaden im Dach auch die Innenraumhygiene der Wohnräume.

wenn Schimmelpilze üblicherweise nicht in der Lage sind, Holzbiomasse abzubauen, können gerade auf geleimten, aufgefaserten Strukturen mehr als nur oberflächliche Schäden möglich sein. Insbesondere die im Innenraum relevante Gattung *Chaetomium* (Bild 4-20) kann auf Holzwerkstoffen als Moderfäule erhebliche Schäden anrichten [Me28].

Bild 4-20: Die Gattung *Chaetomium* gilt im Innenraum als Indikator für cellulosehaltige und organisch gebundene Materialien und hohe Durchfeuchtung. Sie wird als erhöht allergen angesehen (Beispiele in Bild A, B auf Tapete und Putz, C, D auf Holz). Auf Holz kann *Chaetomium spp.* Moderfäule verursachen (E in 100-facher, F in 600-facher Vergrößerung).

Bei einem Schimmelpilzbefall ergibt sich im Gegensatz zu einem Befall mit holzzerstörenden Pilzen zuallererst ein hygienisches Problem, wenn die Hölzer offen verbaut sind oder aber aus dem verschimmelten Dachstuhl Sporen und Metabolite in die bewohnten Innenräume gelangen. Gerade im Dachstuhl kann sich aufgrund der großen Fläche ein massenhafter Befall entwickeln (Bild 4-21), der durch freigesetzte Schimmelsporen und andere Bestandteile die Innenraumluft negativ beeinflussen und Beschwerden bei den Nutzern auslösen kann [Be2, Me6, Me28]. Nachrangig sind aber auch Schäden an den eingesetzten Holzwerkstoffen, insbesondere an OSB-Platten zu betrachten.

Ein Schimmelbefall auf Holz stellt also weniger ein Problem des Holzschutzes, sondern vielmehr eine Frage der Wohnhygiene dar. Daher sind zur Bewertung von Schimmelpilzschäden auf Holz und Holzwerkstoffen die gleichen Grundsätze anzuwenden wie bei Schimmelpilzschäden in Innenräumen [UBA2017, Be2, Me6]. Diskutiert wird hierbei auch immer, wie mit Bläuepilzen umzugehen ist. Hier muss differenziert werden: Unter Bläue versteht man eine Verfärbung des Holzes durch einzelne inaktive Pilzhyphen, die in tieferen Holzschichten als Reste eines Befalls zurückgeblieben sind. Es findet kein aktives Wachstum mehr statt, auch sind oberflächlich keine Myzelien nachweisbar [Be2,

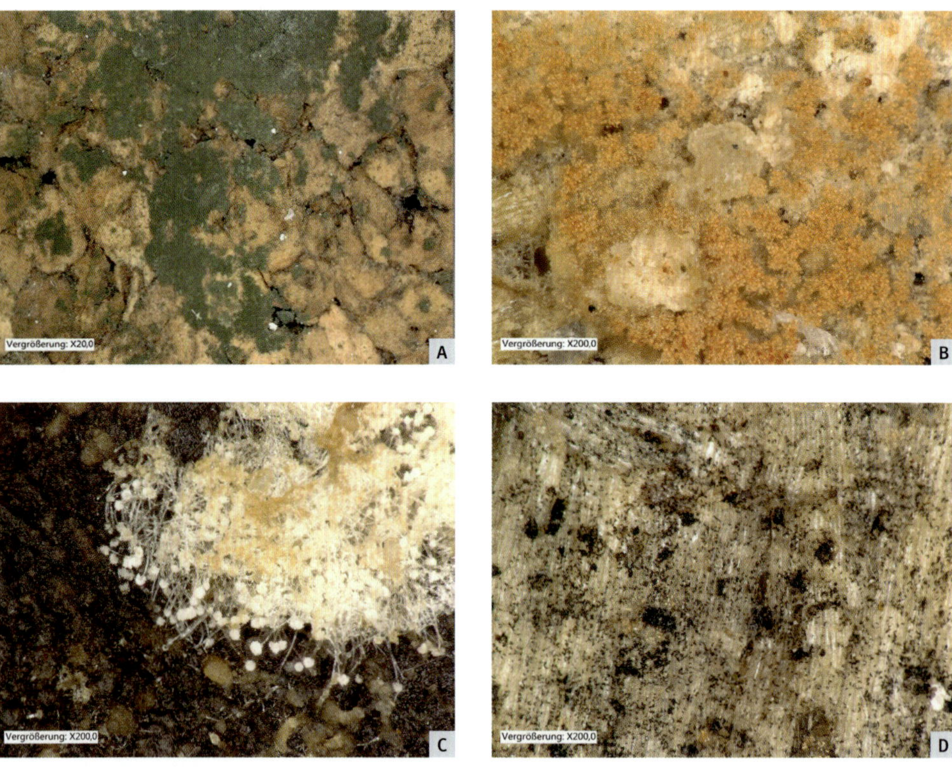

Bild 4-21: Schimmel auf Holz ist mit hohen Sporenfreisetzungen verbunden. Hier einige Beispiele: **A** *Trichoderma sp.* auf Korkplatten, **B** *Scopulariopsis sp.* auf OSB-Platte, **C** *Aspergillus sp.* auf einem alten Fruchtkörper (Tintling auf OSB-Platte) und **D** *Cladosporium sp.* auf Vollholz

Me28]. Wird aber ein aktiver Befall durch Bläuepilze nachgewiesen und sind deren Bestandteile und Sporen vermehrt an der Bauteiloberfläche nachweisbar, wird auch hier von einem Schimmelbefall besprochen und es greifen die bereits beschriebenen Aspekte hinsichtlich der Innenraumhygiene.

Schimmelpilze gelangen über kontaminierte oder bereits befallene Holzbaustoffe in den Innenraum [Be2, Be5, Fi1, Me6]. Ob sich daraus auch auf dem Holz ein signifikanter Schimmelpilzbefall entwickeln kann, ist von zwei Faktoren abhängig: Es muss zum einen ausreichend Feuchtigkeit in Form von freiem Wasser und zum anderen eine Nährstoffquelle vorhanden sein. Bei Wasseraktivitäten oberhalb eines Wertes von 0,8 können Schimmelpilze einen aktiven Befall ausbilden. Das steht im krassen Gegensatz zu den Bedürfnissen von holzzerstörenden Pilzen. Diese benötigen deutliche höhere Wasseraktivitäten um 0,97 [Me6]. Schimmelpilzwachstum kann also bereits bei Holzfeuchten auftreten, die für holzzerstörende Pilze nicht ausreichen. Als Nährstoffquelle benötigen Schimmelpilze eine organische Kohlenstoffquelle und Sauerstoff, aber auch Vitamine und Spurenelemente.

Eine optimale Temperatur fördert schnelles Wachstum, jedoch ist die Temperatur kein limitierender Faktor. Schimmelpilze wachsen also auf jeglichem Substrat, solange eine ausreichende Feuchte- und Nährstoffversorgung gegeben ist. Entsprechend wird auch Holz von Schimmelpilzen besiedelt, üblicherweise sind aber nur die oberen Holzschichten betroffen. Da Schimmelpilze zwar auch Enzyme zum Abbau von Cellulose und Mannose besitzen, diese aber nicht so effektiv wie die der Holzzerstörer sind, fallen die Schäden am Vollholz nur marginal aus, während Holzwerkstoffe gravierende Schäden zeigen können, die auch einen Ausbau rechtfertigen.

4.6.1 Ursachen für Schimmelpilzbefälle auf Holzkonstruktionen

Geeignete Bedingungen finden sich bei Holz und Holzbaustoffen, sobald ein Feuchteeintrag stattfindet. Nährstoffe sind grundsätzlich ausreichend vorhanden, z.B. in Form von abgelagertem Staub, aber auch Klebstoffe und nicht zu vergessen das Holz selbst. Auch Schimmelpilzsporen befinden sich meist reichlich auf den Holzbaustoffen, entweder aufgrund einer unsachgemäßen, ungeschützten Lagerung oder aber auch durch den Produktionsprozess bei Holzwerkstoffen [Be2, Ha3]. Also bleibt die Frage, wie sich eine erhöhte Feuchtigkeit einstellt, die zum Befall führt. Im Wesentlichen sind es zwei Bereiche, aus denen der Feuchteeintrag stammen kann: erhöhte Feuchtelasten in der Bauphase und Feuchtelasten während der Nutzung. In der Neubauphase sind ungeschütztes Bauholz und ungeschützte Holzwerkstoffe besonders gefährdet. Wird der noch offene Dachstuhl nicht vor Niederschlägen geschützt, Holzbaustoffe falsch gelagert oder gar als Witterungsschutz oder Abdeckung genutzt, ist der Befall vorprogrammiert. Beim Innenausbau wird durch das Abbinden der Putze oder des Estrichs Wasser freigesetzt, das wiederum von den Holzbaustoffen aufgenommen wird. Fehlt hier eine ausreichende Lüftung oder alternativ eine technische Trocknung, ist ebenfalls mit Schäden zu rechnen. Gleichzeitig haben sich die Holzkonstruktionen, insbesondere bei unbelüfteten Dachaufbauten, verändert. Hier zeigen sich die bauphysikalischen Konsequenzen ebenfalls in Form von Schimmelpilzbefällen [Be2, Me6, Ha3]. Auch die Nutzung von Innenräumen hat sich gewandelt. So wird der zugige Dachboden nicht mehr als Trockenraum genutzt, sondern als hochwertiger Innenraum mit Sichtdachstuhl ausgebaut. Damit ergibt sich für das Dachgeschoss unter Umständen die gleiche Problematik wie für den ausgebauten Keller und damit bauphysikalisch knifflige Rahmenbedingungen. Wird hier die Kondensatbildung nicht durch adäquate Lüftung und Beheizung aufgefangen, sondern z. B. durch eine ungünstige Möblierung sogar noch verstärkt, hat der Schimmel ein leichtes Spiel [Be4].

Werden Dachstühle ausgebaut oder auch gedämmt, spielen dabei auch die wasserdampfdichten Schichten eine große Rolle. Wird beim Einbau z. B. die Dampfbremse beschädigt, kann wasserdampfhaltige Luft durch Konvektion in die kühlere Konstruktion einströmen und dort kondensieren [Be2], sodass mikrobielles Wachstum begünstigt wird.

4.6.2 Schimmelpilze und die Holznormung

Durchforstet man die für Holzwerkstoffe und Holzkonstruktionen gültigen aktuellen Normen, findet man in der Regel nichts zum Thema Schimmelpilze. Das ist insofern nachvollziehbar, als Schimmelpilze keinen nennenswerten Einfluss auf die Stabilität, Tragfähigkeit des Holzes oder die Statik von Holzkonstruktionen haben und der hygienische Aspekt nicht Gegenstand der Holznormung ist. Daher sind Schimmelpilze auch nicht in der Definition der Gebrauchsklassen (GK) der DIN 68800-1 erfasst, die maßgeblich für die Einbaubedingungen und (mikrobiologischen) Belastungsgrenzen der Holzwerkstoffe sind. Für die geringste Belastung in den Gebrauchsklassen GK 0 und GK 1 wird als Exposition eine Holzfeuchte von 20 % (trocken)

Einflussfaktoren	Anforderungen der DIN 68800-1 GK 0 und GK 1:	Anforderungen der DIN 4108-2 und DIN 4108-8	Bewertung aus mikrobiologischer Sicht
zulässige Feuchtelasten	▪ trocken (Holzfeuchte **max.** 20 %) ▪ mittlere relative Luftfeuchte bis 85 %	▪ Wasseraktivität **unter** 0,8 ▪ mittlere relative Feuchte an der Bauteiloberfläche bis 80 %	Holzfeuchte lässt sich nur schätzungsweise in Wasseraktivität übersetzen. Näherungsweise entsprechen 20 % Holzfeuchte einer Wasseraktivität von 0,85. Eine Wasseraktivität von 0,8 entspricht grob einer Holzfeuchte von 18 %.
Gefährdung durch Mikroorganismen	▪ keine Gefährdung durch Pilze, inklusive holzverfärbende Schimmelpilze, z. B. Bläue ▪ keine Gefahr der Moderfäule	▪ Kommt es zu Feuchtelasten über 80 % über mehr als zwölf Stunden an mindestens fünf aufeinander folgenden Tagen, ist mit Schimmelpilzwachstum zu rechnen.	Die Holznormung ignoriert, dass Schimmel bereits unter den Bedingungen der GK 0 und der GK 1 auftreten kann. Moderfäule und Bläue können auch durch im Innenraum relevante Schimmelpilze ausgelöst werden.

Tabelle 4-1: Gegenüberstellung der klimatischen Randbedingungen in der DIN 68800-1 (GK 0 und GK 1 als relevante Bauteilgruppen) und der DIN 4108-2/ 4108-8

und eine mittlere relative Luftfeuchtigkeit von max. 85 % angegeben. Unter diesen Bedingungen ist kein Wachstum von holzzerstörenden Pilzen möglich. Fatalerweise kann man in der Literatur zum Holz nachlesen, dass Schimmelpilzwachstum unter diesen Bedingungen ebenfalls nicht möglich sei. Das ist aus Sicht der Schimmelpilzfachleute falsch und kollidiert mit der »Schimmelpilz-Norm« DIN 4108-2:2013-02 und der technischen Regel DIN-Fachbericht 4108-8:2010-09. Denn im Fachbericht wird ausgeführt, dass eine Schimmelpilzbildung auftreten kann, wenn an mindestens fünf aufeinander folgenden Tagen die relative Luftfeuchte auf der Bauteiloberfläche mindestens 12 h/d einen Wert von mehr als 80 % aufweist.

Was nach DIN 68800-1 als »trocken« in Bezug auf die Vermeidung holzzerstörender Pilze bezeichnet wird, ist für die Vermeidung von Schimmelpilzen noch nicht trocken genug. Die Forderung, Holz und Holzwerkstoffe mit max. 20 % Holzfeuchte einzubauen, ist in Bezug auf Schimmelpilze bereits grenzwertig, da dies einer relativen Bauteiloberflächenfeuchte von 85 % entsprechen würde. Somit wäre das Schimmelpilzkriterium bereits mit dem Einbau von trockenem Holz nach DIN 68800 überschritten (siehe Tabelle 4-1). Zusammenfassend muss gesagt werden, dass die derzeit geltenden Holznormen nicht geeignet sind, Schimmelpilzbefälle auf Holzkonstruktionen zu vermeiden.

4.7 Historische Bauwerke und Kirchen

Historische Bauwerke sind überspitzt formuliert meistens groß, unbeheizt und undicht. Das Mauerwerk ist oftmals durchfeuchtet, salzbelastet und in den warmen Monaten Opfer von Sommerkondensat. Da wundert es nicht, wenn Schimmelpilze die historischen Bauwerke besiedeln und zu zahlreichen Schäden an den

Bild 4-22: Schimmelbefall im Kirchenschiff und auf dem Gestühl ist aufgrund der klimatischen und baulichen Gegebenheiten in Kirchen nicht immer vermeidbar.

Farbfassungen, Ausmalungen und dem Inventar führen. Bekannt ist neben dem Verlust von wertvollen Fresken auch der Befall von Orgeln, Kirchgestühl oder Epitaphen (Bild 4-22).

Neben Schimmelpilzbefällen treten gerade in Kirchen auch Befälle durch Actinomyceten auf. Diese Schäden sind weitaus häufiger anzutreffen, als man vermuten würde. Actinomyceten bevorzugen salzbelastete, mineralische Anstriche mit organischen Bindemitteln, wie z.B. Kasein- oder Leimfarben, und verursachen als Befallsbild weißlich-graue, mehlige Schleier (Bild 4-23). Dabei scheinen Actinomyceten eine Vorliebe für Kirchen entwickelt zu haben, aber sie fühlen sich natürlich auch in Grabkammern und Höhlen wohl [Gr1], und zwar nicht nur in Deutschland, sondern auch in Rom, Griechenland, Spanien [Ab2]. Bei allen Befällen ist mit ca. 60 % als dominante Spezies *Streptomyces spp.* dabei, die das Befallsgeschehen auch in modernen Wohnbauten dominieren können.

Bild 4-23: Actinomyceten können historische Baustoffe gut verstoffwechseln und mögen salzige Untergründe. Daher sind Besiedlungen von historischen Bauwerken wie Kirchen, Gruften und Höhlen nichts Ungewöhnliches. Die Befälle sind jedoch eher unauffällig und meist nur als Schleier auf den Oberflächen auszumachen.

Sporen der Actinomyceten sind sowohl in der Raumluft historischer Bauwerke als auch in Wohnungen nachgewiesen worden. Häufig konnten erhöhte Konzentrationen dieser Sporen ermittelt und mit Krankheitsbildern in Verbindung gebracht werden, die sonst eher mit Schimmelschäden im Zusammenhang stehen: Allergien vom Typ III bis zur Exogen Allergenen Alveolitis (EAA), aber auch das an extrem hohe Sporenkonzentrationen gebundene Organic Dust Toxic Syndrome (ODTS) [Ch1, Ka2] und schließlich auch Infektionen durch Actinomyceten. Letztlich kann hier zusammengefasst werden, dass die Actinomyceten den Schimmelpilzen in nichts nachstehen.

Im Vergleich zum Schimmelpilzwachstum sind Befälle durch Actinomyceten schwerer festzustellen, da das Schadensbild unauffälliger ist, obwohl sogar höhere Zelldichten auftreten können [Pe1]. Schäden durch Salze stehen hier oftmals im Vordergrund und die Actinomyceten werden leicht übersehen.

4.8 Sonderfall Biokorrosion

Wir haben nun viel über Schadensbilder und Ursachen gelernt. Nun sollten wir der Frage nachgehen, was eigentlich mit unseren Baustoffen passiert, wenn sie durch Mikroorganismen besiedelt werden. Fressen Schimmelpilze und

Co. auch noch unsere Bausubstanz? Geht das überhaupt? Das geht, und bei organischen Materialien kann man sich das auch noch ganz gut vorstellen: Pilze als heterotrophe Organismen benötigen eine organische Kohlenstoffquelle. Aber hört es bei Ziegel, Putz und Silikatfarben nicht auf? Nein, nicht so ganz. Natürlich bauen Schimmelpilze keine Baustoffe ab, jedoch können ihre Stoffwechselprodukte auch bei mineralischen Werkstoffen große Schäden anrichten. Deshalb müssen wir zwar nicht befürchten, dass Schimmelpilze dem Echten Hausschwamm als Bauwerkszerstörer den Rang ablaufen, aber dennoch können die Schäden insbesondere im Denkmalbereich dramatisch sein, wenn antike Gläser oder Wandmalereien dem mikrobiellen Angriff zum Opfer fallen. Man spricht dann von Biokorrosion oder mikrobieller Materialzerstörung, im anglofonen Raum wird auch häufig der Begriff Biodeterioration verwendet. Natürlich ist die Korrosion und Verwitterung mineralischer Baustoffe als ein sehr komplexer Vorgang zu verstehen. Es sind vornehmlich klimatische Einflüsse wie Wasser, Sonne, Wind und Frost, die zu Schäden an Bauwerken führen (Bild 4-24). Doch Mikrobielle Materialzerstörung macht geschätzt rund 20 % der Korrosionsschäden aus [Br1]. Dabei folgen die Mikroorganismen Korrosionsmechanismen, die gut erforscht sind und auch in Abgrenzung zu anderen Schäden eindrucksvoll nachgewiesen werden können.

4.8.1 Wasser, Sonne, Frost! Und ein bisschen Bio?

Alle mineralischen, metallischen oder organischen Baustoffe unterliegen vom ersten Tag ihrer Herstellung einem Alterungsprozess, der aus ihrer Wechselwirkung mit der Umwelt resultiert. Dadurch wird nicht nur das Erscheinungsbild von

Bild 4-24: Durch Salze und Frost-Tau-Wechsel geschädigtes Mauerwerk

Bauwerken geprägt, es schlägt sich auch in der Nutzungsdauer bzw. in den Standzeiten nieder. Dadurch entstehen Schäden, welche die Inbetriebnahme oder Nutzung beeinträchtigen, unmöglich machen oder gar zu einer Zerstörung der Bauteile führen. Allgemein wird bei mineralischen Baustoffen insbesondere im Außenbereich dann von Verwitterung gesprochen, bei Metallen, Gläsern, aber auch Kunststoffen wird der Begriff Korrosion verwendet. Dieser Begriff geht auf das lateinische Wort »corrode« zurück, das »ausnagen« bedeutet.

Physikalische Korrosionsmechanismen werden, wie schon angedeutet, gern aus dem Korrosionsgeschehen ausgeschlossen und in Begriffen wie Abrasion, Erosion oder Kavitation untergebracht (Bild 4-25). Darunter versteht man im Wesentlichen den Abtrag von Material durch mechanische Beanspruchung wie Reibung mit Flüssigkeiten oder Festkörpern oder durch das Auftreten von Scher- und Torsionskräften [Ro1, Re2]. Den physikalischen Korrosionsmechanismen ist auch die Zerstörung von Werkstoffen durch Strahlung zuzurechnen. Ultraviolette Strahlung führt zum Zerfall chemischer Bindungen und damit zum »Ausbleichen« und zur Material-

Bild 4-25: »Corrode« bedeutet »ausnagen«. Baustoffkorrosion ist immer mit Materialverlust und Standzeitverkürzung verbunden.

ermüdung bei Kunststoffen. Da viele Festkörpereigenschaften materialspezifisch sind, ist das Temperaturverhalten von Baustoffen ebenfalls im Korrosionsgeschehen zu berücksichtigen. Bekanntes Phänomen: Ein Glas zerspringt beim Befüllen mit heißem Tee. Hier sind thermische Spannungen die Ursache für die Zerstörung. Das Material ist nicht in der Lage, durch Ausdehnung und Zusammenziehen Temperaturgradienten aufzunehmen. Diese Effekte können auch bei Naturstein oder Putzen auftreten [Re2, Ba2].

Eine Zwitterstellung zwischen physikalischer und chemischer Korrosion nimmt die Korrosion durch Wasser ein. Eindeutig physikalisch ist die Zerstörung von Baustoffen durch Frostsprengung oder auch durch Ausfällen schwerlöslicher Salze (Salzsprengung), in die gleiche Richtung geht auch das Schwinden und Quellen silikatischer Baustoffe. Durch die Wasseraufnahme dehnen sich die Schichtsilikate quer zur Schichtung aus und erzeugen mechanischen Druck, der zur Lockerung des Gefüges führt. Andere korrosive Eigenschaften des Wassers, z. B. die Autoprotolyse oder die Beeinflussung von Löslichkeitsgleichgewichten, sind chemischen Korrosionsmechanismen zuzuordnen. Dazu zählen auch die Prozesse, bei denen die Baustoffe mit dem Luftsauerstoff, Kohlendioxid, Wasser, Säuren, Basen oder Elektrolytlösungen, Gasen und Lösungsmitteln in Wechselwirkung treten. Typische Vorgänge im Material sind Prozesse der Oxidation und Reduktion, Auslaugung, Ansäuerung und Auflösen von Bindemitteln, Auflösung durch elektrochemisch bedingte Potenzialunterschiede oder Elektrolyte. Abhängig von der Art des Werkstoffs und vom angreifenden Medium treten unterschiedliche Formen auf. Bei der Rostbildung an Metallen z. B. kommt es zu einem gleichmäßig flächigen Angriff. Der Angriff von Säuren und Elektrolyten führt zu Lochfraß und interkristalliner Korrosion, wobei der Angriff den Korngrenzen des Metalls folgt. Korrosion wird sehr begünstigt, wenn das Metall in elektrisch leitender Verbindung mit einem elektrochemischen, edleren Metall der Feuchtigkeit ausgesetzt ist, da es dann die Anode eines kurzgeschlossenen galvanischen Elements bildet (Lokalelement). In Kombination mit mechanischer Belastung, z. B. an Schraubverbindungen, kommt es zur Spannungsrisskorrosion. Bei mineralischen Baustoffen und Gläsern wird oftmals das Herauslösen von alkalischen Bestandteilen bzw. ein Auflösen des Bindemittels durch Wasser, Säuren und Laugen beobachtet [Me15, Me16, Me5, Ba2].

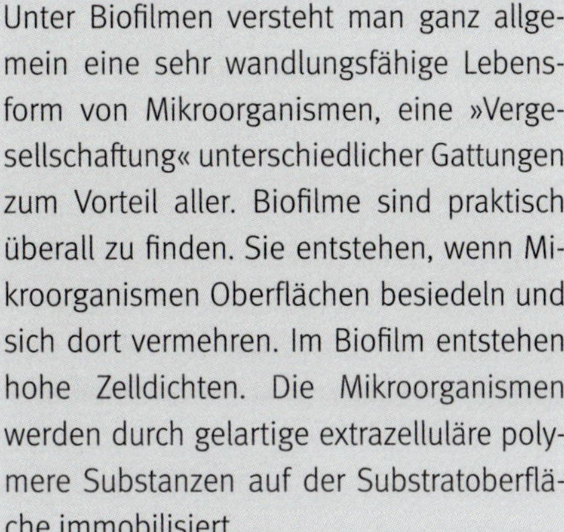

Biofilme

Unter Biofilmen versteht man ganz allgemein eine sehr wandlungsfähige Lebensform von Mikroorganismen, eine »Vergesellschaftung« unterschiedlicher Gattungen zum Vorteil aller. Biofilme sind praktisch überall zu finden. Sie entstehen, wenn Mikroorganismen Oberflächen besiedeln und sich dort vermehren. Im Biofilm entstehen hohe Zelldichten. Die Mikroorganismen werden durch gelartige extrazelluläre polymere Substanzen auf der Substratoberfläche immobilisiert.

Schimmelpilze sind selbst keine klassischen Biofilmbildner, das können Bakterien oder Grünalgen viel besser. Häufig sind sie als Sekundärbesiedler zu finden, wenn andere bereits Kolonialisierungsarbeit geleistet haben. Aufgrund ihrer Kooperationsfähigkeit sind sie potente Partner im Biofilm.

4.8.2 Wenn Mikroorganismen angreifen

Biokorrosion ist ein Grenzflächenprozess, wobei die Grenzfläche zwischen Baustoff und Medium (z. B. Atmosphäre, Boden) durch die Grenzfläche Werkstoff-Biofilm ersetzt wird..

Biofilme sind Orte erhöhter Stoffumsätze und gesteigerter Primärproduktion. Als Folge davon verändert sich das Milieu im Vergleich zum umgebenden Medium. Der pH-Wert kann um Größenordnungen schwanken, organische Säuren können sich aufkonzentrieren, Gase und Lösungsmittel können freigesetzt werden. Exoenzyme erledigen dann den Rest. Letztendlich führt dies dazu, dass auch in einem an sich neutralen Medium Korrosionsschäden beobachtet werden, weil der Biofilm die physikalisch-chemischen Bedingungen an der Grenzfläche zwischen dem Werkstoff und dem Medium komplett verändert hat [Br1, Me4]. Die Mechanismen, derer sich die Mikroorganismen bedienen, sind auf »klassische« abiotische Korrosion zurückzuführen. Letztlich ist auch Biokorrosion kaum mehr als Lochfraß, Salzsprengung und Säureangriff, aber eben durch Metabolite, d. h. Korrosionsmedien biogenen Ursprungs.

4.8.3 Biokorrosion an Natursteinen, künstlichen Steinen und Beton

Natursteine werden nach ihrer Entstehungsart, den Gefügeeigenschaften und der chemischen Zusammensetzung unterschieden. Sind sie bei der Erstarrung von Gesteinsschmelzen entstanden, so werden sie als magmatische Gesteine bezeichnet. Basalt, Granit und Porphyr sind typische Vertreter dieser Gruppe. Gesteine, die aus der Ablagerung und Verdichtung von Salzen, Schlick und Sanden entstanden sind, werden als Sedimentgesteine bezeichnet. Zu diesen zählen Tone, Kalkstein und Quarzsandsteine, aber auch viele Halbedelsteine wie Japsis oder Obsidian. Zu dieser Gruppe gehören auch die sedimentären Eisenerze und Apatite. Aus beiden Gesteinsarten konnte unter dem Einfluss von Druck und Temperatur eine Kristallisation und Umformung zu neuen Gesteinsformen (Metamorphite) stattfinden [Ro1, Re2], wobei hier als Beispiele Marmor, Quarzit und Gneis genannt werden sollen. Gerade Natursteine werden durch Witterungseinflüsse stark geschädigt. Neben Abrasion sind es vor allem Frost- und Salzsprengungen, die den Baustoff nachhaltig schädigen. Ein weiterer Effekt ist die Schädigung durch Temperaturschwankungen, z.B. durch die Ausbildung von Temperaturgradienten bei Sonneneinstrahlung. Ursache dafür ist die Anisotropie, d.h. abhängig von der Kristallstruktur der Körner kann der thermische Ausdehnungskoeffizient richtungsabhängig variieren. Dadurch kommt es im Mikrobereich zu einer unterschiedlichen Ausdehnung, was letztlich zu einer Lockerung des Gefüges führt [Ro1, Re2]. Die chemische Verwitterung von Naturstein beruht im Wesentlichen auf der schädigenden Wirkung von Wasser und darin gelöstem Kohlendioxid oder schwefliger Säure (saurer Regen). Dabei gehen die im Gestein gebundenen Mineralien in Lösung. Bei direktem Wasserangriff wird zumeist Natriumchlorid, Ammoniumsalze, Gips oder Kalkspat gelöst. Weitaus mehr Verbindungen gehen durch Säureangriff in Lösung oder werden in Salzen gebunden. Dabei ist insbesondere die Reaktion von Kalkspat mit Kohlensäure hervorzuheben. Als Folge davon verlieren viele Natursteine ihre Festigkeit, da das Bindemittel verloren geht, so wie in Bild 4-26. Silikatische Gesteine hingegen sind aufgrund des Dissoziationsgleichgewichts der Kieselsäure vor einem Säureangriff geschützt. Erst im alkalischen Milieu kommt es zu einer Auflösung des silikatischen Netzwerks und der Bildung von Verwitterungsgesteinen wie Saponiten [Me5, Ro1, Re2].

Künstliche oder technische Steine werden aus natürlichen Bestandteilen wie unterschiedlich gefärbten Sanden, Bindemitteln und auch künstlichen Zuschlägen hergestellt, die mit Hochdruck verpresst und bei hohen Temperaturen gebrannt werden. Nachbehandlungen wie Flammenpolitur erzeugen schmuckvolle Oberflächen, die in der Wirkung durchaus mit Marmoroberflächen vergleichbar sind. Durch den Einsatz von Leichtzuschlägen sind diese Baustoffe trotz vergleichbarer Festigkeit und höherer chemischer Beständigkeit leichter als ihre natürlichen Verwandten, was eine Reihe neuer Einsatzmöglichkeiten bei gleichzeitiger Kosteneinsparung mit sich bringt [Re2].

Eine besondere Rolle unter den Kunststeinen spielen Betone. Beton ist vielseitig einsetzbar – vom Straßenbelag bis hin zum farbig gestalteten Schmuckelement. Beton ist ein in einer chemischen Reaktion aushärtendes Gemisch aus Zement, grobkörnigen Zuschlägen, Quarzssand, Kalk, Wasser und weiteren Zusätzen wie Asphalt, Cellulose und Schaumstoffen. Durch die Auswahl der Zusätze kann Beton mit sehr unterschiedlichen Materialeigenschaften hergestellt werden [Re2, Ba2]. So groß die Vielzahl unterschiedlicher Betone und Spezialbaustoffe ist, so vielfältig können Art und Umfang der Betonkorrosion ausfallen. Erwartungsgemäß ist die Korrosionsbeständigkeit des Betons abhängig vom verwendeten Zement und den eingesetzten Zuschlagstoffen. Gemeinhin kann jedoch gesagt werden, dass bei der Betonkorrosion eine chemische Umsetzung der enthaltenen Calciumverbindungen erfolgt. Dabei spielen Säuren wie Kohlensäure, Schwefelsäure oder Salpetersäure und saure Salzlösungen (Chlorid- oder Ammoniumlösungen, z.B. aus Meerwasser oder aus der Landwirtschaft) eine große Rolle. Sie greifen den Bindemittelverbund an, wodurch der Beton seine Festigkeit verliert und zerbröselt (Bild 4-27). Wasserlösliche Korrosionsprodukte werden aus dem Beton herausgespült, schwerlösliche Salze hingegen verbleiben in den Porenräumen. Durch die Volumenvergrößerung führen sie zur treibenden Korrosion, vergleichbar mit der Salzsprengung im Naturstein [Ba2, Ro1, Re2].

Pilze gefährden den Naturstein durch die Produktion organischer Säuren wie Oxal- oder Fumarsäure. Dabei chelatisieren sie Carbonate und Silikate. Die dabei entstehenden Salze (z. B. Whedellit) sind schwer löslich, fallen sofort aus und besitzen ein großes Volumen. Salzsprengungen sind die Folge. Gleichzeitig werden die Bindemittel biogen aufgelöst (wie in Bild 4-26), der Werkstoff verliert damit seine Festigkeit und sandet ab [Ro1]. Das stellt vor allem Denkmalschützer vor große Probleme, da als Sanierungsmöglichkeit oftmals nur der Austausch betroffener Flächen übrig bleibt.

Einige wenige Schimmelpilze wie *Aureobasidium sp.* oder *Botrytis sp.* sind in der Lage Polysaccharide, also den typischen Biofilmschleim, zu bilden. Diese Speicherstoffe üben durch Quellen und Schwinden einen mechanischen Druck auf die Baustoffe aus. Zudem verkleben sie die Poren und behindern dadurch den Feuchte- und Salztransport. Wie eine Diffusionsbarriere führen sie dazu, dass sich unterhalb von Biofilmen Salze und Laugen aufkonzentrieren und ihre zerstörerische Wirkung entfalten können [Br1, Me5, Re2]. Doch nicht nur die Speicherstoffe, sondern auch einwachsende Hyphen können mechanischen Stress auslösen. Die Pilze wandern von

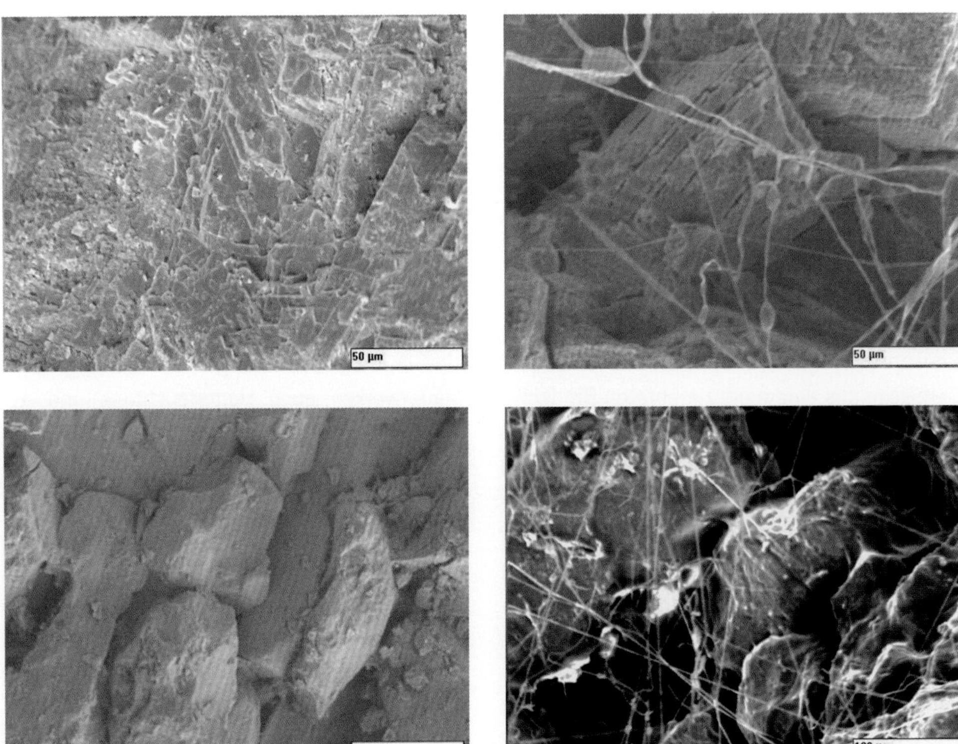

Bild 4-26: Vorher-Nachher-Bilder eines 14-tägigen mikrobiellen Angriffs durch Schimmelpilze auf Sandsteine. Links sind die jeweils frischen Prüfkörper zu sehen. Rechts fehlen den Prüflingen nach kurzer Zeit reichlich Bindemittel, die Gesteinskörnung liegt frei, der Naturstein sandet ab.

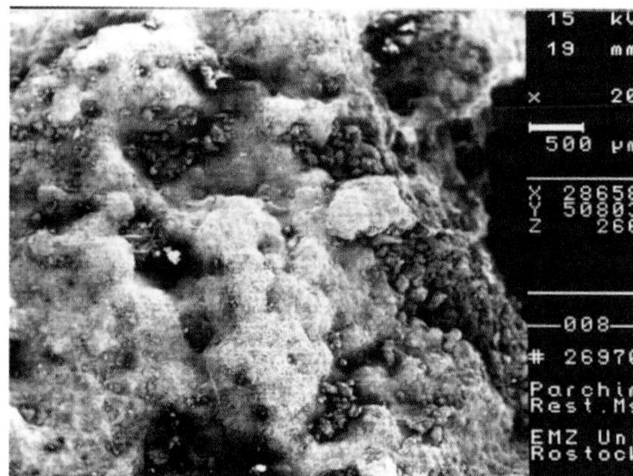

Bild 4-27: Auch Beton kann durch Schimmelpilze besiedelt werden.

der Oberfläche in tiefere, geschützte Bereiche ein, um Temperatur- und Trockenstress auszuweichen. Der Säureausstoß an der Hyphenspitze wirkt dabei wie ein kleiner Bohrer.

4.8.4 Putze und Farben

Bauphysikalisch betrachtet ist Putz ein mono- oder mehrlagig in bestimmter Dicke auf den Putzgrund aufgetragener Belag aus Putzmörteln oder Beschichtungsstoffen, der seine endgültigen Eigenschaften erst durch Erhärtung am Baukörper erreicht [Si1, Ve1]. Putzmörtel sind Gemische aus einem oder mehreren Bindemitteln, Zuschlagstoffen mit einem überwiegenden Kornanteil zwischen 0,25 und 4 mm und Wasser, ggf. auch Zusätzen wie Cellulose- oder Glasfasern. Mineralische Putze basieren auf mineralischen Bindemitteln wie Kalk, Anhydrit oder Zement. Organisch gebundene Putze enthalten statt eines mineralischen Bindemittels Kunstharze, Acrylate oder Acetate als Bindemittel. Farben sind Anstrichsysteme, bestehend aus Anstrichstoffen. Farben werden unterteilt in mineralisch oder organisch gebundene Anstrichsysteme sowie in Mischtypen. Zu den mineralisch gebundenen Anstrichsystemen zählen die Kalk- und Kalkzementfarben sowie die Silikatfarben. Kunstharzfarben, Dispersionsfarben, Emulsionsfarben, Latexfarben, aber auch die historischen Leim- und Kaseinfarben werden den organisch gebundenen Anstrichsystemen zugeordnet. Als Mischsysteme gelten Dispersionssilikatfarben und die Silikonharzfarben sowie moderne Hybridsysteme [Ve1].

Putze und Farben im Außenbereich unterliegen vor allem einer klimatischen und chemischen Bewitterung. Neben Abrasion durch Wind und Schlagregen sowie Frostsprengung sind Außenbeschichtungen auf salzbelasteten Mauerwerken auch Hinterfeuchtung und Abplatzungen unterworfen. Je nach Zusammensetzung und Bindemitteltyp kommt es zu Farbveränderungen. Unter UV-Einfluss werden organisch gebundene Bindemittel abgebaut, Pigmente zerstört und ausgeblichen. Mit zunehmendem Verlust des Bindemittels können auch andere Inhaltsstoffe leichter aus dem Film herausgelöst werden, die Korrosionsrate steigt an. Dadurch können sich bauphysikalische Größen wie die Wasseraufnahmefähigkeit ungünstig verändern. In der Folge erscheint die bewitterte Fassade ungleichmäßig vergraut, angeschmutzt und nimmt unterschiedlich stark Wasser auf

[Ve1, Re2, Ba2]. Durch Wasser, gelöstes Kohlendioxid und andere schwache Säuren aus Niederschlägen werden die Beschichtungen zudem entmineralisiert und Bindemittel abgebaut. Wie alle mineralischen Baustoffe sind vor allem Putze aufgrund ihrer Kapillarität und Porosität anfällig für Frost- und Salzsprengungen. Folge davon sind Ausblühungen, Abplatzungen und eine erhöhte Rissanfälligkeit. Das macht vor allem dann Probleme, wenn die Baustoffe in Leichtbauweise und mit außenseitiger Dämmung verarbeitet sind. Dünne Putzüberdeckungen, die thermisch isoliert hohen Temperaturschwankungen ausgesetzt sind, müssen thermische Spannungen aufnehmen, was nicht gelingen kann, wenn das Putzgefüge geschädigt ist. Rissbildungen sind die Folge, ferner kann dies zu einer Hinterfeuchtung der Fassadenkonstruktion und zu Schäden an der tragenden Konstruktion führen [Me4].

Mineralische Putze und Farben gelten nach dem Abbinden im Allgemeinen als beständig gegen Algen- und Pilzbefall. Ursache dafür ist die Alkalität dieser Baustoffe, die pH-Werte um 12 und mehr erreichen können. Das ist aus zweierlei Gründen jedoch nur bedingt zutreffend. Zum einen ist die Photosynthese bei Algen pH-abhängig. Durch einen alkalischen pH-Wert wird das Dissoziationsgleichgewicht von Kohlendioxid in Richtung Bicarbonat verschoben. Dieses kann jedoch nur von Spezialisten für die Photosynthese genutzt werden, daher bevorzugen Algen neutrale bis leicht alkalische Untergründe (pH-Wert von 7 bis 8,5). Für Pilze hingegen spielt der pH-Wert eigenen Studien zufolge keine Rolle. In eigenen Besiedlungsexperimenten konnte ein Wachstum bis zu einem pH-Wert von 11 nachgewiesen werden. Zudem kommt es durch die Aufnahme von Kohlendioxid beim Abbinden/Aushärten zu einem Absinken des pH-Wertes während der Carbonatisierung. Durch den Kontakt mit Niederschlags- und Kondenswasser werden die alkalischen Bestandteile ausgelaugt, der pH-Wert sinkt weiter, die mineralischen Beschichtungen werden entcarbonatisiert. Die ausgelösten Alkalien reagieren mit organischen Säuren zu Chelaten wie Whedellit. Diese schwerlöslichen Salze fallen aus, wobei sie ihr Volumen vergrößern und so zu Salzsprengungen und Rissbildung führen [Me4, Sc5, Si1]. Daraus ergibt sich die folgende Schlussfolgerung: Der pH-Wert ist ein einseitig und nur kurzfristig wirkender Schutzmechanismus.

Organisch gebundene Beschichtungen gelten in der Regel als besonders anfällig für Algen- und Pilzbefall wie in Bild 4-28 dargestellt ist. Anders als alle anderen hier beschriebenen Baustoffe können pastose Farben und Putze bereits während des Produktionsprozesses kontaminiert und so noch vor dem Auftragen durch Bakterien und Pilze zersetzt werden. Daher wird von den Herstellern immer eine biozide Ausstattung zur Produktstabilität eingesetzt. Nach dem Abbinden können bereits frühzeitig Befälle auftreten, zum einen, da der pH-Wert organisch gebundener Beschichtungen produktbedingt unter dem der mineralischen Farben und Putze liegt und weil zum anderen der Abbindeprozess genügend organische Monomere und Additive freisetzt, die von Pilzen sehr gut verwertet werden können. Organisch gebundene Putze verspröden, weil die Bindemittel enzymatisch oder durch organische Lösungsmittel abgebaut werden. Zudem bergen organische Zuschläge immer die Gefahr, mikrobiell abbaubar zu sein. Dies trifft insbesondere auf die eingesetzten Bindemittel zu. Pilze nutzen die Bindemittel und organischen Zuschläge als Kohlenstoffquelle, weshalb organisch gebundene Putze oftmals von intensiven Pilzbefällen betroffen sind. Als Folge davon kann

4-28: Biokorrosion durch Fassadenbiofilme von Algen und Pilzen. Der organisch gebundene Putz verliert seine Festigkeit und kann wie Kaugummi abgezogen werden. Die REM-Aufnahme bei 100-facher Vergrößerung zeigt, wie sich Algen und Pilze in den Porenraum zurückziehen, um besser vor Umwelteinflüssen geschützt zu sein

der Putz seine Festigkeit verlieren, können Farbschichten abblättern oder auch Schimmelpilzwachstum innerhalb der Putzschichten auftreten [Me18, Me19, Sc5, Si1].

4.8.5 Gläser

Von Silikatgläsern wird Säurebeständigkeit erwartet, da Säuren aufgrund des Dissoziationsgleichgewichts der Kieselsäure das Netzwerk nicht anlösen können (Ausnahme Flusssäure). Jedoch werden die in den Gläsern enthaltenen basischen Alkalioxide neutralisiert und können so in Lösung gehen. Die Säurelöslichkeit nimmt mit zunehmendem Alkalioxidgehalt zu, was insbesondere bei den historischen Asch-Silikatgläsern der Fall ist. Der Säureangriff ist ein reiner Ionenaustausch, durch den sich eine Gelschicht bildet [Du1, Is1], die eine fortschreitende Korrosion aufgrund der Alkaliverarmung und des geänderten Hydratationszustands der Oberfläche behindert. Das bedeutet, dass durch die Einlagerung von Wasser die Reaktivität der Glasoberfläche sinkt und die Korrosion zum Stillstand kommt. Im Weiteren führt der Säureangriff zu einem Austausch von H+-Ionen gegen die anwesenden Alkalien wie zum Beispiel Na+-Ionen. Diese Reaktion führt in der Gelschicht zu einer Alkaliverarmung, Siliciumdioxid (SiO_2) wird angereichert.

Bei Angriff von Laugen hingegen erfolgt die Korrosion nicht über einen diffusionsgesteuerten Ionenaustausch wie das bei Säuren der Fall ist, sondern hier wird das Netzwerk direkt angegriffen. Ursache dafür ist das Dissoziationsgleichgewicht der Kieselsäure. Deshalb ist der Basenangriff weitestgehend unabhängig von der Glaszusammensetzung. Da hier die Si-O-Si-Bindungen gespalten werden, kann sich keine Schutzschicht bilden, welche die Korrosion zurückhält. Zunächst erfolgt die Aufspaltung von Si-O-Si-Ketten, dann geht der Silikatrest in Lösung. Beobachtbar ist dies durch den auftretenden Massenverlust [Du1, Ab1].

Wasser hingegen benutzt beide Mechanismen: zuerst erfolgt ein diffusionskontrollierter Ionenaustausch und die damit verbundene Alkaliverarmung der Oberfläche, danach beginnt die Auflösung der Gelschicht. Bei Silikatgläsern ist die Zusammensetzung entscheidend für die Wirkung des Wassers. Es ist bekannt, dass mit steigendem Anteil an Alkali- und

Erdalkalioxiden die Korrosionsbeständigkeit gegenüber Wasser sinkt. Dem entgegen wirkt der Mischalkalieffekt, der dann auftritt, wenn im Glas mehrere alkalihaltige Komponenten enthalten sind. Bei wässrigen Lösungen ist die Korrosion besonders dann wirksam, wenn die Lösung Alkalien erhält.

Bei der Biokorrosion an Gläsern spielen Schimmelpilze durch die Produktion organischer Säuren eine besondere Rolle. Diese lösen die alkalischen Netzwerkbildner heraus, wodurch ein basisches Milieu entsteht, das wiederum das Silikatgerüst angreift. Auch Enzymen wird bei der Auslaugung der Netzwerkbildner eine entscheidende Rolle zugesprochen. Durch die Diffusion biogener Säuren in obere Glasschichten kommt es zur Chelatbildung mit den eingelagerten Alkalien, was zu Effekten wie bei einer Salzsprengung führt. Nach und nach werden die oberen Glasschichten abgetragen. In Verbindung mit Schimmelwachstum auf Gläsern wird oftmals die Bildung von Calciumoxalaten beobachtet. Bei der Bildung von Oxalaten scheint bevorzugt Whedellit zu entstehen [Me15, Me16, Kr1, Pa3]. Alternativ kann entsprechend der Glaszusammensetzung bzw. des Phosphorgehalts der Umgebung aber auch Hydroxylapatit entstehen. Als Folge werden Gläser von außen nach

Bild 4-29: Biokorrosion von Gläsern am Beispiel von Flaschen und Fensterglas aus dem 17. Jahrhundert. Die Schäden sind deutlich erkennbar. Im Rasterelektronenmikroskop zeigen sich Schimmelpilze als Verursacher der Schäden, die auch als Glaspest bezeichnet werden.

innen abgebaut. Dabei gehen insbesondere im Denkmalbereich wertvolle Kulturgüter (Kirchenfenster, Bodenfunde) verloren. Aber auch technische Gläser wie Linsen trüben durch Pilzbefall ein und zeigen Schleierbildung (Bild 4-29).

4.8.6 Fazit Biokorrosion

Schimmelpilze bauen Baustoffe nicht ab, aber ihre Stoffwechselaktivitäten und ihre Neigung, alle möglichen Oberflächen zu besiedeln, lassen manchmal den Anschein aufkommen. Sie produzieren organische Säuren, verursachen Salzsprengungen, bohren sich in Gesteine und finden häufig einen Partner, mit dem sich eine baustoffaufzehrende Beziehung ergeben kann. Im Innenraum passiert das eher selten, von der Silikonfuge mal abgesehen. Aber im Außenbereich und im Denkmalschutz ist das schon eine Größenordnung, die erhebliche Schäden verursachen kann.

Schimmelpilze brauchen die Baustoffe meist gar nicht als Nahrungsquelle. Durch Aerosole, Stäube und Niederschläge liefern die Baustoffoberflächen derart gut Bedingungen, dass ein Angriff der Bausubstanz zur Nährstoffversorgung überhaupt nicht notwendig ist. Der Schaden an der Bausubstanz ergibt sich häufig erst dann, wenn die Biomasse kritische Größen übersteigt. Dann sind es die Stoffwechselprodukte oder der Bedarf nach neuen Siedlungsräumen, die die mikrobiellen Befälle in die Baustofftiefe gehen lassen oder zum Abbau von Bindemitteln führen.

Daraus sind zwei Erkenntnisse ableitbar: Erstens sind die Schäden dort am größten, wo neben optimalen Umweltbedingungen das Wachstum ungestört voranschreiten kann, weil diese Baustoffoberflächen nur schwer zugänglich sind, nicht in Wartungsintervalle einbezogen werden und somit der Bewuchs erst durch Schaden auffällt. Das ist typisch für den Außenbereich. Zweitens lassen sich Schäden demnach vermeiden, wenn frühzeitig einer übermäßigen Biomasseentwicklung entgegengewirkt wird. So finden wir im Innenbereich kaum Baustoffschäden durch Mikroorganismen, weil hier– meist aus Gründen der Innenraumhygiene – rechtzeitig reagiert wird.

5 Mikrobielle Diagnostik und Probennahmestrategie

Was ist zu tun, wenn der Schimmel nicht zu sehen ist? Wenn der Mieter Gerüche wahrnimmt und die Augen tränen, obwohl kein Befall erkennbar ist – und das, nachdem jedes zugängliche Versteck visuell überprüft wurde? Dann muss das Unsichtbare sichtbar gemacht werden. Es stehen dazu diverse Messverfahren zur Verfügung, die zunächst zielführend ausgewählt werden müssen. Anzahl und Anordnung der Messpunkte müssen so gewählt werden, dass minimalinvasiv der maximale Informationsgehalt ermittelt wird. Die fachkundige Ausführung und Auswertung sind selbstverständliche Grundvoraussetzungen für jede sinnvolle Messung. Abschließend aber müssen die Ergebnisse auch zweckdienlich bewertet und interpretiert werden, damit die richtigen Schlussfolgerungen daraus gezogen werden können.

5.1 Mikrobielle Analyseverfahren

Mikrobielle Analyseverfahren zielen darauf ab, Art und Ausmaß einer mikrobiellen Belastung zu erfassen. Je nach Aufgabenstellung kann dies qualitativ, halbquantitativ oder quantitativ erfolgen. Jedes Analyseverfahren hat Vor- und Nachteile, ist in seinem Informationsgehalt limitiert und kann jeweils nur ausgewählte Fragestellungen beantworten. Daher ist es bei umfangreichen und komplexen Fragestellungen in den meisten Fällen notwendig, unterschiedliche Verfahren zu kombinieren [Me3].

Wer mikrobielle Analysen durchführt oder in Auftrag gibt, muss sich darüber im Klaren sein, dass biologische Systeme tendenziell sind. Es liegt in der Natur der Sache, dass die bei einem Schadensfall vorliegende Mikrobenpopulation natürlichen Schwankungen unterliegt. Anzahl, Diversität und Aktivität ändern sich fortlaufend entsprechend der aktuellen Umweltbedingungen. Das führt automatisch dazu, dass auch die Messergebnisse massiv schwanken können. Somit gelingen immer nur Momentaufnahmen, die zwar beweiskräftig sind, jedoch nur für ein relativ kurzes Zeitfenster gelten.

5.1.1 Raumluft

Im Wesentlichen werden zwei große Probengruppen unterschieden, die jeweils mit verschiedenen Verfahren analysiert werden: Luft- und Materialproben. Bei den Raumluftproben werden die zu detektierenden Substanzen durch Filtration, Sedimentation, Impaktion oder Suspension aus der Luft entnommen. Dazu bedient man sich Trägersubstanzen, die anschließend im Labor ausgewertet werden. Es wird also nicht Luft analysiert, sondern eine indirekte Probe ins Labor verbracht. Bei Materialproben hingegen wird das Material direkt in das Labor verbracht und dort weiter präpariert [Me1].

Etablierte Untersuchungen der Raumluft, die zur Analyse von Schimmelschäden eingesetzt werden, sind mittlerweile vollständig in der DIN ISO Reihe 16000 »Innenraumverunreinigungen« beschrieben. So umfasst die DIN ISO 16000 insgesamt 33 Teile, darunter zahlreiche mikrobiologische, aber auch chemische Prüfverfahren.

Die wichtigsten Methoden werden im Folgenden dargestellt. Bei diesen Methoden ist zu beachten, dass die Bewertung jeweils über den Vergleich zu einer Referenzprobe erfolgt. In der

Regel ist dies die Außenluft. Es gibt aber auch gute Gründe, statt der Außenluft einen schadenfreien Raum zu beproben, z. B. wenn es regnet oder schneit, oder andere Gründe darauf hindeuten, dass die Außenluft als Referenz nicht geeignet ist.

Raumluftproben

Durch die Untersuchung von Raumluftproben kann festgestellt werden, ob eine Belastung mit Schimmelbestandteilen vorliegt oder nicht. Das Ergebnis gibt Auskunft darüber, ob die Belastung im Sinne einer Freisetzungsquelle oder hinsichtlich einer Exposition relevant ist. Weitere Informationen, wie Schadensort oder Schadensursachen, sind aus dem Ergebnis nicht ableitbar.

Nachweis von Schimmelpilzschäden durch kultivierende Verfahren

Kultivierbare Schimmelpilze in der Innenraumluft können über die direkte Abscheidung der luftgetragenen Partikel auf Filter oder Nährböden nachgewiesen werden. Dazu wird, wie in DIN ISO 16000-16 beschrieben, ein definiertes Luftvolumen über einen Filter gezogen. Dieser Filter kann nun entweder direkt auf einen Nährboden aufgelegt werden (direktes Verfahren) oder im indirekten Verfahren in einer Pufferlösung ausgespült bzw. aufgelöst werden. Die Beprobung der Luft über Filtersysteme hat den Vorteil, dass auch sehr hohe Konzentrationen erfasst werden können. Die Filter werden ausgewaschen bzw. lösen sich in einer Pufferlösung auf. Das so entstandene Substrat kann vielfältig analysiert werden: kultivierend und durch Mikroskopie.

Bild 5-1: Beprobung der Luft mithilfe von Filtersystemen (Foto: Umweltanalytik Holbach GmbH, Wadern)

Von einer Pufferlösung ausgehend kann eine Verdünnungsreihe angelegt werden. Dazu wird aus der Ursprungslösung 1 ml entnommen und in ein Gefäß mit 9 ml übertragen. Aus diesem Gefäß wird wiederum 1 ml entnommen und auf das nächste Gefäß mit 9 ml übertragen usw. (Bild 5-2 A–B). Aus jedem Gefäß wird anschließend die gleiche Menge Inokulum entnommen, auf Nährböden ausplattiert und bebrütet (Bild 5-2 C–D). Das Verfahren zur Kultivierung ist in DIN 16000-17 hinterlegt [Me1]. Wichtig ist hierbei, dass die Nährböden moderat belegt sind, damit die wachstumsfähigen Bestandteile zu Kolonien (daher auch koloniebildende Einheiten) heranwachsen können (Bild 5-2 F), die sich nicht gegenseitig behindern. Da die Sporenbelastung der Luft nicht ohne zusätzliche Maßnahmen erkennbar ist, weiß man bei der Probennahme nicht, wie stark der Filter mit Sporen und anderen Bestandteilen belegt ist. Die Verdünnungsreihe schafft hier Abhilfe. Es wird die Platte mit der am besten auszählbaren Belegung herangezogen und ausgewertet. Neben der Anzahl der KBE wird durch die Entnahme von Zupfpräparaten und mikroskopische Analyse auch die Gattung bzw. die Art

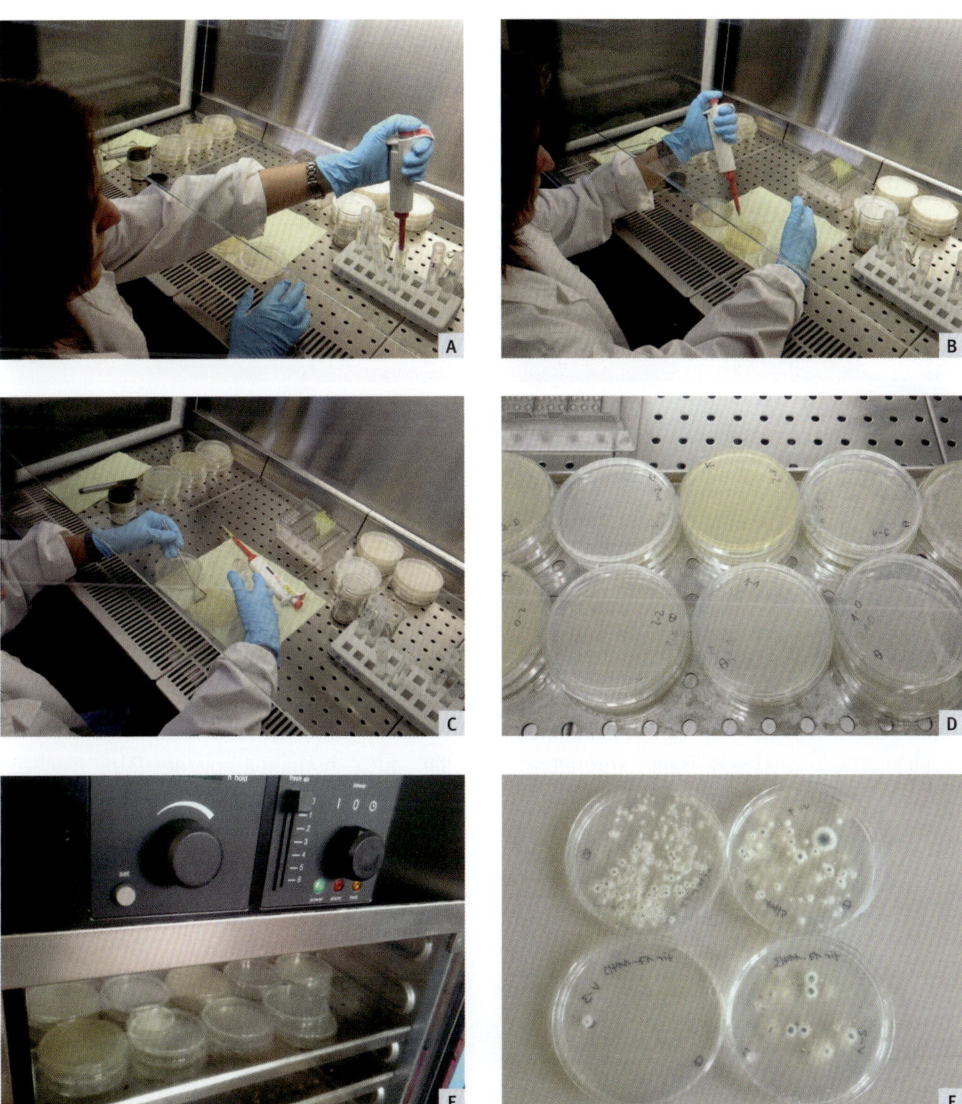

Bild 5-2: Die Erstellung von Verdünnungsreihen ist ein wichtiges Verfahren bei der Erfassung kultivierbarer Schimmelpilze und Bakterien. Zunächst wird das Material zerkleinert und suspendiert. Die hier entstandene Suspension wird als V-0 bezeichnet. Nun wird V-0 verdünnt, immer in 10er-Schritten, wobei üblicherweise eine Verdünnung bis V-3 ausreicht. Sind die Verdünnungsreihen angelegt, wird jeweils die gleiche Menge auf die Nährböden aufgetragen A, B und ausgespatelt C. Dabei bezeichnet man die Suspension jetzt als Inokulum und die Menge als Aliquot. Anschließend werden die beimpften Nährböden D im Brutschrank E bebrütet. Sind alle koloniemorphologischen Merkmale ausgebildet, werden die Proben entnommen und ausgezählt. Dabei wird die Verdünnungsreihe mit der optimalen Dichte genommen. Die Kolonien dürfen sich nicht gegenseitig behindern. Ziel der Verdünnungsreihe ist es, die KBE so zu vereinzeln, dass eine optimale Auszählung und Bestimmung möglich ist. In Bild F wäre es die Platte unten rechts (V-2), V-0 und V-1(beide oben) sind überbelegt, V-3 (unten links) zeigt zu wenige KBE an.

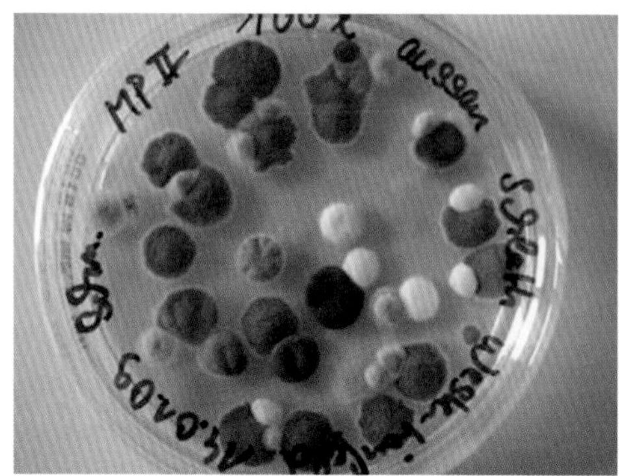

Bild 5-3: Mittels Impaktion wird die Innenraumluft direkt auf den Nährboden geschleudert. Dabei bestimmt die Anzahl der Düsen des Holbach-Probenkopfes die Auflösungsgrenze (linkes Bild). Rechts sehen wir das Ergebnis: Schön ausgebildete Kolonien, die nun gezählt und hinsichtlich ihrer Diversität bestimmt werden. Dazu muss mikroskopiert werden.

der jeweiligen Kolonie bestimmt. Das Ergebnis wird auf Kubikmeter hochgerechnet [Me1, UBA 2017].

Beim Probennahmeverfahren der Impaktion wird die Luft direkt auf einen Nährboden geschleudert, was auch als Luftkeimsammlung bezeichnet wird (Bild 5-3). Damit erübrigt sich das Anlegen einer Verdünnungsreihe. Um einen vergleichbaren Effekt zu erzielen, wird bei diesem Verfahren das Probenvolumen reduziert. Dabei ist jedoch zu beachten, dass mit dem geringeren Volumen auch die Messzeit verkürzt wird und sich damit die statistische Aussagegenauigkeit verringert. Wer mit der Diagnose einer Über- oder Unterbelegung nicht daneben liegen möchte, muss mehrere Proben nehmen. Was dabei zu beachten ist, erläutert DIN ISO 16000-18.

Die Proben werden bebrütet, wiederum mikroskopisch bestimmt und die Ergebnisse auf Kubikmeter hochgerechnet [Me1, Me3].

Beide Verfahren sind abhängig von der Kultivierbarkeit der Schimmelpilze. Um hier ein breites Spektrum zu erfassen, werden unterschiedliche Nährböden für unterschiedliche Ansprüche verwendet. Den eher xerophilen, also Trockenheit liebenden Pilzen wird mit DG-18-Agar ein magerer Agar angeboten. Verwöhnte Gattungen bekommen mit Malzextrakt-Agar einen sogenannten fetten Agar. Inkubiert, d. h. bebrütet wird bei 25 ±3 °C. Um thermotolerante oder auch humanpathogene Pilze nachzuweisen, wird Malzextrakt-Agar auch bei 36 °C oder sogar 42 °C inkubiert. Für jede Temperatur wird immer eine separate Probe benötigt. Das ist ein klarer Vorteil der Verdünnungsreihe, aus der, nachdem sie einmal angelegt wurde, jede Menge Nährböden inokuliert werden können. Bei der Impaktion kann jeweils nur ein Nährboden inokuliert werden. Um eine auswertbare Belegung zu erreichen, sind daher mehrere Probennahmen mit unterschiedlichen Luftvolumina notwendig. Aus Kostengründen wird die Anzahl üblicherweise auf zwei Nährböden und ein Volumen beschränkt. Mit etwas Erfahrung kann abgeschätzt werden, ob mehr Proben nötig sind.

Bei der Luftkeimsammlung und den kultivierenden Verfahren gibt es noch weitere Unwägbarkeiten. Nicht nur die Auswahl der Nährböden

Nachweis von Bakterien in der Raumluft

Auch Bakterien können in der Raumluft nachgewiesen werden. Meistens wird dazu das Messverfahren mittels Impinger angewendet. Dabei wird Luft durch eine Wassersäule gezogen. Die erforderlichen Messzeiten sind sehr lang. Das Verfahren ist das Standardverfahren für die Beprobung der Außenluft bei Emissionen aus Ställen oder Kompostieranlagen etc. Detaillierte Anweisungen zur Probennahme enthält die VDI-Richtlinie 4253, Blatt 3.

und der Bebrütungstemperatur, sondern auch der physiologische Zustand der Schimmelpilze entscheidet über das Ergebnis. Manche Sporen oder Zellen sind nicht keimfähig und bilden dann auch keine KBE. Sie erscheinen auch nicht im Messergebnis. Dennoch sind sie da und können auf den Nutzer wirken [Me1, Me3, Me8].

Nachweis von Schimmelpilzschäden durch nichtkultivierende Verfahren

Kultivierende Verfahren können also nur einen bestimmten Teil der Schimmelpilze und Bakterien abbilden und damit zu einem Falsch-Negativ-Ergebnis führen. Zudem benötigt jede Kultivierung mehrere Tage, bis die angewachsenen Kolonien identifizierbare Merkmale ausgebildet haben. Daher wurden Messverfahren entwickelt, die schnell Ergebnisse anzeigen, ohne dass eine Anzucht erfolgen muss. Diese Messverfahren haben ebenso wie die kultivierenden Verfahren Vor- und Nachteile. Ein wesentlicher Nachteil ist, dass die Artenbestimmung nur bedingt möglich ist und nicht an die genaue Identifizierung der Kultivierung heranreicht. Das ist aber auch nicht immer notwendig. Vorteilhaft sind ganz klar die Erfassung aller Partikel in der Raumluft sowie die kurze Bearbeitungszeit.

Gesamtsporenzahl auf Holbach-Objektträgern

Bei der Ermittlung der Gesamtsporenzahl wird wiederum ein definiertes Luftvolumen beprobt. Dabei werden die Partikel auf einem klebrigen Objektträger (Holbach-Objektträger, Bild 5-4, rechts) impaktiert. Das erfolgt über einen Schlitz, sodass nach der Probennahme auf dem Objektträger eine »Spur« erkennbar ist. Auf dieser Spur sind nun alle Partikel aus der beprobten Luft abgeschieden [Me1, Me3].

Doch hier kann sich das Problem der Überbelegung zeigen. Enthält die Luft nämlich zu

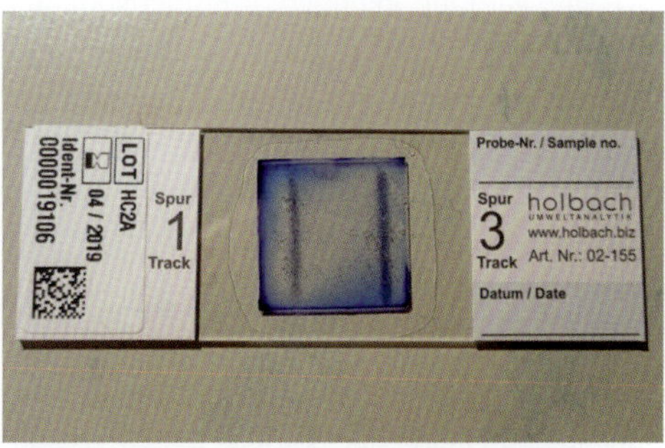

Bild 5-4: Gleiches Gerät, anderer Probennahmekopf: Hier wird statt einer Petrischale ein beschichteter Holbach-Objektträger impaktiert. Durch die Schlitzdüse wird wieder die Innenraumluft angesaugt und in Form einer »Spur« auf dem Objektträger niedergeschlagen. Dieser wird anschließend mit Methylenblau gefärbt und mikroskopisch ausgewertet.

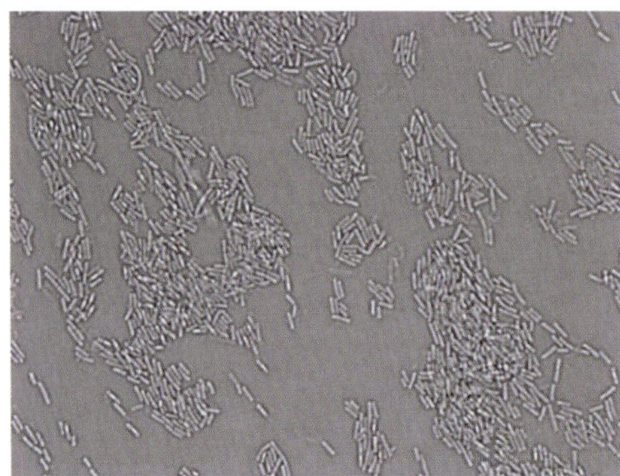

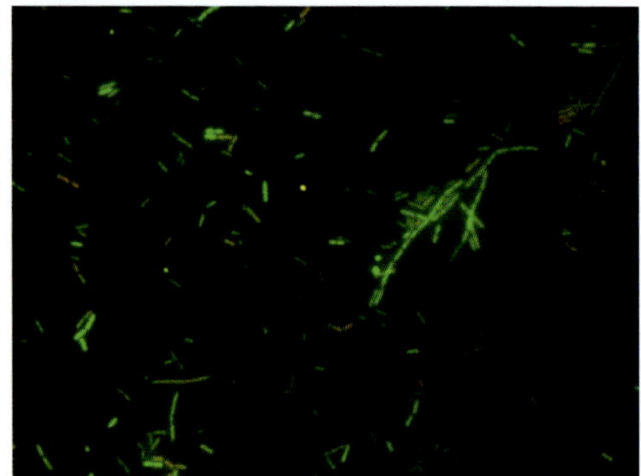

Bild 5-5: Auch Bakterien in der Luft können über kultivierungsunabhängige Verfahren nachgewiesen werden. Die mittels Impinger gesammelte Biomasse wird mit einem Fluoreszenzsensor versetzt und mikroskopisch untersucht.

viele Partikel, behindern sich die einzelnen Partikel auch in Abhängigkeit ihrer Gestalt zunächst beim Eintritt in den Schlitz. Die Partikel, die durch den Schlitz gelangt sind, brauchen nun noch einen Klebepunkt auf der Beschichtung. Ist dieser Punkt schon durch andere Partikel belegt, kann es sein, dass sie hier abprallen. Daher wird auch hier wie bei der Luftkeimsammlung mit unterschiedlichen Luftvolumina gearbeitet. Wenn also schon mit bloßem Auge erkennbar ist, dass die gezogene Spur sehr massiv ist, sollte sicherheitshalber noch eine Probe mit halber Volumenzahl genommen werden. Aber auch hier wird mit geringerem Probenvolumen und geringerer Messzeit auch die Statistik weniger aussagekräftig. Das Verfahren wird in der DIN ISO 16000er-Reihe in Teil 20 ausführlich erläutert.

Nach der Messung wird die Probe im Labor gefärbt und mikroskopisch ausgezählt. Dabei können jedoch nicht alle Sporen eindeutig einer Gattung oder Art zugeordnet werden, weil manche Merkmale des Myzels fehlen. Daher bildet man Fraktionen, d. h. es werden ähnliche Sporentypen und Partikelklassen zusammengefasst. Mit reichlich Übung kann auch innerhalb dieser Fraktionen weiter differenziert werden. Üblicherweise verschafft sich der Untersuchende zunächst einen Überblick über die Spur und geht dann an das detaillierte Zählen und Zuordnen. Auch hier werden die ermittelten Werte auf Kubikmeter hochgerechnet und mit einer Referenzprobe verglichen [UBA2017, Me1, Me8].

Auch bei Bakterien sind nichtkultivierende Verfahren möglich. Dazu wird die mittels Impinger erfasste Suspension mit dem Fluoreszenzfarbstoff 4',6-Diamidin-2-phenylindol versetzt [VDI 4253 Blatt 4: Bioaerosole und biologische Agenzien; Bestimmung der Gesamtzellzahl mittels Fluoreszenzanalyse nach Anfärbung mit DAPI]. Das geht natürlich auch mit Filterproben. Und da DAPI als reiner Nukleinsäuremarker auch Schimmelpilze sowie kernhaltige Sporen anfärbt, können damit auch Schimmelpilze nachgewiesen werden. Bei der über Eluate bestimmbaren Gesamtzellzahl wird häufig auch der bei Blauanregung aktive Farbstoff Acridinorange verwendet [Me1].

Erstellung von DNS-Profilen

Ein neues Verfahren aus Dänemark, der sogenannte House Test [Li1], der in Deutschland der-

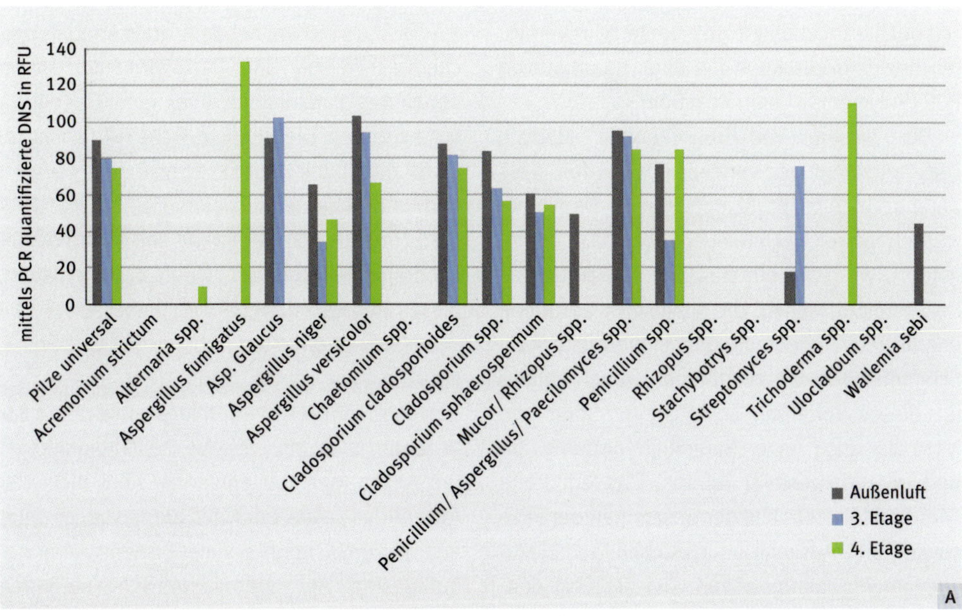

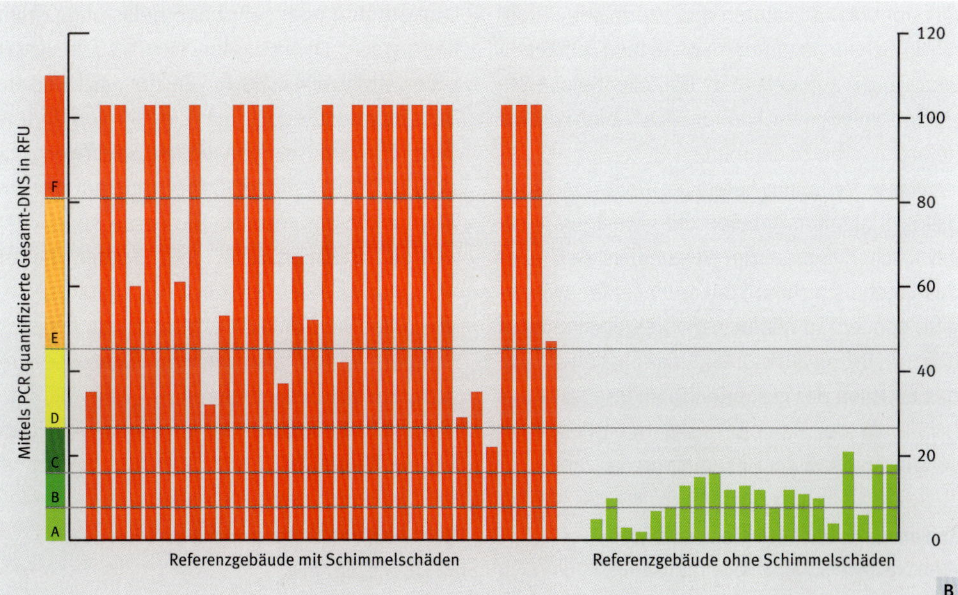

Bild 5-6: Mittels PCR (polymerase chain reaction) können Schimmelpilze bestimmt und quantifiziert werden. Bild **A** zeigt die DNS-basierten Raumluftspektren zweier Räume in einem Gebäude im Vergleich zur Außenluft. Es wurden darin auch Actinomyceten nachgewiesen. Zur Bewertung eines Schimmelschadens wird das Gesamtprofil betrachtet und in eine Schadensklasse eingeordnet **B**. Die Schadensklassen A bis F basieren auf Messungen in Referenzgebäuden.

zeit noch nicht etabliert ist, erweitert das Verfahren der Partikelfraktion mit einer quantitativen PCR (Polymerase Chain Reaction).

Bei diesem Verfahren können kleinste DNS-Anteile so weit vervielfältigt werden, dass daraus ein Artenprofil entsteht. In Dänemark wurden zahlreiche Untersuchungen dazu durchgeführt, wie ein normales und ein auffälliges DNS-Profil aussehen, die schließlich auf einen unbelasteten Innenraum oder einen versteckten Schimmelpilzbefall hindeuten. Dabei kommt für dieses Verfahren sowohl eine Staubanalyse als auch eine Raumluftbeprobung (in Bild 5-6 A dargestellt) infrage. Das ermittelte DNS-Profil besteht aus der Gesamtheit der Pilze sowie einer Auswahl an typischen, schadensrelevanten Schimmelpilzen. Ziel der DNS-Analyse ist es, anhand des ermittelten DNS-Profils, das über Multiplikatoren aus »normalen« Profilen in Schadensgruppen von A bis F eingeteilt wird, auch auf befallene Bauteile resp. Baustoffe schließen zu können. Auch hier ist eine Referenzprobe zu nehmen.

Dieses Verfahren liefert am Ende ein Profil, das sich aus den Anteilen der jeweiligen nachgewiesenen Sequenzen zusammensetzt, aber das Ergebnis nicht in konkreten Zahlen wiedergibt, sondern in relativen Fluoreszenzeinheiten (RFU). In Bezug auf den Informationsgehalt bzw. das Erfassen der gesamten Biomasse wäre das DNS-Profil der Raumluft vom Nachweisgehalt vergleichbar mit der Gesamtsporenanzahl.

Enzymatisch basierte Messverfahren

Zum Nachweis von Mikroorganismen kann auch ihre Stoffwechselaktivität genutzt werden, indem man Enzymsubstrate verwendet, die bei Kontakt mit spezifischen Enzymen zu leuchten anfangen. Schimmelpilze zum Beispiel verfügen über beta-N-Acetylhexosaminidase (NAHA), ein spezifisches Enzym, mit dem vitale Pilzzellen sicher nachweisbar sind. Dazu wird zunächst ein definiertes Luftvolumen über eine Filterkartusche gezogen. Die Filterkartusche wird anschließend direkt mit dem Enzymsubstrat versetzt und für 30 Minuten inkubiert. Das Enzym NAHA der Schimmelpilze wird aktiv und setzt das angebotene Substrat um. Fluoreszenz entsteht, dieses Fluoreszenzsignal wird gemessen [St2].

Je mehr Enzyme das Substrat »anknabbern«, umso stärker ist die Fluoreszenz. Diese wird dann als RLU (Relative Luminescence Units) angegeben, also als »relative Leuchteinheiten«. Die Anzahl der RLU entspricht aber nicht der Anzahl der Zellen oder der Biomasse, es zeigt nur an, dass gerade viele Enzyme sehr gefräßig sind. Als Ergebnis werden Kategorien angegeben, die auf eine Hintergrundbelastung, eine erhöhte oder sehr hohe Belastung schließen lassen. Damit lassen sich also in erster Linie stoffwechselaktive Zellen nachweisen. Das Enzym ist jedoch nicht immer vorhanden, denn es wird nur von vitalen, stoffwechselaktiven Zellen gebildet. Daher kann auf diesem Wege nicht die gesamte Biomasse abgebildet werden. Beispielsweise sind Sporen selbst nicht stoffwechselaktiv, auch dormante oder letale Zellen werden nicht erfasst. Ein so erzieltes Ergebnis würde also weniger Biomasse angeben als die Gesamtsporenzahl, aber mehr erfassen als die Kultivierung von Schimmelpilzen aus der Raumluft.

Nachweis von Schimmelpilzschäden durch MVOC-Messungen

Unter der Abkürzung MVOC werden mikrobielle leichtflüchtige organische Substanzen (microbial volatile organic compounds) zusammengefasst. Das sind gasförmige Stoffwechselprodukte, von denen sich einige direkt einem Schimmelpilzwachstum zuordnen lassen. MVOC sind verschiedenen Stoffklassen zuzuordnen, unter anderem den Alkoholen, Estern, Aromaten, Ketonen, Aldehyden, Terpenen etc. Es gibt zahlreiche Studien darüber, welche MVOC in welchen Lebensabschnitten der Pilze auf unterschiedlichen Baustoffen gebildet werden, sodass es aus der Vielfalt der Möglichkeiten ratsam erschien, sich auf bestimmte ausgewählte typische Einzel- und Summenparameter festzulegen. Dabei hat sich die Mehrheit der wissenschaftlichen Autoren auf 3-Methylfuran, Dimethyldisulfid, 1-Octen-3-ol, 3-Octanon und 3-Methyl-1-butanol als Hauptindikatoren sowie Hexanon, Heptanon, 1-Butanol und Isobutanol als Nebenindikatoren festgelegt [UBA2017, Sc2, Se2].

MVC-Messung

Eine MVOC-Messung ist dann angezeigt, wenn kein Befall auszumachen ist, die Nutzer aber über Befindlichkeitsstörungen und Geruchsbelästigungen klagen. Es gilt dann festzustellen, ob sich die festgestellten Symptome mit den leichtflüchtigen Stoffwechselprodukten von Pilzen und Bakterien in Zusammenhang bringen lassen.

Um die MVOC zu erfassen, wird die Innenraumluft über ein adsorbierendes Trägermaterial geleitet, wobei im Wesentlichen Verfahren mit Aktivkohlefilter und Tenax-Röhrchen (Bild 5-7) etabliert sind. Die Verfahren unterscheiden sich in Aufbereitung und Messvolumen, jedoch werden beide Trägermaterialien über Gas-Chromatographie und Massenspektrometrie ausgewertet [Me1, Sc2].

Die Bewertung der Messergebnisse erlaubt dann eine Aussage darüber, ob der Innenraum mit mikrobiellen Stoffwechselprodukten der-

Bild 5-7: Probennahme über Tenax-Röhrchen mit einem Probennahmesystem der Firma Holbach (Bildquelle: Holbach)

art belastet ist, dass von einem versteckten Schimmelpilzbefall ausgegangen werden kann. Dabei ist jedoch zu beachten, dass MVOC oder ihnen ähnliche Substanzen auch ohne Schimmelschaden nachweisbar sein können. Die Ursache sind dann oft Pflanzen, aber auch Bauprodukte wie Farben, Kunststoffe oder Kleber. Die Substanz 3-Methylfuran wird z.B. mit Zigarettenrauch in Zusammenhang gebracht, ein Umstand, der bei der Objektanamnese berücksichtigt werden muss, sodass gegebenenfalls Referenzmessungen notwendig oder im Screening auch typische VOC aus Baustoffen zu berücksichtigen sind. Eine Bewertung ist auch anhand der nachgewiesenen Konzentrationen möglich. Werden die schimmelpilztypischen MVOC mit Konzentrationen im Bereich von ng/m³ bis µg/m³ nachgewiesen, trifft man bauübliche VOC meist in Konzentrationen in mg/m³ an [UBA2017, Sc2, Me1].

Mit der MVOC-Messung erhält man eine All-Over-Messung über das gesamte Innenraumluftvolumen. Trotz sehr genauer Messwerte und sensitiver Verfahren ist damit noch nicht geklärt, wo sich der Befall genau befindet [Me8].

Eine räumliche Zuordnung ist mithilfe von Schimmelspürhunden möglich [He2, Wa2]. Die speziell ausgebildeten Tiere lernen spielerisch, spezifische Schimmelpilzgerüche anzuzeigen und zwar direkt am Ort der Wahrnehmung. Da Hunde im Vergleich zum Menschen einen circa eine Million Mal besseren Geruchssinn haben und zudem noch links und rechts geruchlich unterscheiden können, sind sie bei einer Atemfrequenz von bis zu 300 Atemzügen pro Minute in der Lage, auch alte Spuren zu erschnüffeln. Das kann zu Fehlanzeigen führen. Die Anforderungen an den Schimmelspürhund und das Zusammenspiel mit dem Hundeführer sind daher extrem hoch. Nur erfahrene Hunde und Hundeführer können verwertbare Ergebnisse liefern. Dabei spielen auch die Umstände der Untersuchung eine große Rolle. Auch das am besten ausgebildete Tier kann durch zusätzliche Gerüche, z.B. von Nahrungsmitteln, anderen Tieren oder Menschen, abgelenkt werden. Daher sind im Vorfeld einer Begehung mit dem Schimmelspürhund einige Vorkehrungen zu treffen. Dazu gehört das Fernhalten anderer Tiere aus den Räumen, die Leerung des Abfalleimers und die Entfernung von Spielsachen. Auch die Anzahl der Personen im Raum sollte begrenzt sein, denn auch menschlicher Geruch und Parfüm können den Hund ablenken. Bei der Begehung werden dann die angezeigten Stellen in einem Laufschema vermerkt, sodass im Anschluss mit dem Sachverständigen ausgewertet werden kann, welche Bereiche zur Probennahme und Bauteilöffnung infrage kommen [He2, Wa1]. Die Erfahrungen mit dem Schimmelspürhund sind ganz unterschiedlich. Wichtig ist es, ein gut ausgebildetes Hund-Führer-Team einzusetzen. Mittlerweile sind dazu verschiedene Zertifikate am Markt verfügbar, unter anderem entsprechend der Richtlinie »Prüfung von Schimmelpilzspürhunden« des Bundesverbandes Schimmelpilzsanierung e.V [He2].

5.1.2 Materialproben

Außer den Luftproben können auch Proben von Baumaterial wie Tapete, Putz, Gipskarton, Estrich und Dämmstoff entnommen und untersucht werden. Probennahmen dieser Art sind immer mit kleineren oder größeren Eingriffen in das Bauteil verbunden, da gebohrt, gestemmt oder etwas abgeschnitten werden muss. Daneben ist es aber auch möglich, zumindest von zugänglichen Oberflächen zerstörungsfrei Proben zu entnehmen, indem mit Klebefilmen oder Tupfern Material entnommen und aufbereitet wird. Ebenso können Staubproben untersucht werden [Ba6, Me1].

Unabhängig davon, wie die Materialprobe entnommen worden ist, wird ihr Gehalt an Biomasse und die Diversität wie auch bei den Luftproben durch kultivierende und nichtkultivierende Verfahren ermittelt.

Kultivierende Verfahren zur Analyse von Materialproben

Um Schimmelpilze und Bakterien durch Anzucht nachweisen zu können, müssen sie zunächst vom Material auf einen Nährboden oder in eine Nährlösung transferiert (inokuliert) werden. Dazu eignen sich im Wesentlichen folgende Verfahren:

- Übertragung durch Tupfer oder Stempel,
- Übertragung durch Abklatsch,
- Übertragung durch Suspension.

Tupfer, Stempelverfahren und Abklatschproben

Tupfer (sogenannte Swaps) nimmt man, wenn es darum geht, kleine und unregelmäßige Oberflächen zerstörungsfrei zu beproben. Dabei wird eine definierte Fläche vorsichtig abgerieben. Anschließend wird der Tupfer entweder auf einem Nährboden ausgestrichen oder in eine Nährlösung getaucht. Die Nährlösung wird dann z. B. auf Trockennährböden oder Nährkartonscheiben ausgebracht. Anschließend erfolgt die Inkubation und nach Ausbildung der zur Identifikation notwendigen Merkmale wird, wie auch bei den Luftproben, mikroskopiert. Mit der Methode kann sehr gut die Diversität ermittelt werden, jedoch werden auch dabei – abhängig von der Auswahl der Nährböden, der Inkubationstemperatur und -zeit – nur die keimfähigen Bestandteile erfasst. Eine Quantifizierung des Ergebnisses ist schwierig, denn die Bezugsgrößen fehlen oder sind fehlerbehaftet, weil jeweils eine Referenzfläche derselben Größe mit dem gleichen Kraft- und Zeiteinsatz abgetupft werden muss. Je nach Objekt und auch Probennehmer ist das sehr subjektiv. Daher ist die Methode vor allem dazu geeignet, um einen Befall grundsätzlich oder einen Befall durch spezielle Mikroorganismen nachzuweisen, z. B. bei der Anzucht von Fäkalkeimen oder auf der Suche nach pathogenen Pilzen [Ba6].

Ebenso verhält es sich beim Stempelverfahren. Die Methode ist nahezu identisch, nur wird kein Tupfer, sondern ein großer runder Stempel verwendet, der jeweils frisch mit Samt bezogen ist und so über eine große Fläche verfügt, die vom Objekt auf den Nährboden überträgt. Hier hat man später zwar eine definierte Fläche, weiß aber nicht, was im Stoff hängen geblieben ist und somit nicht auf dem Agar anwachsen konnte. Beide Methoden werden häufig im Denkmalschutz und in der Archäologie eingesetzt, weil diese Art der Probennahme für empfindliche Oberflächen geeignet ist und keine zusätzliche Verschmutzung erzeugt [Ba6], wie das z. B. beim Abklatschverfahren der Fall ist.

Für das Abklatschverfahren wird ein Fertignährboden in einer Petrischale so erhaben hergestellt, dass man den Nährboden direkt auf die Probenoberfläche aufdrücken kann und so keimfähiges Material direkt übernimmt. Eine weitere Präparation entfällt. Es wird wie gehabt inkubiert, ausgezählt und identifiziert. Durch den direkten Kontakt zur beprobten Oberfläche ist eine Quantifizierung möglich. Das Ergebnis wird in KBE/cm² angegeben [Ba6].

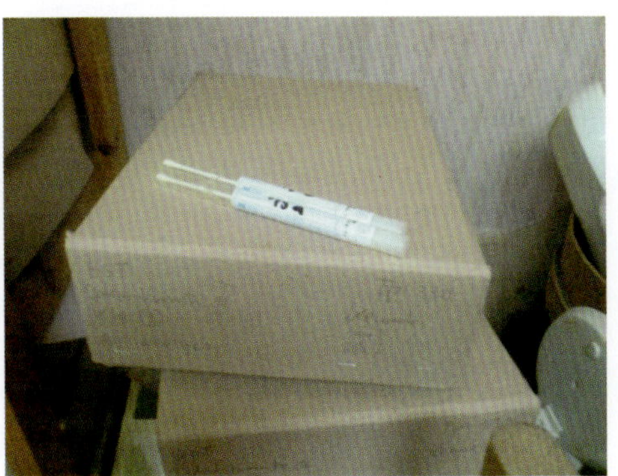

Bild 5-8: Tupferproben eignen sich lediglich für eine qualitative Bewertung und werden auf Oberflächen eingesetzt, die zerstörungsfrei beprobt werden sollen oder nicht durch Nährmedien, Klebefilmreste etc. verschmutzen sollen. Die Tupfer werden dann zur Übertragung der Mikroorganismen ausplattiert.

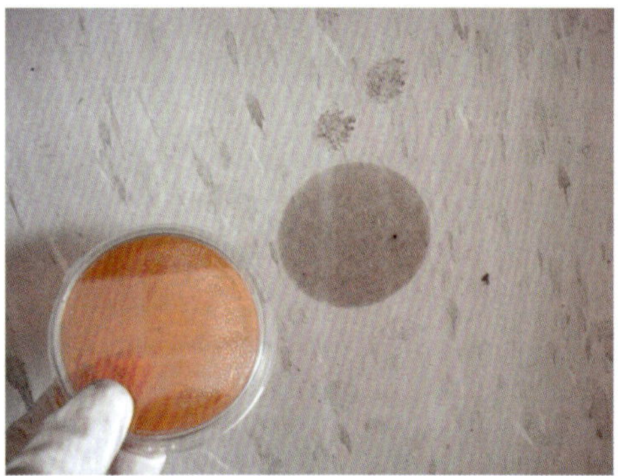

Bild 5-9: Bei Abklatschproben wird der Nährboden direkt auf die Oberfläche aufgedrück. Auf diese Weise werden kultivierbare Mikroorganismen direkt übernommen. Das Verfahren bietet sich vor allem nach der Reinigung von Oberflächen an.

Beim Abklatschverfahren bleibt immer etwas Feuchtigkeit und Nährboden an der beprobten Oberfläche haften, sodass die untersuchten Oberflächen zusätzlich verschmutzt werden und eine Nachreinigung notwendig werden kann. Daher bevorzugt man bei wertvollen Oberflächen gelegentlich die Tupfer- und Stempelproben, auch wenn der Informationsgehalt eingeschränkt ist und vom Probennehmer entsprechende Sachkenntnis in der Bewertung verlangt.

Alle drei Verfahren haben Vor- und Nachteile. Neben der eingeschränkten Möglichkeit, Tupfer- und Stempelproben zu quantifizieren, besteht bei allen drei Verfahren das Problem, dass durch die direkte und nicht weiter aufbereitete Übertragung der keimfähigen Bestandteile eine Überbelegung der Nährböden erfolgen kann. Beim Tupfer kann man noch über eine spezielle Ausspateltechnik eine Vereinzelung der Kolonien erreichen. Den Stempel kann man mehrfach abdrücken, von Platte zu Platte wird weniger inokuliert (beimpft) [Ba6]. Bei der Abklatschprobe ist das nicht möglich. Haben wir eine Überbelegung, dann überwachsen sich Kolonien oder behindern sich im Wachstum, sodass der Vorteil der Kultivierung, nämlich die Identitäten genau feststellen zu können, dahin ist [UBA2017].

Kultivierung von Suspensionen

Im Schadensfall muss mit hohen Zelldichten gerechnet werden, auch wenn diese mit bloßem Auge nicht erkennbar sind. Eine Überbelegung ist also sehr wahrscheinlich. Daher bietet sich auch hier als Aufbereitungsmethode an, die Materialproben zu zerkleinern und in Suspension zu bringen. Dabei werden die Mikroorganismen in einer Pufferlösung ausgewaschen und kultiviert. Das Verfahren zur Aufbereitung von Materialproben ist in der DIN ISO 16000-21 beschrieben. Wie die Kultivierung der Suspension erfolgt, wurde bereits bei der Herstellung von Verdünnungsreihen bei Luftprobennahme durch Filtration besprochen; hier ist wiederum die DIN ISO 16000-17 maßgeblich.

Strittig bei diesem Verfahren sind im Wesentlichen zwei Aspekte. Zum einen wird als Bezugsgröße KBE pro Gramm angegeben. Das Ergebnis bezieht sich somit auf die eingewogene Masse des Baustoffs, was erheblichen Einfluss auf die später zu bewertende Konzentration hat. Stellen wir uns vor, wir haben eine Wand, die gleichmäßig von einem Schimmelrasen überzogen ist: hier Putz, dort Holz, daneben OSB-Platten und eine Styroportapete. Wir entnehmen jeweils einen Bohrkern von 10 cm Durchmesser. Bei völlig gleichem Befall ergeben sich aufgrund der unterschiedlichen Materialdichten jeweils abweichende Messungen für KBE pro Gramm. Darüber hinaus wird das Ergebnis neben all den Problemen, die eine Kultivierung mit sich bringt, auch stark davon beeinflusst, wie die Mikroorganismen suspendiert werden. Man kann schütteln (auf Rütteltischen) oder kneten (mit einem sogenannten Stomacher), jeweils mit unterschiedlicher Wirkung [Me1, UBA2017].

Bei der Bewertung der Ergebnisse muss deshalb berücksichtigt werden, dass Schwankungen in den Ergebnissen natürlich und systemimmanent sind, doch dazu später mehr. An dieser Stelle lässt sich bereits ein Resümee zum Thema Kultivierung ziehen: Eine Anzucht zeigt im Rahmen der ausgewählten Nährmedien und Inkubationsbedingungen hervorragend ortsaufgelöst die Diversität und vermehrtes Vorkommen bestimmter Mikroorganismen an bestimmten Stellen auf. Jedoch kann die Kultivierung nicht sichtbar machen, ob eine Besiedlung oder eine Kontamination vorliegt,

Selektivnachweis

Als Sonderfall der Kultivierung sind Selektivnachweise bestimmter Mikroorganismen wie *Candida albicans*, Actinomyceten oder Gesamtcoliforme mit *Escherichia coli* oder Staphylokokken, Pseudomonas, Legionellen und anderer Bakterien anzusehen. Selektivnachweise sind notwendig, wenn nicht nur Schimmelpilze am Schaden beteiligt sind. Actinomyceten, die parallel zu Schimmelpilzen auftreten können, sind üblicherweise nicht mit den bisher beschriebenen Nährböden erfassbar. Gleiches gilt für coliforme Keime (Fäkalbakterien), die einen Fäkalschaden anzeigen sowie Legionellen oder Pseudomonaden, die durch Luftbefeuchter in die Raumluft freigesetzt werden können. Um auch diese nachweisen zu können, werden Selektivnährböden verwendet, die so eingestellt sind, dass nur die nachzuweisende Organismengruppe angezüchtet werden kann. Andere Organismen werden im Wachstum gehemmt. Hier steht mitunter nicht die Anzahl, sondern der selektive Nachweis, z. B. der Nachweis eines Fäkalschadens durch positiven Nachweis von *E. coli*, im Vordergrund.

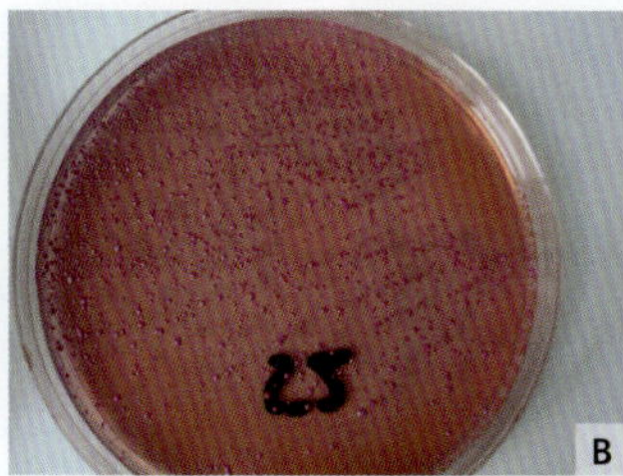

Bild 5-10: Selektivkultivierung von coliformen Keimen: Je nach verwendetem Nährboden werden *E. coli* und die Begleitflora nachgewiesen. Die Nährböden enthalten spezifische Zusätze, die bei der Verstoffwechselung durch die gesuchte Gattung Farbkomplexe bilden, welche die Kolonien und gegebenenfalls den Agar rund um die Kolonie einfärben: **A** – Laktose-TTC-Agar, Nachweis gesamtcoliformer Bakterien; **B** – VRBD-Agar, Nachweis von *E. coli* und gesamtcoliformer Bakterien, **C** – Chromocult C Agar, Nachweis von *E. coli* und gesamtcoliformer Bakterien. Welchen Typ Agar man verwendet, hängt auch vom Probenmaterial und vom Entnahmeort ab.

denn alles an kultivierbarer Biomasse wird in KBE überführt. Ab einer gewissen Konzentration an kultivierbaren Schimmelpilzen wird das Vorhandensein einer aktiven Besiedlung als wahrscheinlich angenommen.

Nichtkultivierende Verfahren zur Analyse von Materialproben

Um die möglichen Nachteile beim Nachweis eines Schimmelschadens zu umgehen, haben sich auch für die Analyse von Materialproben kultivierungsunabhängige Verfahren etabliert. Im Vordergrund stehen dabei wie auch bei der Analyse von Luftproben mikroskopische Verfahren. Die wichtigsten sollen hier vorgestellt werden.

Beprobung von Oberflächen mittels Klebefilmkontaktproben

Eine einfache, aber sehr effektive Methode, sich einen Überblick über den Befallsstatus von Oberflächen zu verschaffen, ohne etwas zerstören zu müssen, sind Klebefilme. Sie sind einfach und billig herzustellen, man kann die Prozedur beliebig oft wiederholen und Rückstellproben bilden, und selbst Ungeübte können dabei nicht viel falsch machen, denn notfalls kann ein neuer Streifen genommen werden.

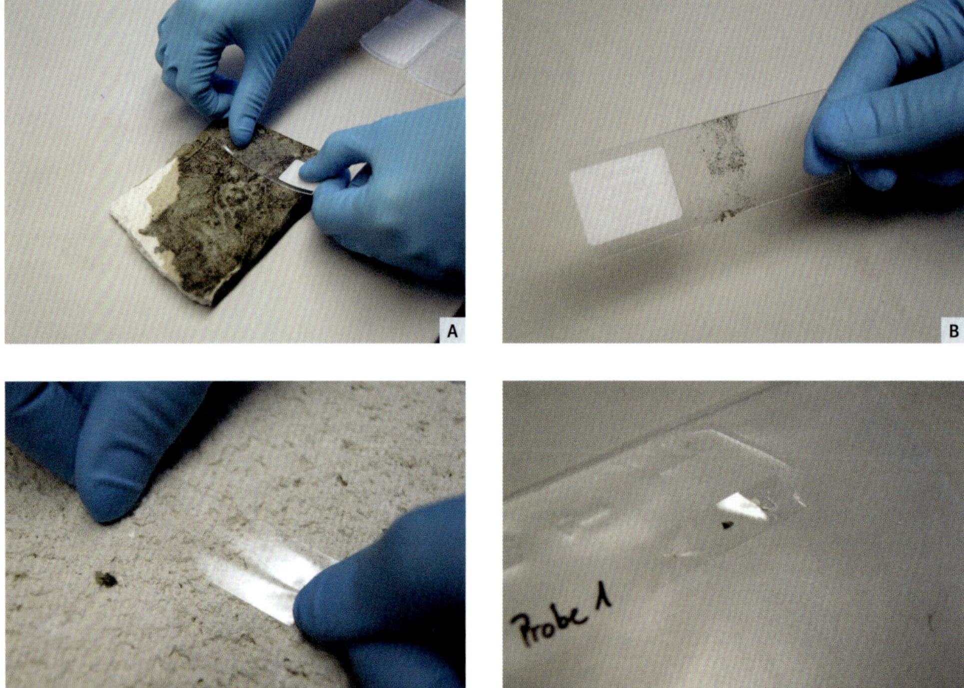

Bild 5-11: Klebefilmpräparate gibt es als fertige Kits vom Labor A, B oder aber selbst gemacht mit Klebestreifen und Dokumentenhülle C. Dabei sollte, wenn es um semiquantitative Bewertungen geht, nur einmal abgezogen werden. Der Klebestreifen sollte nicht zu fest angedrückt werden und anschließend auf einer Kunststoffoberfläche, z. B. auf einer Dokumentenhülle, befestigt werden D.

Beprobung mit Klebefilmpräparaten

Den Klebestreifen darf nicht zu fest angedrückt werden, sonst erhält das Labor nur zerdrücktes Material zur Untersuchung. Außerdem sollte jeweils nur ein Abzug pro Oberflächenbereich genommen werden. Wenn der Befall sehr flauschig ist, kann auch an derselben Stelle mehrfach beprobt werden, um sowohl die Pilze mit sehr viel Luftmyzel als auch die eher dicht an der Oberfläche wachsenden zu erfassen. Die mehrfache Beprobung derselben Stelle muss jedoch für das Labor vermerkt werden, damit die Ergebnisse richtig bewertet werden können. In einem Begleitzettel sollten der Entnahmeort und der Grund der Untersuchung (Nachweis eines Befalls, Nachweis von *Stachybotrys chartarum*, Sanierungskontrolle) sowie die Art der Analyse (qualitativ, halbquantitativ oder Zellzahl pro cm^2) angegeben werden.

Für den weiteren Transport zum Labor haben sich Dokumentenhüllen bewährt, die einfach gefaltet im Briefumschlag verschickt werden können. Einige Labore bieten aber auch vorgefertigte Streifen oder Objektträger an (Bild 5-11 A und B).

Für ein Klebefilmpräparat sollte ein klarer transparenter Klebestreifen verwendet werden. Die Technik, wie die Oberfläche beprobt wird, ist jedem selbst überlassen: Fingerroll-Technik nach Meider oder mit beiden Händen aufdrücken [Me1].

Im Labor wird der Klebefilm mit Methylenblau oder Lactophenolblau gefärbt und lichtmikroskopisch untersucht [Me3, Me8]. Bei der Untersuchung verschafft man sich zunächst bei geringer Vergrößerung einen Überblick über die Verteilung und Dichte mikrobiologischer Strukturen, um anschließend im Detail bei hoher Vergrößerung Myzelien, Hyphen und Sporen analysieren zu können. Generell ist zu beachten, dass bei diesem Verfahren nur eine halbquantitative Bewertung erfolgt: Pilze und deren Sporen sind in der Regel gut bis zur Gattung (dargestellt in Bild 5-12) zu identifizieren, Actinomyceten und Bakterien jedoch nur ein-

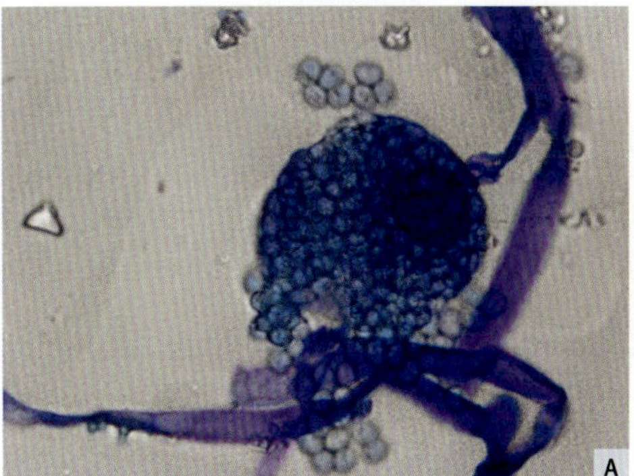

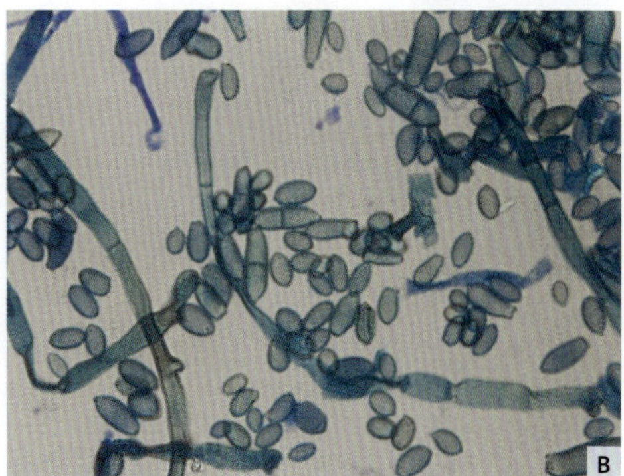

Bild 5-12: Mit Klebefilmen lassen sich gezielt einzelne Gattungen feststellen, z. B. bei der Untersuchung auf *Stachybotrys chartarum*. Bei diesen Aufnahmen wurde das Präparat mit Methylenblau eingefärbt und 600-fach vergrößert. **A** – *Mucor sp.*; **B** – *Cladosporium sp.*

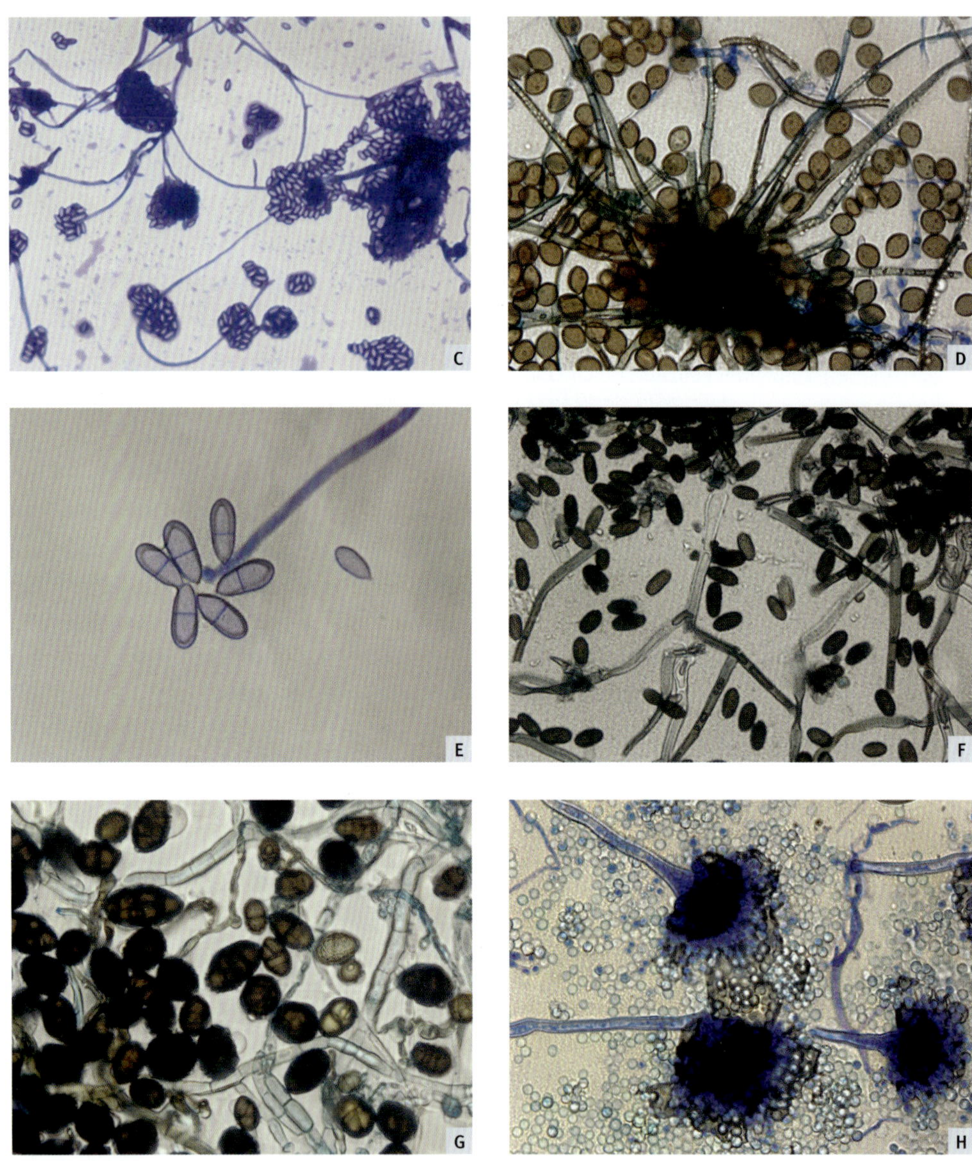

Bild 5-12 (Fortsetzung): Mit Klebefilmen lassen sich gezielt einzelne Gattungen feststellen, z. B. bei der Untersuchung auf *Stachybotrys chartarum*. Bei diesen Aufnahmen wurde das Präparat mit Methylenblau eingefärbt und 600-fach vergrößert. C – *Acremonium sp.*; D – *Chaetomium sp.*; E – *Trichothecium sp.*; F – *Stachybotrys sp.*; G – *Ulocladium sp.* und H – *Aspergillus sp.* (von oben links)

geschränkt erkennbar. Der Grad des Befalls lässt sich mit »kontaminiert«, »gering befallen« oder »stark befallen« beschreiben. Derzeit wird daran gearbeitet, auch das Klebefilmverfahren zu validieren und als Bezugsgröße die Gesamtzellzahl pro Quadratzentimeter zu verwenden.

Ob das im Einzelfall notwendig ist oder eine halbquantitative Bewertung ausreicht, wird der Probennehmer im Rahmen der jeweiligen Aufgabenstellung festlegen und beauftragen müssen. Ein signifikanter Vorteil der Methode ist jedenfalls die eindeutige Unterscheidung, ob es sich um einen Bereich mit aktivem Befall oder um eine Kontamination durch Sporen, z. B. im Sanierungsbereich, handelt [Me1, Me3, UBA2017].

Gern wird diese einfache Methode angewendet, um eventuell nicht sichtbare, manchmal noch sterile Befälle, die im Umfeld von großen Schadensbereichen angesiedelt sind, von nicht befallenen Bereichen zu separieren. Auf diese Weise kann der Sanierungsbereich besser eingeschätzt werden. Eine besondere Bedeutung kommt Klebefilmpräparaten auch bei der Sanierungskontrolle zu. Insbesondere bei dekontaminierten Oberflächen sind Vorher-Nachher-Präparate sehr geeignet, um den mikrobiellen Status zu beschreiben und den Erfolg nachzuweisen (Bild 5-13). Somit kann der Erfolg einer Feinreinigung nachgewiesen werden, z. B. ob ein Biozid nur vernebelt und nicht nachgeputzt wurde.

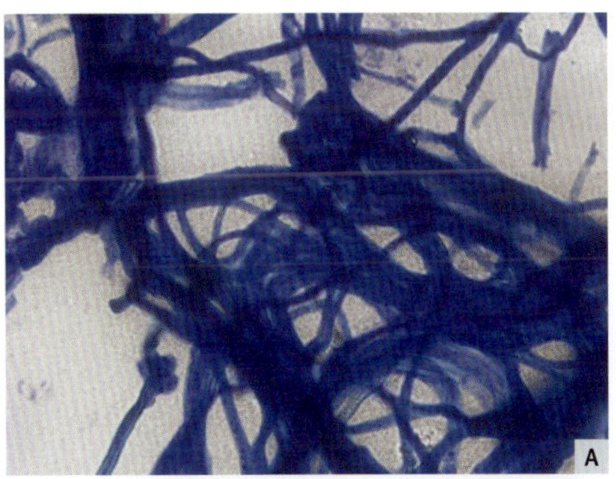

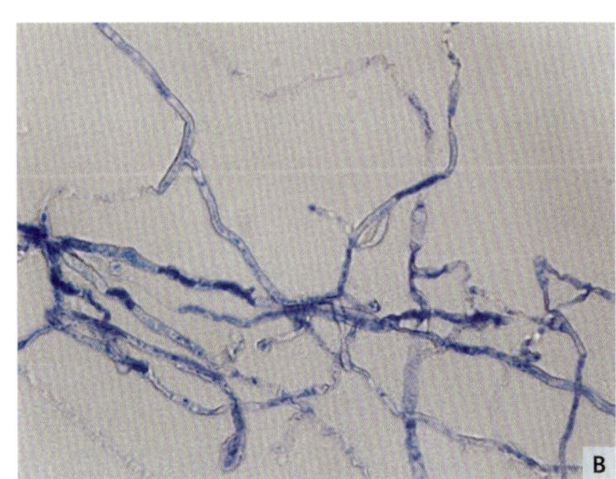

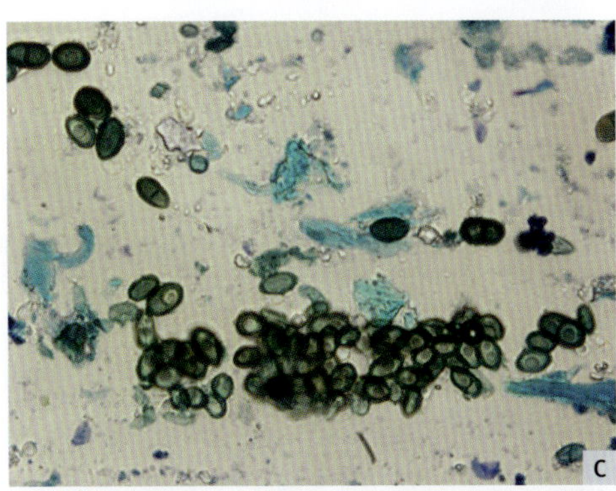

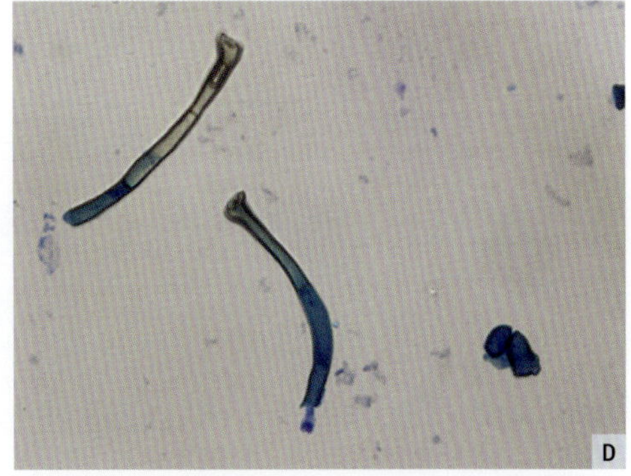

Bild 5-13: Mit Klebefilmen kann unterschieden werden, ob ein eindeutiger Befall oder nur eine Kontamination mit Schimmelpilzen und deren Bestandteilen vorliegt. So zeigt Bild **A** einen starken Befall durch ein steriles Myzel, Bild **B** hingegen einen eher leichten Befall, jedoch auch hier mit sterilem Myzel. Beide Befälle wären mit bloßem Auge nicht erkennbar, da die Hyphen keine Eigenfärbung zeigen und pigmentierte Sporen fehlen. Bild **C** hingegen zeigt eine stark kontaminierte Oberfläche mit Sporen; Myzellen sind jedoch nicht zu finden. In Bild **D** hingegen ist nur ein Myzelbruch nachweisbar. Alle Bilder in 600-facher Vergrößerung.

Auch bei Teilsanierungen, also wenn nur ein Bauteil bewertet werden soll, andere aber noch saniert werden müssen, sind Klebefilme hilfreich. Luftuntersuchungen würden in diesem Fall den Status der gesamten Innenraumluft wiedergeben, was aber keine Schlussfolgerung auf das Bauteil zulässt [Me3].

Direktmikroskopie

Neben der Untersuchung von Klebefilmpräparaten ist auch die Direktmikroskopie ein etabliertes Verfahren, um Materialproben zu bewerten. Dabei werden entnommene Materialproben ohne jede weitere Präparation im Auflichtmikroskop untersucht. Üblicherweise ist die Auflösung eines optischen Auflichtmikroskops beschränkt und erreicht kaum mehr als 50-fache Vergrößerungen. Mit Entwicklung der Digital- und 3D-Mikroskopie ist diese Limitierung aufgehoben, sodass auch im Auflichtverfahren bis zu 1000-fache Vergrößerungen möglich sind. Damit sind erstaunliche Einblicke in das Befallsgeschehen auch bei kompakten Proben wie Putzen oder Dämmstoffen möglich. Das Verfahren der Direktmikroskopie eignet sich insbesondere für die Erfassung von Oberflächen, aber auch

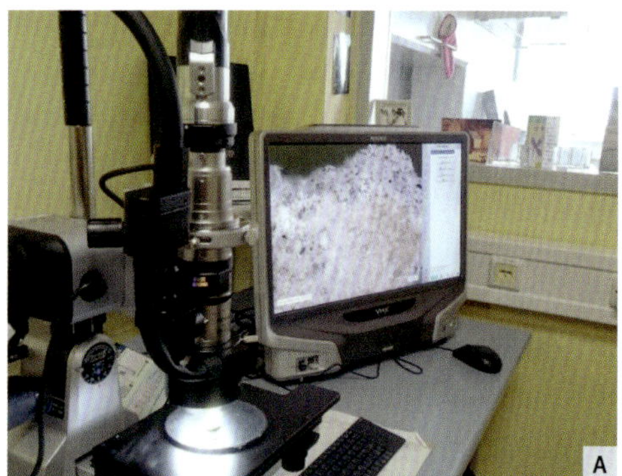

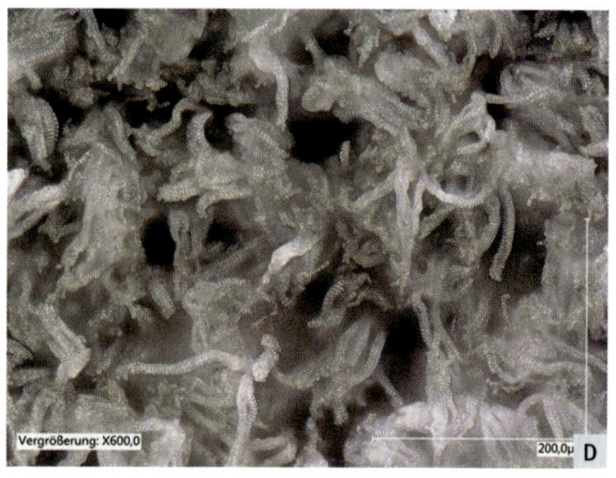

Bild 5-14: Mit der Digitalmikroskopie gelingen spektakuläre Aufnahmen mit einer bis zu 2000-fachen Vergrößerung. Die Limitierungen der Auflichtmikroskopie sind damit aufgehoben. Es kann direkt auf der Probe oder im Querschnitt gearbeitet werden. A – Digitalmikroskop mit einem 1000er-Objektiv; B – Querschnitt durch eine befallene Dämmplatte; C – Befall nach Überputzen; D – Konidien einer Penicillium-Kolonie direkt in der Kultur aufgenommen.

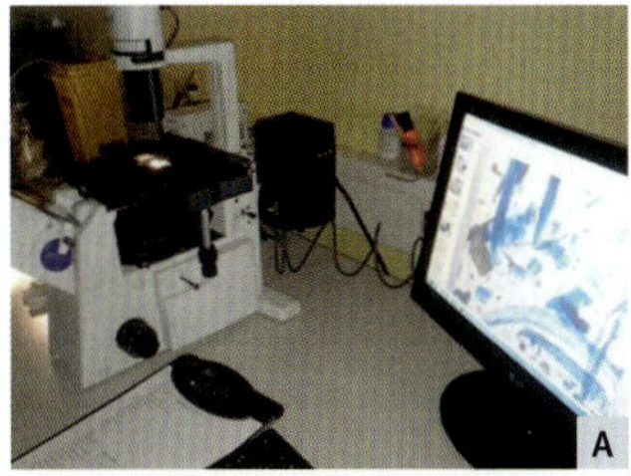

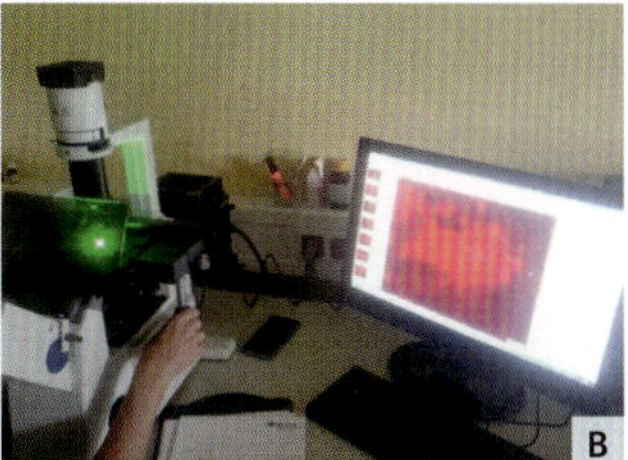

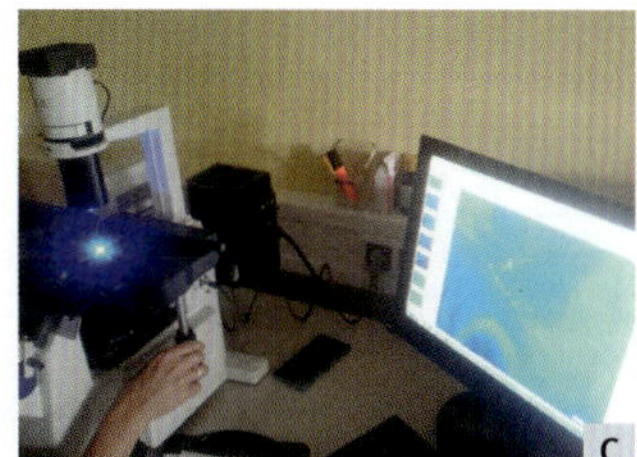

Bild 5-15: Epifluoreszenzmikroskope sind Durchlichtmikroskope (Bild **A**), die zusätzlich mit einer Fluoreszenzeinrichtung versehen sind und so, statt mit weißem Licht, auch mit monochromatischem Licht (UV, Blau, Grün) im Auflicht Fluoreszenz anregen können. Fluorochrome reagieren mit Fluoreszenz bzw. Lumineszenz wie beispielsweise Grünalgen auf Putz im Bild **B**. Durch die Zugabe spezieller Sensoren wie DAPI und UV-Licht kann nötigenfalls nachgeholfen werden. In Bild **C** werden auf diese Weise Pilze auf einem Dämmstoff sichtbar gemacht.

von Querschnitten, um z. B. Befälle im Tiefenprofil oder in Farbschichten bei mehrfachem Überstreichen sichtbar zu machen (Bild 5-14). Dabei erfolgt auch hier die Bewertung halbquantitativ, jedoch sind große Probenquerschnitte und damit ein sehr sicherer Nachweis von Schäden, ihren Ausmaßen und beteiligten Schimmelpilzen möglich. Bakterien hingegen sind nur eingeschränkt erkennbar. Auch gestaltet es sich schwierig, mikrobiologische Strukturmerkmale (z. B. Sporen) sichtbar zu machen, um eine genaue Identifizierung bis auf die Art zu ermöglichen. Dazu müssen dann wieder klassische Präparate für die Transmissionslichtmikroskopie erstellt werden. Leider nutzen wegen der hohen Anschaffungskosten noch nicht alle Labors die digitale Mikroskopie.

Auf die Epifluoreszenzmikroskopie kann neben der Digitalmikroskopie heutzutage nicht mehr verzichtet werden. Dazu werden kombinierte Mikroskope verwendet, die die Präparate in Hellfeld und Transmission mit weißem Licht durchstrahlen, gleichzeitig aber über eine Halogenlichtquelle verfügen, die mithilfe von Filterblöcken monochromatisches Licht ausstrahlen kann, wie an einem inversen Modell in Bild 5-15 dargestellt ist. Um Fluoreszenz anzuregen ist monochromatisches Licht notwendig. Daher haben die Mikroskope ebenfalls Filterblöcke, um diese Anregungswellenlängen wieder herauszufiltern, sodass nur das Fluoreszenzsignal abgebildet wird. Es leuchtet im Bildfeld also nur das auf, was entweder über ein natürliches Fluorochrom verfügt oder zuvor durch einen Fluoreszenzfarbstoff angefärbt oder wie es hier genannt wird, markiert bzw. gelabelt wurde. So ist Chlorophyll ein natürliches Fluorochrom, das eine typische kirschrote Fluoreszenz erzeugt, wenn es mit UV-Strahlung, blauem oder grünem Licht angeregt wird. Algen, Cyanobakterien und grüne Bakterien, aber auch Pflanzen leuchten daher ohne weitere Behandlung im Fluoreszenzmikroskop rot auf, wie in Bild 5-16 D erkennbar. Mikroorganismen, die nicht über ein natürliches Fluorochrom verfügen, werden durch den Einsatz von Fluoreszenzfarbstoffen zur Abbildung gebracht. Es gibt eine Fülle an Möglichkeiten, nicht nur um die Mikroorganismen sichtbar zu machen, sondern darüber hinaus ihren Lebenszustand und sogar ihre Identität kultivierungsunabhängig nachzuweisen.

Im Zusammenhang mit den Luftproben wurde bereits die Gesamtzellzahl oder Gesamtsporenanzahl erwähnt. Dieses Nachweisverfahren ist auch für Materialproben anwendbar. Einige ausgewählte Beispiele sind in Bild 5-16

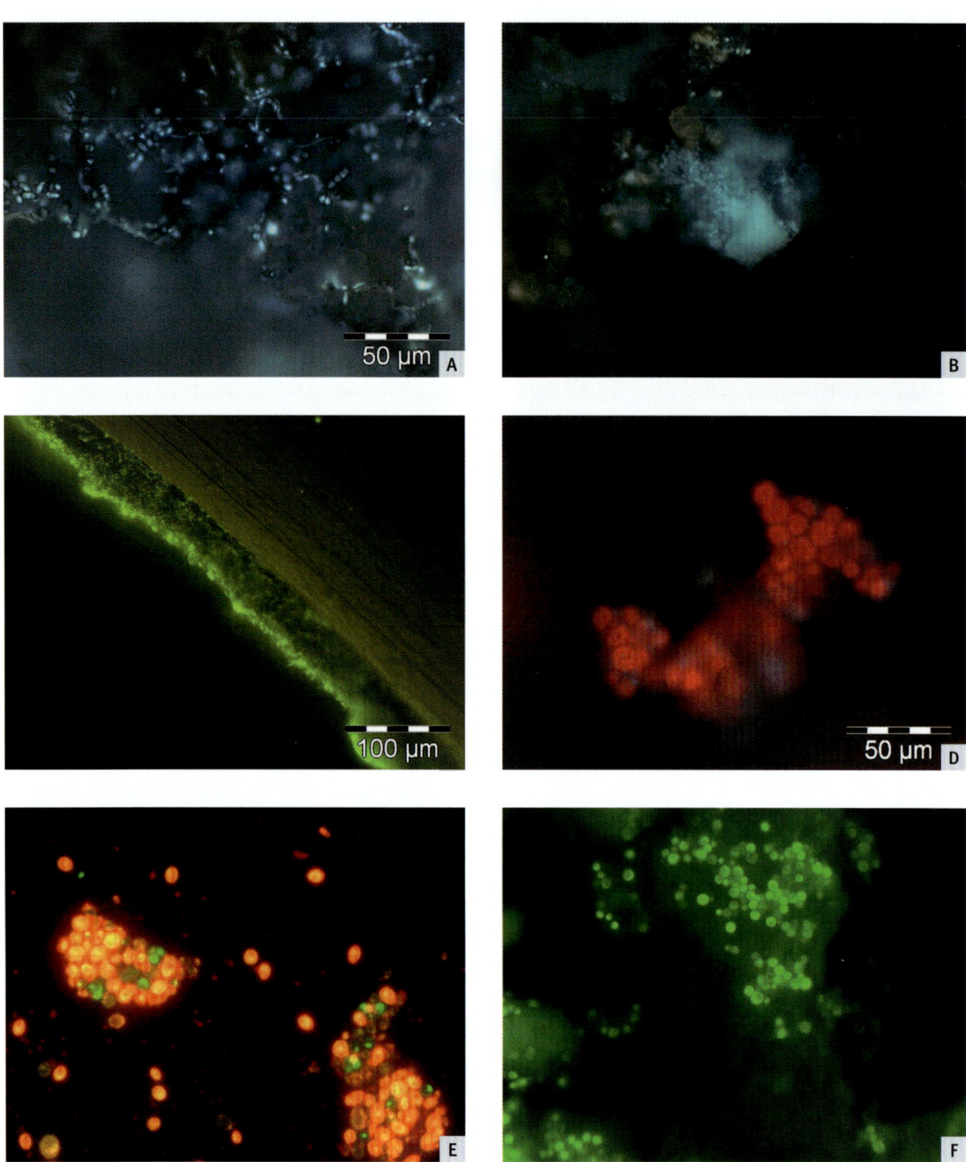

Bild 5-16: Mikroskopie wird bunt: Fluoreszenssensoren binden zellspezifisch an und bringen Mikroorganismen zum Leuchten. A – Pilze auf einer Putzprobe nach Färbung mit DAPI; B – Sporen mit DAPI gefärbt, auf EPS-Dämmstoff nach Wasserschaden (400-fache Vergrößerung). C – Bakterienbiofilm in einem Schlauch, gefärbt mit SYTO Green in Blauanregung; D – Das Chlorophyll der Grünalgen ist ein natürliches Fluorochrom, hier auf einer Fassadenprobe. E – Vitalitätstest an Hefen nach Biozidbehandlung mit FungalLight, einem Live/Dead-Marker, die grünen Zellen haben die Behandlung überlebt, die orangefarbenen nicht (600-fache Vergrößerung). F – Biochemische Aktivität von Hefen ebenfalls nach Biozidbehandlung, nachweisbar mit dem Enzymkit CMFDA

zu sehen. Für die Untersuchung markiert man mit einem DNA-Farbstoff alle vorhandenen Zellen, und zwar Pilze wie Bakterien. Gebräuchliche Farbstoffe dafür sind vornehmlich DAPI, aber auch SYTO Gold oder Green, Acridinorange oder Propidiumiodid (siehe Bild 5-16 A, B, C). Es kann entweder direkt die Materialprobe angefärbt werden oder aber eine Suspension angelegt werden. Vorteil des Verfahrens ist, dass alle vorhandenen Zellen unabhängig von ihrem Vitalitätszustand nachgewiesen werden können. Also auch nach einer Biozidbehandlung oder längeren Phasen der Trockenheit, die ein Auskeimen von Sporen sichtlich verringern würden.

Darüber hinaus kann durch weitere Fluoreszenzsensoren der Zustand der Zellen differenziert und zwischen vital und letal unterschieden werden. Sensoren, die das leisten, werden auch als LIVE/DEAD-Kits bezeichnet. Dazu werden zwei unterschiedlich fluoreszierende Farbstoffe verwendet, von denen einer als LIVE-Farbstoff alles an DNA einfärbt, während das deutlich größere Molekül als DEAD-Farbstoff nur dann in die Zelle gelangt, wenn die Membran ein Loch hat, also korrumpiert ist. Dieses Molekül überfärbt dann bei gleicher monochromatischer Anregung die Fluoreszenz des LIVE-Farbstoffs (Bild 5-16 E). Diese Zellen gelten als letal. Im selben Bildfeld kann dann differenziert werden, welche Zellen vital und welche letal sind, da die einen grün und die anderen rot fluoreszieren wie beim Fluoreszenzkit FungalLight des britischen Herstellers moleculare probes). Die Auswahl an Fluoreszenzsensoren ist mittlerweile sehr umfangreich: Es können Exoenzyme wie Phosphatasen nachgewiesen und hydrolytische Endoenzyme dargestellt werden (Bild 5-16 F). Außerdem kann die Zellatmung festgestellt, exogene Polysaccharide markiert sowie eine Gram-Färbung durchführt werden [Me3, Me8].

Anwendung findet die Epifluoreszenzmikroskopie bei der Bestimmung der biochemischen Aktivität [Me1]. Mit ihr kann nachgewiesen werden, wie groß der Anteil stoffwechselaktiver Zellen ist. Das sind Zellen, die im besten Fall auch vollständig durch Kultivierung erfasst werden, im schlechtesten Fall aber gut das 100- bis 1000-fache der kultivierbaren Zellen ausmachen. Das bedeutet in erster Näherung, dass die Anzahl der mit Fluoreszenzverfahren nachgewiesenen Zellen bis zum Faktor 1000 über den Ergebnissen einer Kultivierung liegen kann. Das sind bereits immense Größenordnungen. Dennoch ist dieses Verhältnis auch in der Schadensbewertung sehr aussagekräftig, wenn im Rahmen einer vollständigen Materialanalyse nicht nur die Anzahl der KBE pro Gramm ermittelt werden, sondern auch überprüft wird, wie hoch im Verhältnis dazu die Gesamtzellzahl ist und weiter differenziert wird, welche Zellen hiervon in der Lage sind, biochemisch, d. h. enzymatisch aktiv zu sein [Me1]. Ins Verhältnis gesetzt kann daraus das Schadensalter abgeleitet, aber auch die Wirkung von Biozidanwendungen bewertet werden.

Darüber hinaus ist man mittlerweile in der Lage, Fluoreszenzsensoren – sogenannte FISH-Sonden (Fluorescence In-Situ Hybridization) – an spezifische Genabschnitte zu koppeln und so eine mikroskopische Gattungsbestimmung vorzunehmen. Im Wesentlichen wird dies bei Schäden in Innenräumen für die Identifikation von Bakterien, wie coliformen Bakterien *Escherichia coli* oder Actinomyceten, genutzt [Me3].

Wer direkt mikroskopiert und im aktuellen Zustand einen Befall detektiert, muss häufig feststellen, dass die Strukturen zur Gattungsbestimmung noch nicht ausgebildet sind. Sehr häufig ist ein Pilzbefall eindeutig nachweisbar, jedoch fehlen Fruktifikationsstadien, wie man sie bei der Kultivierung abwarten kann, sodass die Gattungs- oder Artenbestimmung nur bedingt möglich ist. Durch die Fluoreszenzanregung wird die Morphologie teilweise verzerrt abgebildet. Eigenfärbungen von Sporen oder Konidien werden nicht angezeigt, sodass eine genaue Identifikation nur eingeschränkt möglich ist. Je nach Anforderung und Fragestellung ist es aber dennoch möglich, die Befallssituation als eindeutig befallen oder als kontaminiert einzustufen oder sogar die Gesamtsporenzahl pro Quadratzentimeter oder pro Gramm bei Suspensionen anzugeben.

Andere kultivierungsunabhängige Verfahren

Neben den bisher beschriebenen Verfahren existieren auch andere Methoden, die jedoch weniger etabliert sind oder nur Spezialisten zur Verfügung stehen.

Ein Verfahren, das häufig herangezogen wird, aber zu sehr unterschiedlichen Ergebnissen führt, ist die Messung von Adenosintriphosphat (ATP). ATP ist ein Nukleotid, das in allen lebenden Zellen auftritt, und zwar in Mikroben wie auch in Pflanzen oder Tieren. Dieses Protein ist der universelle Energieträger aller lebenden Zellen. Der Antagonist, also das Protein, das tote Zellen repräsentiert, ist Adenosinmonophosphat, kurz AMP. Dieses Protein ist nur in toten Zellen nachweisbar. Biomasse lässt sich somit über die Anwesenheit dieser Proteine nachweisen, jeweils im vitalen oder letalen Zustand. Allerdings ist es schwierig, ihre originäre Quelle festzustellen. Wenn alle Organismen diese Nukleotide aufweisen, ist durch Messung derselben nicht bestimmbar, aus welcher Quelle sie stammen, ob sie durch Pilze, Bakterien oder gar durch menschliche Zellen übertragen wurden. Die Anwendung ist wiederum denkbar einfach. Mit einem Tupfer wird die Oberfläche abgerieben, anschließend wird der Tupfer mit einer Reaktionslösung versetzt. Diese enthält das Enzym Luciferase. Kommt Luciferase mit dem ATP der Probe in Kontakt, wird Fluoreszenz erzeugt. Diese wird in einem Lumimeter ausgelesen und in relativen Leuchteinheiten angegeben. Für den Nachweis von AMP wird ein anderes Enzym eingesetzt. Es sind also beide Nukleotide nachweisbar.

Bild 5-17: Probennahmeschablone für eine definierte Beprobung von Oberflächen nach einem NAHA-basierten Verfahren. Die Oberfläche wird innerhalb der Schablone mit einem Tupfer abgerieben. Dieser wird dann mit dem Enzymsubstrat in Reaktion gebracht und die relativen Fluoreszenzeinheiten ausgelesen.

Wie auch der NAHA-Nachweis in der Luft zählt der Nachweis von ATP und AMP zu den enzymbasierten Verfahren, die als Messwert Fluoreszenz erzeugen. Der Unterschied zwischen beiden Verfahren liegt darin, dass beim ATP-Test ein spezifisches Enzym hinzugegeben wird, um Fluoreszenz zu erzeugen. Bei der Analyse der Luft hingegen wird ein spezifisches Pilzenzym durch Fluoreszenz nachgewiesen. Das funktioniert natürlich auch auf Oberflächen, sodass der NAHA-Nachweis auch für Materialproben analog zum ATP-Test angewendet wird (Bild 5-17). Im Gegensatz zum ATP kann mit dem NAHA-Test gezielt auf Schimmelpilze getestet werden, während ATP unspezifisch jegliche Biomasse anzeigt.

Beide Verfahren stellen das Resultat in Leuchteinheiten dar. Es kann dabei jedoch lediglich eine Stoffwechselaktivität angezeigt werden, der Nachweis einzelner Strukturen oder eine Gattungsbestimmung ist nicht möglich. Auch tote oder inaktive Zellen sowie Sporen werden nicht erfasst, da weder das Enzym NAHA noch das Nukleotid ATP aktiv sind. Nur in Kombination mit dem Nachweis von AMP ist eine Gesamtbewertung der Biomasse möglich. Aber auch hier gibt es keine Angabe von Zellzahlen, sondern relative Einheiten, die durch eigene Messungen geeicht werden müssen.

Darüber hinaus sind insbesondere in der Forschung und Medizin auch weitere Testverfahren zum Nachweis und zur Identifikation von Schimmelpilzen und Bakterien im Einsatz, die aber für die normale Schimmelschadenanalytik zu aufwendig sind oder sich nur für Spezialanwendungen durchsetzen konnten, sodass diese Verfahren hier nicht weiter erläutert werden.

Spezialnachweise

Auch bei Materialproben kann durch molekularbiologische Untersuchungen mit der PCR (Polymerase Chain Reaction = Vervielfachung und Detektion spezifischer Genabschnitte) eine sehr genaue Identifikation der Mikroorganismen vorgenommen werden. Ebenso sicher ist eine Identifikation durch MALDI-TOF. Dabei handelt es sich um eine Spezialform der Massenspektrometrie, bei der zuvor die zu untersuchenden Moleküle mithilfe matrixassistierter Laser-Desorption-Ionisierung freigesetzt wurden. Dies wird jedoch nur in Speziallaboren durchgeführt und ist sehr häufig medizinisch indiziert. Auch ist es möglich, Toxine und Allergene nachzuweisen, sowohl in der Luft als auch in Materialproben. Hier wird die Zukunft zeigen, ob diese Verfahren in die Routine der Schadensbeurteilung einfließen werden [Sc5].

5.1.3 Auswahl und Anwendung der mikrobiellen Diagnostik

Es gibt also zahlreiche Methoden, um Schimmelpilze und Bakterien nachzuweisen und somit einen mikrobiellen Schaden im Innenraum feststellen, lokalisieren und hinsichtlich seiner Sanierungsbedürftigkeit bewerten zu können. Dabei sind im einfachsten Fall das bloße Auge und der Menschenverstand als Werkzeuge ausreichend.

Abweichend dazu ist die mikrobielle Diagnostik notwendig, wenn eine Schadensfeststellung mit bloßem Auge nicht möglich ist. Dann muss entschieden werden, wie und mit welchem Aufwand die Analytik betrieben werden muss, um Fragestellungen hinreichend beantworten zu können. Dabei ist die Wahl des passenden Verfahrens ausschlaggebend, um ausreichende Informationen zu erhalten, die eine Einordnung des Schadens ermöglichen.

Eine enge Zusammenarbeit mit dem Labor und fundierte Kenntnis darüber, was die einzelnen Diagnostikverfahren leisten können, sind dafür grundlegend wichtig. Im Gegenzug muss das Labor ausreichende Informationen darüber erhalten, welche Ergebnisse der Probennehmer benötigt, damit Nährböden, Inkubationsbedingungen und Auswertungslevel festgelegt werden können.

Eine besondere Rolle spielt für das Labor auch die Qualität der Proben. Sie sollten möglichst steril mit gereinigten Werkzeugen und unter Verwendung von Handschuhen entnommen werden. Die Werkzeuge sind vor jeder weiteren Entnahme erneut sorgfältig zu reinigen. Bei der Entnahme von Estrichdämmstoffen ist es sinnvoll, die zu analysierende Seite zu kennzeichnen. Für Verpackung und Transport können sterile Probennahmebeutel und Gefäße im Laborversand erworben werden. Alternativ genügen auch lebensmittelsaubere (frische) Gefriertüten. Zudem muss sich der Probennehmer über den Versand der Proben ins Labor Gedanken machen. Bei Klebefilmproben oder Partikelsammlern ist ein Postweg von zwei bis drei Tagen in der Regel kein Problem. Luftkeimsammlungen hingegen können bereits auskeimen und sind dann nicht mehr verwertbar. Daher muss sichergestellt werden, dass Proben übers Wochenende nicht liegen bleiben. Wer zur Probennahme direkt einen Labormitarbeiter hinzuzieht, umgeht diese Probleme. Insbesondere für unerfahrene Probennehmer oder Neueinsteiger ist es sinnvoll, das Labor direkt an der Seite zu haben, zumal auch nicht jeder Sachkundige oder Sachverständige über die entsprechende Ausstattung verfügt, um jegliche Proben selbst nehmen zu können [Ba6, Me1, Me3].

Verschiedene Kriterien sind für die Entscheidung für eine mikrobielle Diagnostik ausschlaggebend. Sie ist nur dann notwendig, wenn

- kein mikrobieller Befall erkennbar ist, weil es sich um einen (noch) nicht sichtbaren Schaden handelt,
- die Bestimmung aus Gründen der Beweissicherung angezeigt ist,
- für eine Sanierungsplanung das Schadensausmaß zu bestimmen ist,
- das Ausmaß der Belastung für die Auswahl von Sanierungsmaßnahmen oder Rückbauempfehlung herangezogen wird,
- nach einer Sanierung der Erfolg der Maßnahme überprüft werden soll.

5.2 Physikalisch-chemische Verfahren

Schimmelwachstum ist letztlich immer ein Indikator dafür, dass Bedingungen vorliegen, die mikrobielle Aktivität ermöglichen. Dies bedeutet, dass immer ausreichend Feuchtigkeit vorhanden ist. Daher ist es sinnvoll, nicht nur den Schimmel als Schaden, sondern auch die Klimabedingungen, den Grad der Feuchtebelastung einzelner Bauteile und Baustoffe sowie den Gehalt an anderen Bauschadstoffen zu ermitteln.

5.2.1 Feuchte- und Temperaturmessung

Wir unterscheiden, wie auch schon bei den mikrobiellen Analyseverfahren, zwischen direkten und indirekten Verfahren. Die hier vorgestellten direkten Verfahren liefern einen konkreten Messwert; sie sind also in der Lage, den Wassergehalt eines Baustoffs oder der Raumluft genau zu bestimmen. Indirekte Verfahren hingegen zeigen lediglich Unterschiede in der Verteilung von Feuchte oder Leitfähigkeit im Baustoff an. Ein Messwert wird nicht angegeben, sondern lediglich relative Einheiten. Indirekte Verfahren dienen damit einer orientierenden Feststellung.

Erfassung der Raumklimadaten Temperatur und Luftfeuchtigkeit

Die Erfassung der Raumlufttemperatur und der relativen Raumluftfeuchtigkeit kann mit Einzelmessgeräten oder Kombigeräten erfolgen. Dabei wird die Temperatur über den direkten thermischen Kontakt oder über die Messung der Wärmestrahlung erfasst. Bei einem direkten thermischen Kontakt (z. B. durch Wärmeleitung) ändern sich die Stoffkonstanten, z. B. der thermische Ausdehnungskoeffizient, die Leitfähigkeit bzw. der elektrische Widerstand. Ebenso

Bild 5-18: Oberflächentemperaturen können mit dem Pyrometer ermittelt werden. Dabei markieren die Laserpunkte den Messbereich.

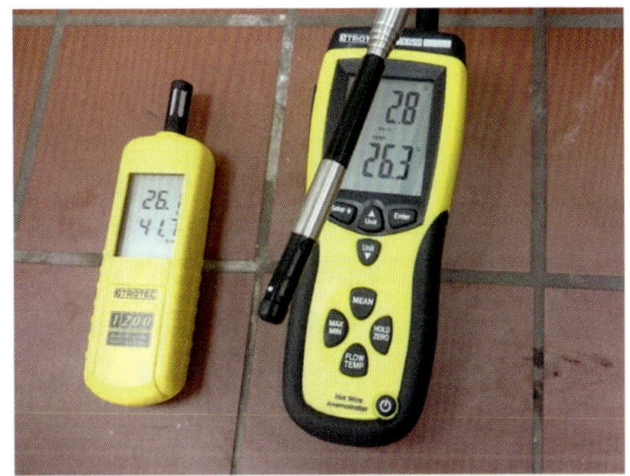

Bild 5-19: Hygrometer zur Bestimmung von relativer Feuchte und Temperatur und Anemometer zur Messung von Luftströmungen

können temperaturabhängig Spannungen erzeugt werden.

Durch Erfassung der Wärmestrahlung mittels Pyrometer oder Infrarot-Kamera wird die von einer Oberfläche emittierte Strahlung von einer Messsonde absorbiert und wiederum in Wärme bzw. elektrische Signale umgewandelt und erfasst. Wichtig ist dabei, den Emissionsgrad der Oberflächen zu kennen. Für die meisten Baumaterialien liegt der Wert um 0,95 bis 0,96. Bei blanken Metallen muss ein deutlich niedrigerer Wert angesetzt werden. Oxidierte Metalloberflächen hingegen sind mit einem eingestellten Wert um 0,9 zu vermessen.

Pyrometer werden fälschlicherweise oft als Laserthermometer bezeichnet. Zwar verfügen die Geräte über einen Laserstrahl, jedoch handelt es sich nicht um einen Messstrahl, sondern er ist lediglich eine Orientierung für den Messpunkt (Bild 5-18). Dabei wird das detektierte Feld mit dem Abstand vom Messobjekt größer. Damit Störungen in der Messung durch Geschossecken, Leitungen oder Ähnliches vermieden werden, haben einige Geräte auch zwei oder mehr Laserpunkte, um so die Ausweitung des detektierten Messbereichs anzuzeigen.

Hygrometer wie in Bild 5-19 erfassen hingegen den Wasserdampfgehalt der Luft, z. B. über hygroskopische Materialien, die sich entsprechend verformen. Der Gehalt an Wasserdampf in der Luft beeinflusst auch die dielektrischen Konstanten sowie die Leitfähigkeit, sodass auch kapazitive Sensoren und Widerstandssensoren eingesetzt werden [Ha2, Lo2].

Datenlogger

Datenlogger sind Kombigeräte, die zeitaufgelöst die relative Feuchte und Temperatur aufzeichnen. Im Gegensatz zur Einzelmessung speichern sie in definierten Abständen jeden Messwert und erlauben so die Bewertung von Feuchte- und Temperaturverläufen über längere Zeiträume.

Dabei sollten die Messzeiten so gewählt werden, dass Schwankungen schnell erfasst werden. Für Wohnräume oder Büros haben sich Messintervalle von einer bis fünf Minuten bewährt. Die Klimadaten in großen Räumen wie Kirchen oder Hallen können mit größeren Messintervallen erfasst werden (Bild 5-20).

Datenlogger sollten in kritischen Bereichen aufgestellt werden und mindestens drei bis vier Wochen vor Ort bleiben, um möglichst ge-

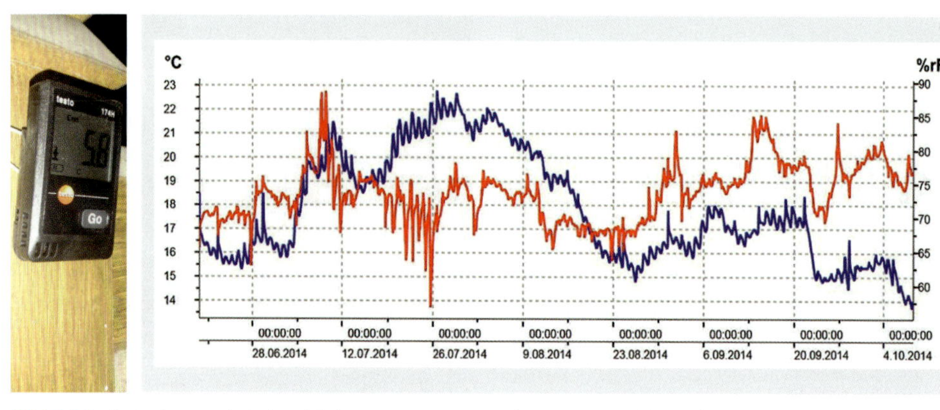

Bild 5-20: Datenlogger sind ein wichtiges Instrument, um das Innenraumklima über längere Zeiträume zu erfassen. Hier wurde der Datenlogger mit einem vergleichsweise großen Messintervall an einer Orgel aufgehängt. Die Auswertung ergab ein altbekanntes Problem: Die rote Temperaturkurve hängt im Sommer aufgrund der Sommerkondensation der blauen Kurve (relative Feuchte) hinterher. Erst im Hoch- und Spätsommer hat sich die Kirche soweit erwärmt, das kritische Luftfeuchten von über 80 % nicht mehr auftreten.

brauchsübliche Klimadaten zu erfassen. Möglich sind hierbei auch Systeme mit Fernüberwachung [Ha2, Lo2].

Direkte Verfahren zur Feuchtebestimmung in Baustoffen

Direkte Verfahren zu Bestimmung des Wassergehalts in Baustoffen sind die Darr- und die CM-Methode.

Darr-Methode

Bei der Darr-Methode wird aus dem Schadensbereich eine Materialprobe entnommen und luftdicht verpackt. Im Labor wird die Probenmasse bestimmt und die Probe anschließend im Trockenschrank gelagert, bis kein Massenverlust mehr nachweisbar ist. Die Trocknungstemperatur richtet sich nach dem Material und liegt bei mineralischen Baustoffen bei 105 °C, bei Holzwerkstoffen bei 103 °C. Gipshaltige Baustoffe hingegen werden bei nur 40 °C getrocknet. Hat sich die Massenkonstanz eingestellt, wird das Verhältnis der Feuchtmasse zur Trockenmasse bestimmt und der Durchfeuchtungsgrad ermittelt. Beschrieben ist das Verfahren für Holzwerkstoffe in der DIN EN 13183-1:2002-07. Die Darr-Methode ist zwar ein zerstörendes Verfahren, jedoch liefert sie sehr genaue Informationen.

Gesamtfeuchtegehalt und Durchfeuchtungsgrad

Die Darrmethode ist die genaueste Art der Bestimmung des Feuchtegehalts von Baustoffen. Mit der Darrmethode wird immer der Gesamtwassergehalt ermittelt. Der daraus berechnete Durchfeuchtungsgrad entspricht allerdings NICHT der Wasseraktivität (s. Vertiefung in Kap. 8), denn diese ist nur vom Wasserdampf abhängig. Der Gesamtwassergehalt umfasst das insgesamt im Baustoff gespeicherte Wasser (Porenwasser, Kristallwasser und auch Wasserdampf). Nachteil der Methode ist, dass sie nicht vor Ort durchgeführt werden kann.

CM-Verfahren

Das CM-Verfahren (Calciumcarbid-Methode) wurde ursprünglich für die Ermittlung des Feuchtegehalts von Estrichen eingeführt, um deren Belegreife feststellen zu können. Da es sich um ein Baustellenverfahren handelt, hat es sich auch für die Bewertung von Schadensfällen durchgesetzt. Die Probennahme erfolgt analog zur Darr-Methode, allerdings wird die Probe direkt vor Ort zerkleinert und in einen Metallbehälter abgefüllt (Bild 5-21). In diesen Behälter werden zusätzlich Stahlkugeln sowie eine mit Calciumcarbid gefüllte Glasampulle gegeben. Der Behälter wird geschlossen und geschüttelt. Dabei zerschlagen die Stahlkugeln die Glasampulle. Im Behälter reagiert das Calciumcarbid mit dem Wasser der Baustoffprobe, es entstehen Calciumhydroxid und Acetylen. Das Acetylen erzeugt einen Überdruck, der durch ein Manometer am Behälter abgelesen werden kann. Der Überdruck ist materialabhängig proportional zum Wassergehalt. Eine Umrechnungstabelle gibt dann den Wassergehalt in Massenprozent an [Ha2].

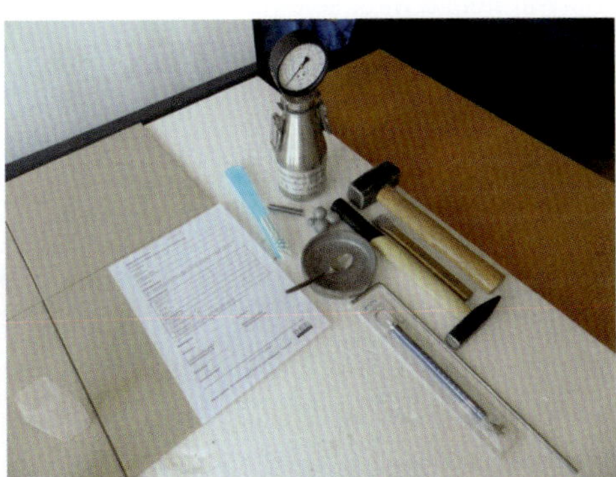

Bild 5-21: Mit der CM-Methode kann der Wassergehalt von Estrichen direkt am Entnahmeort bestimmt werden. (Foto: Wolfgang Böttcher)

Genauigkeit des CM-Verfahrens

Wie bei der Darr-Methode geht es auch bei der Calciumcarbid-Methode nicht ohne zerstörenden Eingriff in das Bauteil. Ist die Zusammensetzung des untersuchten Baustoffs nicht bekannt, kann nur vergleichend ermittelt werden. Die Methode ist deutlich ungenauer als die Darr-Methode, da Probennahme und Zerkleinern, Schütteldauer, Ablesezeitpunkt etc. zu Messfehlern führen können. Zudem kann nur der Gesamtwassergehalt ermittelt werden. Das CM-Verfahren erfordert viel Erfahrung.

Indirekte Verfahren

Es gibt eine Reihe von indirekten Verfahren, die sich für die Baustellenanalytik bewährt haben, jedoch nur eine orientierende Bewertung zulassen. Im Folgenden werden nur die Verfahren erläutert, die in der Praxis Anwendung finden. Für die Erfassung von Schäden und Schadensursachen sind diese Methoden in vielen Fällen ausreichend.

Folientest

Will man feststellen, ob ein Bauteil durchfeuchtet ist oder Kondensat anfällt, kann mithilfe eines sogenannten Folientests vor Ort das Bauteil qualitativ beurteilt werden. Dazu wird eine Fläche von einem Meter Länge und einem Meter Breite mit einer wasserdampfdichten Kunststofffolie mit einem s_d-Wert > 10 m am Rand dicht abgeklebt. Parallel dazu sind Bauteiloberflächen- und Lufttemperatur sowie die Luftfeuchte zu erfassen (Bild 5-22). Wenn sich nach einer Beobachtungsdauer von mindestens 24 Stunden an der Innenseite der Folie Kondenswasser bildet, ist das ein Hinweis auf ein feuchtes Bauteil [Ha2].

Bild 5-22: Folientest zur einfachen Orientierung. Hier wird gleich ein Hygrometer mit eingeschlossen. So wird der einfache Test zum hygrothermischen Ausgleichsverfahren erweitert. (Foto: Wolfgang Böttcher)

Bild 5-23: Ein Gussasphaltestrich mit Holzfaserdämmung nach einem Wasserschaden wird mit dem hygrothermischen Ausgleichsverfahren geprüft.

Fehlerquelle beim Folientest

Den Folientest nicht auf sichtbar stark befallenen Bereichen durchführen: Schimmelpilze atmen und erzeugen so Respirationsfeuchte. Das kann zu einer falschen Bewertung führen.

Hygrometrisches Ausgleichsverfahren

Das Verfahren wird zur Bestimmung des sogenannten Materialklimas eingesetzt, d. h. es werden gleichzeitig die relative Luftfeuchtigkeit, der Absolutwasserdampfgehalt und die Temperatur in einem geschlossenen Hohlraum bestimmt, die sich einstellen, wenn ein Ausgleich der Temperatur- und Feuchtegradienten mit dem Baustoff stattgefunden hat, also ein Gleichgewichtszustand erreicht wird. Das kann durchaus einige Zeit dauern, zudem kann die Messanordnung recht aufwendig sein. Üblicherweise wird ein Bohrloch gesetzt, das den Durchmesser der Sonde eines Thermohygrometers hat, damit die umschließende Luftschicht so klein wie möglich ist. Nach Einsetzen der Sonde wird das Bohrloch luftdicht abgedichtet, wie in Bild 5-23 zu erkennen ist. Es ist aber auch möglich, zerstörungsfrei zu messen, indem der Folientest angewendet wird, die Messsonde wird dann einfach unter der Folie platziert [Ha2, Lo2].

Infrarot-Thermografie

Infrarotkameras detektieren wie Infrarot-Thermometer die Wärmestrahlung. Damit daraus ein Wärmebild wird, sind im Bildsensor pixelartig viele kleine Sensoren verarbeitet, die jeder ein Messfenster anzeigen und das Wärmebild integrativ zusammensetzen. Um indirekt den Feuchtegehalt zu bestimmen, werden Temperaturunterschiede detektiert, die an einem Baukörper durch unterschiedliche Wärmeströme entstehen. Sie können durch nicht ausreichende Dämmung, Undichtheiten, wärmeführende Verrohrung, Materialunterschiede, aber eben auch durch Feuchtigkeit verursacht werden. Verdunstet Wasser, so entzieht es der Umgebung Energie und die Oberflächen kühlen aus. Zudem ändert sich die Wärmeleitfähigkeit eines Baustoffs bei Durchfeuchtung. Alle diese Bereiche werden anders abgebildet als ungestörte Bau-

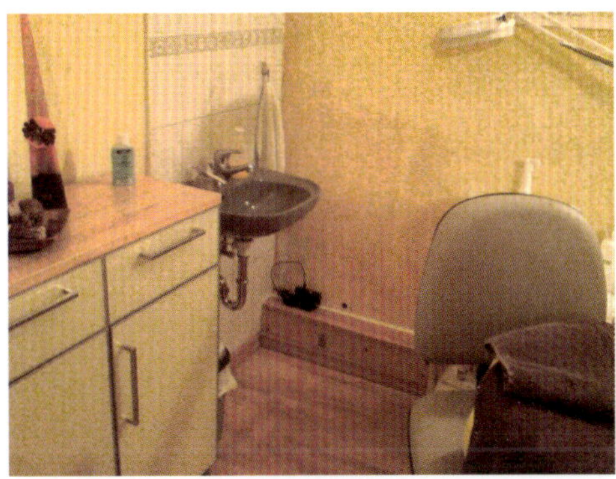

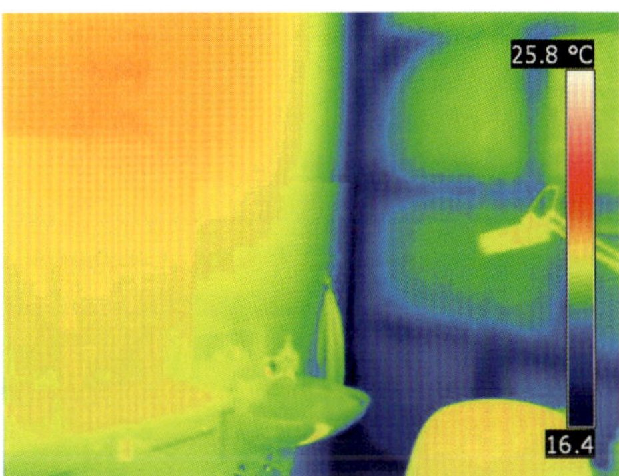

Bild 5-24: Infrarot-Thermografie einer Wand mit sichtbarem Schimmelbefall: Die Aufnahme der Wärmebildkamera zeigt deutlich, dass der Befall in einem Wandbereich mit vergleichsweise geringer Oberflächentemperatur auftritt. (Foto: Wolfgang Böttcher)

teile. Ein Beispiel ist in Bild 5-24 dargestellt. Erfasst werden hierbei in der Regel nur die oberflächennahen Bereiche [Ha2].

Beim Feuchtenachweis durch Infrarot-Thermografie ist nur eine qualitative Bewertung möglich. Es ist anhand des Wärmebildes nicht möglich, auf den Grad der Durchfeuchtung zu schließen oder zwischen Kondensatbildung und feuchtem Mauerwerk zu unterscheiden.

Wichtiger Aspekt bei der Messung von Bauteiloberflächentemperaturen ist eine ausreichende Temperaturdifferenz zwischen Wandinnentemperatur und Außentemperatur. Die Aufgabenstellung ist, einen Wärmestrom nach außen festzustellen. Damit die Aussagen auch Bestand haben und nicht in den Schwankungen der Messunsicherheit untergehen, sollte eine Temperaturdifferenz von mindestens 10 K vorliegen.

Widerstandsmessung

Das Widerstandsmessverfahren beruht darauf, dass sich mit dem Feuchtegehalt eines Baustoffs seine elektrischen Eigenschaften verändern. Mit zunehmendem Feuchtegehalt verringert sich der ohmsche Widerstand, während die

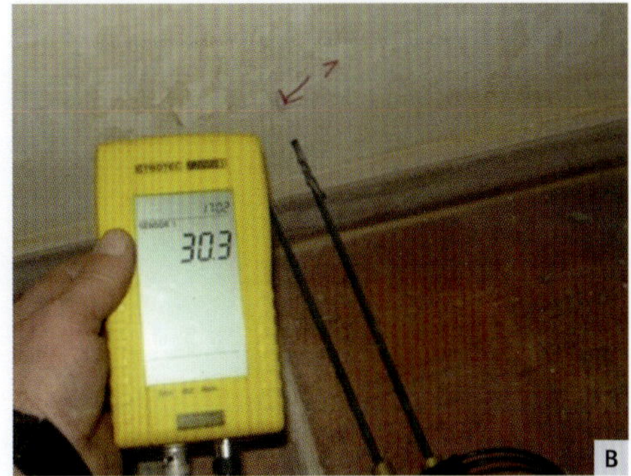

Bild 5-25: Widerstandsmessung mit Einsteckelektroden: A – Messung im Estrich über den Randstreifen mit Flachelektroden, B – Messung durch Einstechen in den Putz mit Rundelektroden; (Foto: Wolfgang Böttcher)

Leitfähigkeit zunimmt. Für die Messung werden zwei Elektroden in das Bauteil eingeführt und ein Messstrom (Gleich- oder Wechselstrom) angelegt. Es sind unterschiedliche Messelektroden verfügbar, z. B. Flach- oder Rundelektroden (siehe Bild 5-25). Gemessen wird die Leitfähigkeit.

Ursprünglich wurde das Verfahren zur Bestimmung des Feuchtegehalts von Holz herangezogen und ist in der DIN EN 13183-2:2002-07 beschrieben. Holzfeuchtemessgeräte geben den Feuchtegehalt unmittelbar in Massenprozent an. Bei jedem anderen Baustoff ist der angegebene Messwert nur eine relative Einheit, auch Digit genannt. Mit dem Verfahren sind bei diesen Baustoffen lediglich orientierende und vergleichende Messungen möglich, nicht eine exakte Bestimmung des Feuchtegehalts [Ha2].

Achtung Fehlerquellen!

Sowohl das Widerstandsmessverfahren als auch das dielektrische Verfahren sind störungsanfällig. Vor allem beeinflussen Salze die Leitfähigkeit und damit das Messergebnis. Aber auch nicht sichtbar verbaute Metalle (Leitungen, Profile) erhöhen die Leitfähigkeit, wodurch sich der Messwert erhöht. Hinzu kommen Wechselwirkungen an nicht isolierten Elektroden bei mehrschichtigen Aufbauten.

Beim Kugelkopfkondensator ist entscheidend, wo dieser angefasst wird – dies entspricht dem Plattenabstand eines normalen Kondensators. Je näher am Kugelkopf zugepackt wird, desto höher das Ergebnis. Um Störfelder zu vermeiden, beim Messen mindestens 10 cm Abstand zu Ecken, Böden und Decken halten.

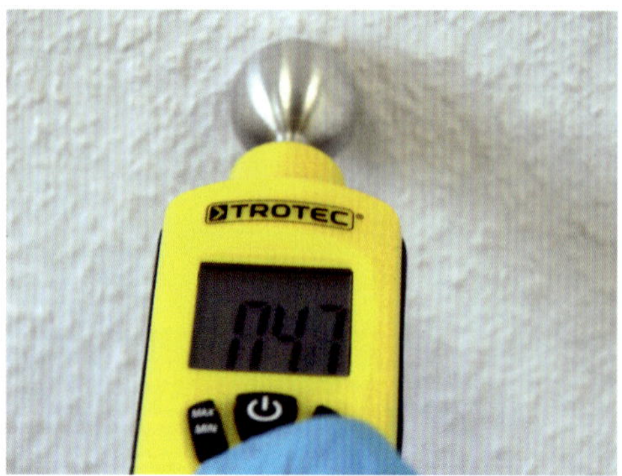

Bild 5-26: Dielektrisches Verfahren mit Kugelkopfkondensator: Die Messwerte in Digits sind lediglich relative Messeinheiten. Die Messung ist orientierend und muss durch Referenzflächen (eindeutig trocken und schadenfrei) nivelliert werden.

Dielektrisches (kapazitives) Verfahren

Das dielektrische Verfahren basiert auf der Tatsache, dass sich in Abhängigkeit von der Feuchte im Baustoff die Dielektrizitätskonstante (Permittivität) im Vergleich zum trockenen Baustoff erhöht. Gemessen wird diese Änderung mithilfe eines Kondensators. Ein Kondensator besteht in der Regel aus zwei Platten, zwischen denen sich das Dielektrikum befindet. Wird ein hochfrequenter Wechselstrom angelegt, so baut sich zwischen beiden Kondensatorplatten ein dielektrisches Feld auf und die Ladung wird gespeichert. Verändert sich die Dielektrizitätskonstante, so ändert sich auch die Kapazität. Wird der Baustoff als Dielektrikum geschaltet, verändert sich die Kapazität des so entstandenen Kondensators. Die Kapazität wird in relativen Einheiten (Digits) gemessen. Für Holzwerkstoffe ist das Verfahren in der Norm DIN EN 13183-3:2005-06 hinreichend dargestellt.

Möglich ist diese Messung, da Baustoffe eine geringe Dielektrizitätskonstante zwischen 6 und 8 haben. Wasser hingegen hat eine Dielektrizitätskonstante von 78,6, sodass Feuchte

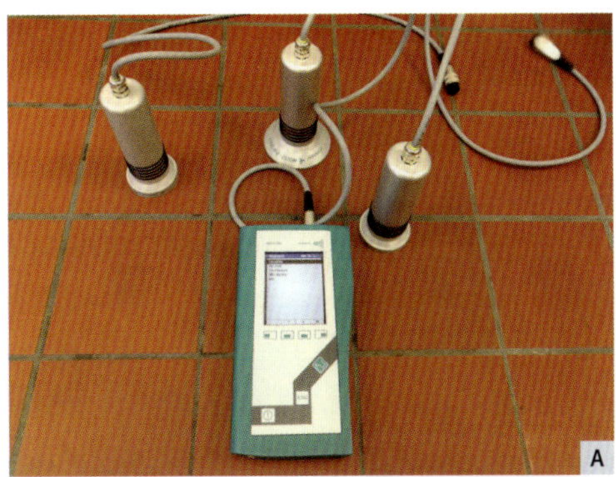
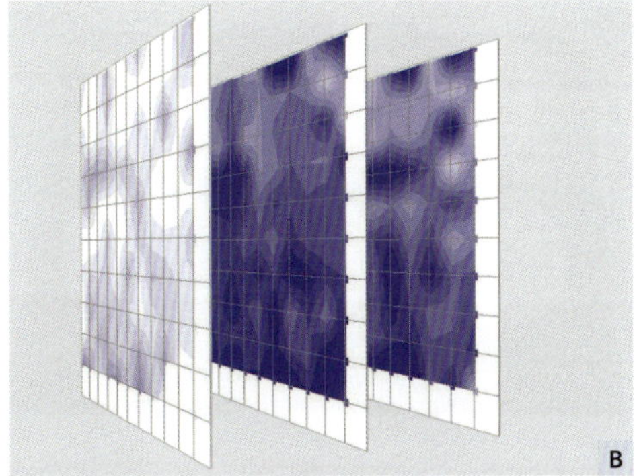

Bild 5-27: Messung eines Feuchteprofils in dimensionslosen Einheiten mit der Mikrowelle, hier mit Messköpfen bis 2 cm, 11 cm und 30 cm Eindringtiefe A. Für jede gemessene Tiefenebene kann die Feuchteverteilung kartiert werden B. Auch Tiefenprofile können mit der Mikrosonde erstellt werden.

in Baustoffen eine messbare Veränderung der Dielektrizitätszahl bewirkt.

Die auf diesem Prinzip beruhenden Messgeräte haben in der Regel zwei Platten, die auf das Bauteil aufgelegt werden. Beliebt ist aber auch der Kugelkopfkondensator wie in Bild 5-26, der augenscheinlich nur über eine Kondensatorkugel verfügt. Hier fungiert der Probennehmer als zweite Kondensatorplatte [Ha2].

Mikrowellenmessverfahren

Das Mikrowellenmessverfahren basiert auf der Tatsache, dass Wasser im Gegensatz zu Baustoffen bei einer Anregung mit hochfrequenter elektromagnetischer Strahlung eine hohe relative Permittivität aufweist. Unterschiedliche Feuchtegehalte führen durch Absorption, Polarisation und Phasenverschiebung etc. zu Wechselwirkungen im Messfeld, die Unterschiede zwischen den ausgestrahlten und rückgestreuten Wellen verursachen. Dieser Unterschied ist im Frequenzbereich von 100 MHz bis 2,45 GHz messbar.

Für die Messung sind unterschiedliche Messköpfe verfügbar. Je nach Messkopf sind Eindringtiefen von 4 bis 70 cm möglich. Werden unterschiedliche Messköpfe im selben Messpunkt verwendet, sind auch Tiefenprofile möglich. Beispielhaft zeigt Bild 5-27, wie Messköpfe und entsprechende Profile gestaltet sein können. Dabei sollte die Auswahl der Messköpfe an den Bauteilaufbau angepasst sein, um nicht den Bauteilquerschnitt zu durchdringen und die Luft dahinter zu messen.

Auch bei dieser Messung sind nur dimensionslose Messwerte und damit nur eine relative Bewertung der Bauteilfeuchte möglich. Vorteil des Verfahrens ist aber, dass Salze die Messung nicht beeinflussen [Ha2].

5.2.2 Salzanalytik

Weißliche feine Flusen auf der Bauwerksoberfläche müssen nicht zwangsläufig auf einen beginnenden Schimmelbefall hinweisen. Es kann sich auch um Salzausblühungen handeln.

Salze zeigen bei Feuchteschäden an, dass ein Wassertransport stattfindet. Dort, wo die Salze auskristallisieren, ist die Verdunstungszone. Hier hört der Flüssigtransport auf und geht in Diffusion (des Wasserdampfs in der Luft) über. Die mittransportierten gelösten Ionen fallen aus.

Bild 5-28: Das hygroskopische Verhalten von Salzen wird auch technisch genutzt. Zum Beispiel verwendet man Kalibriersalze für Sorptionsmessungen an Baustoffen. Dazu dienen gesättigte Lösungen, die, wie in Tabelle 5-1 dargestellt, sehr präzise Luftfeuchten erzeugen können. Die 97 %-Probe (K_2SO_4) gibt Wasser unter Raumbedingungen ab, das in kleinen Tropfen auf der Probe kondensiert.

Mitunter führt bereits das Auskristallieren der Salze zu einer Volumenvergrößerung und damit zur Salzsprengung. Weiter sind die Salze hygroskopisch und binden Wasser aus der Umgebungsluft. Bild 5-28 zeigt dieses Phänomen am Beispiel sogenannter Kalibriersalze. Ursache dafür ist die Hydratationsenthalpie. Sie ist bei den meisten Bauschadenssalzen positiv, was bedeutet, dass beim Auflösen des Kristallgitters Energie freigesetzt wird. Da alles in der Natur immer den energieärmsten Zustand anstrebt, wollen auch die Salze zurück in Lösung gehen. Das erreichen sie, indem sich die einzelnen Ionen im Kristallgitter mit Wassermolekülen umgeben, was auch als Hydratbildung bezeichnet wird. Das drückt aber das Kristallgitter auseinander und so führt auch die Einlagerung von Wasser im Kristallgitter zu einer Volumenzunahme. Wechseln sich Lösungs- und Kristallisationsprozesse in steter Folge ab, führt der Salzstress letztlich zu Spannungen im Baustoff und damit auch zu Abplatzungen bis hin zur vollständigen Zerstörung des Baustoffs.

Bauschadenssalze gelangen auf vielerlei Weise in das Bauteil. So können durch den Feuchteschaden wasserlösliche Salze direkt aus den Baustoffen solvatisiert werden. Aber auch aus dem Boden und über die Atmosphäre werden Salze in das Bauwerk transportiert. Salze reichern sich aber auch durch die Nutzung an, z. B. belastet Nitrat aus Tierurin in Stallbauten. Erhöhte Nitratbelastungen können auch gut im

Bewertung der Salz- belastung	gering	mittel	hoch
Chloride	‹0,2	0,2-0,5	›0,5 M%
Nitrate	‹0,1	0,1-0,3	›0,3 M%
Sulfate	‹0,5	0,5-1,5	›1,5 M%

Tabelle 5-1: Bewertung von Bauschadenssalzen nach WTA-Merkblatt 2-9-04/D: 2005-10

Mauerwerk von mittelalterlichen Kirchen beobachtet werden, wenn diese im Dreißigjährigen Krieg kurzerhand zu Ställen umfunktioniert wurden.

Zu den wesentlichen Bauschadenssalzen zählen Chloride, Nitrate, Sulfate und Carbonate. Bei mikrobiellen Prozessen können auch Ammonium, Nitrit und Sulfid eine Rolle spielen. In der Bewertung hinsichtlich der Schäden an der Bausubstanz und Planung weiterer Maßnahmen werden nach WTA-Merkblatt 2-9-04/D: 2005-10 jedoch nur die Chloride, Nitrate und Sulfate betrachtet (Tabelle 5-1). Bauschadenssalze können durch mikrobiellen Befall entstehen, da Schimmelpilze organische Säuren und Bakterien anorganische Säuren produzieren können und somit Salzstress bewirken können.

Die oben genannten »klassischen« Bauschadenssalze und der Schimmel konkurrieren um das freie Wasser, um die Wasseraktivität, die nicht nur biologische Prozesse, sondern auch das chemische Potenzial bestimmt. So ist in erster Näherung das Hydratationswasser chemisch (leicht) gebunden und steht somit nicht als freies Wasser zur Verfügung. Das verführt zu der Aussage, dass da, wo Salze sind, kein Schimmel auftreten kann. In zweiter Näherung muss jedoch festgestellt werden, dass in Lösung gegangene (Bauschadens-) Salze wiederum zu einer Dampfdruckerniedrigung gegenüber reinem Wasser führen und so die relative Feuchte an der Oberfläche erhöht ist. Und dies ist wiederum von Schimmelpilzen und Bakterien nutzbar, insbesondere von halophilen (salzliebenden) Arten, die auf hohe Salzgehalte spezialisiert sind. Es ist also durchaus möglich, Schimmelwachstum auch auf Bauwerksoberflächen anzutreffen, die Salzausblühungen zeigen. Eine Übersicht hygroskopisch wirkender Salze ist in Tabelle 5-2 dargestellt.

Geht es nur darum abzugrenzen, ob es sich um einen Befall oder eine Salzausblühung handelt, helfen einfache Baustellenroutinen. Der Vorschlag einer Geschmacksprobe ist hierbei zu verwerfen, da die wenigsten Salze auch salzig schmecken. Einige Sulfate wirken abführend, wie im Übrigen auch einige Bakterien. Die Unterscheidung kann auf diese Weise also nicht getroffen werden. Eine einfache und effiziente Methode ist, eine Probe auf ein Glasschälchen zu geben, Wasser zuzufügen und abzuwarten. Salze lösen sich auf, Myzelien nicht.

Soll tatsächlich der Gehalt an einzelnen Anionen bestimmt werden, bedarf es einer Materialentnahme. Die Materialprobe wird eluiert, d. h. die Salze werden in Lösung gebracht. Mithilfe von Teststreifen (Bild 5-29 A) für halbquantitative Analysen kann die Art der Anionen festgestellt werden und grob der Gehalt ermittelt werden. Eine quantitative Bestimmung erfolgt in der Regel über Testküvetten wie in Bild 5-29 B, die colorimetrisch/fotometrisch ausgewertet werden. Das Ergebnis wird anschließend auf die Probenmasse umgerechnet.

Salz	Vorkommen	Hygroskopische Wirkung
KCl	Landwirtschaft, Düngemittel	▪ 85 % relative Luftfeuchtigkeit über der gesättigten Lösung ▪ bindet Wasser bei relativer Luftfeuchtigkeit über 85 % ▪ gibt Wasser ab bei relativer Luftfeuchtigkeit unter 85 %
NaCl	Tausalze	▪ 75 % relative Luftfeuchtigkeit über der gesättigten Lösung ▪ bindet Wasser bei relativer Luftfeuchtigkeit über 75 % ▪ gibt Wasser ab bei relativer Luftfeuchtigkeit unter 75 %
NH_4NO_3	Stallungen, Fäkalwasser, Landwirtschaft	▪ 65 % relative Luftfeuchtigkeit über der gesättigten Lösung ▪ bindet Wasser bei relativer Luftfeuchtigkeit über 65 % ▪ gibt Wasser ab bei relativer Luftfeuchtigkeit unter 65 %
$Ca(NO_3)_2$ 4 H_2O	Stallungen, Fäkalwasser, Landwirtschaft	▪ 55 % relative Luftfeuchtigkeit über der gesättigten Lösung ▪ bindet Wasser bei relativer Luftfeuchtigkeit über 55 % ▪ gibt Wasser ab bei relativer Luftfeuchtigkeit unter 55 %
$K_2CO_3 \cdot 2\ H_2O$	Natursteine mit Kaliwasserglasbehandlung	▪ 45 % relative Luftfeuchtigkeit über der gesättigten Lösung ▪ bindet Wasser bei relativer Luftfeuchtigkeit über 45 % ▪ gibt Wasser ab bei relativer Luftfeuchtigkeit unter 45 %
$CaCl_2 \cdot 6\ H_2O$	Tausalze	▪ 35 % relative Luftfeuchtigkeit über der gesättigten Lösung ▪ bindet Wasser bei relativer Luftfeuchtigkeit über 35 % ▪ gibt Wasser ab bei relativer Luftfeuchtigkeit unter 35 %

Tabelle 5-2: Hygroskopisch wirkende Bauschadenssalze

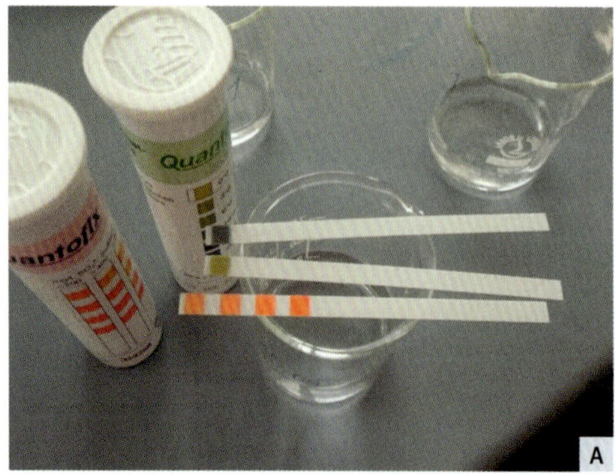

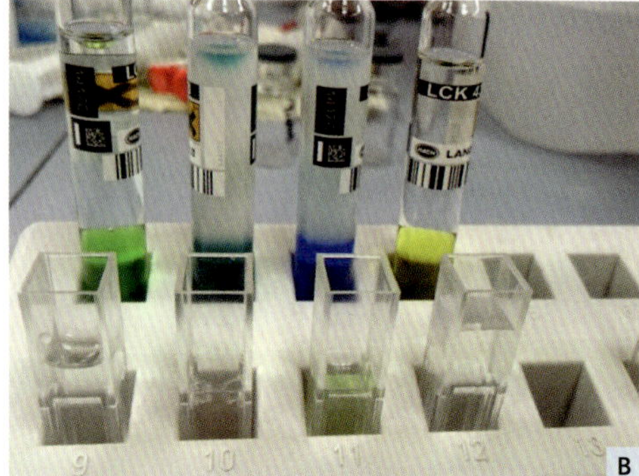

Bild 5-29: Die Salzbelastung kann grob durch Teststäbchen A und sehr genau durch fertige Testküvetten B, die fotometrisch ausgelesen werden, bestimmt werden.

5.2.3 Nachweis anderer Innenraumschadstoffe

Zeigt sich bei einer Inaugenscheinnahme, dass andere Innenraumschadstoffe eine Rolle spielen könnten oder die Gebäudehistorie Hinweise darauf liefert, sollte dies überprüft werden. Die Anregung zu einer genaueren Untersuchung kann aber auch von einem Umweltmediziner ausgehen, wenn Beschwerdebilder in diese Richtung deuten. Die Untersuchung sollte nach Möglichkeit von einem Sachverständigen oder einem Labor durchgeführt werden, die sich auf Innenraumschadstoffe jenseits von Schimmelschäden spezialisiert haben, da durchaus komplexe Anforderungen an die Probennahme zu stellen sind, die Übung und Erfahrung im Umgang mit Innenraumschadstoffen erfordern. Eine Übersicht der rund 20 Teilnormen aus der DIN 16000er-Reihe, die sich mit der Probennahme und Analyse von Schadstoffen in der Innenraumluft befassen (ohne Prüfkammerverfahren), wird auf Seite 290 gezeigt.

Dennoch kann es sein, dass aufgrund von Zufallsfunden eine direkte Probennahme erforderlich ist. Am einfachsten ist das bei Bauteilöffnungen. Auffällige Materialien können einfach entnommen, verpackt und ins Labor verschickt werden.

Soll zielgerichtet gesucht werden, muss über ein Untersuchungskonzept nachgedacht werden. Analog zur Schimmeluntersuchung können dazu eine Material- oder Luftprobenanalyse gehören. Während bei der Schimmeldiagnostik und Schadenssuche häufig mit den Luftmessungen angefangen und dann die Quelle gesucht wird, stehen Luftmessungen bei Innenraumschadstoffen meist an letzter Stelle. Das hat damit zu tun, dass bei den meisten Innenraumschadstoffen die Belastung der Raumluft gut mit dem Schadstoffgehalt der Quelle korreliert, sodass eine Luftmessung nur bei Überschreitung bestimmter Konzentrationen im Baustoff notwendig ist. Natürlich gibt es immer abweichende Fragestellungen, aber das sollte die Domäne der Speziallabore bleiben.

Viele Innenraumschadstoffe wie Holzschutzmittel oder SVOC sind im Hausstaub nachweisbar, deshalb hat sich als orientierendes Verfahren bewährt, sowohl Altstaub als auch frische Liegestäube zu beproben. Unter Altstaub versteht man Liegestäube, die sich über einen längeren Zeitraum bis Jahre an mitunter schwer zugänglichen oder wenig gereinigten Bereichen niederschlagen. Diese können einfach abgefüllt und verpackt werden. Frischstaub wird nach Reinigung der Oberflächen nach etwa einer Woche geerntet. Dazu werden Staubsauger benutzt, die mit frischen Beuteln bestückt werden, oder die Container enthalten, die entleert und gereinigt werden können. Im Labor werden die Staub- wie auch die Materialproben dann aufgeschlossen und analysiert. Je nach gefordertem Nachweis kommen Analyseverfahren wie Atomemissionsspektroskopie (AES), kombinierte Gaschromatografie und Massenspektroskopie (GC-MS), optische Emmissionsspektrometrie (ICP-OES) oder auch hochauflösende Flüssigkeitschromatografie (HPLC) zur Anwendung.

Vergleichbar aufwendig ist auch die Analyse der Luftproben für die SVOC. Neben langen Messzeiten sind hier auch unterschiedliche Trägermaterialien einzusetzen, die sich nach der Substanzklasse richten, die nachgewiesen werden soll.

Einfacher dagegen zeigt sich die Analyse von mineralischen Fasern. Der qualitative Nachweis von Asbest in Materialproben erfolgt über die Kombination der Rasterelektronenmikroskopie mit röntgendispersiver Feinbereichsanalytik (EDX = Energy Disperive Elementanalysis by X-Ray). Werden im mikroskopischen Bild Fasern entdeckt, kann durch die punktgenaue Anregung der elementspezifischen Röntgenstrahlung die Zusammensetzung der Faser ermittelt werden. Analog wird der Kanzerogenitätsindex (KI) der künstlichen Mineralfasern bestimmt. Soll der Anteil von Fasern im Material ermittelt werden, wird die Probe zunächst verascht, die Asbestfasern bleiben zurück und werden untersucht. Bei der Luftbeprobung wird ein spezieller Filter verwendet, der direkt für die Rasterelektronenmikroskopie präpariert werden kann.

5.3 Probennahmestrategie

Die analytischen Möglichkeiten sind nahezu unbegrenzt, aber nicht jedes Verfahren eignet sich für jede Aufgabenstellung. Analyseverfahren, Art und Umfang der Probennahme müssen je nach Fragestellung festgelegt werden. Davon hängt ab, wo und wie viele Proben entnommen werden sollen.

5.3.1 Beprobung und Untersuchung der Luft

Eine Untersuchung der Raumluft scheint auf den ersten Blick ideal zu sein, denn sie ist einfach zu handhaben, macht keine Eingriffe in die Bausubstanz notwendig und das Probennahme-Equipment kann bei vielen Laboratorien ausgeliehen werden. Leider führen Untersuchungen von Luftproben aber nicht in jedem Fall zum richtigen Ergebnis.

Voraussetzung bei der Erfassung von kultivierbaren Schimmelpilzen und der Ermittlung der Gesamtsporenzahl ist immer, dass flugfähige Sporen vorliegen. Die Flugfähigkeit wird neben der Morphologie der Sporen auch von anderen Parametern wie der Luftfeuchtigkeit bestimmt. So konnte festgestellt werden, dass bei geringer Luftfeuchtigkeit mehr Partikel in der Raumluftnachweisbar sind als bei hohen Raumluftfeuchten. Die Ursachen dafür liegen zum einen darin, dass bei geringen Luftfeuchten das Myzel Trockenstress erfährt und mit Sporenfreisetzung auf das mögliche Ende der Population reagiert. Weiterhin ist bekannt, dass bei geringer Luftfeuchte die elektrostatische Aufladung der Atmosphäre zunimmt, wodurch mehr Partikel in der Raumluft resuspendiert werden. Auch das Schadensalter spielt eine Rolle. Bei frisch befallenen Oberflächen besteht die Möglichkeit, dass noch gar keine Sporulation erfolgt ist, sodass trotz erkennbaren Befalls das Ergebnis der Gesamtsporenmessung oder Luftkeimsammlung eine Innenraumquelle ausschließen würde. Daher gilt die Regel, dass eine Beprobung der Luft nicht in Räumen mit sichtbaren Befällen durchgeführt wird. Der Sichtbefund ist ausreichend [Me3, Me8].

Beim Nachweis versteckter Schäden wird durch die Beprobung der Luft überprüft, ob eine erhöhte Konzentration an Sporen und Schimmelpilzbestandteilen auf eine Innenraumquelle deutet [UBA2017]. Dazu eignet sich sowohl die Erfassung kultivierbarer Schimmelpilze als auch die Gesamtsporenzahl. Sinnvoll ist eine Kombination beider Verfahren, denn so lassen sich auch aus dem Verhältnis der KBE zur Gesamtzellzahl Hinweise auf das Schadensalter ableiten [Me1]. Zu beachten ist, dass jeweils nur eine Momentaufnahme abgebildet wird und die Messzeiten sehr kurz sind, sodass Störungen bei der Messung das Ergebnis immens beeinflussen. Daher sollte der zu untersuchende Raum mindestens acht Stunden ungestört und ungelüftet verbleiben, bevor er beprobt wird, damit erfasst werden kann, was just in diesem Moment durch eine Innenraumquelle in die Raumluft freigesetzt wird. Es kann sinnvoll sein, die Probennahme unter Nutzungsbedingungen dann zu wiederholen, allerdings sollte auch dann nicht gelüftet werden.

Um die Dichtheit abgeschotteter Bauteile zu überprüfen, eignen sich ebenfalls Raumluftbeprobungen, wobei der Ermittlung der Gesamtsporenzahl der Vorzug zu geben ist. Der Raum sollte wie bei der Quellensuche vorbereitet werden, abweichend wird jedoch nicht in der Raummitte beprobt, sondern in unmittelbarer Nähe zur Abschottung. Die Messung sollte unter Ruhebedingungen erfolgen und anschließend unter Belastung des Bauteils (Auslösen von Schwingungen z. B. mittels Aufprall eines Medizinballs) wiederholt werden. Als Referenz kann in diesem Fall auch die Ruhemessung in der Raummitte herangezogen werden. Es wird die Abweichung der Ruhemessung und der provozierten Messung im Vergleich zur Ruhemessung in der Raummitte qualitativ und quantitativ bestimmt.

Geht es darum, die Funktion von Staubschutzwänden bei der Sanierung zu prüfen, kann wiederum die Luft beprobt werden, hier allerdings unter Nutzungsbedingungen. Ermittelt werden können sowohl die KBE als auch die Gesamtsporenzahl. Insbesondere bei bzw. nach Biozidanwendungen sollte die Gesamtsporenzahl ermittelt werden, um ein falsch negatives Ergebnis zu vermeiden. Im Ergebnis kann festgehalten werden, ob der Sanierungsbereich ausreichend abgeschottet ist oder eine Quelle darstellt. Die Anzahl der KBE kann dahingehend bewertet werden, ob die eingesetzte Filtertechnik, bspw. der Abscheidegrad bei Partikelfiltermasken, ausreichend ist [Me3].

Auch bei der Bewertung von Arbeitsplätzen steht bei der Luftprobennahme die Ermittlung der KBE im Vordergrund. Dies ist der historischen Entwicklung geschuldet, dass bei der Bewertung einer Gesundheitsgefahr an Arbeitsplätzen bisher die Infektion im Vordergrund stand, die nur durch keimfähige und entsprechend pathogene Mikroorganismen ausgelöst werden kann. Regelungen zur Exposition von Arbeitnehmern beruhen daher auf Expositionsstufen, die in KBE pro Kubikmeter angegeben werden. Die Messung erfolgt stationär, z. B. am Arbeitsplatz oder personengebunden. Da hier häufig mit sehr hohen Expositionen zu rechnen ist, wird die Filtrationsmethode angewendet (Seite 94).

Gründe für Luftprobennahme

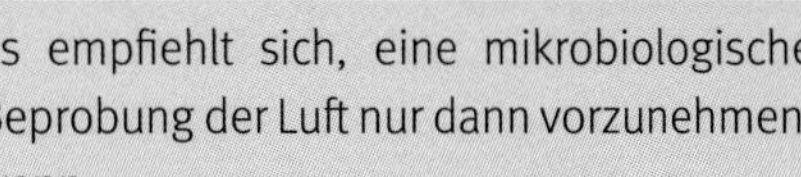

Es empfiehlt sich, eine mikrobiologische Beprobung der Luft nur dann vorzunehmen, wenn

- versteckte Schäden nachzuweisen sind,
- die Dichtheit abgeschotteter befallener Bauteile überprüft werden soll,
- eine Verdriftung von Schimmelpilzbestandteilen aus befallenen in nichtbefallene Bereiche zu überprüfen ist; dazu zählen auch Kontrollmessungen während Sanierungsarbeiten,
- wenn eine Exposition mit Schimmelpilzen, z. B. am Arbeitsplatz, zu bewerten ist,
- die Qualität einer Feinreinigung nach Abschluss der Sanierungstätigkeiten festgestellt werden soll.

5.3.2 Beprobung und Untersuchung von Bauteiloberflächen

Üblicherweise ist es ausreichend, bei befallenen Bauteiloberflächen den sichtbaren Schaden zu beschreiben [UBA2017]. Es gibt jedoch Gründe und Aufgabenstellungen, dass eine Bauteiloberfläche auch bei sichtbarem Befall mikrobiologisch untersucht werden sollte (vgl. Infokasten Seite 130).

Bei der Untersuchung von Bauteiloberflächen werden normalerweise Materialproben genommen. Vorteil ist, dass Befund und Quelle ortsaufgelöst erfasst werden. Die Beprobung kann – abhängig vom Informationsbedarf – zerstörungsfrei mittels Klebefilm, aber auch invasiv

Gründe für Materialentnahme

- ein nicht sichtbarer Befall vorliegt oder Verfärbungen, die nicht eindeutig einem Schimmelbefall zugeordnet werden können,
- aus Gründen der Beweissicherung eine Gattungsfeststellung gefordert wird,
- der Sanierungsbereich eingegrenzt werden soll,
- Einwuchstiefen festzustellen sind,
- Reinigungs- und Sanierungskontrollen durchgeführt werden.

durch Materialentnahme vorgenommen werden.

Für den Nachweis nicht sichtbarer Befälle oder die Identifikation von Verfärbungen eignet sich als nichtinvasive Methode die auf Seite 106 beschriebene Klebefilmtechnik. Damit kann in guter Näherung eine Gattungsbeschreibung vorgenommen werden. Auch ist eine Quantifizierung des Befalls möglich. Vorteil der Klebefilme sind die geringen Kosten und die Möglichkeit, damit auch große Probenflächen durch viele Subproben erfassen zu können. Es werden beliebig viele Beprobungen vorgenommen und mit dem Labor ein Raster für die Auswertung vereinbart.

Sieht die Aufgabenstellung vor, dass neben der Anzahl auch die Arten vollständig identifiziert werden sollen, kann dies durch Untersuchen einer Materialprobe realisiert werden. Dazu wird eine kleine Menge (in der Regel ca. 1 g) des zu untersuchenden Materials entnommen, z.B. durch Ausstemmen, Ausschneiden oder Stanzen, und im Labor analysiert. Bei einer vollständigen Analyse im Suspensionsverfahren mit Kultivierung, Gesamtzellzahl und biochemischer Aktivität können auch Hinweise zum Schadensalter ermittelt werden. Da dies immer ein invasiver Vorgang ist, sollte die Probenanzahl auf das notwendige Maß beschränkt werden [Me1, Me3].

Muss nachgewiesen werden, ob es sich tatsächlich um Schimmel handelt und welche Gattungen das Befallsbild dominieren, kann ebenfalls mit einer Klebefilmprobe gearbeitet werden. Damit ist auch ein Selektivnachweis von *Stachybotrys chartarum*, der als potenzieller Toxinbilder gilt, möglich. Da beim Schimmelnachweis häufig für jeden erkennbaren Befall ein Beweis erbracht werden muss, sind Klebefilme das Verfahren der Wahl, um die Substanz zu schonen. Wenn zusätzlich das Schadensalter beurteilt werden soll, ist die Materialentnahme sinnvoll [Me8].

Ein Sanierungsbereich kann auch ohne Beprobung eingegrenzt werden, indem mit einem Sicherheitsabstand von üblicherweise 50 cm um den befallenen Bereich ausgebaut wird. Zeigt die Feuchtemessung jedoch erhöhte Werte auch an augenscheinlich (noch) nicht befallenen Bauteiloberflächen, kann vermutet werden, dass sich an diesen Stellen schon etwas entwickelt. Deshalb bieten sich auch dafür wieder Klebefilme an. Da hier lediglich ein nicht sichtbarer Befall nachgewiesen werden soll, sind auch Ergebnisse wie *nicht befallen, kontaminiert* oder *befallen* völlig ausreichend [Me3, Me8].

Die biochemischen Verfahren wären in diesem Fall weniger geeignet, denn diese sind leider etwas schwach im Graubereich, also dem, was in den jeweiligen Skalen zwischen starkem Befall und Normalwert liegt. Wenn also kein eindeutiger Befall erkennbar ist, stellen die biochemischen Verfahren hier keine Erleichterung dar, sondern es können sofort andere Methoden der Probennahme und Analyse eingesetzt werden.

Einwuchstiefen erfasst man am besten durch eine Materialentnahme. Dabei muss das Material vorsichtig entnommen werden, damit eine Querschnittspräparation für eine Epifluoreszenz-Direktmikroskopie möglich ist. Auch die 3D-Mikroskoskopie kann hier gute Dienste leisten. Bei größeren Materialtiefen ist es natürlich auch möglich, den Querschnitt in einzelne Segmente zu zerteilen und diese im Suspensionsverfahren zu untersuchen [Me3].

Der Erfolg von Sanierungsmaßnahmen auf Bauteiloberflächen lässt sich hingegen auf vielfältige Weise beurteilen, insbesondere mit den biochemischen Verfahren (ATP, NAHA), da hier nur festzustellen ist, ob die mikrobielle Belastung auf ein Normalniveau zurückgeführt wurde. Allerdings funktionieren diese Verfahren nicht oder nur eingeschränkt bei biozidbehandelten Flächen. Auf biozidbehandelten Oberflächen lässt sich der Sanierungserfolg nur durch Verfahren nachweisen, die kultivierungs- und stoffwechselunabhängig sind; ATP und NAHA können hier nur orientierend (z. B. bei sehr großen Stückzahlen zu reinigender Objekte oder großen Flächen) angewendet werden. In solchen Fällen kann mit Klebefilmen gut nachgewiesen werden, ob noch Befall oder nur eine Restkontamination vorliegt, um dann entsprechende Maßnahmen einzuleiten [Me29].

Eine Übersicht, wenn auch unvollständig und bezogen auf die gängigsten Verfahren, ist in der Tabelle 5-3 dargestellt.

5.3.3 Beprobung und Untersuchung von Fußböden und Hohlräumen

In vielen Fällen sind Sichtbefunde gar nicht möglich, weil sich der Schimmel in Hohlräumen, Schächten oder Bereichen hinter Verschalungen versteckt. Diese sind von außen nicht einsehbar, wenn nicht auf Revisionsöffnungen etc. zurückgegriffen werden kann. Auch der innenseitige Befall einer Gipskartonwand oder der Trittschalldämmung im Fußbodenaufbau ist von außen nicht erkennbar. Eine Bauteilöffnung und eine Entnahme von Materialproben sind dann unumgänglich. Neben Materialproben aus der Verschalung, der Trockenbauwand oder dem Dämmmaterial gibt es auch die Möglichkeit, aus dem geöffneten Bauteil Klebefilme zu entnehmen und einzuschicken. Wie mit den Material- und Klebefilmproben zu verfahren ist,

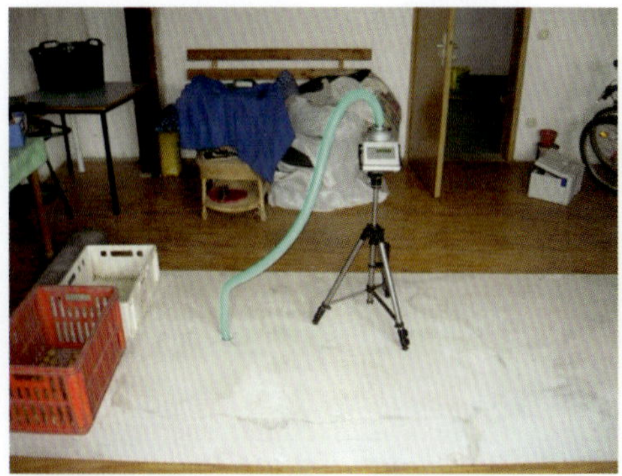

Bild 5-30: Eine Luftprobennahme hinter der Verschalung oder aus der Luftschicht im Fußbodenaufbau kann orientierend auf versteckte Befälle hinweisen. Dabei sind die Ergebnisse jedoch tendenziell bzw. qualitativ zu bewerten (Foto: Wolfgang Böttcher).

Was/warum soll beprobt werden?	Was will ich wissen?	Was nehme ich dazu?
befallene Oberflächen	Wie stark ist der Befall?	muss nicht beprobt werden
	Besondere Arten nachweisbar?	Klebefilm
		Materialprobe
	Sind tiefere Schichten betroffen?	Materialprobe
nicht eindeutig befallene, aber z. B. feuchte Oberflächen oder nicht befallene Oberflächen im Sanierungsbereich	Befall oder Kontamination?	Klebefilm
		Materialprobe
versteckte Schäden Einfluss auf die Innenraumluft	Sporenfreisetzung aus nicht sichtbarer Quelle	Partikelsammlung (kann durch Luftkeimsammlung ergänzt werden)
		Luftkeimsammlung
Fußbodenaufbau, z. B. Estrichdämmschicht	Ausbau erforderlich? Fäkalkeime im Bauteil?	Materialprobe
Sanierungskontrolle Innenraumluft	Feinreinigung erfolgreich?	Partikelsammlung (kann durch Luftkeimsammlung ergänzt werden)
		Luftkeimsammlung
gereinigte Oberflächen, teilsanierte Bereiche, freigelegtes Mauerwerk	Entfernung des Befalls auf bauübliches Maß?	Klebefilm
		Materialprobe

Tabelle 5-3: Aufstellung einzelner Verfahren und welche Ergebnisse damit erzielt werden können: Es stehen einfache, aber effektive Verfahren im Vordergrund. Die Aufzählung ist nicht vollständig. Zu beachten ist, dass alle Verfahren Vor- und Nachteile haben, sodass es auf eine geeignete Kombination ankommt. Dazu muss der Probennehmer ganz genau wissen, was er feststellen will, sonst ist keines der Verfahren sinnvoll.

Worauf muss ich achten?	Was macht das Labor?	Was bekomme ich als Ergebnis?
Bewertung nach befallener Fläche!	–	Zustandsbewertung
ggf. mehrfach abziehen	Mikroskopie (LIM) Mikroskopie (EFM, DIGI)	▪ z. B. gezielter Nachweis von *Stachybotrys spp.*, eingeschränkte Differenzierung
bei sehr rauen und porösen Oberflächen	ggf. Kultivierung	▪ z. B. gezielter Nachweis von *Stachybotrys spp.*, eingeschränkte Differenzierung
		▪ Nachweis und Differenzierung, KBE pro Gramm
möglichst im Querschnitt entnehmen, intakte Probe entnehmen Bohrmehl- oder Schabproben	Mikroskopie (EFM)	▪ Nachweis der Einwanderung von Hyphen in die Materialtiefe, Angabe ggf. in mm
	Kultivierung	▪ Nachweis und Differenzierung, KBE pro Gramm, Vergleich mit UBA-Empfehlung
bei sehr rauen Oberflächen nur eingeschränkt nutzbar	Mikroskopie (LIMI)	▪ Myzel vorhanden (Befall) ▪ nur Sporen (Kontamination) ▪ Feststellung, was tatsächlich und inwieweit ausgebaut oder gereinigt werden muss
bei sehr rauen und porösen Oberflächen	Mikroskopie (EFM, DIGI)	
große Schwankungsbreite der Ergebnisse, Einfluss der relativen Feuchte auf Partikellast der Innenraumluft	Mikroskopie (LIMI)	▪ Vergleich von Anzahl und Diversität im Vergleich zur Referenzmessung
große Schwankungsbreite der Ergebnisse Einfluss des Schadensalters auf Sporenproduktion und Kultivierbarkeit	Kultivierung	▪ Vergleich Anzahl und Diversität im Vergleich zur Referenzmessung
Unterseite Kontakt zu befallenen Wänden mehrschichtige Dämmlagen	Mikroskopie (EFM, DIGI)	▪ Gesamtzellzahl pro cm² ▪ halbquantitativ: kein Befall, geringfügig befallen, stark befallen (Vergleich mit UBA-Empfehlung Fußböden)
	Kultivierung	▪ Nachweis und Differenzierung, KBE pro Gramm, Vergleich mit UBA-Empfehlung, ▪ Selektiver Nachweis von Fäkalkeimen
mit/ohne Mobilisierung vor Abbau der Abschottung, vor Zutritt anderer Gewerke	Mikroskopie (LIMI)	▪ Vergleich von Anzahl und Diversität im Vergleich zur Referenzmessung oder Ruhemessung
NICHT nach Raumluftdesinfektion!!!	Kultivierung	▪ Vergleich Anzahl und Diversität im Vergleich zur Referenzmessung
glatte Oberflächen nach Desinfektion nur einmal abziehen	Mikroskopie (LIMI)	▪ nur vereinzelt Sporen und Myzelbruch – erfolgreich ▪ deutlich erkennbare Reste von Myzelien, starke Kontamination mit Sporen – nicht erfolgreich
bei sehr rauen und porösen Oberflächen nach Desinfektion keine Kultivierung empfohlen	Mikroskopie (EFM, DIGI)	▪ Vergleich vorher/nachher ▪ Bezugnahme auf UBA-Empfehlung oder eigene Standards des Labors
	Kultivierung	▪ Nachweis und Differenzierung, KBE pro Gramm, Vergleich mit UBA-Empfehlung

wurde bereits ausführlich beschrieben (siehe Seite 106 f.). Im Labor wird insbesondere für entnommene Wandaufbauten wie Gipskarton- oder OSB-Platten die Suspensionsmethode mit vollständiger KBE- und Gesamtzellzahlanalyse angewandt. Im Labor können Klebefilme abgezogen werden, aber auch eine Direktmikroskopie in 3D oder Epifluoreszenz ist möglich.

Eine weniger invasive Methode, Hohlräume zu beproben, ist eine Luftprobennahme. Bei einer Beprobung von Hohlräumen durch Absaugung über Filter oder auf Objektträger wird der Probennahmekopf der Pumpe über einen Schlauch mit einer kleinen Bauteilöffnung (Bohrloch, Randfuge) mit dem Hohlraum verbunden [Me13]. Dieses Verfahren kann sogar für Fußböden genutzt werden (Bild 5-30). Hier sollte dann semiquantitativ bewertet werden, z. B. ob zahlreiche Sporen eines Typs, ganze Cluster oder große Myzelien etc. abgeschieden wurden. Aufgrund der eingeschränkten Volumina, kann eine Korrelation, wie bei einem Innenraum angesetzt, nicht passen. Aber Hinweise auf Befallsherde lassen sich daraus ableiten.

6 Bewertung von Schäden

In Kapitel 5 ging es vornehmlich um das Erkennen und Erfassen von mikrobiellen Befällen. Daraus wird anschließend abgeleitet, ob ein Schaden vorliegt, dessen unmittelbare oder mittelfristige Sanierung notwendig ist. Da es zur Bewertung von Schimmelschäden in Wohnräumen keine technischen Normen oder gesetzlichen Vorgaben gibt, ist eine Bewertung letztlich nur über Konventionen und Empfehlungen möglich. Arbeitsstätten und gewerbliche Räume hingegen unterliegen gesetzlichen Auflagen. Für den privaten Bereich ist also nur wenig, für den professionellen Bereich dagegen fast alles verbindlich geregelt. Das muss der Sachverständige berücksichtigen. In keinem Fall jedoch, darf er Vorschriften, Regeln oder Normen unüberlegt anwenden, sondern jeder Schaden muss individuell bewertet werden.

Die wichtigsten Bewertungsgrundlagen werden im Folgenden vorgestellt.

6.1 Richtgrößen und Kontrollwerte

Im Zusammenhang mit Schimmelpilzen und deren Begleitern existiert eine Vielzahl von Begrifflichkeiten. So werden in Foren Grenz- und Hintergrundwerte gefordert, für den Ausbau von Baustoffen definiert man Richtwerte. Für Innenraumschadstoffe werden durch den beim Umweltbundesamt angesiedelten Ausschuss für Innenraumrichtwerte bundeseinheitlich zwei Werte definiert: der Vorsorgerichtwert RW I und der Gefahrenrichtwert RW II. Bei Schimmel gibt es diese Unterscheidung nicht. Dabei wäre sie sinnvoll, insbesondere für die Bewertung von Schimmelschäden in Wohnungen und öffentlich genutzten Innenräumen. Die Möglichkeit, Gesundheitsgefährdungen abzuleiten, die Berufskrankheiten hervorrufen könnten, ist bisher nur für Arbeitsplätze gegeben, wie später noch ausführlicher dargelegt wird. Beschäftigen wir uns zunächst mit den Begrifflichkeiten:

Hintergrundwerte geben eine Kontamination an, die je nach Baustoff, Alter des Gebäudes, Nutzung und weiteren Parametern üblicherweise vorliegt, ohne dass ein sichtbarer Schimmelschaden auftritt. Hintergrundwerte werden erhoben, indem Daten aus einer Vielzahl von Beprobungen an schadenfreien Objekten zusammengefasst und diese mit Objekten verglichen werden, an denen ein Schaden entweder eindeutig festgestellt oder mikrobiologisch ausgeschlossen wurde. Anders als in der Physik werden Hintergrundwerte nicht über Mittelwerte und Standardabweichungen definiert, da die natürliche Schwankung und Diversität in biologischen Systemen größer und deshalb schwerer zu beschreiben ist als bei physikalischen Naturkonstanten. Daher wird stattdessen mit Perzentilen gearbeitet. So beschreibt das 25. Perzentil genau den Messwert, unter dem 25 % aller Messergebnisse liegen. Beim 50. Perzentil liegen 50 % aller Ergebnisse unterhalb dieses Messwerts und beim 95. Perzentil sind 95 % aller Ergebnisse erfasst. Das 100. Perzentil wäre der höchste gemessene Wert.

Aus den Perzentilen lassen sich statistisch relevante Zusammenhänge ableiten, insbesondere aus dem 95. Perzentil, das sowohl ganz kleine Werte, das Mittelfeld aber auch ein paar sehr hohe, auffällige Werte beinhaltet. Es umfasst schadenfreie (normale) Messwerte (50. Perzentil), einen Graubereich, aber auch Werte, die mit einem Schaden im Zusammenhang stehen. Daraus lassen sich dann Normalwerte und Aufmerksamkeitswerte definieren.

Diese Definition wurde von verschiedenen Verbänden und Insititutionen vorgenommen. Die Arbeitsgemeinschaft ökologischer Forschungsinstitute e.V. (AGÖF) hat eine solche Einstufung für verschiedene Innenraumschadstoffe wie z.B. Schwermetalle, Flammschutz- und Holzschutzmittel vorgenommen und hierbei das das 90. Perzentil als Aufmerksamkeitswert bezeichnet: Wird dieser Wert erreicht, ist eine Quelle an Innenraumschadstoffen wahrscheinlich. Eine Gesundheitsgefährdung lässt sich jedoch nicht automatisch ableiten [AGÖF2004, AGÖF2013].

Eine solche Einstufung wurde auch für Schimmelsporen im Hausstaub sowie in Materialproben vorgenommen, allerdings wurde als Aufmerksamkeitswert das 95. Perzentil festgelegt. Übereinstimmend haben diverse Labors bei der Untersuchung von Materialproben auf Schimmelpilze mittels Suspension und Kultivierung als 95. Perzentil eine Belastung von ca. 100.000 KBE/g ermittelt [Tr1, Tr2, Ri2, R3], sodass ein Ergebnis in dieser Größenordnung als sicheres Indiz für einen Befall angesehen werden kann. Bezogen auf Fußböden bedeutet ein Nachweis von Schimmelpilzen oberhalb dieses Aufmerksamkeitswerts, dass ein Befall vorliegt, der einen Ausbau rechtfertigt. Daher wird hier auch von einem Ausbaukriterium gesprochen. In Tabelle 6-1 sind diese Bewertungskriterien für diverse Baumaterialien dargestellt [Ri3].

Die anhand von Hintergrundwerten etablierten Bewertungskriterien stellen jedoch keine Richtwerte dar.

Richtwerte werden im Gegensatz zu den Hintergrundwerten nicht empirisch ermittelt, sondern sind toxikologisch begründet. Sie werden z.B. durch den Ausschuss für Innenraumrichtwerte der Obersten Landesgesundheitsbehörden festgelegt. Richtwerte sind allgemeingültig, sie gelten somit auch für Kinder und kranke Personen. Dennoch haben sie nur Empfehlungscharakter. Definiert sind sie wie folgt [IRK 1999]:

»Der Richtwert I (RW I – Vorsorgerichtwert) beschreibt die Konzentration eines Stoffes in der Innenraumluft, bei der bei einer Einzelstoffbetrachtung nach gegenwärtigem Erkenntnisstand auch dann keine gesundheitliche Beeinträchtigung zu erwarten ist, wenn ein Mensch diesem Stoff lebenslang ausgesetzt ist. Eine Überschreitung ist allerdings mit einer über das übliche Maß hinaus

Material	Verdünnung und Kultivierung mit der Suspensionsmethode – Konzentration in KBE/g
Gipskarton	ab 10^5 entfernen
OSB, Spanplatten und andere Holzwerkstoffe	ab 10^5 entfernen
Mineralwolledämmung, neu Mineralwolledämmung, alt	ab 10^4 entfernen ab 10^5 entfernen
Trockenestrich	ab 10^4 entfernen
Fußbodenaufbau mit KMF	ab 10^5 entfernen
Fußbodenaufbau mit Styropor	ab 10^5 entfernen

Tabelle 6-1: Aufmerksamkeitswerte, die aus dem 95. Perzentil nach der Suspensionsmethode abgeleitet sind [Ri2, Ri3]; auf Basis dieser Werte wird der Ausbau der befallenen Materialien empfohlen, wenn Schimmelpilzbefall visuell oder olfaktorisch wahrnehmbar ist und wenn bei der Analyse der Proben mithilfe der mikroskopischen Methode Myzelien und Sporenträger erkennbar sind [Ri3]

gehenden, unerwünschten Belastung verbunden.«

»Der Richtwert II (RW II – Gefahrenrichtwert) ist ein wirkungsbezogener Wert, der sich auf die gegenwärtigen toxikologischen und epidemiologischen Kenntnisse zur Wirkungsschwelle eines Stoffes unter Einführung von Unsicherheitsfaktoren stützt. Er stellt die Konzentration eines Stoffes dar, bei deren Erreichen bzw. Überschreiten unverzüglich zu handeln ist. Diese höhere Konzentration kann, besonders für empfindliche Personen bei Daueraufenthalt in den Räumen, eine gesundheitliche Gefährdung sein«.

Demzufolge ergibt sich bei einem Überschreiten des RW II ein dringender Sanierungsbedarf. Liegen die ermittelten Werte zwischen dem RW I und dem RW II, wird aus Gründen der Vorsorge empfohlen, mithilfe technischer und baulicher Maßnahmen am Gebäude oder durch verändertes Nutzerverhalten einzugreifen. Bei Sanierungsmaßnahmen kann der RW I als Zielwert vereinbart und bei der Sanierungskontrolle überprüft werden. Allerdings wurden bisher nur für wenige Substanzen Richtwerte festgelegt, sodass dieses eigentlich sehr praktikable Konzept nur begrenzt Anwendung finden kann.

Für Substanzen, die aus gesundheitlich-hygienischer Sicht relevant sein können, der aktuelle Kenntnisstand jedoch nicht ausreicht, um eine Gesundheitsgefährdung begründet ableiten zu können, werden vom Ausschuss für Innenraumrichtwerte auch sogenannte Leitwerte veröffentlicht [IRK 1996, IRK 1999]:

»Leitwerte werden festgelegt, wenn systematische praktische Erfahrungen vorliegen, dass mit steigender Konzentration die Wahrscheinlichkeit für Beschwerden oder nachteilige gesundheitliche Auswirkungen zunimmt, der Kenntnisstand aber nicht ausreicht, um toxikologisch begründete Richtwerte abzuleiten.« [IRK 1996, IRK 1999]

Von höherem Stellenwert, jedoch nur für Arbeitsplätze anwendbar, sind die Werte der maximalen Arbeitsplatzkonzentration (MAK-Werte). Diese Werte sind Grenzwertvorschläge der Ständigen Senatskommission zur Prüfung gesundheitsschädlicher Arbeitsstoffe der Deutschen Forschungsgemeinschaft (»MAK-Kommission«), die jedoch nicht als Grenzwert umgesetzt wurden oder noch geprüft werden. Die maximale Arbeitsplatzkonzentration ist die Konzentration einer Substanz in der Atemluft, die bei einer Exposition von acht Stunden pro Tag und einer 40-Stunden-Arbeitswoche noch keine Gesundheitsschäden auslöst. Dieser Wert ist nur bei gesunden Personen anwendbar. Aktueller Stand der Technik ist, die MAK als Bewertungsgrundlage heranzuziehen, wenn keine Grenzwerte vorhanden sind [IFA1, IFA2, TRGS402].

Verbindlich hingegen sind die durch den Gesetzgeber festgelegten Grenz- und Kontrollwerte. Arbeitsplatzgrenzwerte (AGW) oder auch Luftgrenzwerte werden durch den Ausschuss für Gefahrstoffe bekanntgegeben und sind wie folgt definiert:

»Der AGW soll bei kurzfristigen und chronischen inhalativen Belastungen beruflich exponierte Arbeitnehmer dauerhaft vor gesundheitlichen Schäden schützen. Unter chronischen inhalativen Belastungen wird eine Belastung von acht Stunden pro Tag an fünf Tagen pro Woche während der Lebensarbeitszeit verstanden.« [BekGS901 Bekanntmachung zu Gefahrstoffen: Kriterien zur Ableitung von Arbeitsplatzgrenzwerten]

Die AGW sind einzuhalten, für kurzzeitige Überschreitungen kann es Sonderregelungen geben. Die aktuell gültigen AGW sind in der TRGS 900 »Arbeitsplatzgrenzwerte« aufgeführt.

Die MAK und die AGW sind auf chemische Einwirkungen bezogen. Doch wie sieht das beim Schimmel aus? Gibt es biologische Grenzwerte? Diese gibt es, nur haben diese nichts mit Schimmel zu tun. Sie beziehen sich auf das sogenannte Humanmonitoring, das die Anreicherung und Wirkung von chemischen Agenzien im menschlichen Körper, genauer im Blut und Urin, erfasst. Bei Schimmel folgt man einem anderen Konzept: dem Kontrollwert-Konzept. Grund dafür ist, dass es bisher nicht gelungen ist, auf Basis der Datenlage Arbeitsplatzgrenzwerte festzulegen. Stattdessen wurde vom Ausschuss für biologische Arbeitsstoffe (ABAS) der Bundesanstalt für Arbeitsschutz und Arbeitsmedizin ein Kontrollwert festgelegt, wobei eine solche Feststellung bisher nur einmal für Abfall- und Kompostieranlagen durchgezogen wurde [IFA1]:

> *»Ein Technischer Kontrollwert (TKW) legt diejenige Konzentration biologischer Arbeitsstoffe in der Luft für einen Arbeitsbereich, ggf. auch für ein bestimmtes Verfahren oder einen bestimmten Anlagentyp, fest, die grundsätzlich nach dem Stand der Technik erreicht werden kann. Solch ein Wert dient der Beurteilung von technischen Schutzmaßnahmen und wird vom ABAS bestimmt. Er kann als Summenwert oder bezogen auf Mikroorganismengruppen definiert werden. Ein TKW ist an die jeweils dafür festgelegte Messstrategie gebunden.«* [IFA2]

Im Umgang mit Grenz-, Richt- und Aufmerksamkeitswerten ist zu beachten, welchen Gültigkeitsbereich sie jeweils haben: Bei professionellen Tätigkeiten sind zunächst die AGW heranzuziehen, die strikt einzuhalten sind. Steht kein AGW zur Verfügung, darf der MAK-Wert herangezogen werden. Technische Kontrollwerte dürfen überschritten werden, jedoch ist aus dem Grad der Überschreitung (Expositionsklasse) ein Schutzkonzept abzuleiten, z. B. das Tragen von Atemschutzmasken. Durch die Gefahrstoff- und Biostoffverordnung begründet, ist die Nichtbeachtung dieser Werte auch strafbar.

Dem stehen nun die lediglich mit Empfehlungscharakter anwendbaren Richtwerte gegenüber, die sowohl für Innenraumarbeitsplätze (Büros) als auch für Wohnräume verwendbar sind. Stehen keine Richtwerte zur Verfügung, können die Leitwerte herangezogen werden. Gibt es auch hier keine Empfehlungen, greifen die von Verbänden und Institutionen herausgegebenen Aufmerksamkeitswerte. Leider gelten die verschiedenen Werte mit abnehmender juristischer Belastbarkeit.

Festzuhalten ist, dass es keine Grenz- oder Richtwerte für schimmelfreies Wohnen gibt.

Unbeschadet davon bleiben natürlich mikrobiologisch induzierte Grenzwerte zum Verbraucherschutz bezogen auf die Qualität von Trink- und Badewasser und den Toxingehalt von Lebensmitteln.

6.2 Feststellung der Sanierungsdringlichkeit

Zur Bewertung von Schimmelbefall gibt es also keinen verbindlichen Wert, der objektiv definiert, wann ein Schaden vorliegt und ob eine Sanierung notwendig ist. Es liegt beim Sachverständigen, dies von Fall zu Fall durch Untersuchungen am Schadensort zu belegen. Dabei können der nachfolgend vorgestellte Leitfaden sowie Merkblätter eine Hilfe sein.

Als Grundlage der Verständigung zwischen Laien, Sachverständigen und Ausführenden wird der »Schimmelleitfaden« (Leitfaden zur Vorbeugung, Erfassung und Sanierung von

Schimmelbefall in Gebäuden) des Umweltbundesamtes angesehen [UBA2017]. Dieser wurde 2016 im Entwurf diskutiert, im Frühjahr 2017 wurde die finale Fassung vorgestellt. Die Vorgängerversionen aus den Jahren 2002 und 2005 entsprachen nicht mehr dem Stand von Wissenschaft und Technik. In der aktuellen Version findet man nun Auszüge aus beiden Fassungen gebündelt, die um neue Erkenntnisse erweitert wurden. Viele Aspekte werden nun

Name der Richtlinie/des Merkblatts	Verfasser	Erscheinungsjahr
Schimmelpilze in Innenräumen – Nachweis, Bewertung, Qualitätsmanagement	Landesgesundheitsamt Baden Württemberg	2001
Leitfaden zur Vorbeugung, Untersuchung, Bewertung und Sanierung von Schimmelpilzwachstum in Innenräumen	Umweltbundesamt	2002
Handlungsempfehlungen für die Sanierung von mit Schimmelpilz befallenen Innenräumen	Landesgesundheitsamt Baden Württemberg	2004
Leitfaden zur Ursachensuche und Sanierung bei Schimmelpilzwachstum in Innenräumen	Umweltbundesamt	2005
Innenraumhygiene in Schulgebäuden	Umweltbundesamt	2008
Guidelines for Indoor Air Quality – Dampness and Mould	World Health Organisation (WHO)	2009
Informationsblatt zur Beurteilung und Sanierung von Fäkalschäden im Hochbau	Berufsverband Deutscher Baubiologen VDB e. V.	2010
01/10/S Fachgerechte Schimmelpilzbeseitigung in Innenräumen	Deutscher Holz- und Bautenschutzverband e. V.	2010
BVS-Richtlinie zum fachgerechten Umgang mit Schimmelpilzschäden in Gebäuden	Bundesverband öffentlich bestellter und vereidigter sowie qualifizierter Sachverständiger e. V.	2012
GDV-Richtlinien zur Schimmelpilzsanierung nach Leitungswasserschäden (VdS 3151)	Gesamtverband der Deutschen Versicherungswirtschaft e. V. (GDV)	2014
02/15/S Schimmelpilzbefall an Holz- und Holzwerkstoffen in Dachstühlen	Deutscher Holz- und Bautenschutzverband e. V.	2015
Schimmelpilzschäden: Ziele und Kontrolle von Schimmelpilzschadensanierungen in Innenräumen	Wissenschaftlich-Technische Arbeitsgemeinschaft für Bauwerkserhaltung und Denkmalpflege e. V.	2016
»Schimmelleitfaden«	Umweltbundesamt	2017
Handlungsempfehlung zur Bewertung von Feuchteschäden in Fußböden	Umweltbundesamt	2017

Tabelle 6-2: Auswahl an Merkblättern und Leitfäden zur Bewertung von Schimmelschäden in Innenräumen

wesentlich differenzierter betrachtet. Der neue Leitfaden trägt den aktuellen Entwicklungen in Bewertung und Sanierung von mikrobiellen Befällen Rechnung.

Bevor einzelne Neuerungen aus dem Leitfaden 2017 näher beleuchtet werden, sind in Tabelle 6-2 eine kurze Auswahl weiterer Merkblätter und Leitfäden nach ihrem Erscheinungsjahr zusammengestellt: Merkblätter einzelner Verbände sind meist auf Detaillösungen ausgerichtet, wie das VDB-Merkblatt zu Fäkalschäden oder das DHBV-Merkblatt »Schimmel auf Holzkonstruktionen«. Die BVS-Richtlinie gibt die Sicht der Sachverständigen wieder und die VdS-Richtlinie die Sicht der Versicherungswirtschaft. Mitunter führt hierbei die Interessenlage des Herausgebers auch zu einer gewissen Einfärbung des Inhalts, was aber verständlich und im Rahmen einer wissenschaftlich-technischen Pluralität auch gewollt ist, solange nichts Falsches behauptet wird.

6.2.1 Bewertung von Schimmelschäden nach dem »Schimmelleitfaden« des Umweltbundesamtes

Wie schon angedeutet, ist es hilfreich, sich bei der Bearbeitung von Schimmelschäden auf öffentlich-rechtliche Publikationen zu stützen. Der vom Umweltbundesamt herausgegebene »Schimmelleitfaden« steht dabei an erster Stelle und gilt als Grundlage bzw. Vorlage für weitere Publikationen anderer Verbände und Institutionen [UBA2017].

Der Anwendungsbereich des »Schimmelleitfadens« umfasst alle dauerhaft genutzten Innenräume wie Wohnungen und Büros und soll für alle Personengruppen herangezogen werden, sofern nicht besondere Nutzergruppen involviert sind. Grundsätzlich ausgenommen sind Räume mit erhöhten hygienischen Anforderungen sowie Arbeitsplätze im Geltungsbereich der Biostoffverordnung. Die Unterschiede werden im Folgenden noch detailliert erläutert.

Der »Schimmelleitfaden« gliedert sich in sechs Kapitel, auf die nachfolgend näher eingegangen wird. Im Anhang ist zudem eine Handlungsempfehlung zur Bewertung von Feuchteschäden in Fußböden aufgeführt.

Das Kapitel 1 »Schimmel, Schimmelbefall und Schimmelpilze« enthält Definitionen von Begriffen und erklärt Grundlagen zum Wachstum von Schimmelpilzen, Bakterien und anderen Mikroorganismen bei Feuchteschäden in Innenräumen.

Dabei wird kurz erläutert, dass nicht nur Schimmelpilze, sondern oft auch Bakterien, u. a. Aktinomyzeten, Protozoen und Milben am Schadensbild beteiligt sind. Der Begriff Schimmel wird im Leitfaden einheitlich für das Wachstum aller Mikroorganismen bei Feuchteschäden verwendet. Bei der Bewertung von Schäden werden die Schimmelpilze als Leitorganismen angesehen, wenn nicht andere Mikroorganismen im Vordergrund stehen, wie etwa beim Fäkalschaden.

Auf den Unterschied zwischen einem Befall und einer Kontamination wird genauer eingegangen. Als Konsequenz wird abgeleitet, dass kontaminierte Bereiche nicht saniert, sondern lediglich gereinigt werden müssen.

Kapitel 2 »Wirkungen von Schimmel in Innenräumen auf die Gesundheit des Menschen« beschreibt die Wirkung von Endo- und Mykotoxinen sowie MVOC. Zudem wird auf Substanzen eingegangen, die z. B. bei toter oder zerfallender Biomasse als Bioaerosol in die Raumluft übergehen können. Dazu zählen Zellwandbestandteile von Schimmelpilzen und Bakterien. Wenn diese Substanzen, wie β-Glukan, Mannoproteine oder Phospholipomannan und vermutlich auch Chitin, in den Organismus eindringen, werden sie vom menschlichen Immunsystem gedeutet. Es wird vermutet, dass dann auch beim Kontakt mit intakten Schimmelpilzzellen und Sporen eine Immunreaktion ausgelöst wird. Daher werden diese sehr kleinen Schimmelbestandteile auch als PAMP (Pathogen Associated Molecule Patterns), pathogen assoziierte Molekülstrukturen, bezeichnet.

Im dritten Kapitel »Ursachen für Schimmelbefall in Gebäuden« wird das Zusammenwirken

Bei Schimmelbefall im Bioaerosol auftretende Substanzen (routinemäßig nicht untersucht) [UBA2017, S. 44]

Endotoxine: Bestandteil der Zellwand von gramnegativen Bakterien. Sie können in hohen Konzentrationen verschiedene toxische Wirkungen verursachen, die sich am häufigsten als Entzündungsreaktion auf die Bindehäute, die Haut, seltener auf die Schleimhaut der Nase, der oberen Atemwege, noch seltener auf die tiefen Atemwege auswirken.

1,3-ß-D-Glucan: Bestandteil der Zellwand von Pilzen. Vergleichbar mit den aus gramnegativen Bakterien freigesetzten Endotoxinen besteht eine entzündungsfördernde Wirkung. Die Substanz wurde bei Untersuchungen in Bürogebäuden mit mangelhafter Innenraumluftqualität mit dem Auftreten von Schleimhautreizung und Müdigkeit in Zusammenhang gebracht.

Mykotoxine: Stoffwechselprodukte von Schimmelpilzen. Die bisher in Innenräumen gemessenen Konzentrationen an Mykotoxinen sind so niedrig, dass sie keine akuten toxischen Wirkungen auslösen. Es existieren jedoch Hinweise auf immunmodulatorische Wirkungen sowie synergistische Wirkungen mit anderen biogenen Substanzen. Über die gesundheitliche Wirkung bei langfristiger Exposition gibt es bislang keine Erkenntnisse.

MVOC (Microbial Volatile Organic Compounds): Gemische flüchtiger organischer Verbindungen z. B. Alkohole, Terpene, Ketone, Ester und Aldehyde, die von Schimmelpilzen oder Bakterien gebildet werden. Sie verursachen den charakteristischen Schimmelgeruch. Die Geruchswahrnehmungsschwellen einiger MVOC sind sehr niedrig (ng/m^3-Bereich) und können zu Belästigungsreaktionen führen. Akute gesundheitliche Wirkungen der MVOC bei Schimmelbefall sind aufgrund der geringen Konzentrationen nicht zu erwarten. Über die gesundheitliche Wirkung bei langfristiger Exposition gibt es bislang keine Erkenntnisse.

PAMP (Pathogen Associated Molecular Patterns): Charakteristische Strukturmotive bzw. Moleküle von Mikroorganismen oder Viren, die vom angeborenen Immunsystem erkannt werden können. Bei Schimmelpilzen werden insbesondere bestimmte Zellwandbestandteile (z. B. ß-Glukane, Phospholipomannane) als PAMP erkannt. Sie lösen Immunantworten aus, die zu reizenden oder entzündlichen Reaktionen führen können. Es wird vermutet, dass solche Reaktionen zu den unspezifischen Krankheitssymptomen bei Exposition gegenüber Schimmelpilzen beitragen können. Hierzu besteht Forschungsbedarf.

Übersicht über die Ermittlung der Schadensursachen bei Schimmelbefall		
Zu hohe Raumluftfeuchte	zu hohe Feuchteabgabe in die Innenraumluft	Innenräume nicht bestimmungsgemäß belegt bzw. genutzt
		Abtrocknende Baufeuchte oder Feuchte aus Leckstellen in bzw. an Bauteilen
		Hohe Feuchteabgabe z. B. durch viele Pflanzen oder offene Aquarien
		Konvektion von Feuchte von warmen in gering beheizte Räume (z. B. nicht beheiztes Schlafzimmer über offene Innentüren erwärmt)
	Außenluftwechselproblematik	Sommerhalbjahr: in ungünstigem Zeitraum gelüftet
		Winterhalbjahr: in zu großen Abständen oder zu geringer Zeitdauer gelüftet oder nicht geeignete oder falsch bediente lüftungstechnische Einrichtung
		Infiltration durch Gebäudehülle geringer als rechnerisch angenommen, fehlender Nachweis z. B. nach DIN 1946-6 bei Neubau oder Modernisierung, z. B. bei unvollständigen Maßnahmen nach Austausch luftdurchlässiger gegen dichte Fenster ohne gleichzeitige Wärmeschutzmaßnahmen an gering gedämmten Bauteilen oder Einbau lüftungstechnischer Einrichtungen
	zu geringe Raumtemperatur	Wärmeabgabeflächen (Heizkörper oder Flächenstrahlung) unzureichend dimensioniert und/oder ungünstig angeordnet
		Unzureichendes Heizverhalten
Zu geringe Oberflächentemperatur		Möblierung ungünstig angeordnet (z. B. dicht an Außenwände gestellt)
		Möblierung unzureichend eingeplant (z. B. Einbauschränke an Außenwänden errichtet)
		Zu geringer Wärmeschutz des Außenbauteils, zu hohe Wärmeleitung insbesondere an Wärmebrücken
		Geminderter Wärmeschutz durch hohen Feuchtegehalt im Bauteil, z. B. aus den unten benannten Quellen und/oder Abkühlung durch Verdunstung
Wasser im Bauteil (häufig verbunden mit Ausblühungen an Oberflächen)		Abdichtungsmängel bei erdberührten Bauteilen oder Dächern, unzureichender Schlagregenschutz bei sonstigen Außenbauteilen, verstopfte Dachrinne
		Tauwasser im Bauteil durch Diffusion bei ungünstiger Schichtenfolge oder Konvektion
		unzureichender Feuchteschutz bei Nassräumen
		Austritt von Leitungswasser durch Leckstellen der Hausinstallation
		Unsachgemäße Beanspruchung durch Nutzungsfehler (z. B. Wasser ausgeschüttet oder sonst unsachgemäß mit Wasser hantiert); Hochwasserschäden
Wasser im Bauteil aus Neubaufeuchte		Baustelle ohne ausreichenden Tagwasserschutz
		Gebäude zu früh bezogen
		Abtrocknung durch Nutzerverhalten verzögert (Fehler bei Möblierung, Heizung, Lüftung)
Besondere Untergrundeigenschaften		Hohes Nährstoffangebot
		Oberflächen verdeckt/zu geringe Luftanströmung der Bauteiloberflächen

Ursachenbaum für Schimmelbefall auf Bauteilen (nach Oswald 2003, überarbeitet Zöller, Aachener Institut für Bauschadensforschung AIBau 2014). Auf der linken Seite werden die Situationen aufgeführt, die vorliegen; rechts die möglichen Ursachen.

Tabelle 6-3: Schadensursachen bei Schimmelbefall [Quelle: UBA2017 Anlage 3, S.155]

von Luftfeuchtigkeit, Temperatur, baulichen Gegebenheiten und Lüftung als Ursache für Schimmelbildung beschrieben. Dabei wird auch das Nutzerverhalten diskutiert. Ergänzend wird im neuen Leitfaden ausführlicher auf die Themen Baufeuchte, Hochwasserschäden, Einbau dichter Fenster bei Altbauten, Feuchteschäden durch unsachgemäße energetische Modernisierung und Innendämmung eingegangen. Mögliche Ursachen für den Schimmelbefall auf Bauteilen sind in Anlage 3 des Leitfadens sehr übersichtlich dargestellt (vgl. Tabelle 6.3). Auf diese Weise sind auch Raumnutzer und Eigentümer in der Lage, eine erste Bewertung möglicher Ursachen vorzunehmen oder aber Maßnahmen für die Vermeidung von Feuchteschäden abzuleiten. Den Sachverständigen soll dieser Ursachenbaum jedoch nicht ersetzen.

Wie Schimmelschäden im Innenraum durch die Beachtung technischer und bauphysikalischer Aspekte, eine sachgerechte Nutzung sowie ausreichendes Lüften und Heizen vermieden werden können, wird in Kapitel 4 »Vorbeugende Maßnahmen gegen Schimmelbefall« beschrieben. Maßnahmen im Baubetrieb zur Vermeidung von feuchten Baumaterialien oder Neubaufeuchte sind dabei ebenso wichtig wie die Inspektion in der Nutzungsphase. Erwartungsgemäß nimmt das Thema Lüften viel Raum ein. Kurz und knapp werden verschiedene Lüftungsarten von der manuellen bis hin zu verschiedenen Formen der mechanischen Lüftung vorgestellt und auf raumlufttechnische Anlagen und Klimaanlagen eingegangen. Es finden sich zahlreiche Infoboxen und Beispiele, darunter auch Hinweise, dass Anlagen zur Luftverbesserung mit ozonisierenden oder ionisierenden Verfahren weder notwendig noch sinnvoll sind. Ergänzt wird das Kapitel durch Ausführungen zum Thema Wartung von raumlufttechnischen Anlagen und zum richtigen Heizen.

Besonders wichtig für die richtige Einschätzug von Schäden sind die Erklärungen in Kapitel 5 »Schimmelbefall erkennen, erfassen und bewerten«. Der Leitfaden enthält Hinweise für die Ortsbesichtigung und die Schimmeldiagnostik unter Berücksichtigung weiterer Normen und Richtlinien. Dabei wird herausgestellt, dass die Erfassung und die Bewertung von Schimmelschäden von Fachleuten mit Expertise in mikrobiellen und bauphysikalischen Themenfeldern vorgenommen werden sollen. Ferner wird hier definiert, welche Qualifikationen ein Sachverständiger haben sollte.

Am Anfang der Bewertung soll die Ortsbegehung zur Erhebung allgemeiner Informationen, bauphysikalischer Daten und anderer Befunde stehen. Im Leitfaden wird die Datenerhebung mit Datenlogger und Thermografie sowie die Bewertung von Gerüchen mithilfe des Geruchsleitfadens der AGÖF (Arbeitsgemeinschaft ökologischer Forschungsinstitute e.V.) erklärt [AGÖF2013G]. Zur Beprobung von Luft und Material wird ausschließlich auf Methoden der DIN-ISO-Reihe 16000 verwiesen, da mittlerweile fast alle Verfahren zur Luft- und Materialanalyse darüber standardisiert sind. Es wird gut verständlich skizziert, wann welche Methode mit welchem Zweck und Ergebnis eingesetzt werden kann. Nachfolgend werden grundlegende Methoden wie die Materialanalyse durch Kultivierung, Mikroskopie und Messung dargestellt. Speziellere Methoden wie Mycometer- oder ATP-Messung finden Erwähnung, werden aber aufgrund fehlender Erfahrungen vorsichtig bewertet. Infoboxen fassen wichtige Aussagen zur Schimmelanalytik zusammen, darunter auch die Klarstellung, dass Abklatschproben nicht zur Befallsbeurteilung geeignet sind.

Bewertung von Materialien mit an Oberflächen feststellbarem, meist sichtbarem Schimmelbefall

Sichtbare Befälle werden nach der befallenen Fläche in drei Kategorien eingeteilt [UBA2017, S. 112-113].

Kategorie 1: Normalzustand bzw. geringfügiger Schimmelbefall
Bezeichnet geringe Oberflächenschäden (< 20 cm²), aus denen keine oder geringe mikrobielle Biomasse resultiert. Typische Beispiele sind mit Schimmel bewachsene Dichtungen in Bädern und an Fensterfugen oder Schimmelwachstum auf Blumenerde.

Sofortmaßnahmen sind in der Regel nicht erforderlich. Die Ursache sollte erkannt und Abhilfemaßnahmen eingeleitet werden.

Kategorie 2: Geringer bis mittlerer Schimmelbefall
Umfasst Schäden mit einer oberflächlichen Ausdehnung von mehr als 0,5 m², bei denen tiefere Schichten nur lokal begrenzt betroffen sind und daraus resultierender mittlerer mikrobieller Biomasse.

Die Freisetzung von Schimmelbestandteilen sollte zeitnah unterbunden, die Ursache des Befalls mittelfristig ermittelt und abgestellt sowie der Schimmelbefall beseitigt werden.

Kategorie 3: Großer Schimmelbefall
Liegt vor, wenn eine flächige Ausdehnung über 0,5 m² auftritt. Es können dann auch tiefere Schichten betroffen sein und es fällt eine große mikrobielle Biomasse an.

Die Freisetzung von Schimmelbestandteilen sollte unmittelbar unterbunden und die Ursache des Befalls kurzfristig ermittelt und beseitigt werden.

Weiterhin sind im Leitfaden Ausführungen zu den Anforderungen an Untersuchungslaboratorien zu finden sowie an Schimmelspürhunde und ihre Führer.

Wesentlicher Teil von Kapitel 5 ist die Bewertung der Untersuchungsergebnisse. Dabei wird zunächst mit Rückblick auf das UBA-Kapitel 2 erläutert, dass aus den Messergebnissen, dem Nachweis einer Schimmelquelle und einer Belastung durch freigesetzte Schimmelbestandteile, nicht automatisch eine quantitative Einschätzung eines Erkrankungsrisikos abzuleiten ist. Nach wie vor gilt es, Expositionen zu minimieren, bevor möglicherweise Erkrankungen entstehen. Eine medizinische Risikobewertung ist somit anhand des UBA-Leitfadens nicht möglich; sie bleibt entsprechend ausgebildeten Umweltmedizinern vorbehalten.

Die Bewertung von Schimmelbefällen findet nach wie vor auf der Basis der sichtbar befallenen Fläche statt. Im Leitfaden ist sehr ausführlich erklärt, wie diese zu definieren ist. Anhand von Beispielen wird erläutert, wann befallene Flächen zusammengenommen betrachtet und wann Einzelfleckbetrachtungen vorgenommen werden sollten. Bei der Beurteilung ist außer der Fläche stets auch die Tiefe und die Art des Befalls zu berücksichtigen.

Ausdrücklich wird auch darauf hingewiesen, dass für die Gesamtbewertung auch verdeckter Befall berücksichtigt werden muss und dass je nach Art der Biomasse und der Expositionswahrscheinlichkeit Einzelfallbewertungen für verdeckten Befall erforderlich sind. Die Bewertung von Materialproben durch das seit 2014 standardisierte Kultivierungsverfahren ist sehr ausführlich dargestellt, um gleiche Standards bei den Untersuchungslaboratorien etablieren zu können. Das ist auch notwendig, wenn eine Vergleichbarkeit von Laborergebnissen mit den im Leitfaden hinterlegten Hintergrundwerten sichergestellt werden soll, da die meisten Labors beim Probenaufschluss mit unterschiedlichen Methoden arbeiten. Sicherheitshalber weist das Umweltbundesamt darauf hin, dass es sich um erste Orientierungswerte handelt, die durch weitere Studien untermauert werden müssen (vgl. Kapitel 6.1 dieses Buches zu den Hintergrundwerten).

Auch für die Auswertung von Luftproben gibt der Leitfaden Bewertungshilfen an (vgl. Tabelle 6-4 und Tabelle 6-5 sowie Bild 6-8 und Bild 6-9). Während sich die Probennahme, Aufarbeitung, Kultivierung oder mikroskopische Analyse an den entsprechenden Normen orientieren, soll mithilfe der Bewertungsvorschläge für die kultivierbaren Schimmelpilze und die Gesamtsporenzahl bestimmt werden, ob eine Quelle unwahrscheinlich ist und somit nur eine Hintergrundbelastung vorliegt oder ob nach möglichen oder wahrscheinlichen Schimmelquellen gesucht werden muss. Die im Leitfaden hinterlegten Werte basieren auf den oben bereits beschriebenen Perzentilen für Normal- und Aufmerksamkeitswerte, mit denen auf eine Freisetzungsquelle geschlossen werden kann. Ist eine Schimmelquelle wahrscheinlich, so deutet dies auf einen nicht sichtbaren Schaden hin; eine Gesundheitsgefährdung kann auch hier nicht abgeleitet werden.

Anhand der Bewertungskategorien sind dann Maßnahmen notwendig, auf die in Kapitel 6 des »Schimmelleitfadens« eingegangen wird. Es wird unterschieden zwischen kleinen Schäden, die der Nutzer selbst beseitigen kann, und davon abgegrenzt großen Schäden, die durch Fachfirmen saniert werden sollten und mit hohen Anforderungen an Sanierungstechniken und Arbeitsschutz verbunden sind.

Die Planung der Maßnahmen richtet sich nach dem neu eingeführten Nutzungsklassenkonzept (siehe Tabelle 6.4), wonach die Bewertung der Fläche und die Dringlichkeit der Sanierung sowie die notwendigen Maßnahmen nun auch an die Nutzungsklasse des Raums gekoppelt sind. Das Konzept der Nutzungsklassen umfasst vier Anforderungsbereiche:

- Nutzungsklasse I: Spezielle Anforderungen, wie sie für das Wohnumfeld immunsupprimierter Personen und anderer Patienten erforderlich sind. Sie sind nicht Gegenstand des Leitfadens.
- Nutzungsklasse II: Normales Wohnumfeld, Schulen und Büros mit normalen Anforderungen an die Innenraumhygiene, wobei diese Anforderungen auch für angeschlossene Nebenräume gelten.
- Nutzungsklasse III: Nebenräume, die keinen direkten Zugang zu Räumen der Nutzungsklasse II haben. Sie sind sowohl in der Dringlichkeit der Sanierung als auch in den Anforderungen an die Wiederherstellung deutlich zurückgesetzt.
- Nutzungsklasse IV: Bereits durch die Konstruktion vom Innenraum abgeschottete Bauteile.

Wie bei der Maßnahmenplanung vorzugehen ist, kann dem Ablaufschema zur Bewertung von Schimmelschäden (Bild 6-1) entnommen werden. Bei kleinen Schäden der Kategorien 1 und 2 kann der Nutzer selbst Hand anlegen, wenn nicht schon hier Ausnahmen für die Beauftragung einer Fachfirma sprechen. Bei großen Schäden sollte eine Fachfirma hinzugezogen werden. In Grundzügen werden die Schritte der Schimmelschadensanierung beschrieben und auf den notwendigen Arbeitsschutz verwiesen. Hier wird folgerichtig die neue DGUV I 201-028 (früher BGI 858) zitiert, die in diesem Buch noch an späterer Stelle ausführlich besprochen werden soll [Me23, Lo1].

Das Kapitel enthält eine Beschreibung möglicher Erstmaßnahmen, die nach dem Nutzungsklassenkonzept abgestuft auszuführen sind. Alle Maßnahmen werden jeweils für die Nutzungsklasse II beschrieben. Wenn Abweichungen davon für Räume der Nutzungsklassen III und IV möglich sind, weil dafür geringere Anforderungen bestehen, wird dies angegeben. Für eine professionelle Schimmelschadenbeseitigung wäre eine etwas ausführlichere Darstellung der Erstmaßnahmen im Leitfaden wünschenswert.

Anschließend wird noch einmal kurz auf die Erfassung des Schadensausmaßes verwiesen. Die Basis der Sanierung muss die Beseitigung der Schadensursachen bilden. Der Ausbau schimmelbefallener Materialien wird anschließend sehr ausführlich besprochen. Als weitere Maßnahmen werden neben der Beseitigung von Baumängeln, Undichtigkeiten und Lecks auch Techniken wie Injektionsverfahren, Innen- und Außenabdichtung sowie Verpressen von Arbeitsfugen und Rissen sowie zusätzliche Trocknungsmaßnahmen angegeben.

Grundsätzlich sind für alle Nutzungsklassen der Umgebungsschutz und das staubarme

Nutzungsklasse	Anforderungen an die Innenraumhygiene	Beispiel	Anmerkungen
I	Spezielle, sehr hohe Anforderungen wegen individueller Disposition	Räume für Patienten mit Immunsuppression	Nicht in diesem Leitfaden behandelt; die Anforderungen bedürfen gesonderter Vereinbarung
II	Normale Anforderungen	Innenräume zum nicht nur vorübergehenden Aufenthalt von Menschen: Wohn- oder Büroräume, Schulen, Kitas usw. einschließlich dazu gehörender Nebenräume	Es gelten die gleichen Anforderungen für alle genutzten Räume (d. h. bei Wohnungen alle Räume einschließlich in der Wohnung liegender Nebenräume)
III	Reduzierte Anforderungen	Nicht dauerhaft genutzte Räume **außerhalb** von Wohnungen, Büros, Schulen usw., z. B. Kellerräume und Abstellräume (ohne direkten Zugang zur Wohnung), nicht ausgebaute Dachgeschosse sowie Garagen oder Treppenhäuser	Verringertes Anforderungsniveau für Sanierung und Instandsetzung; geringere Dringlichkeit der Sanierung
IV	Deutlich reduzierte Anforderungen bis hin zu keinen Maßnahmen hinter der Abschottung	Luftdicht abgeschottete Bauteile und Hohlräume in Bauteilen oder Räumen, die nach Anforderung der DIN 4108-7 mit geeigneten Stoffen gegenüber Innenräumen abgeschottet sind	Bestimmungsgemäß trockene Bauteile hinter der Abschottung müssen trocken bzw. dürfen nicht dauerhaft feucht sein

Tabelle 6-4 Das Nutzungsklassenkonzept im Schimmelleitfaden [UBA2017 Tabelle 11, S. 125]

Arbeiten sicherzustellen, sodass auch bei nur partieller Entfernung in der Nutzungsklasse III keine Verschleppung oder Gefährdung Dritter auftreten kann. Zudem wird für alle Nutzungsklassen von der Verwendung von Bioziden für die Behandlung von Luft als auch von Bauteilen sowie vom Fluten von Fußböden abgeraten.

In der Nutzungsklasse III kann entschieden werden, ob ein Ausbau mit Sicherheitszuschlag nötig oder ein partieller Ausbau der eindeutig befallenen Materialien ausreichend ist, z.B. bei Dämmstoffen hinter Verschalungen etc. Zudem kann definiert werden, ob Putz tatsächlich entfernt werden muss oder ob die Reinigung genügt.

Der bereits im früheren Schimmelpilz-Sanierungsleitfaden aufgeführte Abschnitt zur technischen Trocknung wurde weitgehend übernommen und aktualisiert [UBA2005]. Allerdings eröffnet sich mit den obigen Ausführungen zur Nutzungsklasse III auch die Möglichkeit, schimmelbelastete Bauteile zu trocknen. Bisher wurde gefordert, schimmelbelastetes Material zuerst zu entfernen und dann die Trocknung einzuleiten. In der Nutzungsklasse II ist das nach wie vor so. Bei Trockung belasteter Bauteile ergeben sich erhöhte Anforderungen beim Arbeits- und Umgebungsschutz, damit durch Sporenfreisetzung der Schimmel nicht zusätzlich verschleppt wird. In Anlehnung an das WTA-Merkblatt E 6/16 wurde beschrieben, wie der Trocknungserfolg festzustellen ist [vgl. WTA2].

Beschrieben wird auch knapp die Reinigung nach Abschluss der Ausbautätigkeiten, die wir als Feinreinigung bezeichnen. Ziel der Feinreinigung ist es, verbliebene mikrobiell belastete Stäube zu entfernen und damit den Anteil an Schimmelbestandteilen und Sporen weitestgehend zu reduzieren – und zwar auch in der Nutzungsklasse III. Wie das auch ohne Biozideinsatz zu realisieren ist, wird kurz dargelegt, um dann auf die Sanierungskontrolle einzugehen.

Die Vorgaben zur Bewertung des Sanierungserfolgs orientieren sich im Wesentlichen am WTA-Merkblatt E 4-12 Ausgabe 11.2016/D [vgl. WTA1]. Darin wird zunächst empfohlen, zu überprüfen, ob die Ursache beseitigt wurde, anschließend, ob die Entfernung der schimmelbelasteten Bauteile zum Sanierungsziel geführt hat. Favorisiert werden hierfür die Sichtkontrolle und die Partikelmessung im Ruhezustand sowie nach Mobilisierung. Klebefilme haben keine Berücksichtigung gefunden.

Ein wesentlicher Punkt im Leitfaden ist das Thema Desinfektion. Nach ersten sehr stringenten Formulierungen in den Entwürfen zum aktuellen Leitfaden ist in der Endversion nach-

Anwendung von Bioziden bei Schimmelbefall in Räumen der Nutzungsklassen II und III [UBA2017, S. 149]

Bei Sanierung von mikrobiellen Schäden ist eine Biozidbehandlung grundsätzlich nicht notwendig, weil ungeeignet im Sinne einer sachgerechten Beseitigung der Biomasse und der Sanierung der Schadensursache.

Vom Vernebeln von Wirkstoffen in die Raumluft – außerhalb von unzugänglichen Hohlräumen – ist in jedem Fall abzuraten.

Im Einzelfall kann eine biozide Behandlung durch sofort abbauende Präparate wie Wasserstoffperoxid bei vermutetem Befall zur Verzögerung oder Verlangsamung des Wachstums an schwer zugänglichen Oberflächen akzeptabel sein.

Schimmelhemmende Wandfarben können nach einer Trocknung in Räumen der Nutzungsklasse III eingesetzt werden.

lesbar, dass es nicht um eine Desinfektion im eigentlichen Sinne geht, sondern um einen Biozideinsatz. Das Umweltbundesamt hat hierzu ausgeführt, dass eine Desinfektion keine Sanierungsmethode darstellt und in der Schimmelschadenbeseitigung auch nicht den gewünschten Erfolg bringen kann. Wichtig ist, dass auch das als Fogging bezeichnete Vernebeln von Bioziden in der Raumluft kritisch betrachtet und im Sinne des Leitfadens verworfen wird. Lediglich für unzugängliche Hohlräume kann diese Methode akzeptabel sein. Das Einfluten von Fußbodenkonstruktionen wird grundsätzlich abgelehnt.

Eine konservierende Behandlung von Bauteilen wird in Erwägung gezogen, wenn ein Ausbau aus Gründen des Denkmalschutzes nicht möglich ist oder aber Bauteile in der Nutzungsklasse III betroffen sind. Dasselbe gilt für den Einsatz von sogenannten Anti-Schimmel-Farben. Verwiesen wird zudem auch auf die Zulassungsbedingungen für Biozide und den sicheren Umgang mit diesen Produkten (siehe dazu auch Kapitel 7.8 in diesem Buch).

Nach der Feinreinigung folgt die Abschlussreinigung. Dieser neu eingeführte Punkt soll berücksichtigen, dass nach Ausbau, Feinreinigung und Wiederaufbau kontaminierte Gegenstände wie Mobiliar etc. zu einer erneuten Belastung führen können. Daher wird empfohlen, in der Nutzungsklasse II vor der Wiederbenutzung alle Oberflächen und Gebrauchsgegenstände (sofern sie nicht bereits gereinigt wurden und anschließend luftdicht verpackt waren), erneut zu reinigen und zu einem späteren Zeitpunkt unter Nutzungsbedingungen erneut eine Luftbeprobung vorzunehmen.

Im Entwurf aus dem Jahr 2016 wurde die Abschottung schimmelbelasteter Bauteile als Alternative zum Rückbau diskutiert, insbesondere bei Estrichen mit der sogenannten Randfugensanierung. Für Sachverständige, die diese Lösung in Erwägung zogen, wurde im Entwurf eine Reihe von Kriterien zur Bewertung und Entscheidungsfindung angegeben. Diese Kriterien der Randfugensanierung werden nun ausführlich in der Handlungsempfehlung zur Bewertung von Fußböden im Anhang des Leitfadens besprochen [UBA2017].

Zusammenfassend kann gesagt werden, dass der »Schimmelleitfaden« alle relevanten Themen umreißt, teilweise aber sehr allgemein bleibt, sodass auf ergänzende Merkblätter oder Ausführungshilfen nicht verzichtet werden kann. Die Arbeitshilfen für die Schadensfindung und zur Bewertung der Sanierungsdringlichkeit bis hin zur Maßnahmenplanung sind jedoch gut anwendbar.

6.2.2 Anwendung des Leitfadens bei Schimmelschäden in Wohnungen

Die Bewertung von Schimmelschäden in Wohnungen lässt sich mithilfe des »Schimmelleitfadens« einfach vornehmen. Wohnräume werden in die Nutzungsklasse II eingeordnet, wodurch es also keine Herabsetzung der Sanierungsdringlichkeit gibt.

Der Schaden wird zunächst nach der Fläche beurteilt und in eine Kategorie nach Kapitel 5 des Leitfadens eingeteilt. Lässt sich diese Beurteilung ohne große Hürden vornehmen, weil Schadensursachen und Schadensausmaß gut auszumachen sind, wird die Sanierungsdringlichkeit bestimmt (Infokasten »Bewertung von Materialien mit an Oberflächen feststellbarem, meist sichtbarem Schimmelbefall«, Seite 144). Dabei werden die Kategorien 1 und 2 als kleiner Schaden betrachtet, die durch den Nutzer selbst behoben werden können. Was hierbei

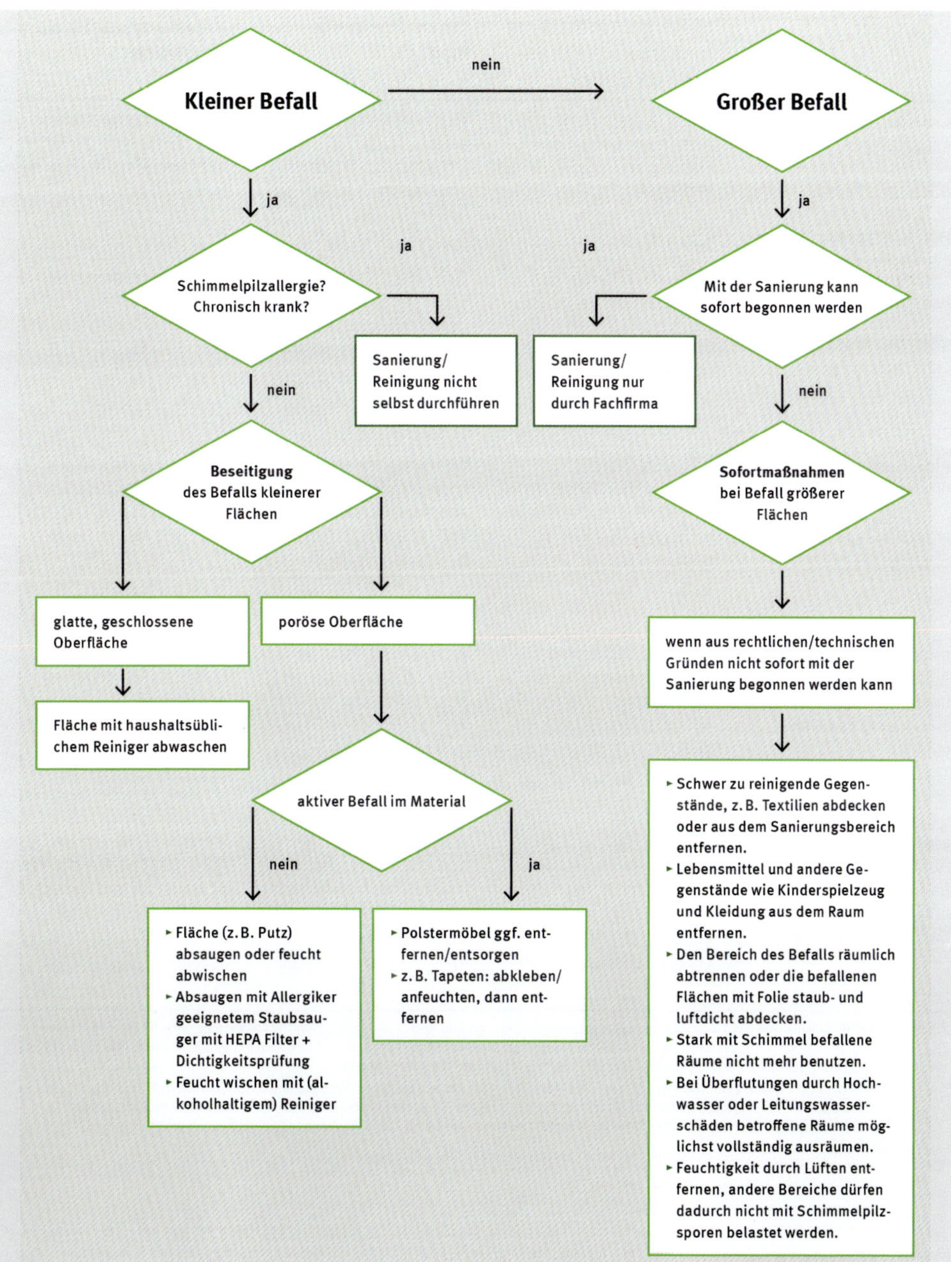

Bild 6-1: Ablaufschema zur Bewertung von Schimmelschäden in der Nutzungsklasse II; die Sanierungsdringlichkeit und die sich daraus ableitenden Maßnahmen ergeben sich aus der Größe des Schadens (hier nur Unterscheidung zwischen Kategorie 2 und 3) sowie der persönlichen Disposition der Nutzer. Muss der Nutzer als Risikopatient Räume der Nutzungsklasse I haben, kann dieses Schema keine Anwendung finden aus [UBA2017, S. 129].

Parameter	Hintergrundbelastung Innenraumquelle unwahrscheinlich	Innenraumquelle möglich	Innenraumquelle wahrscheinlich
Cladosporium sowie andere Pilzgattungen, die in der Außenluft erhöhte Konzentrationen erreichen können (z. B. sterile Myzelien, Hefen, *Alternaria, Botrytis*)	Wenn in der Innenraumluft nicht mehr Sporen einer Gattung als in der Außenluft vorliegen. $I_{typ\,A} \leq A_{typ\,A}$	Wenn die Konzentration einer Gattung in der Innenluft über dem 1-fachen und bis zum 2-fachen der Außenluft liegt. $A_{typ\,A} < I_{typ\,A} \leq A_{typ\,A} \times 2$	Wenn die Konzentration einer Gattung in der Innenluft über dem 2-fachen der Außenluft liegt. $I_{typ\,A} > A_{typ\,A} \times 2$
Summe der KBE aller untypischen Außenluftarten	Wenn die Differenz der Konzentration zwischen Innenraumluft und Außenluft nicht über150 KBE/m³ liegt. $I_{\Sigma untyp\,A} \leq A_{\Sigma untyp\,A} + 150$	Wenn die Differenz der Konzentration zwischen Innenraumluft und Außenluft über 150 KBE/m³ und bis zu 500 KBE/m³ liegt. $A_{\Sigma untyp\,A} + 150 < I_{\Sigma untyp\,A} \leq A_{\Sigma untyp\,A} + 500$	Wenn die Differenz der Konzentration zwischen Innenraumluft und Außenluft über 500 KBE/m³ liegt. $I_{\Sigma untyp\,A} > A_{\Sigma untyp\,A} + 500$
eine Gattung (Summe der KBE aller zugehörigen Arten) der untypischen Außenluftarten	Wenn die Differenz der Konzentration zwischen Innenraumluft und Außenluft nicht über 100 KBE/m³ liegt. $I_{Euntyp\,G} \leq A_{Euntyp\,G} + 100$	Wenn die Differenz der Konzentration zwischen Innenraumluft und Außenluft über 100 KBE/m³ und bis zu 300 KBE/m³ liegt. $A_{Euntyp\,G} + 100 < I_{Euntyp\,G} \leq A_{Euntyp\,G} + 300$	Wenn die Differenz der Konzentration zwischen Innenraumluft und Außenluft über 300 KBE/m³ liegt. $I_{Euntyp\,G} > A_{Euntyp\,G} + 300$
eine Art der untypischen Außenluftarten mit guter luftgetragener Verbreitung z. B. *Aspergillus spp.*	Wenn die Differenz der Konzentration zwischen Innenraumluft und Außenluft nicht über 50 KBE/m³ liegt.* $I_{Euntyp\,A} \leq A_{Euntyp\,A} + 50$	Wenn die Differenz der Konzentration zwischen Innenraumluft und Außenluft über 50 KBE/m³ und bis zu 100 KBE/m³ liegt.* $A_{Euntyp\,A} + 50 < I_{Euntyp\,A} \leq A_{Euntyp\,A} + 100$	Wenn die Differenz der Konzentration zwischen Innenraumluft und Außenluft über 100 KBE/m³ liegt. $I_{Euntyp\,A} > A_{Euntyp\,A} + 100$
eine Art der untypischen Außenluftarten mit schlechter luftgetragener Verbreitung, z. B. *Phialophora spp., Stachybotrys chartarum*	Wenn die Differenz der Konzentration zwischen Innenraumluft und Außenluft nicht über 30 KBE/m³ liegt.* $I_{Euntyp\,AS} \leq A_{Euntyp\,AS} + 30$	Wenn die Differenz der Konzentration zwischen Innenraumluft und Außenluft über 30 KBE/m³ und bis zu 50 KBE/m³ liegt.* $A_{Euntyp\,AS} + 30 < I_{Euntyp\,AGS} \leq A_{Euntyp\,AS} + 50$	Wenn die Differenz der Konzentration zwischen Innenraumluft und Außenluft über 50 KBE/m³ liegt.* $I_{Euntyp\,AS} > A_{Euntyp\,AS} + 50$

Die fünf Zeilen der Tabelle sind nicht als eigenständige Kriterien gedacht, sondern sind in einer umfassenden Auswertung gemeinsam zu betrachten. Die Angaben beziehen sich auf Luftproben, die unter Nutzung oder nutzungsähnlichen Umständen in normalen Wohnräumen ohne Staubaufwirbelung entsprechend DIN ISO 16000-16 bzw. DIN ISO 16000-18 genommen wurden (siehe auch Anlage 7).

* Konzentrationen von unter 100 KBE/m³ bzw. unter 50 KBE/m³ lassen sich bei einem Probevolumen von 100 l bzw. 200 l nicht mit einer ausreichenden Genauigkeit nachweisen, da erst ab einer Anzahl von 10 Kolonien pro Platte quantitativ mit ausreichender statistischer Sicherheit ausgewertet werden kann. Trotzdem kann der Nachweis einzelner Kolonien dieser Schimmelpilze ein erster Hinweis auf eine mögliche Innenraumquelle sein.

KBE Kolonie bildende Einheiten
I Konzentration in der Innenraumluft in KBE/m³
A Konzentration in der Außenluft in KBE/m³
typ A typische Außenluftarten bzw. -gattungen (extramurale Pilze wie Cladosporium, sterile Myzelien, ggf. Hefen, ggf. Alternaria, ggf. Botrytis)
untyp A untypische Außenluftarten bzw. -gattungen (intramurale Pilze wie Pilzarten mit hoher Indikation für Feuchteschäden z. B. Acremonium spp., Aspergillus versicolor, penicillioides, A. restrictus, Chaetomium spp., Phialophora spp., Scopulariopsis brevicaulis, S. fusca, Stachybotrys chartarum, Tritirachium (Engyodontium) album, Trichoderma spp.)
Σuntyp A Summe der untypischen Außenluftarten (andere als typ A)
Euntyp A eine Art, die untypisch ist in der Außenluft mit guter luftgetragener Verbreitung
Euntyp AS eine Art, die untypisch ist in der Außenluft mit schlechter luftgetragener Verbreitung
Euntyp G eine Gattung, die untypisch ist in der Außenluft

Tabelle 6-5: Bewertungshilfe für Luftproben – kultivierbare Schimmelpilze (KBE/m³) [UBA2017, Tabelle 9, S. 118]

Sporentyp	Hintergrundbelastung Innenraumquelle unwahrscheinlich	Innenraumquelle möglich	Innenraumquelle wahrscheinlich
Sporentypen, die in der Außenluft erhöhte Konzentrationen erreichen z. B. Typ Ascosporen Typ *Alternaria/Ulocladium*, Typ Basidiosporen Typ *Cladosporium*	Die Zählung von Basidio- und Ascosporen typischer Außenluftarten ist für das Aufdecken von Schimmelquellen nicht relevant. Allerdings kann man i. d. R. anhand der Konzentration dieser Sporen den Außenlufteinfluss erkennen und dadurch eine Plausibilitätsprüfung der angegebenen Probenherkunft (Außenluft, Innenraum, Lager, Keller) durchführen. Für die Beurteilung von Sporen der Gattungen *Cladosporium und Alternaria/Ulocladium* können wegen stark schwankenden Außenluftkonzentrationen, Depotwirkung von Staubbelägen sowie schlechter Sporenfreisetzung bei Innenraumschäden keine allgemeinen Aussagen zu Konzentrationen, die auf einen Schimmelbefall hindeuten, gemacht werden. Bei Verdacht auf Schimmelbefall mit Cladosporien sollte insbesondere geprüft werden, ob außen und innen die gleichen Cladosporientypen vorkommen.		
Typ *Penicillium/Aspergillus*	Wenn die Differenz der Konzentration zwischen Innenraumluft und Außenluft nicht über 300 Sporen/m³ liegt. $I_{\Sigma P+A} \leq A_{\Sigma P+A} + 300$	Wenn die Differenz der Konzentration zwischen Innenraumluft und Außenluft über 300 Sporen/m³ und bis zu 800 Sporen/m³ liegt. $A_{\Sigma P+A} + 300 < I_{\Sigma P+A} \leq A_{\Sigma P+A} + 800$	Wenn die Differenz der Konzentration zwischen Innenraumluft und Außenluft über 800 Sporen/m³ liegt. $I_{\Sigma P+A} > A_{\Sigma P+A} + 800$
Andere typische Sporen aus Feuchteschäden Typ *Scopulariopsis* Typ *Acremonium. murorum* Typ *Paecilomyces* Typ *Microascus* Typ *Ascotricha* (Typ *Alternaria, Ulocladium*)	Wenn die Differenz der Konzentration zwischen Innenraumluft und Außenluft nicht über 100 Sporen/m³ liegt. $I_{\Sigma typF} \leq A_{\Sigma typF} + 100$	Wenn die Differenz der Konzentration zwischen Innenraumluft und Außenluft über 100 Sporen/m³ und bis zu 300 Sporen/m³ liegt. $A_{\Sigma typF} + 100 < I_{\Sigma typF} \leq A_{\Sigma typF} + 300$	Wenn die Differenz der Konzentration zwischen Innenraumluft und Außenluft über 300 Sporen/m³ liegt. $I_{\Sigma typF} > A_{\Sigma typF} + 300$
Typische Sporen aus Feuchteschäden mit schlechter luftgetragener Verbreitung Typ *Chaetomium* Typ *Stachybotrys* Typ *Chromelosporium* Typ *Pyronema*	Wenn in der Innenraumluft nicht mehr Sporen als in der Außenluft vorliegen. $I_{typFS} \leq A_{typFS}$	Wenn die Differenz der Konzentration zwischen Innenraumluft und Außenluft bis zu 20 Sporen/m³ liegt.* $A_{typFS} < I_{typFS} \leq A_{typFS} + 20$	Wenn die Differenz der Konzentration zwischen Innenraumluft und Außenluft über 20 Sporen/m³ liegt.* $I_{typFS} > A_{typFS} + 20$
Myzelstücke	Wenn die Differenz der Konzentration zwischen Innenraumluft und Außenluft nicht über 150 Myzelstücken/m³ liegt. $I_{Myzel} \leq A_{Myzel} + 150$	Wenn die Differenz der Konzentration zwischen Innenraumluft und Außenluft über 150 Myzelstücken/m³ und bis zu 300 Myzelstücken/m³ liegt. $A_{Myzel} + 150 < I_{Myzel} \leq A_{Myzel} + 300$	Wenn die Differenz der Konzentration zwischen Innenraumluft und Außenluft über 300 Myzelstücken/m³ liegt. $I_{Myzel} > A_{Myzel} + 300$

Die fünf Zeilen der Tabelle sind nicht als eigenständige Kriterien gedacht, sondern sind in einer umfassenden Auswertung gemeinsam zu betrachten. Die Angaben beziehen sich auf Luftproben, die unter Nutzung oder nutzungsähnlichen Umständen in normalen Wohnräumen ohne Staubaufwirbelung entsprechend DIN ISO 16000-20 genommen wurden (siehe auch Anlage 8).

* Konzentrationen von unter 10 Sporen/m³ bzw. unter 5 Sporen/m³ lassen sich bei einem Probevolumen von 100 l bzw. 200 l auch bei Auswertung der Gesamtspur nicht mit einer ausreichenden statistischen Genauigkeit nachweisen, da erst ab einer Anzahl von 10 Sporen pro Objektträger quantitativ ausgewertet werden kann. Trotzdem kann der Nachweis einzelner Sporen dieser Schimmelpilze ein erster Hinweis auf eine mögliche Innenraumquelle sein.

A Konzentration in der Außenluft in Anzahl Sporen/m³, I Konzentration in der Innenraumluft in Anzahl Sporen/m³

ΣP+A Summe der Sporen vom Typ *Penicillium* und *Aspergillus* ΣtypF = Summe der anderen typischen Sporen aus Feuchteschäden

typFS Sporentypen aus Feuchteschäden mit schlechter luftgetragener Verbreitung

Tabelle 6-6: Bewertungshilfe von Luftproben – Gesamtprobensammlung (Sporen oder Myzelstücke/m³) [UBA2017, Tabelle 10, S. 119]

zu beachten ist, kann im Leitfaden nachgelesen werden.

Große Schäden (Kategorie 3) haben eine hohe Sanierungsdringlichkeit und sollten durch eine Fachfirma behoben werden, da hier auch die Schadensursache zügig beseitigt werden muss. Ferner muss geprüft werden, ob die Sanierung sofort oder mit Verzögerung beginnen kann. Treten Verzögerungen auf, sind Sofortmaßnahmen notwendig, um eine Ausbreitung des Schadens durch Verschleppung etc. zu vermeiden.

Von dieser Regel existieren auch Abweichungen. Hier ein Beispiel: Es handelt sich um einen kleinen Schaden, der Nutzer ist jedoch ein ambulant betreuter Krebspatient. Die Anforderungen an das Wohnumfeld werden nicht durch den »Schimmelleitfaden« abgedeckt, denn diese Wohnung hat die Anforderungen an die Nutzungsklasse I zu erfüllen. Hier greift nicht mehr der Leitfaden. Auskunft über die Anforderungen an das Wohnumfeld von Risikopatienten geben die Publikationen des Robert Koch-Instituts .

Ein weiteres Beispiel: Es handelt sich um einen kleinen Schaden, aber der Nutzer ist Atopiker. Die Wohnung verbleibt in der Nutzungsklasse II, jedoch erhöht sich die Sanierungsdringlichkeit mit der Konsequenz, dass auch der kleine Schaden durch eine Fachfirma beseitigt werden sollte. Diese Abfolge von Feststellungen und Entscheidungen ist im Ablaufschema von Bild 6-1 dargestellt.

Lässt sich die Einteilung in diese Kategorien nicht ohne Weiteres vornehmen, weil versteckte Schäden vorliegen oder aber das Befallsbild nicht eindeutig ist, kommt die Schimmeldiagnostik zum Einsatz.

Die Bewertungshilfen des Leitfadens unterstützen bei der Identifikation der Quellen und bei der Feststellung des Schadensausmaßes (Tabelle 6-5 und Tabelle 6-6). Anhand des Bewertungsschemas für Luftkeimsammlungen kann die Wahrscheinlichkeit abgeschätzt werden, ob eine Innenraumquelle vorliegen kann. Dabei ist zu beachten, dass das Ergebnis nicht nur rein rechnerisch zu bewerten ist, sondern auch die Beobachtungen des Probennehmers vor Ort einzubeziehen sind.

Auch wenn Gattungen und Konzentrationen bestimmt werden, können die Informationen aus der Luftkeimuntersuchung lediglich zur Beschreibung des Schadens herangezogen werden. Die Ableitung einer Gesundheitsgefahr ist nicht möglich.

6.2.3 Anwendung des Leitfadens bei Schimmelschäden in Gewerbeobjekten und an Arbeitsplätzen

Die Vorgehensweise bei Gewerbeimmobilien unterscheidet sich zunächst nicht von der bei Schimmelschäden in Wohn- bzw. Privatgebäuden. Anhand des »Schimmelleitfadens« wird der Schaden identifiziert, das Ausmaß erfasst und die Ursache erforscht. Anschließend wird die Dringlichkeit der Sanierung ermittelt. Unterschiede ergeben sich aufgrund der Tatsache, dass Gewerbeimmobilien Arbeitsplätze bereithalten. Arbeitgeber sind verpflichtet, sicherzustellen, dass von den Arbeitsplätzen keine Gefährdungen für die Arbeitnehmer ausgehen. Das schreibt das Arbeitsschutzgesetz [ArbSchG] vor und wird dann in der Arbeitsstättenverordnung [ArbStättV] umgesetzt. Deshalb muss der Arbeitgeber prüfen, ob durch den Aufenthalt in einem Raum der Nutzungsklasse II mit einem nach »Schimmelleitfaden« festgestellten Schaden eine unzumutbare mikrobielle Belastung für den Arbeitnehmer besteht.

Während in Wohnungen genau dieser Aspekt nicht beurteilt werden kann, greift am Arbeitsplatz auch für den Aufenthalt in schimmelbelasteten Räumen das Kontrollwertkonzept. Anhand von Luftmessungen mit dem Summenparameter KBE/m³ ist zu überprüfen, ob der Technische Kontrollwert (TKW) eingehalten wird. Bei Überschreitung des TKW werden technische, organisatorische und persönliche Schutzmaßnahmen festgelegt [IFA1].

Darüber hinaus gibt es Arbeitsplätze, die für eine Tätigkeit mit biologischen Stoffen ausgelegt sind. Dazu zählen bspw. Labore, Kliniken und Kompostieranlagen. Hier kommt der Arbeitnehmer bei seiner Tätigkeit mit Mikroorganismen direkt in Kontakt und kann sie durch seine Tätigkeit freisetzen. Auch hier muss der Arbeitgeber prüfen, ob Gesundheitsgefährdungen bestehen. Wiederum ausgehend vom Arbeitsschutzgesetz greift nun aber die Biostoffverordnung [BioStoffV].

Die Biostoffverordnung, die an späterer Stelle noch genauer behandelt wird, kann nicht zur Beurteilung eines Schimmelschadens im beruflichen Umfeld herangezogen werden. Sie findet aber sofort Anwendung, wenn ein Schimmelschaden mit Probennahme untersucht und beseitigt wird.

6.3 Abgrenzung unterschiedlicher Bewertungsszenarien

Auf die Schadensfeststellung folgt die Bewertung in seinem speziellen Kontext. Der gleiche Schaden muss in unterschiedlichen Nutzungs- und Rechtsbereichen oftmals unterschiedlich bewertet werden, obwohl gleich große Flächen betroffen sind und auch die gleichen Mikroorganismen ihr Unwesen treiben. Das hat damit zu tun, dass die verschiedenen Bereiche unseres Lebens unterschiedlich gesetzlich geregelt sind. Es wird nicht möglich sein, hier alle Bereiche vollumfänglich darzustellen. Es wird im Folgenden aber eine Auswahl möglicher Szenarien erläutert, die einem Sachkundigen häufig begegnen dürften.

6.3.1 Wohnraum

Wie ein Schimmelpilzschaden im Wohnraum entstehen kann und wie er nachzuweisen ist, wurde bereits ausführlich beschrieben. Nun ist der Schaden erkannt und muss durch den Sachverständigen bewertet werden. Der »Schimmelleitfaden« findet Anwendung und der Sachverständige stellt fest, dass ein mittelfristiger oder sogar unmittelbarer Sanierungsbedarf besteht. Im Grunde ist dann schon fast alles getan: Aus dieser Bewertung des Schimmelschadens in einem Wohnraum wird der Sachverständige Erstmaßnahmen ableiten und gegebenenfalls Aussagen zur Schadensursache treffen. Eine Bewertung der Zumutbarkeit eines Schimmelschadens oder der daraus resultierenden Auswirkungen auf die Gesundheit kann nicht vorgenommen werden, da hierfür keine rechtlichen Grundlagen bestehen.

Ein Sachkundiger kann und sollte in solchen Fällen darauf verweisen, dass mikrobielle Schäden in Wohnräumen im Sinne der Innenraumhygiene bedenklich sind und vorsorglich entfernt werden sollten, um gesundheitlichen Beeinträchtigungen vorzubeugen. Daraus lässt sich allerdings noch keine Sanierungsverpflichtung oder ein Sanierungsanspruch ableiten, denn es gibt kein Gesetz zum gesunden Wohnen. Begriffe wie Zumutbarkeit sind nicht definiert und müssen im Einzelfall belegt werden.

Die Feststellung der Sanierungsdringlichkeit kann jedoch im Rahmen eines Mietverhältnisses relevant werden. Hier greift mit dem Bürgerlichen Gesetzbuch [BGB] die Hauptpflicht des Vermieters zur Gewährung eines mangelfreien Gebrauchs sowie die ihm zuzuordnende Fürsorgepflicht [§ 535 BGB]. Wird also eine Sanierungsdringlichkeit festgestellt, erwächst dadurch die Verpflichtung des Vermieters, den Schaden zu beseitigen, um die Mietsache zu erhalten. Gleichzeitig ergibt sich daraus auch die Pflicht des Mieters, notwendige und fachgerechte Sanierungsmaßnahmen zu dulden [§ 554 I BGB].

Einige Bundesländer verfügen mittlerweile über ein Wohnungsaufsichtsgesetz, um Vermieter an ihre Verpflichtungen zu erinnern. Hier wird Schimmel als wohnlicher Mangel beschrieben, ohne den Begriff allerdings näher zu definieren. Somit bleibt es auch hier Aufgabe des Sachverständigen, durch die Beschreibung des Schadens die Grundlagen zu schaffen, die es den Verantwortlichen ermöglichen, Zumutbarkeiten zu definieren.

6.3.2 Kitas und Schulen

Schimmelpilzschäden in Gebäuden, in denen sich Kinder aufhalten, sind immer besonders brisant. Dabei sind neuesten Untersuchungen zufolge Kinder und sogar Kleinstkinder nicht wesentlich stärker gefährdet als Erwachsene. Dennoch bedarf es im Zusammenhang mit Kindern einer besonderen Sorgfaltspflicht.

Gerade in Bezug auf Schulkinder wird häufig hervorgehoben, dass Schimmelpilzbelastungen aufgrund der erhöhten Stressbelastung durch die Schule stärker zu Befindlichkeitsstörungen führen können, als dies üblicherweise der Fall wäre. So wurde bei einer Reihenerhebung des UBA festgestellt, dass ca. 8,3 % der Kinder im Alter zwischen 0 und 14 Jahren Sensibilisierungen und Allergien zeigten, während es bei einer vergleichbaren Erwachsenengruppe nur 5 % waren [La2]. Wenn dann, aus welchen Gründen auch immer, vermehrt Erkrankungen unter den Schülern auftreten, kochen die Emotionen hoch und es wird schwierig neben den enormen Anforderungen an Feinfühligkeit und Diplomatie die bautechnischen Fragestellungen abzuarbeiten.

Daher sollte grundsätzlich bei der Begutachtung eines Schimmelpilzschadens in einer Schule oder Kita zunächst abgeklärt werden, wer der Auftraggeber ist und welche Zuständigkeiten zu berücksichtigen sind. Der Hintergrund ist, dass Schulen und Kindergärten in öffentlicher Trägerschaft dem Landesrecht des jeweiligen Bundeslandes unterliegen. Unbedingt zu beachten ist, dass das Hausrecht vom Träger der Einrichtung ausgeht und Eltern bei aller Sorge nicht eigenmächtig eine Probennahme veranlassen dürfen. Ortstermine sind nur mit Zustimmung des Trägers vorzunehmen, am besten in dessen Beauftragung. Weiterhin sollte im Vorfeld abgeklärt werden, wer entscheidungsberechtigt ist und wer noch informiert werden muss, z. B. das Gesundheitsamt oder auch andere Behörden. Sind diese Punkte geklärt und alle Beteiligten mit dem Vorgehen des Sachverständigen oder Ausführenden einverstanden, kann es mit der Ortsbegehung und Sanierungsplanung losgehen. Welche Schäden gerade in Schulen und Kitas auftreten, haben wir in Kapitel 4.5 bereits erarbeitet. Die Herangehensweise und Bewertung des Schimmelpilzschadens unterscheidet sich ansonsten nicht vom routinemäßigen Vorgehen:

1. Schaden feststellen,
2. Sanierungsbedarf ermitteln,
3. Ursachen benennen,
4. Erstmaßnahmen ergreifen.

Damit ist es jedoch noch nicht getan, denn zusätzlich zur Schadensfeststellung muss bewertet werden, ob eine Gesundheitsgefährdung vorliegt. Es ist zu berücksichtigen, wie und in welchem Umfang Mitarbeiter und Schüler mit biologischen Agenzien in Kontakt kommen und welche gesundheitlichen Gefährdungen dabei auftreten können. Dies kann jedoch für die Betroffenen individuell unterschiedlich sein. Für Angestellte muss geprüft werden, ob die Anforderungen der Arbeitsstättenverordnung erfüllt sind. Hier kommt wieder der Begriff der Zumutbarkeit ins Spiel. Wie auch in Wohnräumen können hierzu meist nur allgemeine Aussagen gemacht werden, wozu der Technische Kontrollwert herangezogen werden kann.

Anders sieht es aus bei den Beamten und Schülern. Da aufgrund der staatlichen Fürsorgepflicht gegenüber Beamten sowie Schülern gebunden an die allgemeine Schulpflicht eine Individualbetrachtung notwendig ist, kann nicht auf allgemeine Gesundheitsrisiken zurückgegriffen werden, die z. B. in Formulierungen wie »... stellt für Normalgesunde keine Gefährdung dar.« Ausdruck finden. Es ist an dieser Stelle unvermeidlich, Gesundheitsämter und Umweltmediziner miteinzubeziehen. Bei den Eltern hingegen darf man sich wieder auf die eingängigen Formulierungen des »Schimmelleitfadens« berufen [Le2].

Werden im Zuge der Sanierungsplanung erste Maßnahmen ergriffen, ergeben sich verständlicherweise ebenfalls Besonderheiten. Beispielsweise kann eine Sanierung möglicherweise erst in den Schulferien stattfinden. Ist das nicht möglich, müssen Ersatzräume und Zugänge organisiert werden. Es muss ein Wegekonzept erarbeitet werden und ggf. müssen Räume vorsorglich gesperrt werden. Lehrer wie Schüler müssen entsprechend belehrt und unterwiesen werden.

Besonderheiten ergeben sich auch bei den Arbeitsphasen Feinreinigung und Wiederaufbau. Nach der Sanierung ist in jedem Fall eine Feinreinigung durchzuführen. Auf Biozidbehandlungen sollte verzichtet werden. Gerade in Schulen dürfen Desinfektionsmittel nur im Seuchenfall und auf Anordnung des Gesundheitsamtes eingesetzt werden. Der Hintergrund ist leicht erklärt: Auf diese Weise soll sichergestellt werden, dass in einem akuten Seuchenfall noch ausreichend wirksame Mittel zur Verfügung stehen [UBA2008].

Der Feinreinigung in Schulen kommt eine besondere Bedeutung zu. In der bereits zitierten Studie über die Sensibilisierung von Kindern wurde festgestellt, dass besonders bei den Kindern, die im unmittelbaren Umfeld einer Gebäudesanierung aufwuchsen, eine sehr starke Häufung von Sensibilisierung gegenüber Schimmelpilzen auftrat [La2]. Die Autoren erklären, dass dies einerseits erworbene Sensibilisierungen aufgrund von Schimmelschäden seien, andererseits wiesen sie aber auch darauf hin, dass die Sanierung an sich und die damit verbundene Freisetzung vorhandener Schadstoffe und verwendeter Chemikalien ebenfalls Auslöser von Sensibilisierungen darstellen könnten.

Für den Wiederaufbau sollten emissionsarme Produkte verwendet werden. Ist das aber aus bautechnischen Gründen nicht möglich, muss für eine ausreichende Lüftung gesorgt werden. Für Schulen gilt ein VOC-Minimierungsgebot, es gibt sogar einen TVOC-Grenzwert (TVOC = Total Volatile Organic Compounds, dt. Gesamtflüchtige Organische Verbindungen), der nicht überschritten werden darf. Anti-Schimmel-Farben dürfen in Schulen nicht zum Einsatz kommen. Die erfolgreiche und nachhaltige Beseitigung von Schimmelpilzschäden in Schulgebäuden ist erst abgeschlossen, wenn auch ein passendes Lüftungs- und Reinigungskonzept vorgelegt wird, da sonst der gesamte Aufwand nicht zielführend sein wird.

Weiterführende Hinweise zum Thema »Schimmel in Schulen« enthält der *Leitfaden für die Innenraumhygiene in Schulgebäuden* des Umweltbundesamtes von 2008 [UBA2008].

Für Kitas gelten nochmals andere Maßgaben. Zwar laufen die Schadensermittlung und die Feststellung der Sanierungsdringlichkeit genauso ab wie auch in Schulen, jedoch orientieren sich die daraus resultierenden Aussagen wiederum an der Beurteilung von Schimmelpilzschäden in Wohnräumen. Auch wenn man davon ausgehen würde, dass insbesondere bei Kleinst- und Kleinkindern die Sorgfaltspflicht besonders hoch sein müsste, sagen anerkannte Umweltmediziner, dass die Gefährdung von Kleinstkindern nicht größer ist als die von Erwachsenen, auch wenn deren Immunsystem noch nicht vergleichbar voll entwickelt und trainiert ist. Auch sieht die juristische Bewertung anders aus. Während eine öffentliche Fürsorgepflicht bei allgemeiner Schulpflicht besteht, wird die Unterbringung von Kleinkindern – trotz Anspruch auf einen Kita-Platz – genauso wie das Wohnen als reine Privatsache auf freiwilliger Basis eingestuft. Für die Angestellten wiederum gilt die Arbeitsstättenverordnung [Le2]. Sollen nach der Schimmelbeseitigung die Räume wieder hergestellt und dazu geeignete Baustoffe ausgewählt werden, so kann auch hier der bereits zitierte *Leitfaden für die Innenraumhygiene in Schulgebäuden* des Umweltbundesamtes von 2008 angewendet werden [UBA2008].

6.3.3 Krankenhäuser und Pflegeeinrichtungen

Auch wenn der »Schimmelleitfaden« nicht für Räume der Nutzungsklasse I (Spezielle sehr hohe Anforderung wegen individueller Disposition) gilt, um die es in diesem Abschnitt geht, kann die Schadensfeststellung dennoch analog erfolgen.

Schäden in medizinischen Einrichtungen verstecken sich oft hinter Einbauten. Dabei muss auch mit einer erhöhten Gefährdung durch Krankheitserreger gerechnet werden, wenn zum Beispiel Dialysatleitungen defekt sind (Bild 6-2).

Bei der Begutachtung von Schimmelschäden in medizinischen Einrichtungen ist der Umgebungsschutz bei Bauteilöffnungen und Probennahmen besonders wichtig, weil Risikopatienten bereits durch wenige freigesetzte Keime (neben Schimmel auch andere Keime, siehe Bild 6-2) gefährdet werden können und auch eine Kontamination der Medizintechnik unbedingt vermieden werden muss. Daher sollten Räume nicht untersucht werden, solange sich Patienten darin aufhalten. Während der Untersuchung sollten die Räume beräumt oder Geräte und Betten gesichert sein (Bild 6-3).

Abweichend zur Schadensfeststellung werden jedoch die Bewertung und die sich daraus ableitenden Maßnahmen nicht mehr durch den »Schimmelleitfaden« abgedeckt.

Für Räume der Nutzungsklasse I sind die Zuständigkeiten sowohl über den Bund als auch bundeslandspezifisch geregelt. Die Krankenhaushygiene ist in § 23 des Infektionsschutzgesetzes verankert, und zwar einfacherweise durch Delegation an das Robert Koch-Institut (RKI). Dieses hat eigens eine Kommission für Krankenhaushygiene und Infektionsprävention, kurz KRINKO, einberufen, die nun

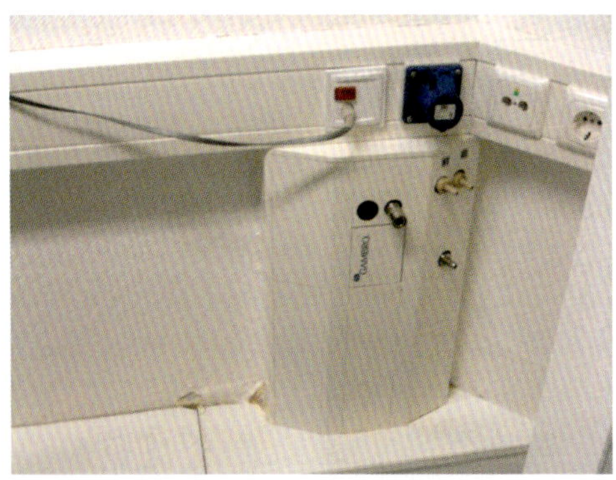

Bild 6-2: Versteckte Gefährdung durch Schimmel und Krankheitserreger an defekter Dialysatleitung.

die Hygiene-Richtlinie des RKI [RKI6] herausgegeben hat. Diese Hygiene-Richtlinie muss seit 2012 als bundesweite Krankenhaushygieneverordnung auf Landesebene in Form des Landeskrankenhausgesetzes umgesetzt werden. Darin sind die baulichen und technischen Einrichtungen geregelt, aber auch die Ausbildung von Hygienefachkräften. Sinngemäß gilt das Landeskrankenhausgesetz ebenso für niedergelassene Praxen. Es ist schwierig, genau zu überblicken, welche Vorschriften in den verschiedenen Bundesländern jeweils aktuell gültig sind. Zum Beispiel legt das Landeskrankenhausgesetz von Mecklenburg-Vorpommern zur Krankenhaushygiene sehr detailliert fest [LKHG-MV, § 30, Absatz 2]:

»Die Krankenhausträger sind verpflichtet, sich bei der Planung von Neubauten und von wesentlichen Umbauten durch das Landesamt für Gesundheit und Soziales in hygienischer Hinsicht beraten zu lassen. Der Behandlung von Patientinnen und Patienten dienende Neubauten und wesentliche Umbauten von Krankenhausgebäuden dürfen nur in Betrieb genommen werden, wenn sie in krankenhaushygienischer Sicht dem anerkannten Stand der Wissenschaft und Technik entsprechend gebaut sind und vom Landesamt für Gesundheit und Soziales

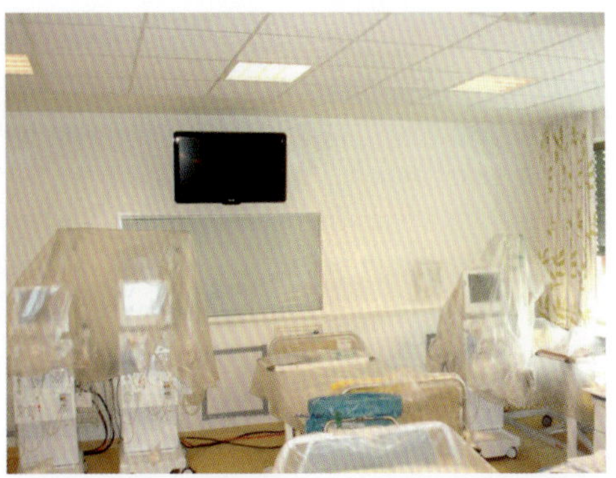

Bild 6-3: Bei der Begutachtung von Schimmelschaden in medizinischen Einrichtungen sollten die Räume beräumt oder Geräte und Betten gesichert sein.

bestätigt worden ist, dass sie den krankenhaushygienischen Anforderungen entsprechen. Eine solche Bestätigung darf nicht erfolgen, wenn die Beratung nicht erfolgt ist oder krankenhaushygienischen Anforderungen nicht entsprochen wurde. Die baufachliche Prüfung ist dann nicht abzuschließen.«

Im Landeskrankenhausgesetz von NRW steht hingegen nichts Vergleichbares [KHGG-NRW]. Stattdessen findet sich darin ein pauschaler Hinweis auf die Verordnung über die Hygiene und Infektionsprävention in medizinischen Einrichtungen [HygMedVO], die wiederum auf die Hygienekommissionen der einzelnen Einrichtungen verweist, die sich ihrerseits an den Veröffentlichungen des Robert Koch-Instituts orientieren müssen. Damit sind die Vorgaben für den Schimmelsachverständigen ziemlich unübersichtlich.

Zusammenfassend kann festgehalten werden, dass bei einer Sanierung von Schimmelpilzschäden in Krankenhäusern immer eine Individualbetrachtung erforderlich ist und berücksichtigt werden muss, dass Personengruppen betroffen sind, die im Sinne der Hygiene und Gesundheitsvorsorge als Risikogruppe eingestuft werden und besonderer Schutzmaßnahmen bedürfen. Diese Schutzmaßnahmen weichen erheblich von den Maßnahmen im »Schimmelleitfaden« ab. Sinnvoll ist es, die Veröffentlichungen des Robert Koch-Instituts heranzuziehen [RKI2 bis RKI6]. Unabhängig vom Bundesland ist man damit immer auf der sicheren Seite. Das RKI hat in einer Reihe von Veröffentlichungen die Anforderungen beschrieben, die an die baulichen Gegebenheiten in Kliniken und an das persönliche Wohnumfeld von Patienten nach der Entlassung gestellt werden. Anhand dieser Angaben kann auch für Risikopatienten eine fachkundige und handwerklich einwandfreie Sanierung durchgeführt werden.

Ein weiterer Unterschied zur Schimmelsanierung in Privatwohnungen oder -häusern ist, dass in Krankenhäusern ein staatlich geprüfter Desinfektor dafür zuständig ist, hauptsächlich nach Infektionskrankheiten, aber auch bei mikrobiologischen Problemen die Desinfektion und Entwesung vorzunehmen. Üblicherweise sind Desinfektoren beim Gesundheitsamt, aber auch in Krankenhäusern angestellt, was wiederum landesrechtlich geregelt ist.

Beim Wiederaufbau sollte – wie bereits erwähnt – den Ausführungen des Robert Koch-Instituts gefolgt werden. Dabei lässt sich das RKI vor Ort gern durch die zuständigen Landesgesundheitsämter, Landeshygieneinstitute bzw. Landesämter für Gesundheit und Soziales vertreten. Diese legen also die dem Stand der medizinischen Wissenschaft entsprechenden Maßnahmen fest, überwachen diese und nehmen letztlich auch die Bauleistung unter diesem Aspekt ab. Auch hier sind die üblichen Punkte zu berücksichtigen:

- ein sorgsamer und mit den Verantwortlichen abgesprochener Einsatz von Desinfektionsmitteln,
- eine fachkundig durchgeführte Feinreinigung,
- die Verwendung emissionsarmer Baustoffe,
- die Schaffung hochglatter, leicht zu reinigender chemikalien- und desinfektionsmittelstabiler Oberflächen.

Auch Arztpraxen haben einen öffentlichen Versorgungsauftrag und unterliegen daher ebenfalls der Krankenhaushygieneverordnung, die landesrechtlich umgesetzt wird. In Mecklenburg-Vorpommern unterliegen sogar alle niedergelassenen Heilberufe den Anordnungen des Landesamtes für Gesundheit und Soziales

(LAGUS), in NRW der hauseigenen Hygienekommission.

Die Bewertung der Schimmelschäden in den Praxen niedergelassener Ärzte hat zunächst analog der Begutachtung von Wohnräumen zu erfolgen (also vergleichbar mit der Situation in Kindergärten). Damit ergibt sich für den Sachverständigen oder Ausführenden keinerlei Handlungsspielraum, um erkennbare Missstände, z. B. beim Gesundheitsamt, anzuzeigen, wenn dies nicht durch die Landesregelungen abgesichert ist. In einem solchen Fall bleibt nur die Bedenkenanmeldung beim Auftraggeber. Eine äußerst unbefriedigende Situation, zumal gerade in Praxen häufig nachlässig mit Schimmelpilzschäden umgegangen wird. Dies kann umgangen werden, indem der Sachverständige dem Auftraggeber von vornherein deutlich macht, dass die Gesundheitsämter etc. miteinbezogen werden sollten.

6.3.4 Lebensmittelbereich

Der Lebensmittelsektor ist für den Schimmelgutachter am einfachsten, denn in diesem Bereich ist EU-weit alles sehr stringent durch Gesetze und Verordnungen geregelt. Zuständig für die Umsetzung sind häufig die Veterinärämter.

Vorteil der vielen Verordnungen, Normen etc. ist, dass detailgenau vorgeschrieben ist, wie hygienische Oberflächen auszusehen haben. Dies gilt für den umhüllenden Baukörper in gleicher Weise wie für die Lebensmittelmaschinen selbst. Ziel ist die Vermeidung von mikrobiellen Belastungen durch bauliche/konstruktive, organisatorische und persönliche Maßnahmen. Unter organisatorischen Maßnahmen sind hier das Betriebsregime, Reinigungs- und Wartungsvorgaben, das Monitoring, aber auch Wege- und Lüftungskonzepte zu verstehen. Die persön-

Rechtsvorschriften im Lebensmittelbereich

Richtlinie 2006/42/EG (Maschinenrichtlinie) der Europäischen Union beziehungsweise deren Umsetzung in deutsches Recht:

- das Gesetz über die Bereitstellung von Produkten auf dem Markt – Produktsicherheitsgesetz (ProdSG) und die Maschinenverordnung (9. ProdSV) sowie die zugehörigen Verordnungen, in denen die allgemeinen Grundsätze und Anforderungen des Lebensmittelrechts festgelegt sind,
- Verordnung (EG) Nr. 178/2002 des Europäischen Parlaments und des Rates vom 28. Januar 2002 zur Festlegung der allgemeinen Grundsätze und Anforderungen des Lebensmittelrechts, zur Errichtung der Europäischen Behörde für Lebensmittelsicherheit und zur Festlegung von Verfahren zur Lebensmittelsicherheit,
- Verordnung (EG) Nr. 852/2004 über Lebensmittelhygiene,
- Verordnung (EG) Nr. 1935/2004 Materialien und Gegenstände, die dazu bestimmt sind mit Lebensmitteln in Berührung zu kommen,
- Lebensmittel-, Bedarfsgegenstände und Futtermittelgesetzbuch (LFGB), Betriebssicherheitsverordnung (BetrSichV),
- Lebensmittel-Hygieneverordnung (LMHV),
- DIN EN 1672-2:2005 Nahrungsmittelmaschinen – Allgemeine Gestaltungsleitsätze – Teil 2: Hygieneanforderungen,
- DIN ISO 14159:2008 Sicherheit von Maschinen – Hygieneanforderungen an die Gestaltung von Maschinen.

lichen Maßnahmen umfassen die Aus- und Weiterbildung der Mitarbeiter sowie deren persönliche Hygiene und Schutzausrüstung.

Ein wesentliches Augenmerk kommt der Gestaltung von Bauteiloberflächen zu. Dies gilt auch für die Gebäudehülle. Deshalb müssen den anerkannten Regeln zufolge Bauteiloberflächen so konzipiert und gebaut sein, dass:

»(...) sie reinigungsfähig, frei von Defekten wie Löchern, Falten, Rissen und Spalten sind. Sie müssen leicht reinigbar und erforderlichenfalls desinfizierbar und zur Reinigung zugänglich sein. Sie haben eine glatte Oberfläche, sind durchgehend oder versiegelt und derart ausgeführt, dass keine, das Lebensmittel nachteilig beeinflussende Stoffe (Biofilme und Mikroorganismen), in kleinen Spalten oder Vertiefungen verbleiben können, aus denen sie schwer zu entfernen sind und die so die Gefährdung einer Kontamination darstellen«. [2006/42/EG, EHEDG, Do8]

Bei der Begutachtung reicht es bereits, Undichtigkeiten aufzudecken, die zu Feuchteschäden und damit zu Schimmel führen könnten, wie bei den Beispielen in Bild 6-4 und Bild 6-5. Es muss dazu kein Schimmel nachgewiesen werden.

Die baulichen Anforderungen richten sich nach der Sensibilität der Produkte, also nach dem Produktionsprozess und den damit verbundenen Bedürfnissen an steriler Umgebung und keimarmer Luft. Da in der Lebensmittelindustrie meist bei hohen Temperaturen, extrem hohen Luftfeuchten und verständlicherweise mit genügend Futterquellen produziert wird, sind Schimmelpilzbefälle keine Seltenheit, auch wenn das Hygienemanagement insgesamt in Ordnung ist. Deshalb kommt den baulichen Gegebenheiten besondere Bedeutung zu. So ist geregelt, dass Türen, Tore etc. so zu gestalten sind, dass kein Regenwasser eindringen kann, die Zuwege müssen also ein Gefälle haben. Das Gebäude selbst muss luftdicht sein (Bild 6-4). Um kleinere Undichtigkeiten auszugleichen, werden hochsensible Bereiche unter Überdruck gesetzt, damit von außen keine Mikroorganismen eindringen können. (Im Gegensatz dazu wird im Sanierungsfall mit Unterdruck gearbeitet.)

Der Baukörper soll unter anderem glatte, versiegelte bzw. geschlossene Oberflächen auf-

Bild 6-4: Undichtigkeiten in der Gebäudehülle in einer Produktionshalle (Abfüllung von Schüttgütern): Regenwasser kann eindringen, aber auch Schadorganismen; auf dem Fußboden sind bereits Feuchteschäden erkennbar.

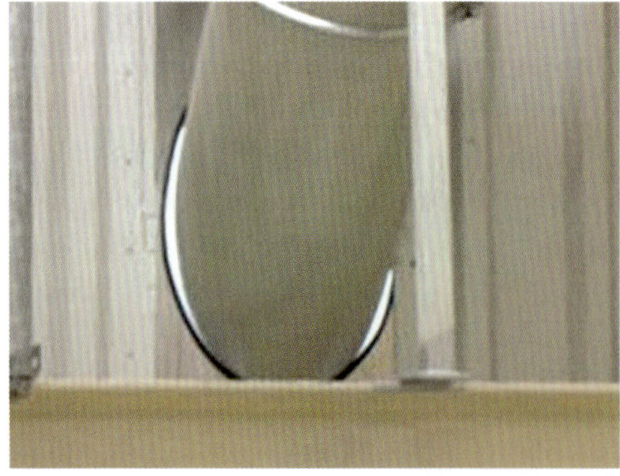

Bild 6-5: An dieser undichten Rohrdurchführung können Regenwasser, Schmutz und Schadorganismen in die Halle eindringen.

weisen. Unverputztes Mauerwerk oder offenporige Putze sowie Sichtbeton sind nicht (mehr) zulässig. Gleiche Anforderungen gelten für Fußböden, die nicht mit Fliesen, sondern mit Industriebelägen ausgestattet werden müssen.

Ein besonderes Problem ist die Kondensatbildung an Rohrleitungen. Daher müssen Rohrleitungen vollständig mit Edelstahl isoliert werden oder aber es müssen vakuumisolierte Doppelrohre zum Einsatz kommen. Aluminiumkaschierte Mineralwolldämmungen dürfen nicht verwendet werden. Wird ein Dämm- oder Isoliermaterial verwendet, ist sicherzustellen, dass dieses keine Chloride enthält [2006/42/EG, EHEDG, Do8]. Da es im Lebensmittelbereich quasi dauerfeucht ist, muss sichergestellt werden, dass die verbauten Materialien keine korrosiven Stoffe freisetzen und nicht selbst korrodiert werden, denn Korrosion begünstigt mikrobielles Wachstum.

Insgesamt sind die Anforderungen im Lebensmittelbereich als sehr viel strenger einzustufen. Hier geht es weniger um die Fragestellung, ob ein Schimmelpilzschaden bereits besteht oder sichtbar ist, sondern vielmehr darum, ob ein Schaden entstehen könnte. Den oben aufgeführten Richtlinien zufolge sind bereits bauliche oder materialtechnische Zustände, die zu Schimmel führen könnten, nicht zulässig.

Des Weiteren sind die Innenraumluftwerte aufgrund der Lüftungskonzepte und der Überdruckhaltung nahezu unabhängig von der Außenluft. Innerhalb der Hygienerisikobewertung müssen die Lebensmittelhersteller eigene Grenzwerte für die Innenraumhygiene festlegen. Diese können einfach überprüft und verglichen werden.

Ein weiterer Unterschied ist die Schadensfeststellung auf Auftraggeberseite. Üblicherweise werden erhöhte Kennzahlen und mikrobielle Auffälligkeiten in den produzierten Lebensmitteln bei Routineuntersuchungen festgestellt. Finden sich dabei sogenannte produktassoziierte Keime in der Überzahl, kann die Ursache bei einer mangelhaften Maschinenhygiene liegen. Werden typische Außenluftkeime festgestellt, kann sowohl eine Undichtigkeit als auch eine falsche Lagerung oder unzureichende Eingangskontrolle die Ursache für den Infektionsherd sein.

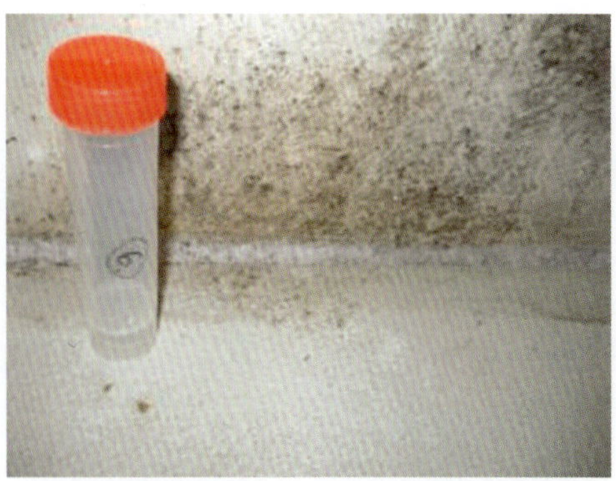

Bild 6-6 und Bild 6-7: Auf den Detailaufnahmen zu Bild 6-4 ist im Bereich der undichten Gebäudehülle bereits Schimmelwachstum erkennbar.

Natürlich treten auch im Lebensmittelbereich massiv verschimmelte Bauteile und Wände auf. Hilfreich sind bei der Bewertung des Baukörpers die Dokumente der European Hygienic Engineering and Design Group (EHEDG). Die 32 Dokumente (Docs, Guidelines) in deutscher Sprache geben für alle konstruktiven Bereiche klare Materialvorgaben und Anforderungen vor. Doc 8 stellt einen allumfassenden, sehr übersichtlichen Katalog [EHEDG Doc 8] dar, der bei einer Bewertung der Bausubstanz herangezogen und wie eine Checkliste abgearbeitet werden kann. Die Dokumente gelten als anerkannte Regel der Technik und sind vor Gericht erfolgreich verwertbar.

Kritisch zu bewerten ist manchmal der Umgang mit Desinfektionsmitteln im Lebensmittelbereich. Desinfektion gehört hier zum Tagesgeschäft und wird entsprechend großzügig durchgeführt. Aufgrund der falschen Annahme, dass steriler Schmutz unschädlich sei, werden mikrobielle Befälle oftmals nicht entfernt, insbesondere, wenn das Produkt nochmals erhitzt werden muss. Der sachkundige Schimmelpilzbekämpfer wird entgegnen, dass auch sterile Verschmutzungen unhygienisch sind, selbst wenn kein Infektionspotenzial vorhanden ist. Denn die sensibilisierenden Eigenschaften bleiben erhalten. Hier kommt außerdem zum Tragen, was bereits in Kapitel 4 zum Thema Biokorrosion ausgeführt wurde. Gerade auf metallischen Oberflächen kann es auch durch abgetötete Biomasseablagerungen zu Korrosion unter Belägen kommen. Korrosionsschäden sind aber wiederum Brutstätten für Bakterien und Pilze, da Korrosionsmulden und Spalten nicht ausreichend gereinigt werden können. Deshalb muss auch steriler Schmutz entfernt werden, insbesondere im Lebensmittelbereich.

6.3.5 Archive und Museen

Schimmelpilze und Bakterien können in Archiven und Museen großen Schaden anrichten. Mikrobielle Belastungen, ob nun durch aktiven Befall oder massive Kontamination, führen dazu, dass Mitarbeiter und Besucher erhöhten Schimmelpilzkonzentrationen ausgesetzt werden, befallene Sammlungsstücke nicht für Ausstellungen zur Verfügung stehen oder aber Fundstücke, Papiere und Akten durch Mikroorganismen unwiderruflich zerstört werden. Leider ist Letzteres sehr häufig der Fall.

Wer mit einem derartigen Schaden konfrontiert wird, muss im Vergleich zu Schimmelpilzschäden in Wohnräumen eine andere Hierarchie in der Bewertungsabfolge berücksichtigen. Zu solchen Fällen wird man in der Regel nicht in erster Linie gerufen, um die Bausubstanz zu bewerten, denn in der Regel wissen bereits alle Beteiligten, dass die heute zur Verfügung stehenden Magazine, Depots und Archive in großen Teilen nicht für die Lagerung von sensiblen Funden und Archivgut geeignet sind, sondern mangels besserer Alternativen dazu genutzt werden [Me28].

Aufgabenstellung ist demnach nicht nur die Bewertung des substanziellen Schadens, sondern auch seine Bewertung gemäß der Biostoffverordnung. Denn hier geht es neben dem Aufenthalt in einem schimmelbelasteten Archiv, der unter die Arbeitsstättenverordnung fallen würde, auch um den Umgang mit schimmelbelastetem Archivgut. Tätigkeiten, bei denen Mikroorganismen (Biostoffe) freigesetzt werden, sind der Biostoffverordnung zuzuordnen. Also sind gleich drei Aspekte zu berücksichtigen.

Oftmals hat man es jedoch nicht nur mit Biostoffen zu tun: Da man dem altbekannten Problem der Schimmelpilze und anderer Schädlinge in Depots in früheren Zeiten häufig mit der chemischen Keule begegnet ist, kann dort neben einer hohen Konzentration an Mikroorganismen auch eine massive Belastung mit Pestiziden wie DDT oder Schwermetallen (Quecksilberverbindungen, Arsen etc.) festzustellen sein. Somit ist zusätzlich auch die Gefahrstoffverordnung heranzuziehen.

Somit ergeben sich neue Probleme, die erkannt und vor der Öffentlichkeit sensibel behandelt werden müssen. Es gilt, vor dem Hintergrund verschiedener Behörden und Zuständigkeiten, fehlender Gelder und chronisch schlecht ausgestatteter Depots und Magazine, dennoch eine gute Lösung zum Schutz der Mitarbeiter und zum Erhalt der Kulturgüter zu finden. Erst im nächsten Schritt geht es um die Bausubstanz.

Im Folgenden werden Fachbegriffe aus dem Bereich des Archivwesens verwendet. Die wichtigsten Begriffe wie Archivgut, Fundstücke, archäologische Artefakte, Magazin und Depot sollen hier kurz erläutert werden. Diese Definitionen sind den Technische Regeln für Biologische Arbeitsstoffe TRBA 240 *Schutzmaßnahmen bei Tätigkeiten mit mikrobiell kontaminiertem Archivgut* und Dokumenten öffentlich-rechtlicher Stellen entnommen [BKK1, We2]:

Als Archivgut (Archivalien) gelten insbesondere Urkunden, Akten, Amts- und Geschäftsbücher, Druckschriften, Karten und Pläne, Zeichnungen und Plakate, Bild- und Tondokumente, elektronische Datenträger, Siegel, Petschafte/Typare, Stempel, Nachlässe und Sammlungen.

Archive sind Einrichtungen und Teile von Einrichtungen, die sich vorrangig mit der Erfassung, Übernahme, Verwahrung, Erhaltung und Nutzbarmachung von Schriftgut befassen, das auf Dauer zu sichern ist.

Magazine bezeichnen den Teil eines Archiv- oder Verwaltungsgebäudes, in dem das Archivgut lagert. Depots hingegen sind den Archiven vergleichbare Einrichtungen, beziehen sich aber auf Museen und verwahren im Wesentlichen Funde und Archivgut, die jederzeit entnommen und in einer Ausstellung präsentiert werden können.

Funde und Artefakte haben einen archäologischen Hintergrund. Artefakte sind durch Menschen hergestellte Gegenstände, wie zum Beispiel Schmuck, Keramik oder Waffen, während unter Funden auch Begräbnisfelder oder Knochenreste in Jauchegruben etc. verstanden werden. Da in den später noch ausführlich beschriebenen technischen Regeln eine Aufzählung der unterschiedlichen Kulturgüter zu aufwendig erscheint, wird gern auf den Begriff Archiv-, Depot- und Magazingut (ADM-Gut) zurückgegriffen [TRBA240].

6.3.5.1 Schadensbilder

Mikroorganismen haben im Dornröschenschlaf der Depots und Magazine alle Zeit der Welt, um massive Befälle auszubilden. Dabei kann oftmals festgestellt werden, dass die Archivalien deutlich stärker befallen und beschädigt sind, während wenige bis keine Befallsereignisse an der Bausubstanz nachweisbar sind. Das ist nicht ungewöhnlich, da archäologische Funde, aber auch Akten, Bilder und Grafiken leicht zu besiedeln sind und es schließlich eine grundlegende Aufgabe von Mikroorganismen ist, totes biologisches Material abzubauen. Die Verfügbarkeit an organischen, leicht abbaubaren Bestandteilen, wie Papier, Cellulose, pflanzliche und tierische Leime, ist in Archiven enorm hoch. Daneben gibt es reichlich Lehmfunde, Holzartefakte und Lederreste. Auch nehmen diese Materialien viel Feuchtigkeit auf und bieten Mikroorganismen ideale Lebensbedingungen. Immer wieder kann beobachtet werden, dass auch Gold- und Messingfunde sowie Artefakte aus Eisen mit einem Flausch aus Mikroorganismen überzogen sind; auch Keramiken sind betroffen. Es scheint, als gäbe es nichts, wovor Pilze und Bakterien Halt machen würden. Einzig Knochen werden von Pilzen und Bakterien nicht befallen [Me28]. Vermutlich sind diese aufgrund ihrer hochporösen Struktur einfach zu trocken und wirken dank der zurückbleibenden, rein mineralischen Zusammensetzung (Calciumphosphat) befallshemmend.

Doch nicht nur die archäologischen Artefakte sind betroffen. Befälle werden oftmals daran erkannt, dass Fundkartons und die beiliegende Dokumentation (Fundzettel) einen Schimmelpilzbefall zeigen. Beim Öffnen der Kartons und Fundbeutel wird die mikrobielle Zerstörung entdeckt. Erhöhte Raumluftfeuchten lassen sich dabei bereits gut an kleinen Details ausmachen. Zeigen die Heftklammern der Fundkartons z. B. leichte Rosterscheinungen, sollte die Raumluftfeuchte dringend überprüft werden.

6.3.5.2 Schadensursachen

Die Schadensursachen sind leicht zu benennen: Hohe Feuchtelasten treffen auf ausreichend Nährstoffe und keimfähige Sporen. Im Depot oder Magazin lassen sich die Ursachen wie folgt zusammenfassen:

- ungeeignete Bausubstanz,
- fehlende Klimaregelung,
- Überfüllung,
- keine mikrobielle Eingangskontrolle der Funde, Akten oder Kulturgüter,
- keine oder nicht ausreichende Konservierung der Fundstücke,
- fehlende Aufmerksamkeit/Sensibilisierung der Mitarbeiter.

Die Bausubstanz vieler Depots und Archive lässt deutlich zu wünschen übrig. Feuchte Keller, Undichtigkeiten am Bauwerk, fehlende Beheizbarkeit und Klimatisierung, keine Lüftungsmöglichkeiten und nicht ausreichende Bauteiloberflächentemperaturen sind nur ein kleiner Auszug aus den vorfindbaren Gegebenheiten. Oftmals fehlt es an geeignetem Raum, sodass Notdepots eingerichtet werden, die, zunächst kurzfristig geplant, dann doch zur Dauerlösung werden. So schreibt der Thüringer Landesbetrieb für Arbeitsschutz und technischen Verbraucherschutz: »Magazine, in denen das Archivgut auch im Normalfall einen Wassergehalt von über 10 % bzw. eine oberflächennahe relative Luftfeuchte von über 60 % aufweist, sind grundsätzlich für die Lagerung von Archivgut nicht geeignet.« [We2]

Die Klimatisierung von Depots und Archiven spielt eine große Rolle, mehr noch als wir es sonst von Schimmelpilzbefällen in Innenräumen gewohnt sind. Hintergrund ist, dass auch ohne mikrobiologische Belastung, allein durch erhöhte Feuchten, z. B. bei Papieren, ab 45 % r. F. Schäden durch Säurefreisetzung etc. auftreten können. Auch Temperaturschwankungen sind ein Problem, denn eine Temperaturerhöhung von 5 K bedeutet bereits eine Verdopplung der chemischen und biologischen Abbauprozesse.

Generell gelten als befallsfördernd [Gl1, Me2, BKK1, We2]:

- eine Raumtemperatur über 18 °C,
- eine relative Luftfeuchtigkeit über 55 %,
- ein Wassergehalt des Archivgutes über 10 % oder eine oberflächennahe Luftfeuchte über 60 %,
- nicht gewartete lüftungstechnische Anlagen,
- mangelnder oder fehlender Luftwechsel,
- wechselnde Lichtverhältnisse.

Überfüllung ist eines der Hauptprobleme in Archiven und Depots. Was in Innenräumen für die optimale Aufstellung von Möbeln gilt, kommt in Archiven noch stärker zum Tragen. Daher steht in der Arbeitshilfe der Bundeskonferenz der Kommunalarchive beim Deutschen Städtetag, dass Regale, Planschränke etc. zum Schutz vor Feuchtigkeit und zur Belüftung mit einem ausreichenden Abstand von mindestens 200 mm von Außenwänden entfernt aufgestellt werden sollten. Der Mindestabstand des Archivguts von Boden und Decke beträgt 150 mm [BKK1]. Dass das nicht immer eingehalten wird ist, zeigt Bild 6-8.

Die Archive sind randvoll. Fundkistenstapel stehen dicht an dicht, sodass eine Luftzirkulation nicht möglich ist. Teilweise sind Zwischengänge nicht betretbar, eine Beprobung der begehbaren Bereiche zeigt meist nur die Spitze des Eisbergs. Wenn schließlich noch vergessen wird, die Klimaanlage einzuschalten oder eine Havarie dazu kommt, dann fehlt zum mikrobiellen Supergau nicht viel.

Mit überfüllten und ungeeigneten Depots geht einher, dass das Archivgut zwischen diversen Archiven oder Depots hin- und hergeschoben wird. Mitunter fehlen die Eingangskontrollen, um festzustellen, ob die überführten Fundkisten bereits kontaminiert oder befallen sind. Auch wird bei Funden oftmals nicht auf mikrobielles Wachstum geachtet [Me28]. So werden Holzfunde aus dem Unterwasserbereich zum Schutz vor Austrocknung bis zur Konservierung in Stretchfolie gelagert, was perfekte Bedingungen für Schimmelwachstum bietet. Auch nur unzureichend gereinigte Bodenfunde bringen zahlreiche Keime mit sich, die dann in den Depots ausgezeichnete Lebensbedingungen finden können. Oft erfolgt die Einlagerung von verschimmelten Kartonagen mit der Begründung, dass ja alles trocken sei und nichts mehr wachse. Plötzliche Feuchteereignisse können das Schimmelwachstum jedoch wieder anfachen.

Abgesehen von einzelnen Ausnahmen, wie bei Textilfunden oder Holzfunden, ist es nicht üblich, Konservierungsmittel (persistente Biozide) zu verwenden. Dies wird mittlerweile abgelehnt, da die früher großzügig eingesetzten Pestizide heute den Zugang zu einigen Depots

Bild 6-8: Neben Problemen mit der Bausubstanz finden wir in Archiven sehr häufig die gleichen Nutzungsfehler wie in Wohnungen: Durch eine ungeeignete Aufstellung der Regale, die bis unter die Decke mit Archivgut bestückt sind, wird die Luftzirkulation verhindert. Verheerende Schäden des Archivguts, z. B. durch Biokorrosion, sind die Konsequenz.

nur noch in Schutzkleidung zulassen. Versuche, Depots mit Ethylendioxid zu begasen, waren nicht erfolgreich [Ha1].

Die Schwierigkeit bei Schimmelpilzen ist, dass sie erst dann zu sehen sind, wenn sich der Befall bereits etablieren konnte, d.h. wenn ausreichend Myzel und Sporenträger produziert wurden. Daher ist es oftmals schwer, Mitarbeiter dafür zu sensibilisieren, dass die Klimageräte benutzt werden und Eingangskontrollen neuer Archivarien stattfinden müssen. Auch eine Mindesthygiene zwischen angestaubten Akten ist Pflicht.

6.3.5.3 Im Schadensfall

Im Schadensfall muss zunächst der Schimmelschaden am Bauwerk bestimmt und der Sanierungsbedarf ermittelt werden, wobei der »Schimmelleitfaden« zugrunde gelegt werden sollte. Im zweiten Schritt sind die Schimmelschäden am Archivgut auszumachen. Dabei muss nicht nur unterschieden werden, ob ein Befall oder eine Kontamination vorliegt, sondern es muss dies auch nach der jeweiligen Materialzusammensetzung der Funde spezifiziert werden. Glatte Keramiken lassen sich deutlich besser sanieren als Papier. Und anders als bei Schäden in Wohnungen ist hier der Ausbau von befallenem Material keine Option, der Erhalt steht im Vordergrund.

Eine dritte Aufgabe besteht darin, festzulegen, welche Maßnahmen beim Aufenthalt in den Räumen getroffen werden müssen. Dabei wird auch für Archive und Depots der technische Kontrollwert (TKW) der Abfallwirtschaft herangezogen, da es keinen eigenen TKW gibt.

Abzugrenzen davon ist der direkte Umgang mit den Archivalien, also Entnahme, Verpackung, Restaurierung und andere Tätigkeiten. Diese Tätigkeiten sind durch die Technische Richtline TRBA 240, aktualisiert 2015, geregelt.

Zwar steht in allen Arbeitshilfen und auch in der TRBA 240, dass kein Messzwang vorliegt, allerdings heißt das nicht, dass auf eine Schimmelpilzdiagnostik verzichtet werden kann. Lediglich auf die Beprobung der Raumluft zur Prüfung, wie hoch die Belastung an kultivierbaren Schimmelpilzen pro Kubikmeter ist, kann verzichtet werden, wenn die Exposition über vergleichbare Tätigkeiten abgeschätzt werden kann. Eine vergleichbare Tätigkeit könnte zum Beispiel das Entrümpeln sein (DGUV 201-028 Tabelle 1).

Um gemäß der Biostoffverordnung eine Gefährdungsbeurteilung vornehmen zu können, müssen die Biostoffe hinsichtlich ihrer Risikogruppe bekannt sein, insbesondere ihre sensibilisierende und toxische Wirkung spielt eine Rolle. Dazu ist eine Probennahme hilfreich. Besonders dann, wenn das Schadensausmaß übersehbar und die Depots gut zugänglich sind, kann eine repräsentative Probenanzahl erhoben werden. Angesichts der überfüllten und nur schwer zugänglichen Depots und der Unmöglichkeit, auch eine ausreichende Anzahl an Fundkartons etc. beproben zu können, dürfen die notwendigen Informationen über die Biostoffe auch an anderer Stelle beschafft werden. Dazu zählen wissenschaftliche, arbeitsmedizinische und andere anerkannte Veröffentlichungen. Man kann auch ohne Messung davon ausgehen, dass es überwiegend Organismen der Risikogruppe 1 sind und vornehmlich die sensibilisierende Wirkung von Schimmelpilzen und Actinomyceten im Vordergrund steht (Tabelle 6-7). Der in Tabelle 6-7 wiedergegebene Auszug aus der TRBA 240 zeigt häufig nachgewiesene Biostoffe, deren Einstufung nach Risikogruppen und ihre Wirkungen auf die Beschäftigen in kontaminierten Archiven. Weiterhin ist zu berücksichtigen, dass intensiver Milbenbefall vorliegen

Biologischer Arbeitsstoff	Übertragungsweg	Risikogruppe	Bemerkung zu toxischen (t) oder sensibilisierenden (s) Wirkung
Schimmelpilze z. B. *Aspergillus*, wie – *A. fumigatus* – *A. niger* *Penicillium* *Alternaria* *Mucor*	Einatmen von kontaminiertem Staub	1 und 2	t: Mykotoxine; Glucane s: Schimmelpilzsporen, Hyphen
Actinomyceten	Inhalation	1	s

Tabelle 6-7: Risikobewertung nach TRBA 240

kann, aber auch andere Schädlinge, z. B. Ratten, eine Rolle spielen können.

Diese Gefährdungen sind durch Anwendung der TRBA 240 abzuwenden.

6.3.5.4 Erstmaßnahmen

Besteht der Verdacht auf einen Schimmelpilzbefall, sollte Anzahl und Verweildauer von Personen in den betroffenen Räumen eingeschränkt werden. Bis zur Freigabe der Akten, Bilder und Funde muss die Herausgabe, Einsicht, Benutzung und Verleihung untersagt werden. Die befallenen Archivalien sind zu kennzeichnen, um eine versehentliche Entnahme zu vermeiden [Gl1, Wa2].

Mitunter kann das Schadensausmaß nur nach und nach erst bei der Beräumung vollständig erfasst werden. Daher sollte nach Möglichkeit über eine Schleuse mit verbundener Grobreinigung (Absaugung, ggf. Abwaschen) beräumt werden. Dabei sollte im am wenigsten belasteten Bereich begonnen werden und nach und nach hin zum am stärksten belasteten Bereich gearbeitet werden. Dabei muss untersucht werden, ob die Funde oder Akten, die als geringfügig kontaminiert eingestuft wurden, tatsächlich nur mit einfachen Maßnahmen aufbereitet und ausgelagert bzw. in andere Depots überführt werden können. Am einfachsten ist es, kontaminierte Akteneinbände oder Fundkartons einfach auszutauschen und zu entsorgen. Geringer belastete oder erhaltenswerte Verpackungsmaterialien können auch mit Industriesaugern, die mit einem HEPA-Filter ausgerüstet sind, abgesaugt werden. Fundkisten aus Kunststoff können abgewaschen werden. Auch nicht beschädigte, kontaminierte Fundbeutel können auf diese Weise vorgereinigt und bis zur Freigabe zwischengelagert werden.

Stark belastetes Archivgut sollte nach Möglichkeit bis zur vollständigen Aufarbeitung in einem Quarantäneraum gelagert werden. Mitunter sind aber auch andere Lösungen wie klimatisierte, belüftbare Container möglich (Bild 6-9). Stehen keine Möglichkeiten einer schnellen Dekontamination und Einlagerung zur Verfügung, kann zunächst auch eingefroren werden – ein Verfahren, das bei Dendroproben (Holzbibliothek) und stark durchfeuchteten, schwer zu trocknenden Artefakten zur Anwendung kommt. Dabei handelt es sich um ein spezielles Verfahren, bei dem die Funde bei -30 °C schockgefrostet werden, um Schäden durch Eiskristallbildung zu vermeiden.

Falls die örtlichen Voraussetzungen diese Möglichkeiten nicht bieten (keine geeigneten Räume), verbleiben die stark befallenen/kon-

Bild 6-9: Schimmelbelastetes Archivgut muss bis zur Aufbereitung in abgeschotteten Räumen oder belüfteten Containern gelagert werden.

taminierten Archivalien an Ort und Stelle. Dann wird versucht, durch zusätzliche Maßnahmen (Luftreiniger, Entfeuchter, Aufstellen von Klimageräten, häufige Reinigung wischbarer Oberflächen) den Befall und die Kontamination bis zur Beräumung und Aufarbeitung im Griff zu behalten.

6.3.5.5 Sanierung von Archivgut

Archivgut verlangt andere Vorgehensweisen als Funde und Artefakte. Je nach Material gibt es unterschiedliche Möglichkeiten der Nass- oder Trockenreinigung, Begasung einzelner Objekte, Bestrahlung und vieles mehr. Das ist aber in der Regel die Aufgabe von Spezialfirmen oder wird von den Restauratoren und Archäologen selbst durchgeführt. Die technischen, organisatorischen und auch handwerklichen Anforderungen sind dabei sehr hoch, da jedes Fundstück und jede Akte einzeln gereinigt, dekontaminiert und ggf. restauriert werden muss. Solche Arbeiten können mitunter Jahre dauern. Dabei wird regelmäßig der Erfolg der Maßnahmen sowie die Belastung der Mitarbeiter vor Ort überprüft. Das kann in manchen Fällen auch die Aufgabe eines Sachverständigen sein.

6.3.5.6 Prävention von mikrobiellen Befällen in Archiven und Depots

Damit zukünftig mikrobielle Schäden in Archiven vermieden werden können, sollten die Depots und Archive nach dem Wiederaufbau folgende baulichen Anforderungen erfüllen [GL1, BKK1]:

- Alle Magazinräume sollten leicht zu reinigen sein. Fußböden und Wände sollten glatte Oberflächen haben, die ein Anhaften von Staub und Schmutz erschweren. Dabei sollten solche Baumaterialien verwendet werden, die trocken gereinigt, also abgesaugt werden können. Nassreinigung sollte eine Ausnahme bleiben, ebenso wie die Anwendung von Desinfektionsmitteln.
- Regale sollten glatte Oberflächen aufweisen, die ein Anhaften von Staub und Schmutz erschweren und leicht zu reinigen sind. Geeignet sind z. B. Regale aus einbrennlackiertem Stahlblech, keineswegs jedoch aus offenporigen und Keimbildung begünstigenden Materialien, wie z. B. Holz.
- Regale, Planschränke etc. sollten zum Schutz vor Feuchtigkeit und zur Belüftung mit einem ausreichenden Abstand, mindestens 200 mm, von Außenwänden aufgestellt wer-

den. Der Mindestabstand des Archivguts von Boden und Decke beträgt 150 mm.

- Das Innenraumklima sollte maximal 18 °C ±2 °C Raumtemperatur und 50 % ±5 % relative Luftfeuchte bzw. ‹ 60 % an den Objektoberflächen erreichen. Die Einhaltung der Klimawerte muss durch eine natürliche Klimatisierung oder durch Einsatz von Heizungs- und Lüftungssystemen umgesetzt werden und regulierbar sein.

6.4 Gesundheitliche Aspekte bei der Schadensbewertung

Der Sachverständige soll in erster Linie den Schimmelschaden erkennen und ihn in seiner Sanierungsdringlichkeit bewerten. Damit ist er nicht frei davon, gelegentlich auf gesundheitliche Aspekte eingehen zu müssen. Obwohl dies eigentlich in das Umfeld entsprechend geschulter Mediziner gehört und auch nur diese eine im Einzelfall notwendige medizinische Bewertung vornehmen können, muss der Sachkundige vor Ort dennoch erkennen, ob Besonderheiten vorliegen, die er in seiner Schadensbewertung berücksichtigen muss. In den UBA-Leitfaden ist dies durch die Definition der Raumnutzungsklassen indirekt eingeflossen, insbesondere durch die Anforderungen bei Nutzungsklasse I.

Somit ist mit unterschiedlichen Einwirkungen auf die Gesundheit der Raumnutzer zu rechnen. Für die Ausprägung und den Verlauf von sich potenziell daraus ableitenden Erkrankungen spielt die persönliche Konstitution der Nutzer eine Rolle. Die Risiken folgerichtig zu bewerten, ist für einen Sachverständigen oder Sachkundigen nahezu unmöglich, dennoch muss er zu einer potenziellen Gefährdung von Nutzern und auch Ausführenden Stellung nehmen. Um dies einfacher zu gestalten und belastbare allgemeingültige Aussagen treffen zu können, wird stellvertretend für alle auftretenden Mikroorganismen die Gesundheitsgefährdung vornehmlich aufgrund von Schimmelpilzwachstum bewertet. Nur bei einem Schaden durch fäkal-

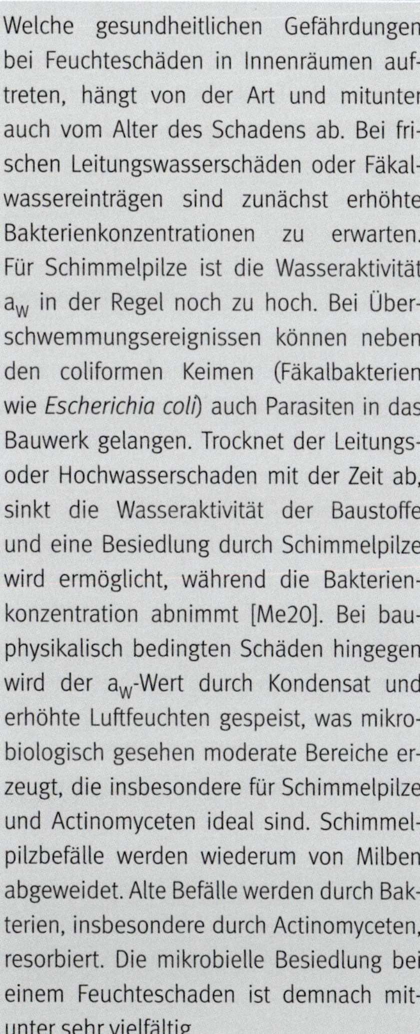

Mikrobieller Befall nach Feuchteschäden

Welche gesundheitlichen Gefährdungen bei Feuchteschäden in Innenräumen auftreten, hängt von der Art und mitunter auch vom Alter des Schadens ab. Bei frischen Leitungswasserschäden oder Fäkalwassereinträgen sind zunächst erhöhte Bakterienkonzentrationen zu erwarten. Für Schimmelpilze ist die Wasseraktivität a_W in der Regel noch zu hoch. Bei Überschwemmungsereignissen können neben den coliformen Keimen (Fäkalbakterien wie *Escherichia coli*) auch Parasiten in das Bauwerk gelangen. Trocknet der Leitungs- oder Hochwasserschaden mit der Zeit ab, sinkt die Wasseraktivität der Baustoffe und eine Besiedlung durch Schimmelpilze wird ermöglicht, während die Bakterienkonzentration abnimmt [Me20]. Bei bauphysikalisch bedingten Schäden hingegen wird der a_W-Wert durch Kondensat und erhöhte Luftfeuchten gespeist, was mikrobiologisch gesehen moderate Bereiche erzeugt, die insbesondere für Schimmelpilze und Actinomyceten ideal sind. Schimmelpilzbefälle werden wiederum von Milben abgeweidet. Alte Befälle werden durch Bakterien, insbesondere durch Actinomyceten, resorbiert. Die mikrobielle Besiedlung bei einem Feuchteschaden ist demnach mitunter sehr vielfältig.

haltiges Wasser ist eine besondere Bewertung notwendig, da hier, wie später noch ausführlich erklärt, mit einem deutlich erhöhten Risiko für die Gesundheit zu rechnen ist.

Wesentliche Erkrankungen sind Infektionen, Mykotoxikosen, Allergien und Befindlichkeitsstörungen.

6.4.1 Infektion

Als besonders gefährlich wird die Infektion durch Schimmelpilze (Mykose) angesehen. Von den insgesamt mehr als eine Million bekannten Arten sind nur 150 bis 300 Arten tatsächlich als pathogen einzustufen. Davon machen einige wenige (z. B. *Aspergillus*) bis zu 90 % aller Pilzinfektionen aus. Zu einer Infektion kommt es, wenn Krankheitserreger über die Atemluft, die Haut oder die Schleimhäute in den Körper gelangen, Abwehrmaßnahmen überwinden und sich im Organismus fortplanzen. Dabei greifen sie das Gewebe an und zerstören es. Voraussetzung hierfür sind vitale, keimfähige Zellen [Wi5, Se2, Ka2, Ho1]. Allerdings sind Schimmelpilzinfektionen (Mykosen) vergleichsweise selten, da Schimmelpilze im Vergleich zu anderen Erregern nur wenige aggressive Virulenzfaktoren besitzen und deshalb meist nur opportunistisch auftreten. Das bedeutet, dass sie auf Gelegenheiten, wie eine Vorerkrankung oder eine allgemeine Schwächung des menschlichen Immunsystems, angewiesen sind, um Organgruppen oder den ganzen Körper zu befallen (Systemmykose). Dann, und auch nur dann, sind die Genesungsprognosen jedoch sehr schlecht – die Morbiditätsrate liegt bei 40 % [Ka2].

Besonders häufig wird im Zusammenhang mit Schimmelpilzinfektionen die Aspergillose zitiert, die hauptsächlich durch *Aspergillus fumigatus* ausgelöst wird. Es gibt unterschiedliche Manifestationen (Ausprägungen) dieser Infektion, die von einer schlechten Prognose bei Immungeschwächten in Form einer aspergillusbedingten Lungenentzündung bis zum völlig unauffälligen Aspergillom reichen. Ein Aspergillom ist eine nichtinvasive Infektion, die lokal begrenzt ist (z. B. durch natürliche Knochenhöhlen). Sie wurde überdurchschnittlich häufig bei jungen Erwachsenen nach einer Zahnwurzelbehandlung festgestellt. Dabei wächst der Pilz von der Wurzel ausgehend in eine Knochenkaverne ein, wird dort eingekapselt und bleibt unentdeckt, wenn nicht mal zufällig beim Röntgen darauf gestoßen wird. Aspergillome machen in der Regel keine Beschwerden [Wi5, Ka2, Ho1].

Bei Infektionskrankheiten besteht üblicherweise ein Zusammenhang zwischen dem Infektionsrisiko und der Konzentration der Keime. Man spricht von der infektiösen Keimdosis. Für Schimmelpilze sind infektiöse Keimdosen nicht bekannt. Es ist immer die individuelle Disposition entscheidend.

6.4.2 Mykotoxikosen

Weiter wird als gesundheitliche Beeinträchtigung die Mykotoxikose, eine Vergiftung, beschrieben. Dabei stehen die Mykotoxine der Schimmelpilze sowie die Endotoxine gram-negativer Bakterien im Vordergrund. (Toxine von Ständerpilzen wie z. B. dem Knollenblätterpilz werden hingegen als Pilzgift bezeichnet.) Insgesamt sind sechs Mykotoxin-Gruppen bekannt: Fumonisine, Trichothecene, Fusarium-Toxine, Aflatoxine, Alternaria-Toxine, Mutterkornalkaloide und Ochratoxine [Ka2, Ho1, Me14].

Toxine greifen im Organismus in den Stoffwechsel ein und führen zu Blockaden wichtiger Regelprozesse. Das kann mit akuten Vergiftungssymptomen anfangen und reicht bis hin zu chronischen Erkrankungen. Dosis und Dauer der Exposition sind hierbei entscheidend. Die Aufnahme von Mykotoxinen kann zu einer Reihe sehr unterschiedlicher Schäden und Reaktionen führen:

- irreversiblen Schäden am ungeborenen Kind,
- schwere allergische Reaktionen bis hin zum anaphylaktischen Schock,
- Schädigungen der DNA (die vermutete potenziell krebserregende Wirkung ist nicht bewiesen [Wi3]),
- Schädigungen des Zentralnervensystems,
- negative Beeinflussung des Immunsystems,
- Störung enzymatischer Prozesse mit schweren Stoffwechselstörungen,
- schwere Hautschäden bei Berührung mit der Körperoberfläche bis hin zu Nekrosen.

Die immunsuppressive Wirkung einiger Mykotoxine wird z. B. in der Transplantationsmedizin zur Vermeidung von Abstoßungsreaktionen genutzt [Ka2]. Das bekannteste Mykotoxin dürfte allerdings Ethanol mit seinen bekannten wie teilweise beliebten Vergiftungserscheinungen sein.

Entscheidend für die Stimulation der Toxinproduktion sind die Umgebungsbedingungen wie Temperatur, Substrat, pH-Wert, a_W-Wert, Lebenszyklus usw. So kann eine Art zwar genetisch für eine Toxinproduktion vorgesehen sein, aufgrund der Lebensbedingungen am Bauwerk findet diese aber nicht statt [Ka2, Ho1, Me14]. Es ist aber auch bekannt, dass Stressfaktoren die Toxinproduktion auslösen bzw. verstärken können, beispielsweise bei der Desinfektion (dazu Näheres in Kapitel 8 dieses Buches).

Mykotoxinen wird unterstellt, dass sie sich im Staub anreichern und so das Organic Dust Toxic Syndrome (ODTS) auslösen können. Hierbei gelten die Vielzahl und die Kombination unterschiedlicher organischer Stäube, Toxine und anderer organischer Reizstoffe, wie Bestandteile von Tierhaaren oder Federn, als erkrankungsauslösend. In der Wirkung ist das Krankheitsbild mit einer exogen allergischen Alveolitis (EAA) vergleichbar, auch hier kommt es zu einer Entzündungsreaktion der Lungenbläschen.

Neben den Mykotoxinen können auch weitere Stoffwechselprodukte in Erscheinung treten, wie z. B. die MVOC (Microbial Volatile Organic Compounds). Das sind mikrobielle leichtflüchtige organische Substanzen, die verschiedenen Stoffklassen zuzuordnen sind, darunter Alkoholen, Estern, Aromaten, Ketonen, Aldehyden und Terpenen. Immer wieder und noch lange nicht abschließend diskutiert ist die Fragestellung, ob MVOC toxisch wirken. Aus diversen Studien ist bekannt, dass MVOC insgesamt keine genotoxische Wirkung haben. Vielmehr wird vermutet, dass MVOC das Immunsystem schwächen und so Endzündungsreaktionen begünstigen. Auch die Abwehr von eindringenden Bakterien und Pilzsporen könne durch MVOC erschwert bis unterbunden werden. Eine Reizung der Atemwege und Schleimhäute durch MVOC im industriellen, beruflichen Umfeld ist bekannt, weshalb technische Kontrollwerte eingeführt wurden. Allerdings liegen die Reizschwellen um den Faktor 1000 höher als die bisher bei einem Schimmelschaden gemessene Exposition eines Raumnutzers. Es handelt sich dabei jedoch immer um die Bewertung einzelner Substanzen. Dadurch bleibt unklar, wie eine Mischung diverser MVOC, die die Reizschwelle herabzusetzen scheint, und der fortdauernde Kontakt mit diesen Substanzen sich auf die Gesundheit auswirken. Darüber hinaus wird diskutiert, inwieweit die Wahrnehmung von Pilzgerüchen psychosomatisch zu Befindlichkeitsstörungen führt [Mo1, Sc2, Wi2, Me3].

6.4.3 Befindlichkeitsstörungen

Im Zusammenhang mit den sogenannten Befindlichkeitsstörungen wird in der Fachliteratur häufig vom Sick Building Syndrome oder dem Sick House Syndrome gesprochen. Das sind zum Teil unspezifische Körperreaktionen auf im eigentlichen Sinne nichttoxische und nichtinfektiöse Belastungen, die psychisch bedingte Erkrankungserscheinungen auslösen können. Dazu zählen Ekelgefühle und eine Empfindlichkeit gegenüber Gerüchen, die als Belästigung empfunden werden, was dauerhaft zu einer Störung der Gesundheit führen kann. Dazu muss es sich nicht im eigentlichen Sinne um gefährdende Stoffe handeln [Wi2, Me14]. Ursache und Wirkung sind hier nicht eindeutig zu trennen, denn gerade bei den Befindlichkeitsstörungen kann die eigene Wahrnehmung die eigentliche reizende Wirkung verstärken oder gar auslösen. Dennoch sind Befindlichkeitsstörungen ernst zu nehmen, da auch deren Manifestationen ernsthafte Folgen haben können. Die eigentlichen Symptome wie Kopfschmerzen, Schleimhautreizungen, Übelkeit oder Schwindelgefühle können auch durch andere, durchaus reale, toxische oder allergische Stoffe ausgelöst werden, sodass die Abgrenzung zu anderen gesundheitlichen Auswirkungen mitunter schwierig ist.

6.4.4 Sensibilisierung und Allergien

Beim Kontakt mit Schimmelpilzen, Bakterien oder Milbenkot kann es zudem zu einer Sensibilisierung kommen, d. h. der Körper wird nach einem Erstkontakt mit dem Allergen in erhöhte Abwehrbereitschaft versetzt und merkt sich diesen Zustand. Daraus wird eine fehlgeleitete spezifische Immunantwort aufgebaut. Bei einem erneutem Kontakt kann es dann zu einer allergischen Reaktion kommen, die sich unmerklich oder auch bis hin zum allergischen Schock manifestieren kann. Um sensibilisiert zu werden, muss der Körper also ein erstes Mal die Spore oder Pilzbestandteile als Feindbild ausmachen und das Ganze auch noch falsch abspeichern. Im Nachhinein ist nicht auszumachen, wann denn dieser so wichtige Erstkontakt stattgefunden hat. Es kann beim ersten Kontakt mit einer Spore passiert sein, aber auch beim zehnten oder einhundertsten Kontakt. Auch äußere Einflüsse oder Stress können den fehlgeleiteten Erstkontakt begünstigen. Ein Kausalzusammenhang zwischen Höhe und/oder Dauer der Exposition und Wahrscheinlichkeit einer Sensibilisierung konnte bisher nicht festgestellt, aber auch nicht ausgeschlossen werden. Daher wird für Raumnutzer auch schon bei gering vom Normalzustand abweichenden Expositionen eine Gefährdung angenommen und das Vorsorgeprinzip angesetzt [Ba3, Wi4, Se2, Me14].

Hat eine Sensibilisierung stattgefunden, kann in der Konsequenz eine Allergie entwickelt werden. Eine Allergie ist eine Immunreaktion des Körpers auf nicht-infektiöse Fremdstoffe (Antigene bzw. Allergene). Der Körper reagiert mit Entzündungszeichen und der Bildung von Antikörpern (Antigen-Antikörper-Reaktion). Eine Allergie kann sich in Form von leichten Hautausschlägen, aber auch in lebensbedrohlichen Reaktionen manifestieren (anaphylaktische allergische Reaktion).

Es gibt vier Allergie-Typen. Davon sind im Wesentlichen die Typen I, III und selten IV bei Schimmel- und Feuchteschäden relevant. Die Typ-I-Allergie wird auch als Allergie vom Soforttyp bezeichnet und ist die häufigste Allergieform. Innerhalb von Sekunden oder Minuten tritt die allergische Reaktion ein. Typisches Beispiel für diesen Allergie-Typ ist das allergische Asthma. Die Typ-III-Allergie nennt man auch Immunkomplex-Typ oder Arthus-Typ. Hier bilden sich innerhalb von Stunden Immunkomplexe von Antikörpern und Antigenen; die allergische Reaktion tritt um Stunden verzögert ein. Typisches Beispiel hierfür ist die sogenannte Farmer-Lunge. Bei der Typ-IV-Allergie (Spättyp) führen sensibilisierte T-Lymphozyten erst nach Stunden bis Tagen zu Entzündungsreaktionen, die auf den Ort des Allergens beschränkt sind. Beispiel für eine Typ-IV-Allergie ist das allergische Kontaktekzem. Allergische Reaktionen können bei sensibilisierten Personen bereits durch geringe Sporenkonzentrationen ausgelöst werden [RKI2, Wi4, Me14].

Für die Entwicklung oder Auslösung einer Allergie ist es unerheblich, ob der Schaden trocken gefallen ist, die Schadstellen desinfiziert oder ob vitale Keime zu finden sind – Schimmelpilzbestandteile können unabhängig von ihrem Vitalitätszustand oder ihrer Kultivierbarkeit Allergien auslösen.

Personen, die häufig mit sehr hohen Konzentrationen an Schimmelpilzbestandteilen und anderen organischen Stäuben in Kontakt kommen, können auch Allergieerkrankungen entwickeln, die dauerhaft fortbestehen, auch wenn kein weiterer Kontakt mehr mit dem Allergen vorliegt. Als Berufskrankheit anerkannt ist z.B. die exogen-allergische Alveolitis (EAA). Dabei kommt es zu einer chronischen Entzündung der Lungenbläschen, die sich auch nach der Exposition nicht zurückbildet.

6.4.5 Gefährdete Personengruppen

Der Sachverständige kann nicht entscheiden, ob eine Person tatsächlich gefährdet ist oder nicht. Das ist auch nicht seine Aufgabe. Seine Untersuchungen zielen darauf ab, die Sanierungsdringlichkeit in Abhängigkeit der Bedürfnisse besonderer Personengruppen zu bestimmen und ggf. auch den Sanierungsaufwand anzupassen. Ebenso leisten seine Erkenntnisse wertvolle Unterstützung, wenn es darum geht, die Bedeutung der Schimmelschadenbeseitigung zu begründen, auch wenn keine Grenzwerte vorhanden sind und lediglich der Vorsorgegedanke greift.

Viele Studien haben sich mit dem Thema befasst und versucht, kausale Zusammenhänge zu ergründen. Doch auch die Erhebungen selbst müssen interdisziplinär angelegt sein, sonst werden wichtige Daten schon bei der Messroutine nicht erfasst. So wird z.B. durch Wiesmüller et al. [Wi4] moniert, dass in vielen Studien immer von sichtbaren Schimmelpilzbefällen gesprochen, nicht aber die jeweilige Exposition erfasst wurde. Dies war beispielsweise der Fall als das Robert Koch-Institut und das Umweltbundesamt in Deutschland in den Jahren 2003 bis 2006 die Allergieneigung von Kindern untersuchten. Ausgewertet und veröffentlicht wurde die Studie 2006 als sogenannter Kinder-Umwelt-Survey [RKI2, RKI3, La2]. Daraus ist nach wie vor keine Gesetzmäßigkeit erkennbar, aus der sich ableiten lässt, bei welcher Exposition Gesundheitsgefährdungen auftreten [RKI2, RKI5, WHO2009]. Festgestellt wurde jedoch, dass Kinder, die in Wohnungen mit erkennbarem Schimmelpilzbefall leben, deutlich häufiger gegen Schimmelpilze sensibilisiert sind als Kinder in Wohnungen ohne sichtbaren Schimmelpilzbefall. Die WHO (World Health Organisation) hat diverse Studien in den *WHO guidelines for indoor air quality: dampness and mould* aus dem Jahr 2009 zusammengefasst [WHO2009]. Demnach gilt als nachgewiesen, dass Nutzer feuchter und von Schimmel befallener Gebäude einem erhöhten Risiko einer Erkrankung der

	Infektion	Intoxikation	Allergie
Definition	invasiver Befall von Organen	Vergiftung durch Stoffwechselprodukte	fehlgeleitete Immunreaktion auf nichttoxische oder nichtinfektiöse Bestandteile
Verursacht durch	lebensfähige Sporen und Zellen	Mykotoxine	alle Bestandteile
Voraussetzung	■ vitale Zellen notwendig ■ fähig zu invasivem Wachstum ■ Immunsuppression ■ Eintrittspforte	■ Mindestkonzentrationen ■ Aufnahmepfad oral oder dermal, vermutlich auch inhalativ ■ Vitalität nicht notwendig	■ auslösendes Moment zur Sensibilisierung notwendig
Folgen für den Organismus	■ Wachstum innerhalb des Gewebes mit schlechter Prognose (letaler Ausgang) ■ lokal beschränkte nichtinvasive Befallsherde ohne Effekte	■ Zellschäden ■ Fruchtschäden ■ Schäden am ZNS ■ Schäden an der DNS ■ Enzymblockaden ■ letaler Ausgang möglich	■ heuschnupfenartige Symptome ■ Hypersensitivitätspneumonie EAA (exogen-allergische Alveolitis) ■ MMI (Mucous Membrane Irritation Syndrome) ■ anaphylaktischer Schock
Gefährdete Personen bei Schimmelschäden	■ Immunsupprimierte ■ Frühgeborene ■ Kinder mit Mukoviszidose	■ bei Schimmelschäden im Innenraum unwahrscheinlich ■ bei Sanierungsmaßnahmen zu berücksichtigen (Organic Dust Toxic Syndrome – ODTS)	■ abhängig von der Exposition und Konstitution können alle Personengruppen sensibilisiert werden ■ insbesondere Sanierer und im beruflichen Umfeld

Tabelle 6-8: Zusammenfassende Darstellung möglicher Gesundheitsgefährdungen durch Schimmelpilze [nach Wi5 und Me14]

Atmungsorgane, einer Atemwegsinfektion und der Verstärkung einer vorhandenen Asthmaerkrankung ausgesetzt sind. Es gibt Anzeichen dafür, dass ihr Risiko, an allergischer Rhinitis und Asthma zu erkranken, erhöht ist. Dagegen zeigen erste Interventionsstudien, dass eine Feuchtigkeitssanierung negative gesundheitliche Folgen mindern kann.

Ein erhöhtes Risiko für seltene Erkrankungen, wie hypersensitive Pneumonitis, allergische Alveolitis, chronische Rhinosinusitis und AFS-Syndrom infolge einer Belastung durch feuchtigkeitsbedingte mikrobiologische Schadstoffe, ist durch klinische Studien ebenso belegt wie das Auftreten verschiedener Entzündungs- und Toxizitätsreaktionen. Die negativen gesundheitlichen Auswirkungen wurden auch für nicht atopische Personen nachgewiesen, jedoch sind atopische und allergische Menschen besonders betroffen. Da Asthma und Allergien in vielen Ländern immer häufiger auftreten, werden auch die Gesundheitsbeeinträchtigungen durch Schimmel und feuchtebedingte Mikroorganismen in Innenräumen weiter zunehmen.

Auf Grundlage dieser allgemein anerkannten Grundlagen fordert die WHO in den Leitlinien zur Innenraumluftqualität, anhaltende Feuchtigkeit und beständiges Mikrobenwachstum auf Innenraumoberflächen und innerhalb von Gebäudestrukturen zu vermeiden oder zu vermindern.

Da es nicht möglich ist, quantitative Richt- oder Schwellenwerte für ein gesundheitlich akzeptables Niveau der Kontamination mit Mikroorganismen anzugeben, empfiehlt die WHO, als vorbeugende Maßnahme gegen Feuchtigkeit und Schimmel vorzugehen, um das Risiko einer gesundheitsgefährdenden Exposition gegenüber Mikroben und Chemikalien zu minimieren. Durch gut geplante und instand gehaltene Gebäudehüllen, ein sinnvolles Feuchtigkeitsmanagement (Steuerung von Temperatur und Belüftung) und verantwortungsvolles Nutzerverhalten können überhöhte Feuchtigkeit, Oberflächenkondensation und eine überhöhte Durchfeuchtung von Materialien verhindert werden.

Die WHO weist auch darauf hin, dass Feuchtigkeit und Schimmel besonders häufig in schlecht erhaltenen Gebäuden mit Bewohnern niedrigen Einkommens auftreten und fordert deshalb: »Die Sanierung solcher gesundheitsschädigender Gebäude sollte Priorität erhalten, um eine zusätzliche Gesundheitsbelastung von Bevölkerungsgruppen zu vermeiden, die bereits unter einer höheren Krankheitslast leiden.« [WHO2009].

Daher kann bereits durch einen Sachverständigen verallgemeinernd geschlossen werden, wer tatsächlich gefährdet ist und wie diese Gefährdung erfasst und vermieden werden kann.

Zur Bewertung potenzieller Gesundheitsgefährdungen durch Schimmel in Innenräumen gehört eine Einschätzung des indiviuellen Risikos der Bewohner/Nutzer. Infektionen durch Schimmelpilze sind sehr selten und betreffen nur eine sehr kleine Personengruppe, die tatsächlich aufgrund fehlender Abwehrmechanismen infektionsanfällig ist. Diese Gruppe lässt sich sehr genau eingrenzen auf die vom Robert Koch-Institut eingeführten Risikogruppen. Betroffen sind Patienten mit schweren Vorerkrankungen, die zu einem abgeschwächten oder ganz fehlenden Immunsystem führen (siehe Infokasten auf Seite 176). Infektionen durch Schimmelpilze innerhalb dieser Personengruppe haben schwere Verläufe, sodass hier weitreichende Vorsorgemaßnahmen notwendig sind. Wie das im Einzelnen zu realisieren ist, hat das Robert Koch-Institut in einer Broschüre zur Gestaltung des Wohnumfeldes immunsupprimierter Personen zusammengefasst [RKI5, Wi5, Ex1]. Im Gegensatz dazu ist der Immunkompetente, also der normalgesunde Durchschnittsbürger, durch eine Infektion so gut wie nicht gefährdet. Auch Schwangere sind nicht stärker gefährdet, eine Schimmelpilzinfektion zu erleiden. Gleiches gilt für Neugeborene und Kleinkinder, wobei hier Frühgeborene und Kinder mit Mukoviszidose ausgenommen sind, die ein höheres Risiko tragen [Wi5].

Vergiftungserscheinungen als Folge einer Baustoffbesiedlung sind bei Schimmelpilzbefällen in Innenräumen nach bisherigen – allerdings noch umstrittenen – Erkenntnissen eher unwahrscheinlich. Die Toxinbildung ist von äußeren Einflüssen abhängig. Schimmelpilze können zwar nennenswerte Toxine produzieren, tun es aber nicht zwangsläufig, weil z. B. die Lebensbedingungen nicht stimmen oder es der Serotyp (Variation innerhalb der Art) gar nicht vorsieht [Ka2, Ho1].

Mykotoxine werden durch die Hyphen in das Substrat, also an den Baustoff abgegeben. Auf-

Bewertung des Infektionsrisikos in schimmelbelasteten Innenräumen

Zu den gefährdeten Personengruppen zählen insbesondere Menschen mit folgenden Erkrankungen: Infektionspotenzial nach [Wi5] in abnehmender Reihenfolge:

- Tumorerkrankung, vor allem mit hämato-onkologischer Grunderkrankung wie Leukämie, Lymphom usw.
- akute myeloische Leukämie (AML) stärker als akute lymphatische Leukämie
- allogene stärker als autologe Stammzelltransplantation
- solide Organtransplantation
- HIV-Infektion
- sonstige Immunsuppression, z. B. längerdauernde hochdosierte Therapie mit Glukokortikoiden
- aplastische Anämie

Schimmelpilze, die Infektionen auslösen können:

grundsätzlich Schimmelpilze mit Wachstumstemperaturoptimum um 37 °C, wie z. B. die meisten Aspergillen, viele Mucorales wie z. B. *Rhizopus oryzae, Rhizomucor sp., Mycocladus corymbiferus*

Dabei steigt das Infektionsrisiko in der folgenden Reihenfolge:

- durch Schimmelpilze, die nicht als potenzielle Infektionserreger beschrieben werden,
- durch Emerging Pathogens (*Fusarien, Zygomyzeten wie Rhizopus, Rhizomucor, Mucor, Absdia, Cunninghamella*)
- viele *Aspergillus*-Arten
- *Aspergillus fumigatus*

Lediglich die Gruppe der stark immunsupprimierten Patienten ist sehr infektionsgefährdet. Üblicherweise sind sich die betreffenden Personen darüber im Klaren, werden entsprechend betreut und müssen im täglichen Leben generell ihre Exposition im Vergleich zum Normalgesunden deutlich minimieren, auch ohne Schimmelschaden im Innenraum. Im Schadensfall ist dringend zu empfehlen, dass diese Patienten den Schadensbereich verlassen und der behandelnde Arzt hinzugezogen wird. Unabhängig vom Schadensausmaß ist die Sanierungsdringlichkeit als hoch einzustufen. Alle Maßnahmen sind mit der größtmöglichen Sorgsamkeit auszuführen.

genommen werden die Toxine über den Kontakt mit Schleimhäuten, der Haut oder über die Nahrung. Eine Inhalation gilt als sehr unwahrscheinlich, auch wenn beim Kawasaki-Syndrom (Intoxikation mit Toxinen der Hefe *Candida albicans*) eine Übertragung durch die Luft vermutet wurde. Neuere Untersuchungen bewerten in diesem Zusammenhang die Bedeutung der MVOC als potenzielle luftgetragene Mykotoxine stärker, jedoch liegen abschließende Erkenntnisse noch nicht vor.

Die inhalatorische Aufnahme dürfte bei der Freisetzung von Endotoxinen in der Abwasserwirtschaft oder von Mykotoxinen in der Landwirtschaft eine größere Rolle spielen (siehe Organic Dust Toxic Syndrome ODTS, S. 171) [ABAS2, Wi3]. Für den normalen Raumnutzer ist eine Infektion mit diesen Toxinen unwahrscheinlich, wenn hygienische Mindestanforderungen eingehalten werden.

Damit der Raumnutzer besonders während Sanierungsarbeiten nicht durch mykotoxinhaltige Baustellenstäube gefährdet werden könnte, sollte er den Sanierungsbereich normalerweise nicht betreten. Durch eine geeignete Baustelleneinrichtung wird auch eine Verschleppung der Stäube gemäß BioStoffV vermieden. Daher ist eine Intoxikation auch im Sanierungsfall nahezu unwahrscheinlich, es sei denn, es wird eklatant gegen die Baustellenhygiene verstoßen.

Den Großteil der Erkrankungen stellen Sensibilisierungen und Allergien dar. Wie bereits ausgeführt, kann davon jeder ohne ersichtlichen Grund und zu jedem Zeitpunkt betroffen sein. Daher sollte bei der Bewertung möglicher Gesundheitsgefährdungen die sensibilisierende Wirkung besonders berücksichtigt werden, insbesondere, wenn die Sanierungsnotwendigkeit aus dem Vorsorgeprinzip heraus eingeschätzt werden soll sowie bei der Schimmelschadensanierung selbst.

Der notwendige Arbeitsschutz dient auch zur Vermeidung der sehr seltenen, aber fast ausschließlich am Arbeitsplatz auftretenden exogen-allergischen Alveolitis (EAA = Hypersensitivitätspneumonie). Ausgelöst wird diese Erkrankung durch eine wiederholte Exposition gegenüber sehr hohen Sporenkonzentrationen um 10^6 bis 10^{10} Sporen/m^3 [Wi4], wie sie im Innenraum ausschließlich bei Sanierungsarbeiten in den Gefährdungsklassen 2a, 2b und 3 nach DGUV-I 201-128 zu erwarten sind. Eine dauerhafte Sporenexposition kann die EAA in eine Lungenfibrose überführen und damit zu spezifischen Berufserkrankungen, wie der Farmerlunge, führen. Eine milde Verlaufsform, die sich auch wieder vollständig zurückbilden kann, ist die Mucous Membrane Irritation (MMI) [Wi4, ABAS2]

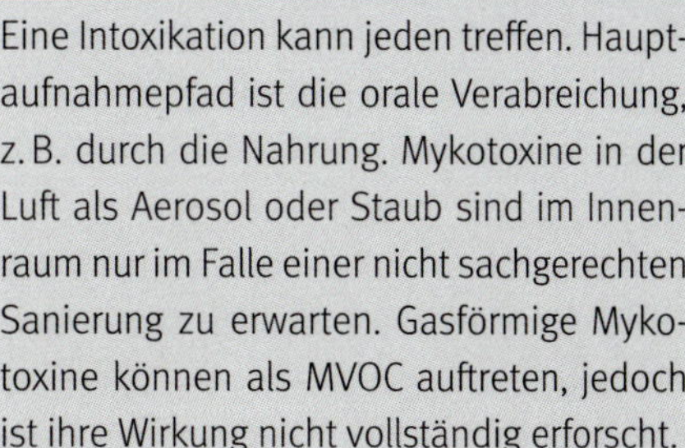

Aufnahme von Mykotoxinen

Eine Intoxikation kann jeden treffen. Hauptaufnahmepfad ist die orale Verabreichung, z. B. durch die Nahrung. Mykotoxine in der Luft als Aerosol oder Staub sind im Innenraum nur im Falle einer nicht sachgerechten Sanierung zu erwarten. Gasförmige Mykotoxine können als MVOC auftreten, jedoch ist ihre Wirkung nicht vollständig erforscht.

Bei der Erfassung und Bewertung von potenziell gesundheitlichen Beeinträchtigungen ist es sinnvoll, sich den Begriff der Gefährdung genauer anzusehen. Rechtlich angesiedelt liegt die Gefährdung zwischen den Begriffen Sicher-

Sensibilisierung durch Schimmel

Eine Sensibilisierung durch Schimmel kann jeder durch den Kontakt mit Sporen, lebenden wie toten Bruchstücken und ggf. auch mit MVOC entwickeln. Ungeklärt ist jedoch, wann und zu welchem Anlass die Sensibilisierung zutage tritt. Entscheidend ist die persönliche Disposition. Stressfaktoren scheinen die Sensibilisierung zu begünstigen. Sensibilisierungen sind Voraussetzung für die Entwicklung von Allergien, jedoch muss es nicht zwangsläufig zu allergischen Reaktionen kommen. Zudem ist es individuell verschieden, welcher Zeitraum zwischen Sensibilisierung und Allergieauslösung vergehen kann. Bewiesen ist hingegen, dass bei sehr hoher Exposition, z. B. im beruflichen Umfeld, schwere Folgeerkrankungen, wie bspw. die EAA, ausgelöst werden können.

heit und Gefahr. Sicherheit bezeichnet einen Zustand, der als frei von unvertretbaren Risiken angesehen wird. Gefahr ist ein Zustand oder Ereignis, bei dem ein nicht akzeptables Risiko vorliegt und somit eine hohe Wahrscheinlichkeit besteht, dass ein Schaden eintritt.

Als Gefährdung bezeichnet man den Bereich zwischen Schadensfreiheit und Schadenseintritt und damit einen Zustand oder eine Situation, in der ein gesundheitlicher Schaden möglich, aber vermeidbar ist. Die Gefährdung entsteht, wenn ein verletzungs- bzw. krankheitsauslösender Faktor einer Gefahrquelle räumlich und zeitlich zusammenfallen. Was etwas kompliziert klingt, heißt letztlich nur, dass Schimmel und gefährdete Personen zur selben Zeit am selben Ort sind. Nur auf diese Weise kann z. B. eine falsch geleitete Immunreaktion auf den Schimmelkontakt ausgelöst werden. Ist man sich dessen bewusst, so kann man durch Schutzmaßnahmen den Kontakt vermeiden. Daher kann der Sachkundige oder Sachverständige in seiner Bewertung den Begriff der Gesundheitsgefährdung auch bei allgemeinen Aussagen verwenden, ohne tiefergehendes medizinisches Wissen zu haben [Me14].

Schimmelschäden und Gesundheitsrisiken

Für Normalgesunde, Schwangere und Kleinkinder kann ein Infektionsrisiko durch Schimmelschäden nahezu ausgeschlossen werden. Auch ist es unwahrscheinlich, dass unter innenraumüblichen Bedingungen Mykotoxine aus Befallsherden freigesetzt werden und zu Beeinträchtigungen führen. Gattungsbestimmungen oder Toxinanalysen vornehmen zu lassen, ist daher nicht notwendig. Ausführliche Dossiers über die Infektionsgefahr nachgewiesener Mikroorganismen und ihrer Toxine werden nicht in ein Schadensgutachten aufgenommen. Wichtig ist jedoch, immer auf das Vorsorgeprinzip und das im Vordergrund stehende sensibilisierende Potenzial hinzuweisen.

Abzugrenzen davon sind besonders gefährdete Personengruppen. Hier sollte eine Bewertung der Gesundheitsgefährdung ausschließlich durch Mediziner vorgenommen werden. Der Sachkundige vor Ort sollte aber erkennen, ob ein Nutzer dieser Personengruppe zuzuordnen ist. In diesem Fall sind umgehend Maßnahmen einzuleiten, da eine hohe Sanierungsdringlichkeit vorliegt.

Abzugrenzen ist zudem die Exposition bei Tätigkeiten, die der BiostoffV unterliegen. Dabei muss mit einer signifikanten Gesundheitsgefährdung gerechnet werden, da eine große Menge an Biostoffen freigesetzt wird.

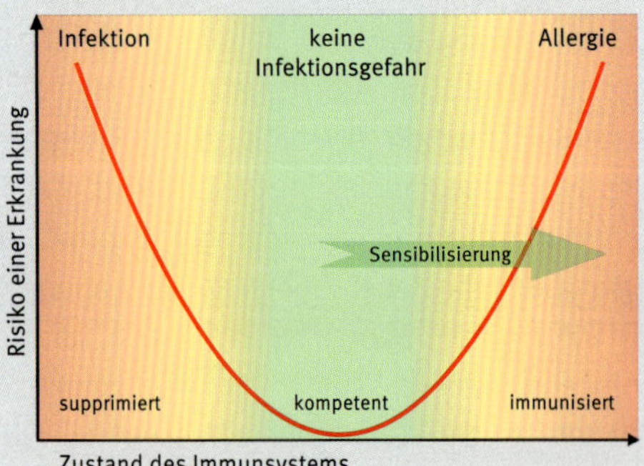

Bild 6-10: Schema zur Bewertung möglicher Gesundheitsbeeinträchtigungen durch Schimmelpilze in Abhängigkeit von der Aktivität des Immunsystems (aus [Me14])

6.4.6 Sonderfall Fäkalwasser

Zu den Sonderfällen im Zusammenhang mit Feuchteschäden im Innenraum zählt der Eintrag von Fäkalwasser. Dabei sind Infektionen mit Bakterien, Viren, aber auch Parasiten, wie Amöben oder Wurmeiern, möglich.

Ein Unterschied zu Schimmelpilzen ist darin zu sehen, dass für viele Fäkalkeime (Tabelle 6-9) infektiöse Keimdosen bekannt sind, d. h. es kann relativ sicher abgeschätzt werden, bei welcher Exposition auch mit einer Infektion zu rechnen ist. Eine Gesundheitsgefährdung ist bei fäkalhaltigen Wässern deutlich stärker gegeben als bei Schimmelpilzen [Me20].

Unterschiede gibt es auch in den Übertragungswegen. Während bei Schimmelschäden die inhalative Aufnahme im Vordergrund steht, ist bei Fäkalwässern insbesondere eine orale Aufnahme durch Schmierinfektionen und Hand-Mund-Kontakt zu berücksichtigen. Auch kann es durch Verletzungen (z. B. Schnittwunden) zu einem Eindringen der Keime kommen. Ebenso ist ein Inhalieren von fäkalkeimhaltigen Aerosolen möglich, z. B. beim Reinigen von verschmutzten Oberflächen mit Hochdruckreinigern.

Erreger	Aufnahmeweg	Symptome/Erkrankungen
Bakterien		
Escherichia coli	Mund	Durchfall
Klebsiella pneumoniae	Atemwege	Lungenentzündung
Leptospira interrogans	Schleimhäute, Haut	Fieber, Gelbsucht, Nierenentzündung
Clostridium tetani	verletzte Haut	Wundstarrkrampf
Viren		
Rota-Viren	Mund	Durchfall
Noro-Viren	Mund	Erbrechen und Durchfall
Hepatitis A	Mund	infektiöse Hepatitis
Adenoviren	Schleimhaut, Atemwege	Atemwegs- und Schleimhautinfektion
Parasiten		
Entamoeba sp.	Mund	Durchfall
Giardia sp.	Mund	Fieber, Durchfall, Appetitlosigkeit
Würmer		
Spulwurm (*Ascaris sp.*)	Mund	Infektion von Dünndarm, Lunge

Tabelle 6-9: Neben Schimmelpilzen gibt es weitere Erreger, die mit fäkalhaltigem Wasser aufgenommen werden und zu Erkrankungen führen können [Me20].

7 Sanierung von mikrobiellen Schäden

Bislang ging es um die Schadensfeststellung und die Einordnung des Schadens: Der Schaden wurde durch eigene Untersuchungen oder nach Durchsicht vorliegender Unterlagen, Gutachten und Laborberichte festgestellt, eingegrenzt und dokumentiert. Die betroffenen Nutzer, ihre gesundheitlichen Risiken und die Konsequenzen für die Sanierungsdringlichkeit und den Umfang der auszuführenden Leistungen sind bekannt. Im besten Fall ist die Schadensursache bekannt und wurde bereits beseitigt, sofern dies nicht erst im Zuge der Sanierung beim Wiederaufbau oder durch energetische Ertüchtigungsmaßnahmen möglich ist. Vor dem Eintritt in die Sanierungsphase sind noch einige Hürden zu nehmen, die nun vor allem den Ausführenden betreffen. Es sind nicht nur Regelwerke zur Schadensbeschreibung und Schimmeldiagnostik zu berücksichtigen, sondern nunmehr steht die Bewertung der Ausführungsarbeiten an. Es muss geprüft werden, ob durch die geplanten Tätigkeiten Gefährdungen für Arbeitnehmer und Dritte entstehen können und ob die grundsätzlichen Anforderungen des Arbeitsschutzgesetzes eingehalten werden. Hier ist zunächst der Bauherr in der Pflicht, der die Sanierungsmaßnahme in Auftrag gibt und eine sachkundige Firma sowie ggf. Koordinatoren, Fachplaner und Bauleiter benennt. Und selbstverständlich trägt auch der ausführende Auftragnehmer Verantwortung, und zwar nicht nur für die Erfüllung des Sanierungsziels, sondern auch für den Arbeitsschutz im Sanierungsbereich. Diese Verantwortlichkeiten sind gesetzlich geregelt und werden in Abschnitt 7.1 ausführlich besprochen.

Wenn diese Punkte geklärt sind, können die nächsten Schritte in Angriff genommen werden.

Aufgaben und schematischer Ablauf einer Schimmelschadensanierung

Grundsätzliche Aufgaben der Sanierung

- Ursachenbeseitigung
- Entfernen des Befalls
- Dekontamination der betroffenen und angrenzenden Bereiche auf ein natürliches, bauübliches Maß
- Wiederaufbau mit geeigneten Baustoffen zur Herstellung eines angenehmen Wohnklimas im Rahmen nutzungsüblicher Belastungen

Sanierungsplanung und Vorbereitung

- Feststellen und Bewerten des Befalls
- Feststellen und Bewerten der Schadensursachen
- Festlegen des Sanierungsziels
- Festlegen von Erstmaßnahmen und Information der Nutzer
- Erstellung einer Gefährdungsbeurteilung, Schutzmaßnahmen festlegen, Auswahl der PSA
- Auswahl von Sanierungsverfahren und flankierenden Maßnahmen
- Festlegen von Kontrollmaßnahmen
- Prüfen und Wartung der einzusetzenden Technik

Ausführung

- Einleiten von Erstmaßnahmen
- Einrichten und Ausstatten des Sanierungsbereichs
- Beseitigung des Schadens und Abtransport des ausgebauten Materials
- Feinreinigung
- Sanierungskontrolle und Abnahme

Dazu zählen die Festlegung des Sanierungsziels, wenn notwendig die Einleitung von Erstmaßnahmen und die Sanierungsplanung. Bei der Sanierungsplanung sind wiederum Gefährdungsbeurteilungen zu erstellen, um mögliche Gefährdungen bereits im Vorfeld abzuwehren und eine entsprechende technische Ausstattung von der Baustelleneinrichtung über die Verfahren zum Materialabtrag bis hin zur Entsorgung festzulegen. Dann kann mit der Schimmelentfernung begonnen werden, die mit einer Feinreinigung abgeschlossen wird. Das gesamte Prozedere einer Schimmelschadensanierung ist im Infokasten auf Seite 181 dargestellt. Die hier skizzierte Reihenfolge ist theoretisch, in der Praxis überschneiden sich manche Schritte häufig oder sind gar nicht Gegenstand der Beauftragung.

7.1 Verantwortlichkeiten

Mit Eintritt in die Sanierungsphase ändern sich nun auch die Rechtsgrundlagen und damit die Verantwortlichkeiten der Beteiligten. Bisher hatten wir bei der Feststellung und Bewertung von Schimmelschäden in Wohn- und Innenräumen der Nutzungsklasse II, III und IV nur den »Schimmelleitfaden« zu beachten und nur im Zusammenhang mit Arbeitsstätten zusätzliche Verordnungen zu berücksichtigen. Nun müssen die geplanten Arbeiten dahingehend bewertet werden, ob dadurch eine zusätzliche Gefährdung für alle Beteiligten, also für die Nutzer, die Ausführenden selbst, aber auch für Dritte, z. B. andere Gewerke, ausgehen kann. Dies ist in verschiedenen Gesetzen und Verordnungen geregelt, die hier kurz aufgeführt sind, bevor die daraus folgenden Konsequenzen ausführlich dargestellt werden.

Die gesetzlichen Bestimmungen zur Errichtung von Bauwerken sowie zu Umbaumaßnahmen sind in den Bauordnungen der Länder geregelt. Danach obliegt es grundsätzlich dem Bauherrn, die notwendigen Genehmigungen einzuholen und Fachkräfte zur Planung, Bauleitung und Koordination heranzuziehen, sofern er diese Aufgaben nicht selbst übernehmen kann. Eine Schimmelbekämpfung dürfte üblicherweise als Instandsetzung angesehen werden und ist somit verfahrensfrei. Machen die Sanierungsarbeiten jedoch Eingriffe in tragende Bauteile oder weitreichende Umbauten notwendig oder sind Sonderbauten betroffen, muss geprüft werden, ob es sich um ein genehmigungspflichtiges Bauvorhaben handelt.

Mit der Baustellenverordnung (BaustellV) wird nun das ausführende Unternehmen einbezogen. Im Vordergrund steht dabei der Arbeitsschutz, der durch das Arbeitsschutzgesetz geregelt ist. Die Umsetzung ruht hierbei verstärkt auf den Schultern des ausführenden Unternehmers in seiner Funktion als Arbeitgeber. Nichtsdestotrotz ist auch der Bauherr als Gesamtkoordinator in Bezug auf den Arbeitsschutz in die Pflicht genommen, gleichwohl er dies auch durch Benennung geeigneter Fachkräfte sicherstellen kann.

Insbesondere beim Umgang mit Gefahr- und Biostoffen muss der ausführende Unternehmer sicherstellen, dass keine Gefahren für die Arbeitnehmer und für Dritte bestehen. Maßgebende Regelwerke sind hierfür die Gefahrstoffverordnung (GefStoffV) und die Biostoffverordnung (BioStoffV).

Um die teilweise abstrakten Anforderungen umsetzen zu können, sind den jeweiligen Gesetzen und Verordnungen technische Regeln zugeordnet, die Einzelaspekte in der Umsetzung untergesetzlich verbindlich regeln.

Tabelle 7-1 zeigt eine Übersicht der geltenden Rechtsvorschriften und wen diese betreffen.

Wie Tabelle 7-1 verdeutlicht, ist das Regelwerk bei der Sanierung sehr umfangreich, was es nicht immer einfach macht, die Verantwortlichkeiten am Bau zu erkennen und wahrzunehmen. Vertiefen wir nun die Aspekte, die dem Sachkundigen beim Kampf gegen den Schimmel unbedingt geläufig sein müssen.

Als Auftraggeber trägt der Bauherr im Sinne von Musterbauordnung und Baustellenverordnung (BaustellV) die Gesamtverantwortung für die Durchführung des Sanierungsvorhabens. In der Gesamtverantwortlichkeit obliegen die in

Titel	betrifft	Inhalt
Gesetze und Verordnungen		
Bauordnungen der Länder (LBO)	▪ Bauherren	öffentlich-rechtliche Vorgaben für das sichere Errichten und Instandsetzen von Bauwerken
Verordnung über Sicherheit und Gesundheitsschutz auf Baustellen **BaustellV**	▪ Bauherren ▪ ausführende Unternehmen	zusätzlich geltende Vorgaben zum Arbeits- und Gesundheitsschutz auf der Baustelle für alle am Bau Beteiligten
Gesetz über die Durchführung von Maßnahmen des Arbeitsschutzes zur Verbesserung der Sicherheit und des Gesundheitsschutzes der Beschäftigten bei der Arbeit **ArbSchG**	▪ ausführendes Unternehmen	grundsätzliche, immer geltende Vorgaben zum Arbeits- und Gesundheitsschutz von Beschäftigen
Gesetz über Betriebsärzte, Sicherheitsingenieure und andere Fachkräfte für Arbeitssicherheit **ASiG**	▪ Betriebsärzte ▪ Sicherheitsingenieure ▪ Fachkraft für Arbeitssicherheit	regelt die Beratung; regelt die Überwachung der Schutzziele sowie die arbeitsmedizinische Vorsorge durch geeignete Fachkräfte
Verordnung über Sicherheit und Gesundheitsschutz bei der Benutzung persönlicher Schutzausrüstungen bei der Arbeit **PSA-BV**	▪ ausführende Unternehmen ▪ Betriebsärzte, Sicherheitsingenieure, Fachkraft für Arbeitssicherheit	zusätzlich geltende Regelungen für die Auswahl, Nutzung, Überwachung und Wartung von PSA und für die arbeitsmedizinische Vorsorge
Verordnung über Sicherheit und Gesundheitsschutz bei Tätigkeiten mit biologischen Arbeitsstoffen **BioStoffV**	▪ ausführende Unternehmen ▪ fachkundige Person nach BioStoffV	zusätzlich geltende Regelungen über notwendige Schutzmaßnahmen, wenn Tätigkeiten mit Biostoffen ausgeführt werden
Verordnung zum Schutz vor gefährlichen Stoffen **GefStoffV**	▪ ausführendes Unternehmen ▪ Lieferanten	zusätzlich geltende Regelungen bei der Verwendung von Gefahrstoffen sowie deren Überwachung und notwendige Schutzmaßnahmen

Tabelle 7-1: Übersicht über die Gesetze und Verordnungen sowie das untergesetzliche Regelwerk und Vorgaben der gesetzlichen Unfallversicherung als autonomes Recht, die bei der Sanierung von Schimmelschäden unmittelbar berücksichtigt werden müssen.

Titel	betrifft	Inhalt
Untergesetzliches Regelwerk		
Regeln zum Arbeitsschutz auf Baustellen **RAB**	▪ ausführende Unternehmen ▪ Sicherheits- und Gesundheitsschutzkoordinator (SiGeKo)	konkretisiert die Anforderungen an den Arbeitsschutz auf Baustellen als anerkannte Regel der Technik
Technische Regeln für biologische Arbeitsstoffe **TRBA**	▪ ausführende Unternehmen ▪ fachkundige Person nach BioStoffV	konkretisiert teilweise verbindlich Mindestanforderungen an den Umgang mit Biostoffen und notwendige Schutzmaßnahmen als anerkannte Regel der Technik
Technische Regeln für Gefahrstoffe **TRGS**	▪ ausführende Unternehmen ▪ Lieferanten	konkretisiert teilweise verbindlich den Umgang mit Gefahrstoffen, definiert Arbeitsplatzgrenzwerte und die notwendigen Schutzmaßnahmen als anerkannte Regel der Technik
Autonomes Recht der gesetzlichen Unfallversicherungsträger (DGUV)		
DGUV Vorschriften	▪ Unternehmer ▪ Versicherte	verbindliche Pflichten bezüglich Sicherheit und Gesundheitsschutz am Arbeitsplatz
DGUV-Regeln	▪ Unternehmer	regelt weitgehend verbindlich die Umsetzung staatlicher Arbeitsschutz- und Unfallverhütungsvorschriften sowie die Vermeidung von Arbeitsunfällen, Berufskrankheiten und arbeitsbedingten Gesundheitsgefahren
DGUV Informationen	▪ Unternehmer ▪ fachkundige Personen ▪ Arbeitsschutzbeauftragte ▪ Sicherheitsfachkraft	Hinweise und Empfehlungen, die die praktische Anwendung von Regelungen erleichtern sollen und konkrete praxisgeeignete Arbeitsschutzmaßnahmen vorstellen
DGUV Grundsätze	▪ Unternehmer ▪ befähigte Personen	Verfahren und Prüfvorschriften hinsichtlich der Durchführung von Prüfungen, z. B. Absturzsicherung

Tabelle 7-1 (Fortsetzung): Übersicht über die Gesetze und Verordnungen sowie das untergesetzliche Regelwerk und Vorgaben der gesetzlichen Unfallversicherung als autonomes Recht, die bei der Sanierung von Schimmelschäden unmittelbar berücksichtigt werden müssen.

Bild 7-1 dargestellten Aufgabenstellungen dem Bauherrn, jedoch kann dieser auch eine fachkundige Person (Fachplaner, Bauleiter etc.) beauftragen. Insofern ist der Bauherr dafür verantwortlich, dass alle notwendigen Genehmigungen vorliegen und alle am Bau Beteiligten ihren Verpflichtungen im Rahmen der gültigen Gesetze und Verordnungen nachkommen. So muss der Bauherr auch das Zusammenwirken unterschiedlicher Gewerke koordinieren und ggf. einen Koordinator bestellen. Darüber hinaus muss er seinen Informationspflichten gegenüber den Nutzern, aber auch dem Auftragnehmer nachkommen. Wenn ihm bekannt wird, dass andere Gebäudeschadstoffe eine Rolle spielen oder aber im laufenden Betrieb (bei Gewerbeobjekten) Gefährdungen auftreten könnten, muss er die beteiligten Gewerke darüber informieren.

Das ausführende Unternehmen ist für den Arbeits- und Gesundheitsschutz auf der Baustelle zuständig. Der Unternehmer muss hier sowohl in seiner Funktion als Arbeitgeber als auch in seiner Verantwortung Dritten gegenüber abwägen, ob durch die vorzunehmenden Tätigkeiten Gefährdungen auftreten können und wie diese durch geeignete Maßnahmen abzuwehren sind. Dazu benötigt er die Informationen des Bauherrn (siehe vorheriger Abschnitt). Reichen diese jedoch nicht aus oder ergeben sich Verdachtsmomente auf andere Innenraumschadstoffe, so muss der Unternehmer selbst abklären, ob eine Gefährdung vorliegt. Geeignete Methoden dazu wurden in Kapitel 2 besprochen.

Sanierungsphasen	Aufgaben und Rollen der Beteiligten		
	Bauherr	Planer Schimmelpilzgutachter	Ausführende Unternehmen
Grundlagenermittlung	Gesamtverantwortung Vorgaben des Sanierungsziels	Ermittlung Schadensursache und -ausmaß	ggf. Ermittlung Schadensursache und -ausmaß
Ausführungsplanung	Gefährdungsbeurteilung für eigene Beschäftigte/Nutzer	Sanierungskonzept	Sanierungskonzept
Ausschreibung und Vergabe		Ausschreibungsunterlagen	Gefährdungsermittlung, Schutzmaßnahmen festlegen
Bauausführung	Information der eigenen Beschäftigten und Dritter ggf. Koordination nach Baustell V	Fachbauleitung Sanierung Kontrolle des Sanierungsziels und Mitwirkung bei der Abnahme	Vorbereiten Organisieren, ggf. Koordination nach DGUV Vorschrift 1 Ausführung der Sanierung (Materialentfernung, ggf. Trocknung, Feinreinigung)
Abnahme Nutzung	Abnahme	Fachbauleitung Wiederherstellung	Abnahme

Bild 7-1: Zusammenstellung von Aufgaben und Verbindlichkeiten für die Beteiligten an einer Schimmelbaustelle: Die Verantwortlichkeiten sind durch die in Tabelle 7.1 hinterlegten Rechtsvorschriften begründet. Je nach Konstellation und Größe der Baustelle können Planer, Schimmelpilzgutachter und ausführendes Unternehmen in einer Person vereinigt sein. (nach [Bo1])

Zwischen den Beteiligten einer Schimmelschadenbeseitigung können sich die in Bild 7-1 dargestellten Verantwortlichkeiten und Konstellationen ergeben.

7.2 Sanierungsplanung und Festlegen des Sanierungsziels

Ziel der Sanierung ist es, einen Normalzustand mit gesundem Wohnklima wiederherzustellen. Noch gibt es keine allgemeingültige Festlegung in den Regelwerken, welcher Zustand als Normalzustand zu betrachten ist. Erste Untersuchungsergebnisse über Hintergrundbelastungen von Bauwerken ohne Schimmelpilzbefall liegen vor, sind aber nicht allgemein anerkannt [Fi1, UBA2017]. Dennoch können diese Werte, die auch im »Schimmelleitfaden« hinterlegt sind, als Anhaltspunkte dienen. Am ehesten lässt sich der Normalzustand anhand eines in Alter und Nutzung vergleichbaren Raums ohne Schadensereignis an mikrobieller Kontamination definieren. Ein Schimmelpilzwachstum ist dabei grundsätzlich nicht zu tolerieren, Sporen im Rahmen einer bau- und nutzungsüblichen Hintergrundkonzentration jedoch schon.

Was im Einzelnen im Rahmen der Sanierung technisch machbar und wohnhygienisch sinnvoll ist, sollte zwischen Auftraggeber und Sanierer ausführlich besprochen und schriftlich festgehalten werden [Be2, Ba1]. Der Auftraggeber sollte dabei sachkundig unterstützt werden, denn das Sanierungsziel muss realistisch sein, die hygienischen Anforderungen erfüllen, aber auch technisch umsetzbar sein. So hat es keinen Sinn, als Sanierungsziel das »Entfernen von Schimmelpilzen« anzugeben, denn das würde im Extremfall bedeuten, eine sterile Umgebung schaffen zu müssen. Normalerweise ist das jedoch nicht notwendig, es sei denn, wir haben einen OP-Bereich zu sanieren oder im Reinraum zu arbeiten. Daher sind konkrete Formulierungen hilfreicher, wie »Entfernen von Schimmelpilzbefällen an der Wand X mit Sicherheitszugabe von Y cm mit dem Ziel, eine nutzungs- und bauübliche Hintergrundbelastung durch Schimmelbestandteile wie im schadensfreien Zustand herzustellen«. Ein so formuliertes Sanierungsziel lässt sich durch Vergleichsmessungen überprüfen.

Festlegen des Sanierungsziels

Das Sanierungsziel bestimmt der Auftraggeber (Bauherr). Er sollte dabei fachkundig beraten werden. Raumnutzung und technische Machbarkeit sind zu berücksichtigen. Die Zielvereinbarung sollte schriftlich festgehalten werden und durch Vergleichsmessungen überprüfbar sein.

Grundlegende Sanierungsziele können z. B. sein:

- Entfernen des sichtbaren Befalls durch Putzentfernung an der Wand A mit einer Sicherheitszugabe von 50 cm; Kontrolle des Sanierungserfolgs durch Klebefilmproben,
- Entfernen des Befalls im Bereich B nach Eingrenzung durch Probennahme laut Prüfbericht des Sachverständigen/Labors XY; das Sanierungsverfahren ist nach Prüfung durch den Auftragnehmer festzulegen; Prüfung des Sanierungserfolgs durch Materialentnahme,
- Reinigung des Wohnzimmers nach den Sanierungsarbeiten auf ein natürliches, bauübliches Maß; Sanierungskontrolle durch mobilisierte Raumluftmessungen nach WTA-Merkblatt,

- Reinigung des Dachstuhls ohne Materialabtrag zur Reduktion des sichtbaren Befalls; Prüfung durch Sichtkontrolle, ggf. Klebefilmproben bei auffälligen Verfärbungen.

Häufig werden bereits in Prüfberichten oder Schadensgutachten Sanierungskonzepte mit Vorschlägen zu Sanierungsverfahren angegeben. In der Sanierungsplanung muss das ausführende Unternehmen diese Vorschläge auf ihre Umsetzbarkeit hin überprüfen und unter Berücksichtigung des vereinbarten Sanierungsziels präzisieren. Wichtig ist hierbei, dass Ursache und Schadensausmaß im Wesentlichen bekannt sind, damit der Umfang der notwendigen Tätigkeiten und die hierbei anzusetzenden Schutzmaßnahmen sachkundig festgelegt werden können. Das bedeutet auch, dass der Unternehmer hierbei eine Gefährdungsbeurteilung durchführen muss. Bestandteil der Sanierungsplanung sind zudem die Festlegung von Erstmaßnahmen, sofern dies nicht bereits erfolgt ist, sowie eine Information der betroffenen Nutzer über die notwendigen Arbeiten. Zu guter Letzt muss der Unternehmer mit Abschluss der Sanierungsplanung noch sicherstellen, dass die erforderliche Sanierungstechnik inklusive Filter sowie die notwendige Persönliche Schutzausrüstung (PSA) bereitstehen und einsatzbereit sind.

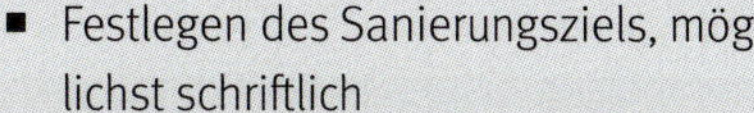

- Festlegen des Sanierungsziels, möglichst schriftlich
- Festlegen von Erstmaßnahmen und Information der Nutzer
- Erstellung einer Gefährdungsbeurteilung, Festlegung der erforderlichen Schutzmaßnahmen, Auswahl der Persönlichen Schutzausrüstung (PSA)
- Auswahl von Sanierungsverfahren und flankierenden Maßnahmen
- Festlegen von Kontrollmaßnahmen
- Prüfen und Wartung der einzusetzenden Technik

7.3 Erstmaßnahmen

Bei Feststellung von Schimmelschäden sind Erstmaßnahmen zu ergreifen, wenn eine Sanierung nicht umgehend erfolgen kann. Die Gründe dafür können vielschichtig sein. So kann es z. B. vorkommen, dass Verantwortlichkeiten nicht geklärt sind, die Finanzierung nicht steht oder noch weitere Erkenntnisse zum Schadensausmaß ausstehen. Dann müssen in der Zwischenzeit Maßnahmen eingeleitet werden, die verhindern, dass der Schaden sich insbesondere durch Verdriften von Sporen und Pilzbestandteilen weiter ausbreitet und die Nutzer einer erhöhten Belastung ausgesetzt sind.

Üblicherweise sollten Erstmaßnahmen bereits bei Schadensfeststellung oder im Sanierungskonzept des Sachverständigen festgelegt und umgesetzt werden. Wird das ausführende Unternehmen auch zur Schadensfeststellung eingeschaltet, so muss der Sanierer als Sachkundiger vor Ort festlegen, welche Maßnahmen notwendig sind, um die Zeit bis zur Sanierung (Planungs- und Vorbereitungsphase) zu überbrücken.

Welche Erstmaßnahmen tatsächlich notwendig sind, hängt von den erkennbaren oder vermuteten Schäden, von der Raumnutzung und nicht zuletzt vom Nutzer und selbst und seiner Aufenthaltsdauer ab. Besondere Dringlichkeit ist geboten, wenn z. B. Krankenhäuser oder Pflegeeinrichtungen betroffen sind, ebenso bei Allergikern, immunsupprimierten Personen oder Personen mit chronischen Atemwegserkrankungen.

Erstmaßnahmen bei der Schimmelsanierung

- Aufenthaltsdauer beschränken
- Kennzeichnen der Räume (»Zutritt verboten«)
- Zugang zu betroffenen Räumen beschränken: Betreten der Räume nur durch unterwiesene Personen; ggf. kann das Tragen von Atemschutz und Schutzanzügen erforderlich sein
- Wegekonzept erstellen und alle Betroffenen darüber informieren
- mikrobiell besiedelte Gegenstände vor Ort belassen, um das Verschleppen von Schimmelbestandteilen zu vermeiden
- kontaminierte Gegenstände, die aus den Räumen geholt werden, vorher reinigen (Absaugen oder feucht abwischen)
- Befall binden, z. B. durch Überstreichen mit Sporenbindern, Wasserglas oder Farben, als Übergangsmaßnahme bis zur Materialentfernung
- befallene Flächen durch dichte Abdeckung oder Abkleben mit Folie abschotten
- Räume abschotten (z. B. Fugen an Türen abkleben)
- Gebäudeteile abschotten
- Lüftungsmaßnahmen oder Aufstellen von Luftreinigern
- Bereitstellen anderer Räume und Arbeitsplätze
- häufigere Reinigung der betroffenen Räume

Erstmaßnahmen können die Sporenfreisetzung minimieren bis gänzlich unterbinden. In der Regel sind sie aber nicht dazu geeignet, das Schimmelpilzwachstum aufzuhalten, solange die Schadenursache fortbesteht und erhöhte Feuchtelasten auftreten. Eine Reihe sinnvoller Maßnahmen, die einzeln oder in Kombination eingesetzt werden können, zeigt der Infokasten auf Seite 188.

Auch wenn mit einer Erstmaßnahme nur kurze Zeiträume überbrückt werden sollen, ist es notwendig, die Nutzer über den Grund und die Wirkung der Maßnahmen zu informieren, besonders wenn Verhaltensänderungen verlangt werden müssen, z. B. bei veränderten Raumwegen oder Laufzeiten von Trocknungsgeräten etc. Zusätzlich kann über Möglichkeiten einer umwelt- bzw. arbeitsmedizinischen Beratung informiert werden.

Grundsätzlich sollten Erstmaßnahmen immer kurzfristige Lösungen bleiben und nicht zum Dauerzustand werden (Bild 7-2).

Bauherren oder Nutzer ohne entsprechende Sachkunde können Ausmaß und Ursache eines Schadens oft nicht vollständig erkennen. Erstmaßnahmen, die ohne einen qualifizierten Sachkundigen durchführt werden, sind häufig nicht ausreichend. In solchen Fällen ist der Ausführende dazu verpflichtet, die Schadensfeststellung und Bewertung entsprechend nachzuholen oder zu ergänzen.

7.4 Vorgaben für den Arbeitsschutz

Ein wesentlicher Punkt bei der Vorbereitung der Beseitigung von Schimmelschäden ist die Planung des Arbeits- und Umgebungsschutzes.

Arbeitgeber sind verpflichtet, ihre Mitarbeiter vor Risiken zu schützen, die zu Unfällen oder

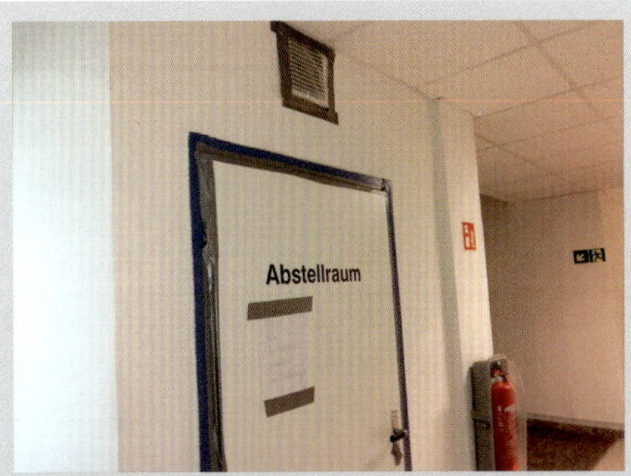

Eine einfache, aber wirkungsvolle Methode ist das Absperren von Teilbereichen. Wenn möglich, sollte am besten der Raum gar nicht mehr genutzt und die Tür verschlossen und abgeklebt werden.

Bei lokal begrenzten Schäden ist das Abkleben der sichtbaren Befälle mithilfe von Folien eine wirksame Methode. Hier wurde behelfsweise ein Müllbeutel verwendet. Aber auch das funktioniert gut, wie auf dem Bild zu sehen ist.

Auch hilft das Aufstellen von Luftreinigern, um die Zeit bis zur Sanierung zu überbrücken. Hier wurden die Räume zudem von Inventar befreit. Große Ausstattungsstücke wurden in Folien einschlagen, sofern sie nicht entfernt werden konnten.

Bild 7-2: Erstmaßnahmen, um die Zeit zwischen Schadensfeststellung und -beseitigung zu überbrücken. Ziel dieser Maßnahmen ist es, die weitere Verbreitung von Schimmelbestandteilen zu verhindern und somit den Kontakt mit sensibilisierenden, allergenen und toxischen Bestandteilen zu reduzieren.

beruflich bedingten Erkrankungen führen können. Ebenso dürfen aber auch Dritte nicht geschädigt werden. Das Gesetz über die Durchführung von Maßnahmen des Arbeitsschutzes zur Verbesserung der Sicherheit und des Gesundheitsschutzes der Beschäftigten bei der Arbeit (Arbeitsschutzgesetz – ArbSchG) schreibt die Durchführung einer Gefährdungsbeurteilung vor.

Wie wir bereits festgestellt haben, können Schimmelschäden im Innenraum Auswirkungen auf die Gesundheit von Nutzern und Ausführenden haben. Meist verstärkt sich die Exposition im Sanierungsfall massiv durch Mobilisierung und Freisetzung von Sporen, Stäuben und anderen Stoffen. Umso mehr ist dem Thema Arbeitsschutz im Zusammenhang mit der Schimmelsanierung besondere Aufmerksamkeit zu widmen.

Arbeitgeber müssen für alle bei einer Sanierung anfallenden Tätigkeiten der Arbeitnehmer Gefährdungsbeurteilungen erstellen und sind normalerweise hinreichend mit dem Arbeitsschutz vertraut. Die Ausführungen in diesem Kapitel beschränken sich auf das, was nach Maßgabe der Biostoffverordnung (BioStoffV) über Sicherheit und Gesundheitsschutz bei Tätigkeiten mit biologischen Arbeitsstoffen im Rahmen der Beseitigung von Schimmelschäden zu bewerten ist.

7.4.1 Vorschriften der Biostoffverordnung

Die Biostoffverordnung regelt den Arbeitsschutz bei Tätigkeiten mit biologischen Arbeitsstoffen. Dazu zählen alle Tätigkeiten, bei denen Mikroorganismen wie Bakterien, Pilze, Viren und Endoparasiten freigesetzt werden und Beschäftige mit ihnen Kontakt kommen können. Verstöße gegen die Biostoffverordnung werden je nach Schwere als Ordnungswidrigkeit bis Straftat verfolgt und geahndet.

Die Schimmelsanierung, aber auch bereits die Probennahme zur Gutachtenerstellung unterliegen dem Geltungsbereich der Biostoffverordnung. Tätigkeiten wie Bohrkerne entnehmen, Tapeten entfernen oder Putz abschleifen setzen Biostoffe frei, mit denen der Beschäftige der Sanierungsfirma, aber auch unbeteiligte Dritte wie Nutzer in Berührung kommen können. Das Gleiche gilt auch für alle Umbau-, Instandsetzungs- und Wartungsarbeiten in Gebäuden, bei denen lediglich ein Verdacht auf Schimmel oder Fäkalkeime besteht. Die Biostoffverordnung richtet sich an den Unternehmer des ausführenden Unternehmens. Dieser hat vor Aufnahme der Tätigkeiten die Pflicht, sich über mögliche Biostoffe vor Ort zu informieren und die Gefährdung entsprechend zu beurteilen. Dabei muss ihn der Auftraggeber bzw. der Bauherr unterstützen. Sind dem Bauherrn Informationen über mögliche Gefährdungen bekannt, muss er diese an den Auftragnehmer weiterleiten. Liegen dem Auftraggeber keine Informationen vor, muss sich der Unternehmer die notwendigen Informationen zur Gefährdungsbeurteilung selbst beschaffen. Bei Weitervergabe oder Untervergabe gehen die Pflichten des Auftraggebers an den Auftragnehmer über.

Die Biostoffverordnung gibt eine Liste der zu beschaffenden Informationen vor:

§ 4 (3)

»1. Identität, Risikogruppeneinstufung und Übertragungswege der Biostoffe, deren mögliche sensibilisierende und toxische Wirkungen und Aufnahmepfade, soweit diese Informationen für den Arbeitgeber zugänglich sind; dabei hat er sich auch darüber zu informieren, ob durch die Biostoffe sonstige

die Gesundheit schädigende Wirkungen hervorgerufen werden können.

2. Art der Tätigkeit unter Berücksichtigung der Betriebsabläufe, Arbeitsverfahren und verwendeten Arbeitsmittel einschließlich der Betriebsanlagen.

3. Art, Dauer und Häufigkeit der Exposition der Beschäftigten, soweit diese Informationen für den Arbeitgeber zugänglich sind.

(...)«

Für die Gefährdungsbeurteilung werden Mikroorganismen nach §3 der Biostoffverordnung in die Risikogruppen 1 bis 4 eingeteilt, wobei im Bauwesen normalerweise die Risikogruppen 1 und 2 mit geringerem Infektionsrisiko zu erwarten sind. Sie kennzeichnen Mikroorganismen, von denen angenommen wird, dass sie beim Menschen keine oder keine schwere Infektionskrankheit hervorrufen können.

Neben der Risikogruppe ist von Bedeutung, ob die Ausführenden gezielte oder nicht gezielte Tätigkeiten zu verrichten haben. Als gezielt wird eine Tätigkeit bezeichnet, die unmittelbar auf einen bestimmten Biostoff ausgerichtet ist und dieser mindestens nach der Spezies (Art) bekannt ist. Zudem muss abschätzbar sein, wie hoch die Exposition der Beschäftigten während dieser Tätigkeit ist. Gezielte Tätigkeiten sind zum Beispiel im Labor anzutreffen, z.B. die Isolation von *Aspergillus fumigatus* von einer nach dem Suspensionverfahren erstellten Mischkultur einer Materialprobe, um eine Reinkultur anzulegen. Dabei wird ganz gezielt eine Art ausgewählt und vervielfältigt, sodass auch die Exposition gegenüber dieser einen Art erhöht wird. In einem solchen Fall muss die höchste zutreffende Risikogruppe angegeben werden, auch wenn die Mehrzahl der Arten und Gattun-

Risikogruppen

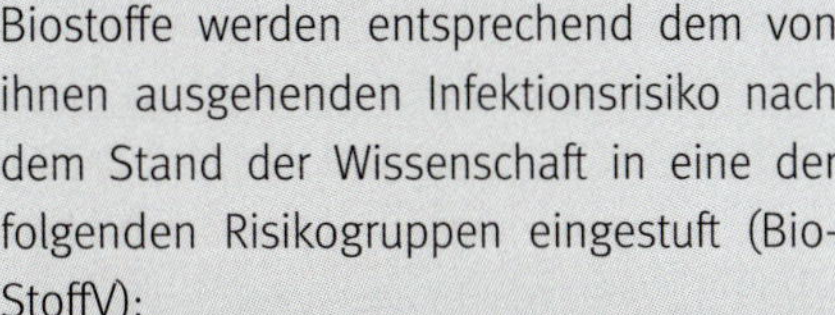

Biostoffe werden entsprechend dem von ihnen ausgehenden Infektionsrisiko nach dem Stand der Wissenschaft in eine der folgenden Risikogruppen eingestuft (BioStoffV):

Risikogruppe 1 umfasst Biostoffe, bei denen es unwahrscheinlich ist, dass sie beim Menschen eine Krankheit hervorrufen.

Risikogruppe 2 umfasst Biostoffe, die eine Krankheit beim Menschen hervorrufen und eine Gefahr für Beschäftigte darstellen könnten. Eine Verbreitung in der Bevölkerung ist unwahrscheinlich, eine wirksame Vorbeugung oder Behandlung ist normalerweise möglich.

Risikogruppe 3 umfasst Biostoffe, die eine schwere Krankheit beim Menschen hervorrufen und eine ernste Gefahr für Beschäftigte darstellen können. Zwar besteht die Gefahr einer Verbreitung in der Bevölkerung, jedoch ist normalerweise eine wirksame Vorbeugung oder Behandlung möglich.

Risikogruppe 4 umfasst Biostoffe, die eine schwere Krankheit beim Menschen hervorrufen und eine ernste Gefahr für Beschäftigte darstellen. Auch die Gefahr einer Verbreitung in der Bevölkerung ist unter Umständen groß. Eine wirksame Vorbeugung oder Behandlung ist normalerweise nicht möglich.

Die Einstufung ist in der TRBA 460 für Pilze und der TRBA 466 für Bakterien nachlesbar.

Feuchteschaden an einem Tag im Juli

Erkennbarer Schimmelbefall 14 Tage später

Schimmelbefall, nach dem die Fläche mit einem Biozid behandelt wurde

Bild 7-3: Schimmelbefälle können sich mit der Zeit verändern, insbesondere wenn sich die Wasserverfügbarkeit vor Ort verschlechtert, chemische Maßnahmen angewendet werden oder ein weiterer Schaden hinzukommt. Insofern kann die genaue Identität des Befalls nicht exakt festgestellt werden. Umso wichtiger ist es dann, mögliche Gefährdungen durch Leitorganismen wie Schimmelpilze abschätzen zu können.

gen der Mischkultur geringere Risikogruppen aufweisen.

Im Gegensatz dazu spricht man von nicht gezielten Tätigkeiten, wenn mindestens eine der oberen Bedingungen (gezielt auf Biostoff ausgerichtet, Biostoff der Art nach bekannt, Exposition abschätzbar) nicht erfüllt ist. Dies trifft regelmäßig für Schimmelbaustellen zu, bei denen zwar Schimmelpilze als Leitorganismen häufig der Gattung nach bestimmt werden, andere Mikroorganismen wie Bakterien routinemäßig jedoch nicht, wodurch die Gesamtpopulation nicht vollständig erfasst wird. Auch ändert sich das Bewuchsbild mit der Zeit, sodass auch hier die Gesamtpopulation unbekannt ist. Zudem wird bei der Sanierung nicht nach Arten unterschieden, sondern es soll immer die gesamte Biomasse entfernt werden. Lediglich die Exposition kann vergleichsweise sicher abgeschätzt und bewertet werden. Damit handelt es sich bei Sanierungsarbeiten um nicht gezielte Tätigkeiten. Bei einer nicht gezielten Tätigkeit bewerten wir die Risikogruppe, die am häufigsten vorkommt und dürfen somit auch eine niedrige Risikogruppe ansetzen, sofern sie das Befallsbild dominiert (Bild 7-3)

Auch für nicht gezielte Tätigkeiten ist eine Risikogruppeneinstufung vorzunehmen. Wenn jedoch für die Gefährdungsbeurteilung keine ausreichenden Informationen ermittelt werden können, darf nach Biostoffverordnung auf wissenschaftliche Publikationen und Erkenntnisse zurückgegriffen werden anstatt auf eigene Messungen. Und hier zeigt die Erfahrung, dass in der Schimmelschadenbeseitigung die Risikogruppe 1 dominiert. Zwar gibt es auch Schimmelpilze der Risikogruppe 2, aber diese treten im Schadensfall vergleichsweise selten auf. Demzufolge können Biostoffe, die bei Tätigkeiten einer Schimmelschadensanierung freigesetzt werden, grundsätzlich in die Risikogruppe 1 eingeordnet werden. Unabhängig davon müssen auch die toxischen und sensibilisierenden Eigenschaften bewertet werden.

Anhand der Art der Tätigkeit und der Risikogruppenbestimmung erfolgt nach Biostoffverordnung eine Schutzstufenzuordnung. Hinter den Schutzstufen verbergen sich Schutzmaßnahmen, die auf die jeweilige Risikogruppe zugeschnitten sind und sich dazu eignen, die von den Biostoffen ausgehenden Gesundheitsgefährdungen, insbesondere durch Infektion, abzuwenden.

Seit 2013 gibt es für bestimmte nicht gezielte Tätigkeiten mit geringem Risikopotenzial eine Freistellung vom Schutzstufenkonzept. Darunter fallen auch Tätigkeiten der Gebäudesanierung. Im Einzelnen bedeutet dies, dass die Informationsbeschaffung nach wie vor notwendig ist, jedoch keine Schutzstufe mehr festgelegt werden muss. Davon ausgenommen sind Sanierungstätigkeiten in Bereichen wie Laboratorien oder Quarantänestationen, die dem Schutzstufenkonzept unterstehen. In solchen Fällen muss für die Sanierung die bestehende Schutzstufe der Einrichtung übernommen werden.

Liegen alle notwendigen Informationen zu Identität, Übertragungswegen und Exposition vor, werden die Schutzziele festgelegt und die Maßnahmen benannt, mit denen diese Schutzziele erreicht werden sollen. Da die Biostoffverordnung für alle Tätigkeiten mit Biostoffen gilt und somit mehrere ganz unterschiedliche Branchen erfasst, werden dem Arbeitgeber branchenspezifische technische Regeln an die Hand gegeben. Diese Technischen Regeln für Biologische Arbeitsstoffe (TRBA) werden auch als untergesetzliches Regelwerk bezeichnet und müssen nach § 19 der BiostoffV verbindlich angewendet werden. Sie erleichtern die Anwendung und Umsetzung der Biostoffverordnung, weil sie für den speziellen Anwendungsfall Detaillösungen anbieten, die in der eher abstrakt formulierten Verordnung so nicht ablesbar sind.

In Kapitel 6 wurden bereits verschiedenen Technische Regeln für biologische Arbeitsstoffe besprochen: die TRBA 240 für Archive, die TRBA 220 für Abwasser- und Kanalarbeiten, die zur Bewertung von Fäkalschäden hinzugezogen werden kann, und die TRBA 214, in der der technische Kontrollwert von 50.000 KBE pro m^3 festgelegt ist.

Die TRBA 400 gibt darüber hinaus vor, wie die Gefährdungsbeurteilung nach Biostoffverordnung durchzuführen ist. TRBA 200 bestimmt, dass nur eine »fachkundige Person« die Gefährdungsbeurteilung vornehmen darf. Hier ist auch festgelegt, welche Kenntnisse diese Person haben muss.

Für die Erstellung einer Gefährdungsbeurteilung im Rahmen einer Schimmelsanierung muss zunächst ermittelt werden, welche schädlichen Belastungen vorliegen und bei den Arbeiten zu erwarten sind. Dazu wären normalerweise Messungen erforderlich. Die BioStoffV erlaubt jedoch ein vereinfachtes Vorgehen. In § 6 (2) heißt es

»Kann bei diesen Tätigkeiten eine der (...) Informationen nicht ermittelt werden, weil das Spektrum der auftretenden Biostoffe Schwankungen unterliegt oder Art, Dauer, Höhe oder Häufigkeit der Exposition wechseln können, so hat der Arbeitgeber die für die Gefährdungsbeurteilung und Festlegung der Schutzmaßnahmen erforderlichen Informationen insbesondere zu ermitteln auf der Grundlage von 1. Bekanntmachungen (...) 2. Erfahrungen aus vergleichbaren Tätigkeiten

oder 3. sonstigen gesicherten arbeitswissenschaftlichen Erkenntnissen.«

Das bedeutet, dass qualifiziert geschätzt werden darf. Vergleichswerte für verschiedene Sanierungsarbeiten können z. B. in den Publikationen der Deutschen Gesetzlichen Unfallversicherung DGUV oder der Berufsgenossenschaften nachgelesen werden. Die BG Bau verfügt über Messdaten aus Sanierungsmaßnahmen, bei denen die Exposition für typische Tätigkeiten bei der Schimmelsanierung ermittelt wurde. Im Bedarfsfall, z. B. bei bisher nicht bewerteten Tätigkeiten, kann auch eine Ermittlung der Exposition auf der Baustelle durch die Messprogramme der Berufsgenossenschaften erfolgen. Die Kosten dafür übernimmt in der Regel die BG.

Neben Biostoffen ist ebenso eine Gefährdung durch Gefahrstoffe zu berücksichtigen. Gefahrstoffe sind im Wesentlichen Stoffe und Zubereitungen, die leicht entzündlich oder explosiv sind oder aufgrund ihrer physikalisch-chemischen, chemischen oder toxischen Eigenschaften und der Art und Weise, wie sie am Arbeitsplatz vorhanden sind oder verwendet werden, die Gesundheit und die Sicherheit der Beschäftigten und Dritter gefährden können.

Bei der Sanierung von Schimmelschäden werden wir durchaus auch mit Gefahrstoffen konfrontiert, z. B. bei der Bauteilöffnung, Probennahme und Sanierung von Feuchte- und Schimmelschäden durch die Freisetzung von künstlichen Mineralfasern (KMF), lungengängigen Faserstäuben (WHO-Fasern) oder Asbest oder durch den Einsatz von Bioziden. Hierbei gilt parallel zur Biostoffverordnung die Gefahrstoffverordnung. Analog zu den Technischen Richtlinien für biologische Arbeitsstoffe (TRBA), die der Biostoffverordnung zugeordnet sind, werden Gefahrstoffe allgemein und branchenspezifisch in den Technischen Regeln für Gefahrstoffe (TRGS) beschrieben und die Schutzziele genauer definiert. Da es Überschneidungen beider Verordnungen gibt, z. B. bei sensibilisierenden Stoffen, gibt es für diese Bereiche auch gemeinsame TRBA/TRGS. Ein Beispiel hierfür ist die TRBA/TRGS 406 *Sensibilisierende Stoffe für die Atemwege.* Ebenso wie bei der Biostoffverordnung muss eine Gefährdungsbeurteilung erstellt werden. Da diese auf dieselbe Weise vorzunehmen ist, wird es an dieser Stelle nicht weiter verfolgt.

Grundsätzlich muss der Unternehmer als Arbeitgeber alle Gefährdungen bewerten, die am Arbeitsplatz oder wie hier im Sanierungsbereich auftreten können und alle entsprechenden Verordnungen gleichwertig berücksichtigen. Die Verordnungen haben keine Rangfolge, keine ist wichtiger als die andere. Unabhängig davon, ob nun Bio- oder Gefahrstoffe vorliegen, gilt das Minimierungsgebot.

7.4.2 Das TOP-Prinzip als Kernstück des Arbeitsschutzes

Ziel von Arbeitsschutzmaßnahmen ist es nicht, den Ausführenden durch die beste persönliche Schutzausrüstung höchsten Gefährdungen aussetzen zu können, sondern im Vorfeld die Exposition durch geeignete Maßnahmen soweit herabzusetzen, dass keine oder nur geringe Schutzmaßnahmen notwendig sind.

Das wird durch das TOP-Prinzip nach §4 des Arbeitsschutzgesetzes erreicht. TOP bedeutet, dass die technischen Maßnahmen zuerst umgesetzt werden, anschließend organisatorische Maßnahmen. Was dann (und erst dann) an Gefährdungen noch übrigbleibt, muss durch persönliche Schutzmaßnahmen abgewehrt werden.

Im Grunde ist das TOP-Prinzip als STOP-Prinzip gedacht: vor den technischen Maßnahmen ist zu prüfen, ob statt eines Bio- oder Gefahrstoffes ein weniger gefährlicher Stoff eingesetzt werden kann (Substitution). Dieses Prinzip findet Anwendung, wenn z. B. auf eine biozide Oberflächenbehandlung verzichtet wird und stattdessen die Oberfläche feucht gereinigt wird. Bei der Schimmelentfernung dagegen ist immer ein Biostoff im Spiel, der nicht ausgetauscht werden kann. Warum dann nicht auch gleich Biozide zur Entfernung einsetzten? Wenn versucht wird, einen Biostoff durch Biozide unschädlich zu machen, ist zusätzlich zur Biostoffverordnung auch die Gefahrstoffverordnung zu beachten. Es ist dann abzuwägen, welche zusätzlichen Gefährdungen durch das Biozid auftreten können. Dabei ist völlig nebensächlich, ob das Biozid überhaupt in der gewünschten Form wirkt. Das Abwägen von Belastungen ist elementar.

Daraus leitet sich wiederum das TOP-Prinzip ab, denn nicht nur die Biostoffe sind eine potenzielle Belastung für den Organismus, sondern

Das TOP-Prinzip bei der Sanierung von Schimmelschäden

Technische und bauliche Maßnahmen

- Abgrenzung des Sanierungsbereichs, ggf. Abschottung
- Vermeidung/Reduktion von Aerosolen, Stäuben und Nebel
- Be- und Entlüftung
- staubarme Arbeitstechniken (Befeuchtung, Bindemittel, Staubabsaugung)
- Abkleben schimmelbefallener Materialien
- geschlossene Transportmöglichkeiten für staubende Materialien
- Waschgelegenheiten sowie vom Arbeitsplatz getrennte Umkleidemöglichkeiten

Organisatorische Maßnahmen

- häufige, nicht staubende Reinigung (z. B. feucht wischen, saugen)
- Händewaschen, Hautschutz/-pflege bereitstellen
- Gesonderter Raum zum Essen und Aufbewahren von Lebensmitteln etc.
- nicht in verschmutzter Kleidung essen
- getrennte Aufbewahrung von Schutzkleidung und PSA
- mindestens einmal täglich Filterwechsel, regelmäßige Reinigung der Schutzkleidung
- verschlossene Entsorgung befallener Materialien
- Erstellung einer Betriebsanweisung und Unterweisung der Arbeitnehmer

Persönliche Schutzausrüstung

- Hautschutz
- Handschutz
- Augenschutz/Gesichtsschutz
- Atemschutz
- Fußschutz
- Unterweisung der Arbeitnehmer

auch das Tragen einer persönlichen Schutzausrüstung mit partikeldichten Schutzanzügen, Handschuhen und Atemschutz. Zudem sichert das TOP-Prinzip auch Dritte und andere Beschäftige ab, denn wenn vorrangig technische und organisatorische Maßnahmen ausgeführt werden, reduzieren sich auch die Belastungen außerhalb des Sanierungsbereichs. So wird sichergestellt, dass Unbeteiligte nicht mit den Biostoffen in Kontakt kommen.

7.5 Erstellen der Gefährdungsbeurteilung nach Biostoffverordnung mithilfe der DGUV-I 201-028

Die Umsetzung einer Gefährdungsbeurteilung nach Biostoffverordnung obliegt dem Unternehmer oder einer von ihm berufenen fachkundigen Person. Die Gefährdungsbeurteilung muss zusätzlich zur Beurteilung der Gefährdungen auf der Baustelle erstellt werden. Dabei sollte nach der DGUV-Information 201-028 *Gesundheitsgefährdungen durch Biostoffe* bei der Schimmelpilzsanierung vorgegangen werden. Diese DGUV-Information fasst alle Belange der Biostoffverordnung zusammen und stellt ein vereinfachtes Verfahren bereit, das die Einhaltung aller Schutzziele sicherstellt und somit dem Unternehmer auch juristische Sicherheit bietet.

Die DGUV-I 201-028 ist eine Handlungsanleitung zur Ermittlung der Gefährdungen und zur Auswahl geeigneter Schutzmaßnahmen für alle Sanierungsschritte. Neben der eigentlichen Sanierungstätigkeit sind auch Gefährdungen und Schutzmaßnahmen bei der Probennahme, der Anwendung von Bioziden sowie bei der Bauteiltrocknung beschrieben. Das Papier zeigt die Aufgaben aller Beteiligten (Auftraggeber, Planer, Gutachter sowie ausführende und beteiligte Firmen) auf. Erläutert sind zudem die gesetzlichen Vorgaben sowie die fachlichen Voraussetzungen für Sanierungsarbeiten bei Schimmelschäden.

Im »Schimmelleitfaden« [UBA2017] wird der professionelle Umgang mit Schimmelschäden anhand des Sanierungsziels aus Verbrauchersicht besprochen. Darin liegt der Unterschied zur DGUV-I, in der nicht das Sanierungsziel, sondern potenzielle Gefährdungen auf dem Weg dahin bewertet werden (vgl. TOP-Prinzip, Seite 195). Die DGUV-Information hat also nicht das Ziel, das effektivste Verfahren zur Schimmelbeseitigung herauszustellen, sondern das Verfahren, bei dem der Ausführende das Sanierungsziel mit der geringstmöglichen Exposition und Belastung erreichen kann. Belastend sind nicht nur die Biostoffe selbst, sondern auch die eingesetzte Schutzausrüstung. Es reicht deshalb nicht, ein Maximum an Schutzmaßnahmen einzusetzen oder die beste Maskentechnik zu wählen, sondern es muss eine gute Kombination aus technischen und organisatorischen Maßnahmen gefunden werden.

7.5.1 Gefährdungsklassen nach DGUV-I 201-028

Schimmelpilze werden nach DGUV-I bei der Entfernung von schimmelbelastetem Material als »Leitorganismen« eingestuft, die meist der Risikogruppe 1 angehören. Da es sich bei Sanierungsarbeiten um nicht gezielte Tätigkeiten handelt, müssen andere Biostoffe nicht berücksichtigt werden, sodass eine Zuordnung zur Risikogruppe 1 erfolgt. Das Infektionsrisiko ist demnach als gering einzuschätzen. Zusätzlich sind jedoch die sensibilisierenden und toxischen Eigenschaften zu bewerten. Wie bereits in

Kap. 6.4 beschrieben, steht bei der Bewertung von Schimmelbefällen unabhängig von der Einordnung in Risikogruppen das sensibilisierende Potenzial im Vordergrund.

Nach der Risikogruppeneinstufung sind die Aufnahmepfade zu bewerten. Grundsätzlich können Biostoffe durch Einatmen, Verschlucken und über die Haut aufgenommen werden. Hauptaufnahmepfad sind die Atemwege, über die Schimmelsporen und andere Bestandteile inhaliert werden können, die bei der Sanierung freigesetzt werden. Eine Aufnahme über die Haut ist bei Verletzungen oder Schädigungen der Haut möglich. Eine orale Aufnahme dürfte relativ unwahrscheinlich sein, wenn Mindesthygieneanforderungen eingehalten werden und im Sanierungsbereich keine Lebensmittel verzehrt werden. Aus diesen Erkenntnissen lässt sich eine Abfolge möglicher Schutzmaßnahmen ableiten.

Für die Gefährdung ist von Bedeutung, welche Freisetzung auftreten kann (Exposition) und wie lange die Tätigkeiten inklusive Reinigung andauern. Daher darf vereinfachend als Bewertungsgrundlage die Dauer der Tätigkeit und die Höhe der Exposition angesetzt werden. In der DGUV-Information sind hierfür entsprechende Gefährdungsklassen definiert.

Die Dauer der Tätigkeit wird aufgrund der Tragezeitbegrenzung nach DGUV-Regel 112-190 für Halb- und Vollmasken in Tätigkeiten von weniger oder mehr als zwei Stunden unterschieden. Die jeweilige Zuordnung nach der Exposition resultiert aus den technischen Kontrollwerten für Biostoffe aus der TRBA 214 sowie aus den Staubgrenzwerten der TRGS 900. Die Exposition nach TRBA 400 wird entsprechend als erhöht, hoch und sehr hoch bewertet.

Werden der TKW und der Staubgrenzwert eingehalten, kann auf PSA, insbesondere Atem-

Bewertung der Exposition nach TRBA400

erhöhte Exposition

- Einhaltung des TKW (TRBA214): Schimmelpilzkonzentration < 50.000 KBE/m³ und
- Einhaltung des allgemeinen Staubgrenzwerts (TRGS 900)
  alveolengängige Fraktion < 1,25 mg/m³
  einatembare Fraktion < 10 mg/m³

hohe Exposition

- 50.000 KBE/m³ < Schimmelpilzkonzentration < 500.000 KBE/m³
- alveolengängige Fraktion < 12,5 mg/m³
  einatembare Fraktion < 100 mg/m³

sehr hohe Exposition

- Schimmelpilzkonzentration > 500.000 KBE/m³
- alveolengängige Fraktion > 12,5 mg/m³
  einatembare Fraktion > 100 mg/m³

Zusammen mit der Dauer der Exposition ergeben sich hieraus die Gefährdungsklassen 1, 2a, 2b sowie 3.

schutz verzichtet werden. Dadurch entfallen zeitliche Begrenzungen. Die Einordnung erfolgt unabhängig von der Dauer der Sanierungstätigkeiten in die Gefährdungsklasse 1.

Wird die Exposition als hoch eingestuft, werden die Tätigkeiten in die Gefährdungsklasse 2 eingeordnet. Dabei werden Tätigkeiten von maximal zwei Stunden Dauer der Gefährdungsklasse 2a zugeordnet, unter der Voraussetzung, dass die Reinigung des Sanierungsbereichs ebenfalls innerhalb dieser zwei Stunden abgeschlossen ist. Wird die Gefährdungsklasse 2a vorgegeben, darf der Sanierungsbereich nicht vor Abschluss der Arbeiten verlassen werden. Kann dies aufgrund der Arbeitsabläufe nicht realisiert werden, ergibt sich automatisch die Gefährdungsklasse 2b. Hintergrund dieser Unterteilung ist die Tragezeitbegrenzung von zwei Stunden für Atemschutzmasken, die hier berücksichtigt werden muss und die ein Verlassen des Sanierungsbereichs notwendig macht. Das führt dazu, dass bei der Gefährdungsklasse 2b im Gegensatz zur Gefährdungsklasse 2a eine Tür bzw. Schleuse mit entsprechendem Staubschutz zum Verlassen und Betreten des Sanierungsbereichs einzurichten ist.

Diese höheren Anforderungen in der Baustelleneinrichtung greifen auch bei der Gefährdungsklasse 3, sodass Tätigkeiten der Gefährdungsklasse 3 nur aufgrund der sehr hohen Exposition zugeordnet werden – unabhängig von der Dauer der Sanierung. Da hier in jedem Fall eine Schleuse zum Verlassen des Sanierungsbereichs einzurichten ist, spielt die Dauer der Tätigkeiten keine Rolle.

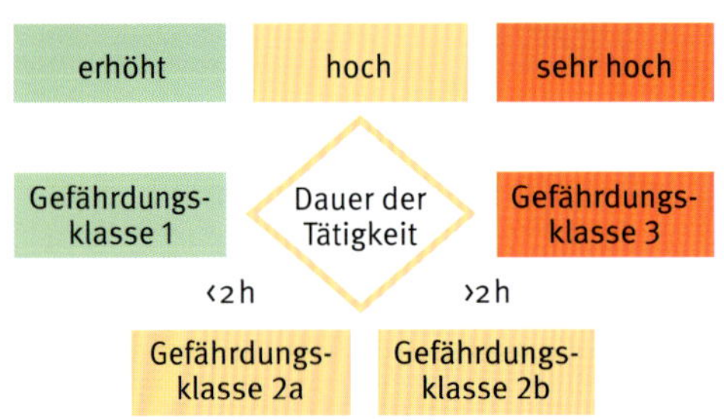

Bild 7-4: Ableitung der Gefährdungsklassen nach Bewertung von Exposition und Dauer der Tätigkeit [Bo1]

Gesetzlich vorgegeben ist, dass die Gefährdungsbeurteilung aktualisiert und zudem stetig an die Gegebenheiten vor Ort angepasst wird. Stellt sich zum Beispiel während einer Sanierungsmaßnahme heraus, dass bisher nicht erkundete Wandbereiche geöffnet oder ein Fußboden entfernt werden müssen, dann kann sich die Gefährdungssituation ändern, wodurch eine Anpassung der Gefährdungsbeurteilung erforderlich ist.

7.5.2 Ermittlung der Exposition

In der Biostoffverordnung ist festgelegt, dass der Arbeitgeber die Exposition ermitteln muss, der Beteiligte bei einer Sanierungsmaßnahme ausgesetzt sind. Dazu muss er keine eigenen Messungen durchführen, wenn Informationen und Daten anerkannter Institute und Behörden vorliegen, die eine sichere Einschätzung der Exposition ermöglichen.

Eine solche Datensammlung aus Messungen der BG Bau sowie dem Institut für Arbeitssicherheit (IFA) ist in der DGUV-I 201-028 hinterlegt. Der Ausführende kann hier an beispielhaft aufgeführten Tätigkeiten und Verfahren abschätzen, welche Exposition zu erwarten ist und eigene Tätigkeiten entsprechend bewerten.

Für die Zuordnung der Tätigkeiten in Expositionsstufen lassen sich entsprechend der DGUV-I folgende Hinweise ableiten:

Wie schon erläutert, steht für die Exposition gegenüber Schimmelpilzen kein gesundheitsbasierter Grenzwert zur Verfügung. Werden

Beispielhafte Tätigkeiten	zu erwartende Schimmelpilz- und Staubexposition		
	erhöht	hoch	sehr hoch
Sanierung im Wandbereich			
Fugendichtstoff (Silikon, Acryl) nach der Reinigung/ Absaugung entfernen	X		
Tapete trocken entfernen			X
raumseitig befallene Tapete nach Absaugen der Oberfläche und Anfeuchten/verdünntem Einkleistern entfernen	X		
Putz trocken entfernen - Abstemmen ohne staubbindende Maßnahmen			X
Betonschleifer/Putzfräse mit Absaugung (abhängig von Untergrundbeschaffenheit)		X	
Betonschleifer/Putzfräse mit Absaugung und lokaler Absaugung im Arbeitsbereich (abhängig von Untergrundbeschaffenheit)	X		
Putz entfernen mit gekapseltem Hochdruckwasserstrahlverfahren (abhängig von Untergrundbeschaffenheit)		X	
Trockenbauwände entfernen			X
Sanierung im Deckenbereich			
Tapete trocken entfernen			X
Zwischendecken, abgehängte Decken öffnen und befallene Materialien (u. a. Dämmung) entfernen			X
Sanierung im Fußbodenbereich			
Teppichboden (verklebt) nach dem Absaugen trocken entfernen			X
Ausbau verklebter Bodenbeläge (Parkett, PVC, Linoleum, Fliesen, etc.)			X
Ausbau nicht verklebter, glatter Bodenbeläge (Parkett, Laminat, etc.)		X	
aufgeständerte Bodenkonstruktion entfernen			X
Estrich und Dämmung trocken entfernen			X
Estrich und Dämmung trocken entfernen mit zusätzlicher Lüftung des unmittelbaren Arbeitsbereichs		X	

Tabelle 7-2: Bewertung der Staubfreisetzung von häufigen Tätigkeiten bei der Schimmelschadensanierung (nach [Bo1] Stand 2016)

Beispielhafte Tätigkeiten	zu erwartende Schimmelpilz- und Staubexposition		
	erhöht	hoch	sehr hoch
Sonstige Tätigkeiten			
Entrümpeln/Räumen stark verunreinigter Bereiche			X
Archivgut reinigen/räumen (siehe auch TRBA 240)			X
Dämmmaterial (Mineralwolle/Zellulose/Holzfaserplatten) ausbauen (siehe auch TRGS 521)			X
Schüttmaterial in Hohlraumkonstruktionen ausräumen			X
Bohren (Boden, mineralischer Aufbau auf Dämmung) mit Absaugung am Gerät	X		

Tabelle 7-2 (Fortsetzung): Bewertung der Staubfreisetzung von häufigen Tätigkeiten, bei der Schimmelschadensanierung (nach [Bo1] Stand 2016)

Schimmelschäden beseitigt, führt dies in der Regel dazu, dass die übliche Hintergrundbelastung mit Schimmelpilzbestandteilen deutlich überschritten wird. Daher wurde festgelegt, dass Tätigkeiten mit einer erhöhten Exposition vorliegen, solange 50.000 KBE/m^3 in der Atemluft der Beschäftigten unterschritten werden (siehe Infokasten Seite 197). Eine Zuordnung der Tätigkeiten allein aufgrund einer Schimmelpilzexposition ist jedoch nicht ausreichend. Zusätzlich muss auch die Staubbelastung am Arbeitsplatz berücksichtigt werden. Ordnen wir die Exposition bei einer Tätigkeit als »erhöht« nach TRBA 400 ein, muss zudem sichergestellt werden, dass der allgemeine Staubgrenzwert nach TRGS 900 *Arbeitsplatzgrenzwerte* eingehalten wird. Eine Zuordnung in die Exposition »Hoch« erfolgt dann, wenn eine maximal 10-fache Überschreitung des allgemeinen Staubgrenzwerts und des Technischen Kontrollwerts vorliegt. Tätigkeiten mit einer höheren Staub- und Schimmelexposition sind der Exposition »sehr hoch« zuzuordnen.

Diese Expositionsstufen sind nicht willkürlich festgelegt, sondern werden durch den Abscheidegrad und die Schutzwirkung der Atemschutzgeräte (Halbmaske mit P2-Filter/partikelfiltrierende Maske FFP2) bestimmt, die bei Tätigkeiten mit hoher Exposition einzusetzen sind. Diese Geräte bieten Schutz bis zu einer 10-fachen Grenzwertüberschreitung (DGUV Regel 112-190 *Benutzung von Atemschutzgeräten*).

Messungen der DGUV haben gezeigt, dass die Staubentwicklung und Sporenfreisetzung nicht für alle Tätigkeiten gleich hoch sind. Daher ist es nicht möglich, bei Unterschreitung des allgemeinen Staubgrenzwerts zwangsläufig auch auf eine geringe Sporenkonzentration zu schließen und umgekehrt.

7.5.3 Schutzmaßnahmen

Nach der Ermittlung der Gefährdungsklasse steht die Auswahl geeigneter Schutzmaßnahmen an. Diese müssen so gewählt werden, dass der Schutz sowohl der Beschäftigten als auch der Nutzer und anderer Beschäftigter gewährleistet ist.

Bei allen Tätigkeiten und in allen Gefährdungsklassen sind grundsätzlich die Maßnahmen der TRBA 500 *Grundlegende Maßnahmen bei Tätigkeiten mit biologischen Arbeitsstoffen* zu ergreifen. Die TRBA 500 geht wiederum auf das TOP-Prinzip zurück und beschreibt technische vor organisatorischen und persönlichen Schutzmaßnahmen.

Technische Schutzmaßnahmen

Technische Schutzmaßnahmen umfassen neben baulichen Anforderungen an den Sanierungsbereich (Trennung von unbelasteten Bereichen) auch die Arbeitsverfahren, die technische Lüftung, die Geräte und die Verfahren zur Reinigung des Arbeitsbereichs.

An erster Stelle steht bei den technisch-baulichen Maßnahmen die räumliche Trennung von belasteten und unbelasteten Bereichen. Bei der Beseitigung von Schimmelschäden kann dies eine räumliche Trennung durch bereits vorhandene Raumstrukturen sein, in manchen Fällen müssen aber auch extra Staubschutzwände aufgestellt werden.

Zudem sollten Oberflächen leicht zu reinigen sein. Leicht zu reinigende Oberflächen sind z. B. entsprechende Folien oder Bodenbeläge für Laufwege im Sanierungsbereich.

Des Weiteren sind die Arbeitsverfahren und Techniken zu bewerten, die während der Sanierung zum Einsatz kommen sollen. Alle Verfahren sollten so gewählt werden, dass eine Freisetzung von Stäuben und Aerosolen minimiert wird, da hohe Staubentwicklung in der Regel auch mit einer hohen Exposition gegenüber Schimmelpilzbestandteilen in der Luft verbunden ist.

Zusätzlich sind ggf. technische Lüftungsmaßnahmen notwendig, die die Exposition im Sanierungsbereich reduzieren. Zudem verhindern sie, dass Biostoffe aus dem Sanierungsbereich in unbelastete Bereiche gelangen (Umgebungsschutz).

Eingesetzt werden Lüftungsgeräte sowie Unterdruckhaltegeräte (UHG). Lüftungsgeräte können über einen Ventilator eine gezielte Luftströmung erzeugen, z. B. Abluft aus dem Sanierungsbereich leiten. Wird dabei kein Filter verwendet, ist die Abluft ins Freie abzuführen, jedoch muss dabei die Gefährdung Dritter ausgeschlossen werden. Werden Filter der Staub-

Staubarme Arbeitsverfahren

- Industriesauger der Staubklasse H oder Feuchtreinigung verwenden
- befallene Oberflächen vor dem Ausbau absaugen oder feucht abwischen
- sporenbindende Mittel mittels Rolle, Pinsel oder Quast auftragen, um eine Freisetzung von Biostoffen zu vermeiden
- Teppichböden einschäumen oder mit Sprühextraktionsverfahren reinigen
- Maschinen und Geräte mit Absaugung verwenden oder zusätzliche Absaugung platzieren
- Absaugung möglichst nahe an der Emissionsquelle aufstellen
- größere Bauelemente, wie Akustikdecken oder OSB-Platten, möglichst zerstörungsfrei ausbauen

Funktionen der technischen Lüftung

- Erzeugung einer gerichteten Be- und Entlüftung
- Reinigung der Raumluft durch Ableitung nach außen und/oder Filtration
- Rückhaltung von Biostoffen und Stäuben im Sanierungsbereich durch Unterdruckhaltung

klasse H (mindestens H13) eingesetzt, kann die gereinigte Luft auch in den Sanierungsbereich zurückgeführt werden. Das empfiehlt sich auch, wenn besondere Schutzanforderungen Dritter bestehen, z. B. bei Sanierungen in sensiblen Bereichen.

Eine Minimierung der Exposition wird auch durch die Verwendung geeigneter Sauger erreicht. Zwar sind die Maßnahmen zur Grobreinigung vor Sanierungsbeginn und während der Sanierungsarbeiten als organisatorisch einzustufen, die dafür benötigten Industriesauger haben jedoch die Anforderungen an die Staubklasse H zu erfüllen. Sogenannte Bauentstauber der Staubklasse M können dann verwendet werden, wenn die Abluft nach außen abgeführt wird.

Zu den technischen Maßnahmen zählt die geschlossene staubfreie Entsorgung der kontaminierten Materialien aus dem Sanierungsbereich. Häufig kann der Abtransport von Materialien nur über Treppenhäuser, Flure oder andere Wohnräume erfolgen. Um hier eine Verschleppung zu vermeiden, ist ein staubdichtes Verpacken in Kunststoffsäcke (Beutel im Beutel) oder Großgebinde (Bigbags) notwendig. Vor Abtransport aus dem Sanierungsbereich sind die Verpackungen abzusaugen oder feucht abzuwischen.

Organisatorische Maßnahmen

Organisatorische Maßnahmen regeln das Verhalten im Sanierungsbereich und die Anwendung der technischen Maßnahmen, um eine Exposition im Sanierungsbereich zu minimieren und die Verschleppung von Schimmelbestandteilen zu unterbinden. Dazu zählen:

- Wege- und Raumkonzept: Planung von Entsorgungs- und Fluchtwegen, Bereitstellen von Pausen- und Waschgelegenheiten,
- Einrichten einer Personenschleuse als Zugang zum Sanierungsbereich,
- Anwendung der Be- und Entlüftung,
- Reinigungsmaßnahmen vor und während der Sanierungsmaßnahme,
- Feinreinigung nach Abschluss der Sanierung,
- Beräumung des Arbeitsbereichs,
- Abdecken von Einbauten, Wänden und Böden (insbesondere Teppichböden),
- Reinigung und Wartung von Arbeitsgeräten,
- Hygieneregelungen und Anweisungen.

Ein Wege- und Raumkonzept ist notwendig, um nicht nur die Transportwege für ausgebautes Material festzulegen, sondern auch um sicherzustellen, dass die Mindesthygieneanforderungen der TRBA 500 umgesetzt werden können. Will man durchsetzen, dass im Sanierungsbereich nicht gegessen und getrunken wird, müssen Räume bereitgestellt werden, in denen dies möglich ist, ohne einer erhöhten Belastung ausgesetzt zu sein. Ein Wegekonzept regelt zudem auch, dass Unbefugte dem Sanierungsbereich fernbleiben.

Den Sanierungsbereich abzuschotten reicht nicht aus, wenn Ausführende den Sanierungsbereich verlassen und wieder betreten müssen. Vielmehr ist das Einrichten einer Personenschleuse notwendig, damit keine Verdriftung von Biostoffen in unbelastete Bereiche erfolgt (vgl. auch 7.6.2).

Benutzte Geräte und Werkzeuge sollten im Regelfall vor dem Abtransport gereinigt werden, indem das Gehäuse feucht abgewischt oder abgesaugt wird. Ist dies nicht möglich, müssen die Geräte, Werkzeuge und Zubehörteile wie Schläuche, Anschlüsse oder Stopfen staubdicht verpackt und als ungereinigt gekennzeichnet werden, damit keine Biostoffe verschleppt werden.

Bei Saugern und Entstaubern muss nach dem Einsatz der Staubbeutel gewechselt werden. Muss davon ausgegangen werden, dass aufgenommene feuchte Materialien zu einer Belastung der Filter führen, sind diese zu wechseln, um Schimmelwachstum zu vermeiden. Dies verhindert beim nächsten Einsatz der Geräte eine Verunreinigung der Raumluft.

Darüber hinaus sind grundlegende hygienische Anforderungen einzuhalten, um die persönliche Gesundheit der Ausführenden zu schützen. Die Beschäftigten müssen die Möglichkeit haben, sich zu waschen. Auch müssen Lebensmittel ohne Beeinflussung durch die Biostoffe aufbewahrt und verzehrt werden können. Will man verhindern, dass Biostoffe nach der Arbeit mit nach Hause verschleppt werden, sind getrennte Aufbewahrungsmöglichkeiten für die Arbeits- und Straßenkleidern zu schaffen. Auch darf benutzte Schutzausrüstung nicht mit unbenutzter in Kontakt kommen. Neben einem entsprechenden Raumkonzept ist dies über Hygieneanweisungen zu regeln. Darüber sind einfach verständliche Betriebsanweisungen zu erstellen und den Arbeitnehmern vorzulegen. Das sprachliche Verständnis ist sicherzustellen, d.h. dass unter Umständen die Betriebsanweisungen auch in anderen Sprachen vorgelegt und Unterweisungen nachgewiesen werden müssen.

Maßnahmen zum Wege- und Raumkonzept

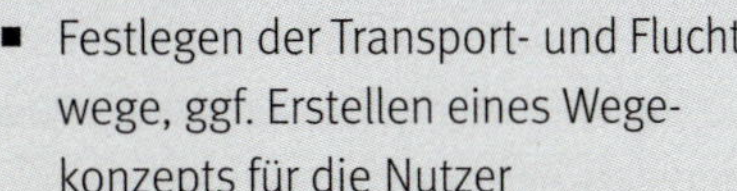

- Festlegen der Transport- und Fluchtwege, ggf. Erstellen eines Wegekonzepts für die Nutzer
- Bereitstellen von Pausenräumen
- Bereitstellen von Räumen für die getrennte Aufbewahrung von Arbeits- und Straßenkleidung
- Lagermöglichkeiten für PSA, Technik und ggf. ausgebaute Materialien

Mindesthygieneanforderungen nach TRBA 500

- Waschmöglichkeiten vor Ort
- Bereitstellen von Mitteln zum hygienischen Reinigen, Trocknen und Pflegen der Hände
- Erstellen eines Hautschutzplans und Anweisungen zur Hygiene (vor den Pausen und nach der Arbeit Hände und verunreinigte Hautpartien mit Wasser und Hautreinigungsmittel waschen, nach Arbeitsende Hautpflegemittel verwenden)
- keine Getränke und Lebensmittel im Sanierungsbereich aufbewahren
- im Sanierungsbereich nicht essen, trinken oder rauchen
- Arbeits- bzw. Schutzkleidung getrennt von der Straßenkleidung aufbewahren
- Verschleppung von Biostoffen beim Übergang von belasteten Bereichen in unbelastete Bereiche vermeiden, z.B. indem Schutzkleidung vor Betreten des Weißbereichs abgelegt wird und Schuhe gereinigt oder gewechselt werden
- Erstellen von Betriebsanweisungen und Unterweisung der Beteiligten

Persönliche Schutzausrüstung

Sind trotz Umsetzung der technischen und organisatorischen Maßnahmen weiterhin Gefährdungen gegeben, müssen die Ausführenden durch eine persönliche Schutzausrüstung (PSA) geschützt werden. Die PSA sind auf die jeweilige Gefährdung abzustimmen und müssen auch mit anderen Schutzmaßnahmen kompatibel sein (z. B. Atemschutzmaske und Schutzbrille). Zudem sollte die PSA individuell auf den Träger zugeschnitten werden, der vielleicht eine Brille trägt oder einen Bart hat.

Im Wesentlichen wird die PSA durch die Anforderungen im Sanierungsbereich und die jeweilige Tätigkeit bestimmt. Bei Feuchtarbeiten oder bei Kontakt zu Schmutz- und Fäkalwasser müssen flüssigkeitsdichte Schutzhandschuhe, z. B. aus Nitril, getragen werden. Schutzhandschuhe sollten arbeitstäglich entsorgt werden.

Damit keine Flüssigkeit in Schutzhandschuhe und Ärmel eindringt, hilft es, den Schaft unter das Bündchen des Schutzanzugs zu ziehen oder abzukleben. Auch Schutzhandschuhe zum Umstülpen sind gut geeignet, um eindringende Feuchtigkeit zu vermeiden.

Als Schutzkleidung sind Chemikalienschutzanzüge der Kategorie III, Typ 5/6 einzusetzen. Beim Auftreten von Sprühnebeln, bei Spritzgefahr und beim Umgang mit fäkalhaltigem Abwasser ist mit Schutzanzügen der Kategorie III, Typ 4 ein höherer Schutz gegeben. Finden Tätigkeiten mit direktem Körperkontakt zu durchnässten Baustoffen statt, sind Schutzanzüge vom Typ 3 (flüssigkeitsdicht) bereitzuhalten. Grundsätzlich sind Schutzanzüge Einwegmaterial und nach einmaligem Gebrauch zu entsorgen.

Der Atemschutz gegenüber Biostoffen wird in der Regel durch partikelfiltrierende Masken sichergestellt. Kommen Gase oder Aerosole dazu, können zusätzlich Chemikalienfilter notwendig sein. Welche Eigenschaften ein Filter aufweist, ist an der Filterbezeichnung sowie an den Farbcodes ablesbar.

Bei Tätigkeiten der Gefährdungsklasse 1 kann auf das Tragen von Atemschutz verzichtet werden, da der TKW und der Staubgrenzwert eingehalten werden. Dennoch kann es bei bestimmten Tätigkeiten zu einer erhöhten Staubfreisetzung kommen, sodass es nützlich ist, hierfür Atemschutzgeräte mit P2-Filter bereitzuhalten.

Bei Tätigkeiten in der Gefährdungsklasse 2a und 2b ist grundsätzlich ein Atemschutz erforderlich. Hier müssen partikelfiltrierende Halbmasken FFP2 für kurzzeitige Tätigkeiten von maximal zwei Stunden pro Schicht in der Gefährdungsklasse 2a zur Anwendung kommen, außerdem Halbmasken mit P2-Filter, Masken mit Gebläse und Partikelfilter TM2P, Hauben mit Gebläse und Partikelfilter TH2P oder Atemschutzgeräte mit höherer Schutzwirkung.

Bei Tätigkeiten in der Gefährdungsklasse 3 ist der höchste Schutz erforderlich. Er verlangt das Tragen von Halbmasken mit Gebläse und Partikelfilter TM3P in Verbindung mit einer staubdichten Schutzbrille, Vollmasken mit Gebläse und Partikelfilter TM3P, Hauben mit Gebläse und Partikelfilter TH3P oder Atemschutzgeräte mit höherer Schutzwirkung.

Die Filter der Atemschutzmasken sind mindestens arbeitstäglich zu wechseln. Partikelfiltrierende Halbmasken (FFP-Masken) sind nach einmaligem Gebrauch zu entsorgen.

Atemschutzgeräte führen bei längerem Gebrauch zu einer erhöhten körperlichen Belastung. Diese Belastung soll durch Tragezeitbegrenzung (vorgeschriebene Tragepausen während Arbeitsunterbrechungen) nach DGUV Regel 112-190 *Benutzung von Atemschutzge-*

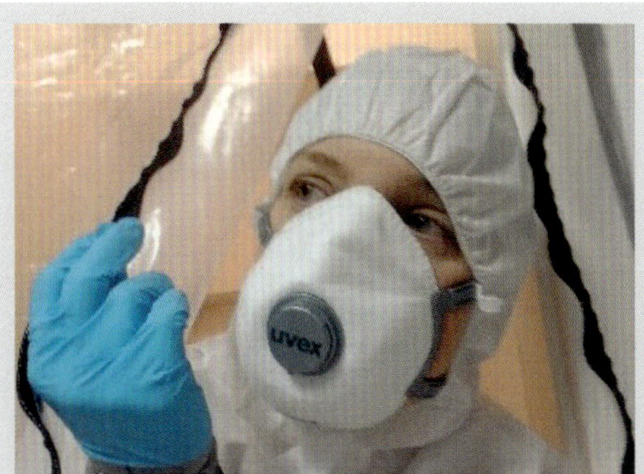

Die sogenannte FFP (Face Filter Pieces) sind als Einmalmasken nach jedem Verlassen des Sanierungsbereiches zu entsorgen. Sie werden vor allem für einfache und kurzzeitige Tätigkeiten, z. B. bei der Probennahme sowie beim Bearbeiten von Fäkalschäden empfohlen.

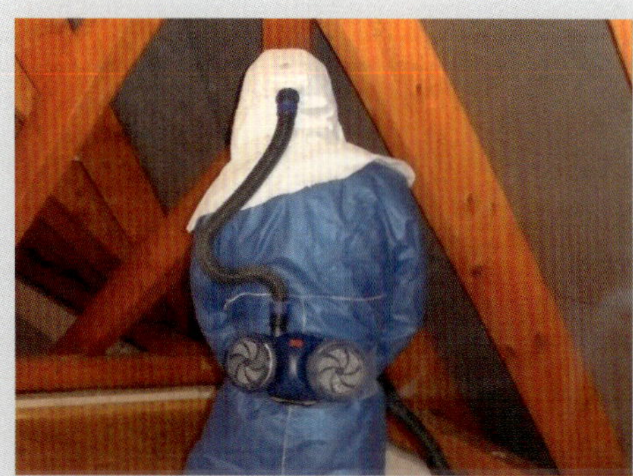

Gebläseunterstützte Masken und Hauben zeigen im Vergleich zu den Masken einen geringeren Atemwiderstand, wodurch die Belastung für den Organismus deutlich geringer ist. Daher muss für gebläseuntersützte Hauben keine Tragezeitbegrenzung eingehalten werden.

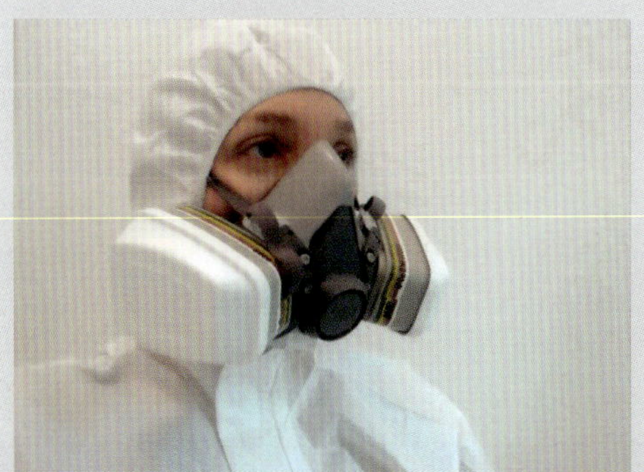

Halbmaske sowie Vollmaske jeweils mit Kombifilter gegen Gase und Partikel. Farbringe auf dem Filtergehäuse zeigen an, welche Schadstoffe aus der Atemluft gefiltert werden. Dabei steht der weiße Ring für den Partikelfilter.

Bild 7-5: Persönliche Schutzmaßnahmen und Schutzausrüstungen (PSA) sollen Gefährdungen abwehren, die nicht durch technische oder organisatorische Maßnahmen vermieden werden können. Da die PSA eine zusätzliche Belastung für den Organismus darstellen, müssen im Vorfeld alle technischen und organisatorischen Maßnahmen ergriffen werden, um die PSA auf ein notwendiges Minimum zu reduzieren.

räten ausgeglichen werden. Gebläseunterstützte Atemschutzgeräte senken die Belastung signifikant, sodass ihre Anwendung empfohlen wird.

Vollmasken und Hauben verfügen bereits über einen Augen- und Gesichtsschutz, bei Halbmasken müssen bei Arbeiten über Kopf sowie bei Spritzwasser- und Aerosolbildung zusätzlich die Augen geschützt werden, z. B. durch eine Korbbrille oder einen Gesichtsschutzschirm.

Zur persönlichen Schutzausrüstung gehören außerdem abwaschbare Sicherheitsschuhe oder Überziehschuhe. Bei Arbeiten mit Kontakt zu Schmutz- und Fäkalwasser müssen flüssigkeitsdichte und rutschfeste Schuhe oder S5-Gummistiefel eingesetzt werden.

7.6 Schutzmaßnahmen nach DGUV-I 201-028

Mit Festlegung der Gefährdungsklassen ergeben sich konkrete Anforderungen an den Arbeitsschutz, um die Einhaltung der Schutzziele in der jeweiligen Gefährdungsklasse zu gewährleisten. Das Vorgehen zur Festsetzung der konkreten Maßnahmen geschieht immer auf der Basis der TRBA 500. Die in der TRBA beschriebenen Mindestanforderungen an die Baustellen- und Personenhygiene gelten immer, und zwar unabhängig von der Gefährdungsklasse.

Mit jeder Gefährdungsklasse steigen die Anforderungen an die Baustelleneinrichtung und die PSA, sodass zusätzlich zu den immer geltenden Hygieneanforderungen die technischen und persönlichen Schutzmaßnahmen erhöht werden, um die steigende Exposition gegenüber Biostoffen und Stäuben abzuwenden.

7.6.1 Schutzmaßnahmen der Gefährdungsklasse 1

Die Gefährdungsklasse 1 gilt als die Gefährdungsklasse ohne besondere Gefährdung, da die Exposition unterhalb des technischen Kontrollwerts liegt (Infokasten Seite 197). Daraus leitet sich ab, dass keine PSA notwendig ist. Dennoch sind die in der TRBA 500 verankerten Mindesthygieneanforderungen einzuhalten.

7.6.2 Schutzmaßnahmen der Gefährdungsklasse 2a

Die Gefährdungsklasse 2a kann nur dann angesetzt werden, wenn alle Arbeiten inklusive der Feinreinigung innerhalb von zwei Stunden abgeschlossen sind! Mit Übergang in die Gefährdungsklasse 2a erhöht sich die Exposition, sodass zusätzlich zu den Maßnahmen der Gefährdungsklasse 1 weitere Maßnahmen notwendig sind. Es bleibt bei den Mindestanforderungen an die Baustellenhygiene, die technischen, organisatorischen und persönlichen Schutzmaßnahmen werden erhöht.

7.6.3 Schutzmaßnahmen der Gefährdungsklasse 2b

Die Exposition in der Gefährdungsklasse 2b unterscheidet sich nicht von der in der Gefährdungsklasse 2a, jedoch macht die Dauer der Tätigkeiten Erweiterungen der technischen und organisatorischen Maßnahmen notwendig: Aufgrund der Tragezeitbegrenzung bei Halb- und Vollmasken muss der Sanierungsbereich vor Abschluss der Tätigkeiten verlassen werden. Eine Schleuse zum Verlassen des Sanierungsbereichs sowie eine technische Lüftung sind notwendig.

Somit gelten bei Tätigkeiten in der Gefährdungsklasse 2b zusätzlich zu den Maßnahmen der Gefährdungsklassen 1 und 2a die im Infokasten auf Seite 208 (oben) beschriebenen Schutzmaßnahmen:

7.6.4 Schutzmaßnahmen der Gefährdungsklasse 3

In der Gefährdungsklasse 3 wird eine sehr hohe Exposition erwartet. Demzufolge sind hier auch die höchsten Schutzmaßnahmen notwendig. Diese bauen auf den Maßnahmen der Gefährdungsklasse 2b auf und erweitern die technischen und persönlichen Maßnahmen, wie im Infokasten auf Seite 208 (Mitte) erklärt.

Maßnahmen der Gefährdungsklasse 1

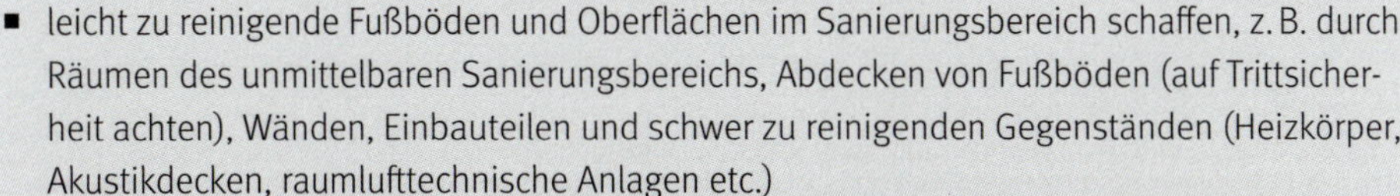

- grundsätzliche Hygienemaßnahmen (siehe Kasten, Seite 203)
- leicht zu reinigende Fußböden und Oberflächen im Sanierungsbereich schaffen, z. B. durch Räumen des unmittelbaren Sanierungsbereichs, Abdecken von Fußböden (auf Trittsicherheit achten), Wänden, Einbauteilen und schwer zu reinigenden Gegenständen (Heizkörper, Akustikdecken, raumlufttechnische Anlagen etc.)
- Pausenräume nicht mit verunreinigter Arbeitskleidung betreten, verunreinigte Arbeitskleidung vor Verlassen des Sanierungsbereich absaugen und Schuhe reinigen
- Sanierungsbereich sowie die eingesetzten Werkzeuge und Arbeitsmittel nach Abschluss der Tätigkeiten reinigen (z. B. Absaugen/Abwischen)
- Abfälle in geeigneten Behältnissen sammeln (Foliensäcke etc.)

Zusätzlich kann der Einsatz einer persönlichen Schutzausrüstung (PSA) notwendig werden:

- bei Feuchtarbeit: flüssigkeitsdichte Schutzhandschuhe, z. B. aus Nitril,
- bei Arbeiten über Kopf und bei Gefahr von Spritzwasserbildung: Korbbrille,
- bei Arbeiten über Kopf: Atemschutz mit P2-Filter.

TOP-Maßnahmen der Gefährdungsklasse 2a

Mindesthygieneanforderungen der Gefährdungsklasse 1 und zusätzlich:

Technische und bauliche Maßnahmen

- Sanierungsbereich (Schwarzbereich) so klein wie möglich halten; in großen Räumen den Sanierungsbereich ggf. staubdicht abtrennen, um den Reinigungsaufwand zu verringern
- Öffnungen zu benachbarten Räumen mit Folien abkleben

Organisatorische Maßnahmen

- Die eingesetzten Werkzeuge und Arbeitsmittel innerhalb des Schwarzbereichs reinigen (z. B. Absaugen/Abwischen) oder verpacken
- Gefährdungsklasse 2a: den Sanierungsbereich nicht vor Abschluss der Reinigung verlassen; Schleuse einbauen, falls dies nicht gewährleistet werden kann (siehe Anforderungen der Gefährdungsklasse 2b)

Persönliche Maßnahmen/Schutzausrüstung

- bei Feuchtarbeit: flüssigkeitsdichte Schutzhandschuhe, z. B. aus Nitril
- Chemikalienschutzanzug Kategorie III, Typ 5/6; vor Verlassen des Sanierungsbereichs Schutzanzug absaugen bzw. abwischen, ablegen und zur Entsorgung verpacken; die gebrauchte Schutzkleidung darf nicht im Weißbereich abgelegt werden,
- Atemschutzgeräte, z. B. partikelfiltrierende Halbmasken FFP2 oder Halbmasken mit P2-Filter
- bei Arbeiten über Kopf und bei Gefahr von Spritzwasserbildung: Augenschutz
- Überziehschuhe tragen und vor Verlassen des Schwarzbereichs ablegen bzw. Schuhe vor Verlassen des Sanierungsbereichs reinigen

TOP-Maßnahmen der Gefährdungsklasse 2b

Mindesthygieneanforderungen der Gefährdungsklasse 1, Maßnahmen der Gefährdungsklasse 2a und zusätzlich:

Technische und bauliche Maßnahmen

- Übergang vom Schwarzbereich in den Weißbereich erfolgt über eine Schwarz-Weiß-Trennung: Zugang zum Schwarzbereich über eine Ein-Kammer-Schleuse oder einen vorgelagerten Raum als Schleuse
- technische Lüftung des Sanierungsbereichs: In kleinen Räumen kann der permanente Einsatz eines Saugers bzw. Entstaubers ausreichend sein, um die Abluft nach außen zu leiten.

Organisatorische Maßnahmen

Geräte wie Industriestaubsauger, Entstauber oder Luftreiniger, wenn möglich, außerhalb der Abschottung aufstellen, um eine Verschmutzung zu vermeiden und damit die Reinigung der Geräte zu erleichtern

TOP-Maßnahmen der Gefährdungsklasse 3

Mindesthygieneanforderungen der Gefährdungsklasse 1, Maßnahmen der Gefährdungsklasse 2b und zusätzlich:

Technische Maßnahmen

- technische Lüftung des Sanierungsbereichs: Luftwechsel und Unterdruckhaltung
- Ein-Kammer-Schleuse mit Luftwechsel; bei besonderen Anforderungen kann eine Mehrkammerschleuse erforderlich werden
- persönliche Maßnahmen
- Atemschutzgeräte: z. B. Vollmasken mit Gebläse und Partikelfilter TM3P, Hauben mit Gebläse und Partikelfilter TH3P

7.6.5 Betriebsanweisung und Unterweisung

Ist die Gefährdungsbeurteilung abgeschlossen, muss der Arbeitgeber eine tätigkeitsbezogene Betriebsanweisung erstellen.

In der Betriebsanweisung sind alle Maßnahmen und Verhaltensregeln zu hinterlegen, die notwendig sind, um den Schutz der Beschäftigten und anderer Personen zu gewährleisten. Darin muss in verständlicher Form und ggf. auch mehrsprachig aufgezählt werden, welche Hygienemaßnahmen gefordert sind, wie mit der Schutzausrüstung umgegangen werden muss und welche Technik eingesetzt wird. Wird die Gefährdungsbeurteilung aktualisiert, muss auch die Betriebsanweisung angepasst werden. Wichtig ist natürlich, dass die Betriebsanweisung am Arbeitsort zugänglich ist und von den Beschäftigten eingesehen werden kann. Bewährt hat sich hierbei die Anbringung kurzer, übersichtlicher Formulare am Eingang des Sanierungsbereichs.

	Gefährdungsklasse 1	Gefährdungsklasse 2		Gefährdungsklasse 3
		2A	2B	
Zuordnungskriterien				
Sporenfreisetzung	< 50.000 KBE/m^3	50.000 – 500.000 KBE/m^3		> 500.000 KBE/m^3
Staubfreisetzung	< 1,25 mg/m^3 A-Staub < 10 mg/m^3 E- Staub	< 12,5 mg/m^3 A-Staub < 100 mg/m^3 E-Staub		> 12,5 mg/m^3 A-Staub > 100 mg/m^3 E-Staub
Arbeitsdauer		< 2 h	> 2 h	
Formale Inforderungen				
Fachkunde	erforderlich	erforderlich		erforderlich
Gefährdungsbeurteilung	erforderlich	erforderlich		erforderlich
Betriebsanweisung und Unterweisung	erforderlich	erforderlich		erforderlich
Begrenzung der Zahl der exponierten Beschäftigten	erforderlich	erforderlich		erforderlich
arbeitsmedizinische Vorsorge	Angebotsvorsorge (Schimmelpilze)	Angebotsvorsorge (Schimmelpilze) Vorsorge Atemschutz – abhängig vom eingesetzten Atemschutzgerät		Angebotsvorsorge (Schimmelpilze) Vorsorge Atemschutz – abhängig vom eingesetzten Atemschutzgerät
Informationsermittlung zu Gebäudeschadstoffen (z. B. Asbest, Mineralwolle)	erforderlich	erforderlich		erforderlich
Koordination mit anderen Gewerken	erforderlich	erforderlich		erforderlich
Technische Schutzmaßnahmen				
Staubarme Arbeitsverfahren	erforderlich	erforderlich		erforderlich
technische Lüftungsmaßnahmen (Raumlüftung)	–	–	mind. 8-facher Luftwechsel/h, ggf. Abluftfilterung	mind. 8-facher Luftwechsel/h, ggf. Filterung der Abluft, ggf. Unterdruckhaltung
Reinigung	staubarme Reinigung	Feinreinigung aller Oberflächen im Schwarzbereich		Feinreinigung aller Oberflächen im Schwarzbereich
Abfallentsorgung	Verpacken, Entsorgung nach Kreislaufwirtschaftsgesetz	Verpacken, Entsorgung nach Kreislaufwirtschaftsgesetz		Verpacken, Entsorgung nach Kreislaufwirtschaftsgesetz
Baustelleneinrichtung				
Arbeitsvorbereitung	Schadensbereich räumen, schwer zu reinigende Gegenstände, Installationen abdecken / abkleben	Arbeitsbereich räumen schwer zu reinigende Gegenstände, Installationen abdecken/abkleben		Arbeitsbereich räumen schwer zu reinigende Gegenstände, Installationen abdecken/abkleben
Schwarz-Weiß-Trennung	Türen geschlossen halten	Zugang über Reißverschlusstür/ überlappende Folien	Übergangsbereich/Einkammerschleuse	Ein- oder Mehrkammer-Schleuse, ggf. mit Luftwechsel
Persönliche Schutzausrüstung				
Handschutz	bei Feuchtarbeit flüssigkeitsdichte Schutzhandschuhe, z. B. aus Nitril	bei Feuchtarbeit flüssigkeitsdichte Schutzhandschuhe, z. B. aus Nitril		bei Feuchtarbeit flüssigkeitsdichte Schutzhandschuhe, z. B. aus Nitril
Augenschutz	bei Spritzwasserbildung oder Arbeiten über Kopf	bei Spritzwasserbildung oder Arbeiten über Kopf		erforderlich
Schutzanzug	–	staubdichter Schutzanzug Kategorie III, Typ 5–6		staubdichter Schutzanzug Kategorie III, Typ 5–6
Atemschutz	bei Arbeiten über Kopf: Atemschutzmaske mit P2-Filter	Atemschutzmaske mit P2-Filter		gebläseunterstützte Atemschutzmaske oder -haube mit P3-Filter
Fußschutz entsprechend der Baustellenanforderungen	keine zusätzlichen Anforderungen	abwaschbare Schuhe oder Überziehschuhe		abwaschbare Schuhe oder Überziehschuhe

Tabelle 7-3: Gefährdungsbeurteilung: Zuordnung, Gefährdungsklassen und Schutzmaßnahmen nach DGVU-I-201-028, Stand 2016 [Lo2]

Vor Aufnahme der Tätigkeiten sind die Beschäftigten über den Inhalt der Betriebsanweisung mündlich zu unterweisen. Dies muss dokumentiert und durch Unterschrift bestätigt werden. Bei längeren Sanierungsaufgaben wird die Unterweisung mindestens halbjährlich wiederholt.

7.7 Einrichtung des Sanierungsbereichs und flankierende Maßnahmen

Die Einrichtung des Sanierungsbereichs sollte unter Einbeziehung aller vorgesehenen Arbeitsschritte geplant werden und dabei alle maximal erforderlichen technischen und organisatorischen Schutzmaßnahmen berücksichtigen. In Abhängigkeit vom Umfang der Maßnahmen ist es notwendig, andere Gewerke einzubeziehen und zu prüfen, ob geplante Schutzmaßnahmen auch von anderen Gewerken, z. B. beim Wiederaufbau oder der technischen Trocknung genutzt werden können.

Zur Baustelleneinrichtung gehört auch das Räumen des Arbeitsbereichs. Dabei sollte von den sauberen Bereichen in die verschmutzten oder befallenen Bereiche geräumt und ggf. entsorgt werden. Die Gegenstände sollten vorab feucht gereinigt, abgesaugt oder staubdicht verpackt werden. Dabei können bereits Schutzmaßnahmen notwendig sein, z. B. die Abdeckung von Laufwegen oder die Abschottung einzelner Bereiche. Werden diese Maßnahmen bereits bei den Vorarbeiten so geplant und ausgelegt, dass sie auch für die folgende Sanierung genutzt werden können, spart das Zeit, minimiert die Verschleppung von Sporen sowie den Aufwand der Feinreinigung.

Auch das staubsichere Verpacken von Einrichtungsgegenständen, die nicht beräumt werden können (z. B. Bodenbeläge, abgehängte Decken, eingebaute Lampen oder Klimatechnik), minimiert die nachfolgend beschriebenen Maßnahmen zur Feinreinigung.

7.7.1 Beräumung und Sicherung von Inventar

Bei Sanierungsarbeiten stellt sich immer die Frage, wie mit Möbeln und Inventar aus dem Schadensbereich umgegangen werden soll. Dabei muss unterschieden werden, ob das Inventar selbst befallen und erhaltungswürdig ist oder ob die Entsorgung die bessere Lösung darstellt. Befallene Gebrauchsgüter wie Matratzen, Kleidungsstücke oder Schuhe werden meist entsorgt. Kunstgegenstände, Musikinstrumente oder Antiquitäten können aufwendig durch Spezialfirmen saniert werden.

Lediglich kontaminierte Möbel werden abgesaugt oder mittels Sprühextraktion gereinigt. Gebrauchsgegenstände können feucht gereinigt werden; wenn das Material spülmaschinenfest ist, auch im Geschirrspüler. Wäsche und Heimtextilien sollten mehrfach gewaschen oder chemisch gereinigt werden. Gegen Gerüche hilft die Einlagerung im heimischen Gefrierfach. Bei allen Maßnahmen sollte hinterfragt werden, ob sich der Aufwand im Vergleich zur Neubeschaffung lohnt.

Vor der Beräumung sollten bereits Maßnahmen ergriffen werden, damit die Laufwege nicht neue Kontaminationspfade werden. Dazu gibt es zwei Möglichkeiten:

- die Möbel werden gereinigt, abtransportiert und eingelagert oder
- sie werden staubdicht verpackt, abtransportiert und eingelagert.

Oftmals ist die Aufbereitung des Inventars nicht Gegenstand der Schimmelbeseitigung im Wohnraum. Dennoch sollte rechtzeitig entschieden werden, ob, wie und durch wen Möbel und Inventar aufbereitet werden sollen. Wichtig ist, dass Möbel, die eingelagert werden sollen, keinen Feuchteschaden aufweisen und dann staubdicht verpackt werden, damit während der Einlagerung nicht noch ein weiterer Schimmelschaden hinzukommt. Auch muss festgelegt werden, wie mit ungereinigtem Inventar verfahren werden soll, das nach der Sanierung in den Wohnbereich zurückgebracht wird.

Inventar oder Einbauten, die nicht entfernt werden können, sind mit stabiler Folie staubdicht einzupacken und abzukleben.

7.7.2 Schwarz-Weiß-Trennung: Abschottungen und Schleusen

Wie aufwendig die Trennung des Sanierungsbereichs vom unbelasteten Bereich ist, hängt von Art und Umfang der Arbeiten, den räumlichen Gegebenheiten und von der ermittelten Gefährdungsklasse ab.

Neben dem eigentlichen Arbeitsbereich muss auch Platz für Technik und Material eingeplant werden, der ebenfalls dem Sanierungsbereich zuzurechnen ist. Daher sollte so viel Platz wie nötig veranschlagt sein, jedoch die Fläche zusätzlich zu reinigender Bereiche begrenzt werden. Auch Transportwege müssen eingeplant werden.

Am einfachsten ist es, wenn die räumlichen Gegebenheiten eine Entsorgung über Fenster oder Balkone ermöglichen. In kleinen Räumen,

Unbelastete Türen, Schilder, Rauchmelder, aber auch Decken im Sanierungsbereich müssen mit Folie staubdicht abgeklebt werden, damit sie nicht kontaminiert werden und sich der Reinigungsaufwand nach der Sanierung in Grenzen hält. Hier im Bild: Die Laufflächen wurden verstärkt.

Hier wird durch die Abschottung mitten im Raum der Sanierungsbereich auf das notwendige Maß verkleinert. Bauteile, die nicht ausgebaut werden können, müssen sorgsam mit Folie verpackt oder im Nachgang aufwendig geputzt werden.

Bild 7-6: Durch Staubschutzwände wird ein Verbreiten der schimmelhaltigen Stäube außerhalb des Sanierungsbereichs verhindert. Abschottungen sollten nach Möglichkeit so aufgebaut werden, dass der Sanierungsbereich ausreichend groß ist, jedoch Wand- und Deckenflächen durch die Stäube nicht unnötig kontaminiert werden. Abhilfe kann hier auch das Abkleben der Wände schaffen, die dann nicht kontaminiert werden und später auch nicht gereinigt werden müssen.

die komplett beräumt sind, können unbelastete Wände mit Folie geschützt werden, sodass der gesamte Raum als Arbeitsbereich genutzt werden kann. Angrenzende Räume oder Flure können als Schleusen dienen. Ist eine räumliche Trennung auf diesem Wege nicht möglich, muss sie durch den Sanierer geschaffen werden, indem Staubschutzwände aufgestellt werden.

Als Staubschutzwände eignen sich kommerzielle Systeme, aber auch Konstruktionen aus Dachlatten. Entsprechend der ermittelten Gefährdungsklasse müssen die Abschottungen staubdicht sein und über eine Personenschleuse verfügen. Staubschutzwände und Schleusen gehören zum Sanierungsbereich und sollten leicht zu reinigen sein. Sie müssen in die abschließende Feinreinigung einbezogen werden und dürfen erst danach abgebaut werden.

Ab Gefährdungsklasse 2b werden Personenschleusen benötigt. Üblicherweise sind Einkammerschleusen ausreichend. Fußböden, Wände und Decken der Schleuse müssen aus leicht zu reinigendem Material hergestellt werden. Sind die Materialien vor Ort ungeeignet, können rutschfeste, reißfeste Folien oder Beläge ausgelegt werden. Für getragene Schutzkleidung ist ein Abfallbehälter vorzusehen.

Die Schleuse stellt den Übergangsbereich vom Schwarz- zum Weißbereich dar und soll ein Verschleppen der Biostoffe in den Weißbereich verhindern. Naturgemäß kommt es zu einer erhöhten Kontamination in der Schleuse, daher muss die Schleuse mindestens arbeitstäglich, bei Bedarf auch öfter gereinigt werden. Findet der Zugang zum Schwarzbereich von außen über Balkone, Fenster oder Terrassen statt, kann auf die Einrichtung einer Schleuse verzichtet werden.

Unbefugten ist das Betreten des Sanierungsbereichs durch das Verbotszeichen »Zutritt für Unbefugte verboten« entsprechend ASR A 1.3 *Sicherheits- und Gesundheitsschutzkennzeichnung* zu untersagen (Bild 7-7).

7.7.3 Luftwechsel und Luftführung

In den Gefährdungsklassen 2b und 3 sollte ein acht- bis zehnfacher Luftwechsel pro Stunde erzielt werden. Dazu ist zunächst zu ermitteln, welches Raumvolumen gewechselt werden muss und welcher Volumenstrom dafür erforderlich ist. Da angeschlossene Schläuche und Filter etc. die Volumenstromleistung des Lüftungsgeräts reduzieren, muss ein Sicherheitszuschlag von 30 % eingeplant werden. Mithilfe eines Staurohrs oder eines Flügelradanemometers kann im Abluftstrom des Lüftungsgeräts der Luftvolumenstrom gemessen und ggf. nachgeregelt werden.

Der Luftwechsel wird durch Absaugung erzeugt. Dabei entsteht ein Unterdruck, sodass Frischluft nachströmen muss. Vorhandene Undichtigkeiten, z. B. in der Abschottung oder an Rohrdurchführungen, reichen nicht aus, um den erforderlichen Luftwechsel sicherzustellen. Deshalb sind zusätzliche Zuluftöffnungen zu setzen. Als Faustformel kann gelten, dass alle definierten Zuluftöffnungen in Summe größer sein müssen als der Durchmesser des Abluftgebläses oder des Abluftschlauchs.

Die Zuluftöffnungen müssen eine effektive Durchströmung des Sanierungsbereichs zulassen und sollten deshalb am besten an der gegenüberliegenden Wand diagonal, also nicht in einer Flucht, zur Abluftabsaugung installiert sein und eine Rückschlagklappe haben.

Die Beschäftigten und Dritte dürfen nicht mit belasteter Abluft in Kontakt kommen, daher muss die Abluft entweder gezielt abgeführt oder aber gereinigt zurück in den Sanierungsbereich geleitet werden. Dazu ist die Abluft über einen Filter der Staubklasse H zu leiten.

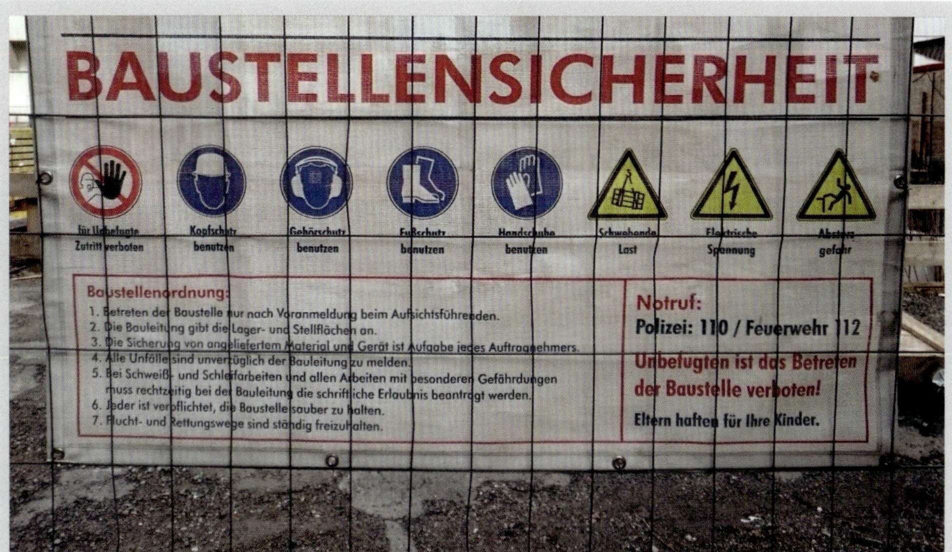

Deutlich erkennbare und verständliche Kennzeichnung einer Baustelle: Es werden sowohl Verbots- und Gebotsschilder als auch Gefahrenhinweise dargestellt. Verhaltensregeln sowie Notfallregelungen sind ebenso aufgeführt.

Verbotsschilder von links nach rechts: Kein Zutritt für Unbefugte; Offenes Feuer verboten; Telefonieren verboten; Essen und Trinken verboten

Gebotsschilder von links nach rechts: Handschutz, Atemschutz, Schutzkleidung, Augenschutz

Bild 7-7: Auch auf Sanierungsbaustellen steht Sicherheit an oberster Stelle. Die erforderlichen Verhaltensregelungen müssen für jedermann durch Verbots- und Gebotsschilder sowie Gefahrenhinweise kenntlich gemacht werden. Das gilt nicht nur für eine Gefährdung durch Biostoffe, sondern auch für andere Gefahrstoffe oder Gefahrensituationen. Wenn mehrere Gewerke zusammenarbeiten, müssen die Sicherheitsmaßnahmen koordiniert werden.

Berechnung des Luftvolumenstroms

Beispiel zur Einstellung eines zehnfachen Luftwechsels im Arbeitsbereich:

Grundfläche des Arbeitsbereichs	28,0 m²
Raumhöhe	2,4 m
Raumvolumen	67,2 m³

Erforderlicher Luftvolumenstrom:

$V_x = V \cdot n_x = 67{,}2\ m^3 \cdot 10/h = 670\ m^3/h$

30 % Sicherheitszuschlag

$670\ m^3/h \cdot 1{,}30 = 873{,}6\ m^3/h$

$\approx ca.\ 900\ m^3/h$

Erfolgt die Absaugung von Stäuben direkt am Arbeitsplatz, können sie sich gar nicht erst im Sanierungsbereich verteilen. Das funktioniert auch mit geringem technischem Aufwand, z.B. mit Bauentstaubern oder Industriestaubsaugern.

7.7.4 Unterdruckhaltung

Es gibt eine Reihe von Undichtigkeiten, die an bestehenden Abschottungen zu einem Austreten von Biostoffen führen können. Damit können unbelastete Bereiche kontaminiert werden. Ein Unterdruck im Sanierungsbereich sorgt dafür, dass mehr Abluft abgesogen wird, als Frischluft nachströmt. Damit wird ein Austreten von Biostoffen effektiv vermieden. Dazu sollte der Druckunterschied zwischen Schwarz- und Weißbereich ca. 15 bis 25 Pa betragen. Wenn die Druckdifferenz nicht messtechnisch bestimmt wird, verweist eine Wölbung der Folien in den Sanierungsbereich sowie ein spürbarer Zug an den Zuluftöffnungen auf eine ausreichende Druckdifferenz.

Der Unterdruck kann entweder über variable Zuluftöffnungen gesteuert oder direkt am Lüftungsgerät eingestellt werden (Bild 7-8).

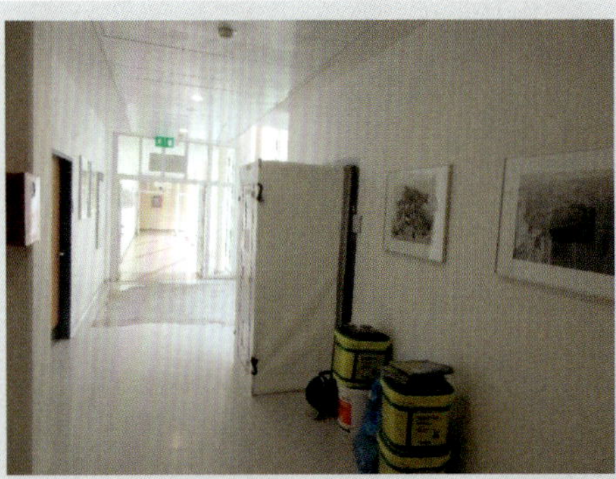

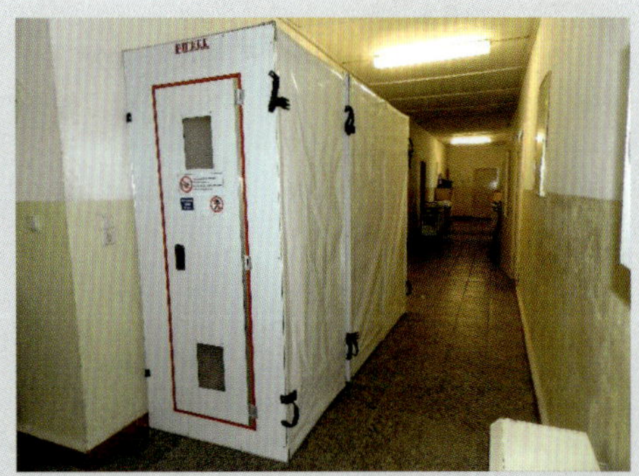

Der Zugang zum Sanierungsbereich kann über eine Einkammer- oder über eine Mehrkammerschleuse erfolgen. Dabei kann zwischen Baukastensystemen und flexiblen Stecksystemen gewählt werden. Wichtig ist, dass jeweils genügend Platz vorhanden ist, um beim Einschleusen im Weißbereich die Maske aufzusetzen, in der Schleuse die restliche PSA anzulegen und dann in den Schwarzbereich zu treten. Beim Ausschleusen erfolgt zunächst noch im Schwarzbereich ein Absaugen der Kleidung, die in der Schleuse in dafür vorgesehene Behälter abgelegt wird. Die Maske wird wiederum zuletzt und erst im Weißbereich abgelegt.

Bild 7-8: Ab Gefährdungsklasse 2b sind technische Maßnahmen zur Be- und Entlüftung sowie Personen- und Materialschleusen notwendig.

Materialschleusen dienen der Entsorgung des ausgebauten Materials, das in staubsichere Behälter oder Säcke verpackt werden muss. Diese werden im Schwarzbereich vorgereinigt, in der Schleuse feucht abgewischt und dann auf dem kürzesten Weg entsorgt.

Unterdruckhaltegeräte müssen entsprechend der Raumgröße dimensioniert werden. Sie können auch als Luftreiniger im Umluftverfahren eingesetzt werden. Allerdings sollten Gerät und Schläuche soweit wie möglich im Weißbereich aufgebaut sein, um den Reinigungsaufwand zu minimieren.

Bild 7-8 (Fortsetzung): Ab Gefährdungsklasse 2b sind technische Maßnahmen zur Be- und Entlüftung sowie Personen- und Materialschleusen notwendig.

7.8 Sanierungsverfahren

Die Entfernung von Biomasse erfolgt üblicherweise in drei Schritten. Nach Einrichtung des Sanierungsbereichs wird zuerst eine Grobreinigung durchgeführt. Anschließend erfolgt der Ausbau der belasteten Bereiche. Nach dem Ausbau wird eine Feinreinigung durchgeführt.

7.8.1 Grobreinigung

Die Exposition im Sanierungsbereich kann deutlich reduziert werden, wenn vor dem Ausbau der befallenen Materialien der Sanierungsbereich grob vorgereinigt wird. Lose Biomasse wie dicke Schimmelmatten an den betroffenen Wänden oder Staubansammlungen nach der Beräumung sollten abgesaugt werden.

Eine Staubentwicklung kann auch durch feuchtes Wischen der Böden minimiert werden.

Eine regelmäßige Reinigung der Arbeitsbereiche mit Industriesaugern während der Sanierung ist ebenfalls eine effektive Maßnahme, um die Staubentwicklung zu reduzieren und die Exposition zu minimieren.

7.8.2 Ausbau und alternative Maßnahmen

Wenn Biomasse entfernt wird, müssen in den meisten Fällen auch Baustoffe entfernt werden. Jedoch gibt es Verfahren, mit denen Baustoffe erhalten werden können. Wesentliches Ziel der Sanierung ist eine Reduktion der Biomasse.

Eine Inaktivierung ist nicht ausreichend, zumal überlegt werden müsste, ob inaktive Biomasse auch inaktiv bleibt und welche Folgen eine erneute Aktivierung für Baukörper und Nutzer haben. Dieses Thema wird ausführlich in Kapitel 7.9 behandelt.

Je nach Baustoff, Baukörper und Nutzungsbedingungen sollte Biomasse auf übliche Hintergrundwerte reduziert werden. Gleichzeitig muss klar sein, dass mit der Entfernung der Biomasse nur der Schaden, nicht aber die Ursache beseitigt wurde. Das sollte schriftlich festgehalten werden, denn ohne Beseitigung der Ursachen kann erneut Biomasse entstehen. Dem Auftraggeber muss an dieser Stelle verdeutlicht werden, dass auf diese Weise unter Umständen der Schaden nur temporär beseitigt wird. Umso wichtiger ist die Sanierungskontrolle, um dem Ausführenden zu bestätigen, dass die Entfernung der Biomasse erfolgreich war. Kommt es danach erneut zu Schimmelwachstum, weil die Schadensursache nicht beseitigt wurde, können die erbrachte Leistung und der geschuldete Erfolg eingeordnet werden.

Im Folgenden werden verschiedene Sanierungsverfahren vorgestellt. Einige sind von der DGUV bzw. der BG Bau bezüglich der Exposition mit Stäuben und Schimmelpilzsporen bewertet worden. Andere sind Alternativverfahren, die jeweils vom Ausführenden in der Gefährdungsbeurteilung neu zu bewerten sind. Es ist jedoch zu erwarten, dass mittelfristig auch für diese Verfahren Daten zur Exposition ermittelt und veröffentlicht werden.

Abstemmen befallener Materialien

Als besonders stark staubendes Verfahren gilt das Abstemmen von Putz und das Aufstemmen von Estrichen ohne Absaugung. Die Exposition wird als **sehr hoch** eingestuft. Tätigkeiten dieser Art werden daher regelmäßig in die Gefährdungsklasse 3 eingeordnet.

Vorteil dieses Verfahrens ist allerdings, dass in kurzer Zeit große Mengen ausgebaut werden. Damit eignet es sich gut, wenn nicht nur die Oberfläche entfernt werden soll, sondern das ganze Material auszubauen ist.

Die Arbeiten können händisch oder maschinell ausgeführt werden. Die Exposition kann in die Gefährdungsklasse 2 heruntergestuft werden, wenn direkt im Arbeitsbereich abgesaugt wird.

Nachteil des Verfahrens ist der hohe Aufwand an technischen, organisatorischen und persönlichen Schutzmaßnahmen. Daher muss bei diesen Tätigkeiten peinlichst genau auf die richtige Baustelleneinrichtung geachtet werden, damit keine Verschleppung der in hohem Maße freigesetzten Sporen und Stäube in den Weißbereich erfolgt. Der Reinigungsaufwand ist erhöht, was aber durch Maßnahmen, wie Abkleben etc., minimiert werden kann. Auch sind die Anforderungen an die persönlichen Schutzmaßnahmen sehr hoch und stellen neben der körperlichen Anstrengung eine starke Belastung für den Ausführenden dar.

Aus Sicht der Berufsgenossenschaften sind diese Verfahren daher zu vermeiden. Doch wie schon im Vorfeld erläutert, bewertet die BG den Arbeitsschutz, nicht aber die Leistungsfähigkeit der Sanierungstechniken. Für das Abstemmen gibt es mitunter keine Alternativen, zudem sprechen Effektivität und Effizienz für das Verfahren. Hier muss der Ausführende abwägen, ob die kurze Sanierungszeit eine kurzzeitig erhöhte Belastung der Beschäftigten durch PSA rechtfertigt.

Entfernen von Biomasse mithilfe von Putzfräsen mit integrierter Absaugung

Putzfräsen entfernen mittels senkrecht stehender, rotierender Fräsrädchen bis zu 5 mm der Putzoberfläche. Durch eine Absaughaube mit angeschlossenem Entstauber können Stäube direkt bei Entstehung abgesaugt werden und gelangen theoretisch gar nicht erst in die Raumluft. Die normalerweise geringe Staubentwicklung und der weitgehende Erhalt der Oberflächen durch den geringen Matrialabtrag sind die Vorteile des Verfahrens.

Ob die Exposition beim Fräsen tatsächlich gering ist und wie viel Material abgetragen wird, hängt allerdings von der Beschaffenheit der Oberflächen ab. Sind viele kleine Unebenheiten vorhanden oder hat der Putz eine geringe Festigkeit, kann es zu sehr hohen Staubfreisetzungen kommen (hohe Exposition). Durch zusätzliches Absaugen im Arbeitsbereich kann diese Exposition aber vermindert werden, sodass der Staubgrenzwert und der TKW eingehalten werden (erhöhte Exposition).

Sollen jedoch auch tiefere Schichten erfasst werden, ist das Verfahren etwas umständlicher, da mehrfach nachgearbeitet werden muss, wodurch mehr Zeit benötigt wird. Da je nach Untergrundbeschaffenheit die Staubentwicklung weitaus stärker sein kann als zunächst zu erwarten ist, sind für eventuelle Spitzenbelastungen Schutzmaßnahmen vorzuhalten. Durch eine Prüfung des Untergrundes vor Beginn der Arbeiten kann festgestellt werden, ob ggf. eine höhere Gefährdungsklasse anzusetzen ist und ein anderes Bearbeitungsverfahren gewählt werden sollte (Bild 7-9).

Sprühextraktionsverfahren

Das Verfahren stammt ursprünglich aus der Textilreinigung, wurde aber für die Reinigung von Wänden, insbesondere für das Entfernen von alten Farbschichten, angepasst. Bei der Sprühextraktion wird über rotierende Düsen ein Hochdruckwasserstrahl auf die Oberfläche geschleudert. Dadurch wird auch Biomasse entfernt. Durch eine direkte Absaugung wird das Schmutzwasser entfernt. Das Schmutzwasser wird gefiltert und gesammelt.

Durch das gleichzeitige Befeuchten und Absaugen wird eine sehr hohe Sporenfreisetzung vermieden. Eingestuft werden Arbeiten mit Sprühextraktion in eine **hohe** Exposition. Die Einstufung sollte auch bei diesem Verfahren aufgrund der Untergrundbeschaffenheit vorgenommen werden.

Vorteil der Methode ist, dass die Reinigung der Oberflächen im Vordergrund steht. Die Biomasse wird entfernt, und zwar in der Qualität einer Feinreinigung, weshalb das Verfahren auch nachfolgend zur Feinreinigung eingesetzt werden kann. In der Regel bleibt der Putz erhalten. Bei feinen, fragilen Untergründen kann es auch zu einem (gewünschten) Materialabtrag kommen.

Nachteil der Methode ist ein erneuter Eintrag von Feuchtigkeit, dessen negative Aus-

Gipskartonwände werden 50 cm über dem sichtbaren Befall ausgebaut. Die Mineralwolle wird entfernt.

Putzoberflächen werden mit einer Putzfräse mit integrierter Absaugung behandelt, bei Holz eignet sich das Trockeneisstrahlen.

Mitunter ist ein teilweiser bis kompletter Rückbau der Trockenbauwände und der Fußbodenkonstruktion notwendig. Hier kann nun die Feinreinigung beginnen.

Bild 7-9: Der Ausbau von schimmelbelasteten Baumaterialien sollte mit staubarmen Verfahren mit integrierter oder lokaler Absaugung erfolgen.

wirkungen aber bei richtiger Anwendung und entsprechenden flankierenden Maßnahmen vernachlässigbar ist. Auch ist es nicht das schnellste Verfahren, da der Düsenteller vorsichtig geführt werden muss. Unebenheiten können zu Wasseraustritt aus der Absaughaube führen.

Trockeneisstrahlen

In den letzten Jahren hat sich das Trockeneisstrahlen als reine Industriereinigungsmethode auch im Holz- und Bautenschutz etabliert. Mit dem Trockeneisstrahlen kommt eine Methode zum Einsatz, die zwar kostenintensiv ist, aber deutlich breiter eingesetzt werden kann, als Geräte, die mit einer aufsitzenden Haube nur an ebenen Flächen geführt werden können. Die Strahlstärke ist einstellbar, sodass die Oberfläche gereinigt, aber auch abgetragen werden kann.

Mittels Druckluft wird festes Kohlendioxid-Granulat (sogenanntes Trockeneis mit einer Temperatur von -78,5 °C) mit einer Geschwindigkeit von 300 m/s über eine Lanze auf die zu reinigende Oberfläche aufgebracht. Beim Aufprallen auf die zu reinigende Oberfläche durchdringen die Partikel die Schmutzschicht und erzeugen Risse. Entscheidend für die Reinigungswirkung ist jedoch, dass die Partikel beim Übertritt von kinetischer zu potenzieller Energie schlagartig verdampfen und dabei explosionsartig ihr Volumen um das 700-fache vergrößern, sodass der Schmutz abgesprengt wird. Das Verfahren bringt eine sehr hohe Exposition mit sich.

Vorteil der Methode ist die einfache Handhabung mit der Lanze, mit der auch Ritzen, Kanten und Flächen über Kopf erreicht werden. Durch Einstellen von Strahlhärte und -breite sind Behandlungen mit unterschiedlich starker Abrasion möglich.

Nachteil der Methode sind die Kosten und die aufgrund der sehr hohen Exposition erforderlichen technischen, organisatorischen und persönlichen Schutzmaßnahmen.

Vakuumstrahlen

Ein ungewöhnliches Verfahren zur Schimmelsanierung stellt das Vakuumstrahlen dar, das nur in Sonderfällen, z. B. bei kleinen, hochwertigen Flächen, angewendet wird. Dabei wird nicht die Biomasse entfernt, sondern der belastete Baustoff inklusive der Biomasse im Bereich der Oberfläche.

Beim Vakuum-Strahlverfahren (Unterdruck-Strahlverfahren) wird zunächst eine Strahlhaube mit Unterdruck auf die zu behandelnde Oberfläche gesetzt, die sich dort ansaugt. Dann wird eine Strahllanze in die Haube eingeführt. Durch den erzeugten Unterdruck wird in der Strahlhaube das Strahlgut aus dem Vorratsbehälter gezogen und in der Strahllanze auf 400 km/h beschleunigt. Das Strahlgut wirkt auf der Oberfläche abrasiv, wobei die Wirkung umso besser ist, je härter die Oberfläche beschaffen ist. Strahlgut und Schmutz werden mit dem Unterdruck abgeführt und in einem Zyklon getrennt. Das Strahlgut wird zurück in den Vorratsbehälter geführt. Damit ist ein staubfreier Kreislaufbetrieb möglich.

Vorteilhaft ist, dass der geschlossene Kreislauf beim Vakuumstrahlen ein Arbeiten ohne Schutzkleidung ermöglicht. Nachteil kann sein, dass glatte Oberflächen, wie z. B. polierte Natursteinfliesen, nach der Behandlung angeraut sind und ggf. nachpoliert werden müssen.

MicroClean-Verfahren

Ebenfalls wenig verbreitet und nur selten von Firmen in Deutschland angewendet ist das aus Dänemark stammende MicroClean-Verfahren.

Es beruht auf der Verwendung von Heißdampf. Hier erfolgt zunächst eine Grobreinigung der Oberflächen. Loses Material wird abgesaugt. In einem zweiten Schritt wird Heißdampf mit einer Temperatur von 150 °C und 8 bar über mit Tuch bespannte Reinigungspanels auf den Baukörper übertragen. Durch die thermische Einwirkung wird Biomasse gelöst, die dann von den Lappen aufgenommen wird. Die Lappen sind Einwegmaterial und müssen nach Gebrauch entsorgt werden. Mitunter muss anschließend mithilfe eines Industriesaugers mit HEPA-Filter nachgereinigt werden.

Die Methode eignet sich gut für nicht saugende Oberflächen aus Mauerwerk oder Sichtbeton und für Fußböden. Für stark poröse Baustoffe oder hygroskopische Materialien ist das Verfahren nicht geeignet.

MicroCleaning ist ein Verfahren zur Reinigung, nicht zur Materialentfernung. Es kann daher, wie auch das Sprühextraktionsverfahren, zur Feinreinigung eingesetzt werden. Die Staub- und Sporenfreisetzung ist gering, Daten zur Exposition liegen nicht vor, sie dürfte aber lediglich als erhöht gelten.

Nachteil ist wiederum, dass eine gewisse Feuchte eingetragen wird, allerdings wird hier damit gerechnet, dass die Ausgleichsfeuchte bei fachgerechter Anwendung nach 24 Stunden wieder hergestellt ist.

Dieses Verfahren kann aufgrund der thermischen Behandlung vor allem dort als Feinreinigung interessant sein, wo höhere Ansprüche an die Innenraumhygiene gestellt werden, eine Biozidbehandlung jedoch nicht gewünscht ist.

Sanierungsverfahren im Vergleich

Das **Abstemmen** befallener Materialien eignet sich für den Ausbau von Putz und Estrichen. Vorteil ist, dass in kurzer Zeit große Mengen ausgebaut werden können. Nachteil des Verfahrens ist eine hohe Staubfreisetzung, die technische, organisatorische und persönliche Schutzmaßnahmen notwendig macht.

Durch das **Putzfräsen** mit integrierter Absaugung können bis zu 5 mm einer Putzoberfläche entfernt werden. Stäube werden direkt abgesaugt. Vorteil des Verfahrens sind die geringe Staubentwicklung sowie der weitgehende Materialerhalt, da normalerweise nur die Oberfläche abgetragen wird. Das Abtragen tieferer Schichten ist mit diesem Verfahren sehr zeitintensiv.

Das **Sprühextraktionsverfahren** ist eher als Reinigungsverfahren anzusehen, z. B. für Betonoberflächen. Das Schmutzwasser wird dabei direkt abgesaugt. Vorteil ist eine materialerhaltende Reinigung, Nachteil ist ein erneuter Eintrag von Feuchtigkeit. Beim Micro-Clean-Verfahren wird der Feuchteeintrag durch den Einsatz von Heißdampf minimiert. Zur Biomasseentfernung werden dabei zusätzlich Lappen verwendet.

Das **Trockeneisstrahlen** ermöglicht das Entfernen sehr dünner Schichten bis zu mehreren Millimetern. Vorteil der Methode ist die einfache Handhabung. Nachteil sind vergleichsweise hohe Kosten sowie die aufgrund der sehr hohen Exposition erforderlichen Schutzmaßnahmen. Beim **Vakuumstrahlen** ist dieses Problem aufgrund der direkten Absaugung deutlich minimiert. Der Vakuumaufsatz benötigt allerdings eine möglichst glatte Oberfläche.

Entsorgung

Wird schimmelbelastetes Material ausgebaut, muss dieses anschließend staubdicht entsorgt werden. Der staubdichte Abtransport ist besonders dann unabdingbar, wenn er über Treppenhäuser, Flure oder anderen Wohnräume erfolgt. Dafür sollten verschließbare Behälter verwendet werden, möglich sind BigBags, die vor dem Abtransport aus dem Sanierungsbereich feucht abgewischt oder abgesaugt werden müssen, oder die »Beutel-im-Beutel«-Technik.

Wird über Fenster, Terrassen oder Balkone abtransportiert, sollte auch dies möglichst staubarm erfolgen, um Nachbarn etc. nicht mit den schimmelhaltigen Stäuben zu belasten.

Bauschutt, zu dem auch das mit Schimmelpilzen kontaminierte Material zählt, unterliegt dem Gesetz zur Förderung der Kreislaufwirtschaft und Sicherung der umweltverträglichen Beseitigung von Abfällen (KrW-/AbfG). Der Beförderer ist registerpflichtig, d.h. er muss über die Menge, Art und Entsorgung bzw. Wiederverwertung Auskunft geben und ein Register führen. Ein besonderer Abfallschlüssel ist jedoch nicht notwendig. Anders verhält es sich bei Baustoffen, die mit Asbest, KMF, PAK oder anderen Schadstoffen kontaminiert sind. Für sie gelten landesspezifisch besondere Regelungen. Die Behörde prüft im Bedarfsfall.

7.8.3 Feinreinigung

Die Beseitigung von Schimmelpilzschäden umfasst neben dem Entfernen der befallenen Baumaterialien auch die Feinreinigung des Sanierungsbereichs. Die Feinreinigung ist ein wichtiger Bestandteil einer fachgerechten und erfolgreichen Sanierung und muss in der Sanierungsplanung entsprechend berücksichtigt werden [Be7, Lo2, Me31].

Feinreinigung setzt voraus, dass der eigentliche Schimmelschaden durch Entfernung der mikrobiell belasteten Materialien beseitigt wurde. Ferner müssen restliche Kontaminationen, die z.B. beim Ausbau freigesetzt wurden, sowie Feinstäube im Sanierungsbereich mithilfe geeigneter Verfahren entfernt worden sein. Nach der Feinreinigung sollte der Sanierungsbereich dem Normalzustand entsprechen, der aus wissenschaftlichen Veröffentlichungen oder aus Referenzwerten unbelasteter Räume etc. abgeleitet wird [Fi1, WTA1]. Sie dient der Wiederherstellung eines hygienisch einwandfreien und angenehmen Wohnklimas.

Dabei findet die Feinreinigung nach Ausbau der befallenen Materialien im noch abgeschotteten Sanierungsbereich bei laufender, ggf. technischer Be- und Entlüftung statt. Im Anschluss erfolgt dann die Sanierungskontrollmessung. Damit ist die Schimmelpilzbeseitigung abgeschlossen, die technische Belüftung kann ausgeschaltet und die Abschottung entfernt werden. Es beginnt der Wiederaufbau [Be7, Lo2, Me31].

Die Feinreinigung bei der Schimmelpilzbeseitigung ist nicht mit der Bauendreinigung gleichzusetzen [Mü1]. Mitunter schließen sich der Schimmelpilzbeseitigung noch einige Arbeitsschritte an, die ggf. eine Reinfektion des Sanierungsbereichs hervorrufen können (z.B. durch andere Gewerke, Einbau neuer, aber kontaminierter Baumaterialien etc.).

Feinreinigung von Oberflächen

Die verbliebenen Feinstäube aus Myzelbruch, Sporen, aber auch Putzpartikel und KMF müssen mithilfe geeigneter Verfahren, wie Absaugen und Abwischen, weitestgehend entfernt werden. Die Feinreinigung kann durch Luftreinigungsgeräte sinnvoll unterstützt werden, um die

Konzentration luftgetragener Schimmelpilzbestandteile und Stäube zu reduzieren. Ist eine gezielte Luftführung im Sanierungsbereich vorhanden, sollte die Reinigung mit der Richtung des Luftstroms (in Richtung Abluft) erfolgen, damit aufgewirbelte Stäube sich nicht in zuvor gereinigten Bereichen ablagern [Lo2].

Arbeitsablauf für die Feinreinigung

1. Reinigung horizontaler Flächen, wie Fußböden und Fensterbänke
2. Absaugen/Abwischen der abgeklebten Oberflächen und anschließende Entfernung der Abdeckmaterialien
3. Reinigung der Decke
4. Reinigung der Wände
5. Schlussreinigung der Böden in Richtung Zugangsbereich
6. eventuell feuchtes Nachreinigen einzelner Oberflächen und Gegenstände

In die Feinreinigung müssen nicht nur die bearbeiteten Flächen einbezogen werden, sondern alle Flächen im Sanierungsbereich. Das gilt auch für die noch vorhandene Abschottung, ebenso dürfen Lichtschalter, Steckdosen, Lüfter, Filter von Klimaanlagen und sonstige kleinere Einbauten nicht vergessen werden. Besondere Sorgfalt ist bei der Feinreinigung von Lüstern und Kronleuchtern gefragt.

Poröse Oberflächen lassen sich gut absaugen. Neben Bodengeräten sind mittlerweile auch auf dem Rücken tragbare Sauger verfügbar, mit denen man gut auch über Kopf arbeiten kann. Beim Absaugen im Zuge der Feinreinigung müssen HEPA-Filter der Filterklasse H13 in das Gerät eingesetzt werden [DGUV-I 201-028].

Feste, glatte und nicht saugfähige Materialien, wie z.B. Fliesen, Parkett, Linoleum, Kunststoff oder Glasoberflächen, können feucht abgewischt werden. Dazu eignen sich handelsübliche tensidhaltige Reiniger.

Problematisch ist mitunter die Reinigung von Möbeln. Feste Oberflächen, wie z.B. Furniere, können feucht abgewischt werden, Textilien können unter Umständen gewaschen werden. Abschraubbare Kleinteile aus Kunststoff oder Plastikspielzeug können unkompliziert im Geschirrspüler gesäubert werden. Polstermöbel und Teppiche können mittels Heißdampf- oder Sprühextraktion gereinigt werden. Ob sich der Aufwand aber lohnt, muss vor Ort entschieden werden. Grundsätzlich wird empfohlen, dass Polstermöbel und Textilien nur dann gereinigt werden, wenn lediglich eine Kontamination, also eine Verschmutzung mit Sporen und Myzelresten, vorliegt. Bei Befall sollten solche Gegenstände entsorgt werden. Besonders wertvolle Objekte können jedoch auch einen großen Reinigungsaufwand rechtfertigen. Kunstgegenstände, Antiquitäten, Briefmarken oder auch Musikinstrumente werden am besten durch Spezialfirmen gereinigt [DGUV-I 201-028, Me8].

Es hat sich bewährt, mit der Reinigung horizontaler Flächen wie Fußböden und Fensterbänken zu beginnen und anschließend abgeklebte Oberflächen entweder abzuwischen oder abzusaugen. Danach können die Abdeckmaterialien entfernt werden. Anschließend können die Decke und die Wände abgesaugt oder feucht abgewischt werden. Zuletzt werden die Böden im Schleusenbereich gereinigt. Unter Umständen müssen danach noch einzelne Bereiche oder Gegenstände nachgereinigt werden.

Desinfektion stellt keine Feinreinigung dar, da hier der eigentliche Zweck der Feinreinigung, nämlich das Entfernen der restlichen Biomasse- und Partikelbelastung, nicht erreicht werden kann. Ein zusätzliches Desinfektionsmittel zur Wischdesinfektion ist unter normalen Umständen nicht notwendig, da die restliche Biomasse gut aufgesaugt oder feucht aufgewischt werden kann.

In besonderen Fällen der Sanierung, z.B. in Krankenhäusern oder im Wohnumfeld besonders gefährdeter Personen, kann eine zusätzliche Wischdesinfektion sinnvoll sein. In diesem Fall müssen jedoch die Auswahl des Desinfektionsmittels mit den Beteiligten wegen eventueller Unverträglichkeiten abgesprochen und die Vorgaben des Hygienearztes eingehalten werden. Wer in diesem Zusammenhang Irritationen vermeiden will, reinigt nach der Wischdesinfektion noch einmal feucht nach [Me8]. Es muss beachtet werden, dass für Desinfektion und Reinigung grundsätzlich zwei Arbeitsschritte notwendig sind. Die meisten Desinfektionsmittel dürfen nicht mit tensidhaltigen oder alkalischen Reinigern kombiniert werden, weil das Desinfektionsmittel dadurch inaktiv werden kann.

Praxisversuch

Der Effekt einer Feinreinigung ließ sich in einem Praxisversuch simulieren. In dem in Bild 7-10 gezeigten Versuch wurden unterschiedliche Wandoberflächen sowie die Innenraumluft mit lila Farbpulver »kontaminiert«.

Zur Bestimmung der Ausgangspartikelbelastung wurde daraufhin eine Partikelsammlung durchgeführt. Außerdem wurden Klebefilmpräparate der Oberflächen angefertigt. Anschließend wurden die Oberflächen mit verschiedenen Verfahren gereinigt. Jeweils ein Teil der Prüfoberfläche wurde abgesaugt, mit einem tensidhaltigen Reiniger abgewischt oder ganz profan abgefegt. Nach jedem Reinigungsschritt wurden wiederum Klebefilmpräparate erstellt.

Beobachtung

Die Reinigungswirkung ist stark von der Oberflächenstruktur der zu reinigenden Objekte abhängig.

Bei Farbanstrichen führt Abwischen zu einem unbefriedigenden Ergebnis. Die Klebefilme zeigten, dass die Farbschicht durch das Abwaschen angelöst wurde und ebenfalls größere Farbpartikel entfernt wurden. In der Praxis könnte dies bedeuten, dass die Oberflächen erneut gestrichen werden müssten, wenn der Farbabstrich zu sehr in Mitleidenschaft gezogen würde.

Die mit Industriesauger mit HEPA-Filter H13 abgesaugte Oberfläche dagegen war optisch nicht zu beanstanden.

Bei Putzoberflächen zeigte sich das Abwaschen als völlig ungeeignet. Die Farbpulver-Wassermischung drang tief in die Poren ein und verfärbte den Putz fliederfarben. Schimmelsporen wären also beim Abwaschen nur tiefer in den Putz eingewandert und nur unzureichend entfernt worden, zudem käme es wahrscheinlich zu gräulich-braunen Verfärbungen.

Fazit

Das Absaugen stellt die beste Methode dar, um eine Kontamination zu entfernen.

Auch die Wand- und Deckenflächen müssen in die Feinreinigung einbezogen werden. Wer hier im Vorfeld abgeklebt hat, kommt schnell voran.

Wie reinigt man am besten? Hier wurde eine Kontamination verschiedenster Oberflächen (Laminat, Farbanstrich, Putz) durch indischen Farbpuder simuliert. Anschließen wurden die Oberflächen hälftig mit oberflächenentspanntem Wasser gereinigt bzw. mit einem Industriesauger abgesaugt. Das Ergebnis: Auf glatten Oberflächen funktioniert beides hervorragend. Beim rauen Putz drang der Farbpuder beim Abwischen tief in die Putzmatrix ein und verfärbte diese noch intensiver.

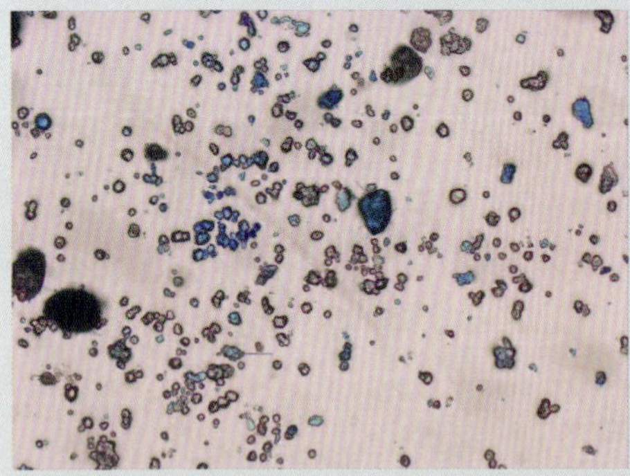

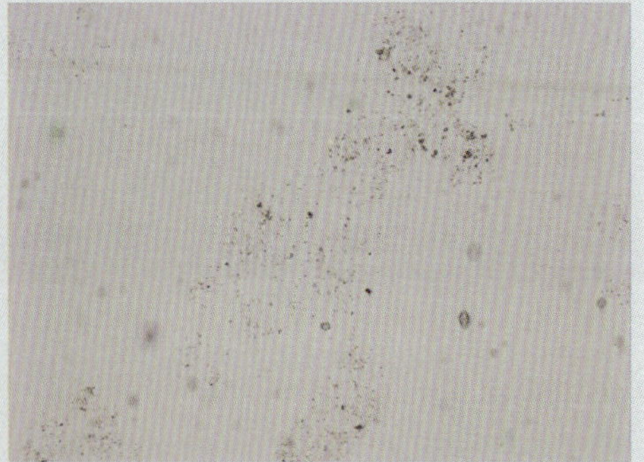

Vorher-nachher-Bilder in 600-facher Vergrößerung: Die Putzoberfläche wurde mittels Klebefilm beprobt, durch Absaugung konnten auch auf der sehr rauen Oberfläche sehr gute Ergebnisse erzeugt werden.

Bild 7-10: Bei der Feinreinigung hat sich das Absaugen mit Industriestaubsaugern mit HEPA-Filter bewährt. Glatte, geschlossene Oberflächen werden mit oberflächenentspanntem Waser gereinigt.

Behandlung der Luft im Sanierungsbereich

Um die Partikelbelastung der Luft zu reduzieren, sind Luftfiltrationsgeräte mit HEPA-Filter am besten geeignet [UBA 2017, DGUV-I, Mü1].

Mitunter wird die Aufstellung von Ozon- oder Singulett-Sauerstoff-Freisetzungsgeräten als Feinreinigung propagiert. Jedoch sind diese Geräte nicht geeignet, die Partikelkonzentration zu reduzieren oder Mikroorganismen in der Raumluft abzutöten [Dy1, Fr1].

Eine sicher abtötende Wirkung ist bisher nur von Ozon bekannt, allerdings sind hierzu sehr kleine Wirkungsquerschnitte notwendig, d.h. die Wirkung ist nur gegeben, wenn der Luftstrom direkt an der Ozonquelle vorbeigeleitet wird. In der Praxis sind dies dann Kombigeräte, welche die Raumluft einsaugen, in kleinen Kammern mit Ozon behandeln, filtern und wieder in den Innenraum abgegeben. Wird hingegen Ozon in die Raumluft geblasen, findet eine Abtötung von Mikroorganismen nur bei sehr hoher Konzentration statt, die wiederum gesundheitliche Gefahren für den Menschen mit sich bringt [Dy1]. Auch konnte festgestellt werden, dass die bei Schimmelschäden relevanten Mikroorganismen durchaus ozonresistente Sporen ausbilden können, die nicht vollständig inaktiviert werden und verzögert auskeimen [Dy1, Fr1].

Gleiches gilt auch für das Vernebeln von Bioziden. Eine Biozidbehandlung der Raumluft kann zwar ggf. zu einer Reduzierung des Infektionspotenzials der in der Raumluft vorhandenen Mikroorganismen führen, jedoch nicht die Anzahl der Mikroorganismen in der Luft minimieren. Da der Nebel in der Regel zu fein ist, um die Partikel derart zu beschweren, dass sie sedimentieren können, werden sie auch nicht ausgewaschen [Be1, UBA2017, Me8, Mü1].

Die Feinreinigung stellt den Abschluss der Arbeiten zur Entfernung eines mikrobiellen Befalls dar und ist Voraussetzung für die Abnahme dieses Arbeitspakets bei einem Sanierungsvorhaben. Erst danach kann der Wiederaufbau beginnen. Der Sanierungserfolg ist durch Sanierungskontrollmessungen nachzuweisen. Diese sind Grundlage für eine erfolgreiche Abnahme der handwerklichen Leistung. Damit wird nicht nur belegt, dass der Normalzustand wiederhergestellt wurde, sondern auch, dass der Sanierer ein mängelfreies Werk abgeliefert hat.

7.9 Sanierungskontrolle

Der Erfolg der Sanierung muss dokumentiert und abgenommen werden [UBA2017, DGUV-I, Me8, WTA]. Dafür muss zwischen Auftraggeber und Ausführendem Klarheit über das Sanierungsziel bestehen. Je genauer das Ziel vereinbart wurde (vgl. Kapitel 7.2), umso einfacher ist es, den Sanierungserfolg zu überprüfen.

Wesentliches Ziel der Sanierung ist, dass die Belastung mit Schimmelbestandteilen nach den Sanierungstätigkeiten wieder einem in Alter, Nutzung und Lage vergleichbaren schadenfreien Bauwerk unter denselben saisonalen Bedingungen entspricht. Demnach ist also nicht nur zu prüfen, ob der Schimmelbefall entfernt wurde, sondern auch, ob die Feinreinigung erfolgreich war. Abweichungen sind natürlich dann möglich, wenn nur eine Teilsanierung vereinbart wurde oder wenn Teilleistungen überprüft werden, weil z.B. andere Gewerke Sanierungsaufgaben übernehmen müssen, die nicht mehr im eigenen Handwerk angesiedelt sind.

Zunächst wird überprüft, ob die vereinbarten Tätigkeiten auch ausgeführt wurden, z.B. ob die Tapete entfernt wurde, ob noch Schimmelflecken an der Wand zu sehen sind oder ob der Putz im Schadensbereich und der

Was wird bei einer Sanierungskontrolle überprüft?

1. Wurde vereinbarungsgemäß das befallene Bauteil oder befallenes Baumaterial mit entsprechender Sicherheitszugabe erfolgreich entfernt? Dazu erfolgt zunächst eine visuelle Überprüfung. Ggf. ist eine Materialentnahme oder Klebefilmprobe hilfreich, um Befallsreste etc. nachzuweisen.
2. Wurden nach der Sanierung Baustäube erfolgreich entfernt und liegt nach der Sanierung eine nutzungsübliche Schimmelkonzentration vor wie im schadenfreien Zustand? Zunächst sollte eine visuelle Überprüfung auf sichtbare Staubablagerungen vorgenommen werden. Sind noch Baustäube da, muss auch von einer erhöhten Schimmelbelastung ausgegangen werden. Sind visuell keine Beanstandungen erkennbar, kann nachfolgend über Raumluftmessungen der »Normalzustand« überprüft werden, d. h. also eine für diese Räume sowie jahreszeitlich typische Innenraumkonzentration an Sporen etc.
3. Vorschläge für Vereinbarungen und ein vereinheitlichtes Vorgehen werden im WTA-Merkblatt E-4-12 *Schimmelpilzschäden: Ziele und Kontrolle von Schimmelpilzschadensanierungen in Innenräumen beschrieben*.

unmittelbaren Umgebung entfernt worden ist. Lassen sich visuell keine Hinweise auf nicht ausreichend entfernte Schimmelbefälle erkennen, kann – je nach Bauteil, Nutzungsbedingungen oder Anforderungen der Nutzer – im Detail geprüft werden, ob das vereinbarte Ziel bei mikroskopischer Betrachtung erreicht wurde. So kann mittels Materialentnahme und anschließender Kultivierung überprüft werden, ob eine Putzoberfläche ausreichend tief abgeschliffen wurde. Gegebenenfalls reicht aber auch ein Klebefilm aus. Wie genau die Untersuchung sein muss, sollte im Vorfeld festgelegt werden und sich an den Erfordernissen an das Bauteil bzw. an der Nutzungsklasse des betroffenen Raumes orientieren.

Mit dem Nachweis, dass der Schimmel wie vereinbart entfernt wurde, bleibt nun zu prüfen, ob nach der Sanierung wieder normale Innenraumverhältnisse hergestellt wurden. An erster Stelle muss überprüft werden, ob die bei der Sanierung freigesetzten Stäube ausreichend entfernt wurden. Dies geschieht mithilfe einer Sicht- und Wischkontrolle der horizontalen Flächen, Vorsprünge, Fensterbänke, Fußböden etc. Dazu kann auch ein sogenanntes Schwarz-Weiß-Tuch verwendet werden. Stäube lassen sich darauf gut erkennen. Sind Baustäube vorhanden, muss davon ausgegangen werden, dass diese auch Schimmelbestandteile enthalten. Eine mikrobiologische Probennahme ist dann nicht mehr notwendig, denn auch ohne Ermittlung der Sporenbelastung kann bereits ausgesagt werden, dass die Feinreinigung nicht erfolgreich war. Die Sanierungskontrolle kann dann abgebrochen werden und der Ausführende muss nachbessern. Bei der weiteren Besichtigung wird festgestellt, ob nur lokal nachgereinigt werden muss oder ob der gesamte Sanierungsbereich betroffen ist.

Sind Baustäube hinreichend entfernt worden und keine Beanstandungen aufgetreten, wird überprüft, ob auch die Konzentration an Schimmelbestandteilen wiederum mit der Konzentration in einem vergleichbaren schadenfreien Raum übereinstimmt. Etwaige

Schwankungen, die jahreszeitlich bedingt, der Lage geschuldet oder auch auf die Nutzung zurückzuführen sind, sollten berücksichtigt werden. Es geht nicht darum, sterile Räume nachzuweisen, sondern normale Werte. Diese unterliegen Schwankungen und müssen mit den Beobachtungen des Probennehmers vor Ort in Einklang gebracht werden.

Um diesen Nachweis zu erbringen, sind grundsätzlich zwei Verfahren denkbar. Zum einen kann überprüft werden, ob noch Quellen vorhanden sind. Dieses Verfahren ist mit der Schadensfeststellung vergleichbar. Dazu wird bei intakter Abschottung nach mehrfachem Luftwechsel unter Ruhebedingungen eine Partikelsammlung durchgeführt und das Ergebnis entsprechend der Bewertungshilfe des »Schimmelleitfadens« [UBA2017] interpretiert. Als Vergleich wird die Außenluft oder ein nachweislich schadenfreier Raum herangezogen.

Im WTA-Merkblatt E-4-12 *Schimmelpilzschäden: Ziele und Kontrolle von Schimmelpilzschadensanierungen in Innenräumen* wird außerdem eine Methode vorgeschlagen, die insbesondere auf den Nachweis feiner Stäube abzielt, die sich nach der Sanierung nicht nur auf horizontalen Flächen, sondern auch auf Wänden abgelagert haben können. Abweichend zum vorher beschriebenen Verfahren wird dabei zunächst abgewartet, dass die in der Luft enthaltenen Stäube sedimentieren können, nachdem die Unterdruckhaltung abgeschaltet wurde. Auch hier bleibt die Abschottung intakt. Nach 24 bis 48 Stunden werden 50 % der Flächen im Sanierungsbereich mit einem Ventilator mit einer Strömungsgeschwindigkeit von 1 bis 4 m/s angeblasen, um sedimentierte Sporen gezielt zu mobilisieren. Zehn Minuten später erfolgt dann die Probennahme mittels Partikelsammler auf einem Holbach-Objektträger. Bei diesem Verfahren wird auf einen Vergleich mit Außenluft- oder Referenzproben verzichtet. Für dieses Verfahren sind Zielwerte für schadensrelevante Sporentypen definiert worden, die in Tabelle 7-4 aufgeführt sind. Diese Werte sind wiederum nicht starr zu interpretieren, eine Abweichung von 50 % in einer Fraktion ist durchaus zulässig, wenn die vorherige visuelle Begutachtung keine Auffälligkeiten ergeben hat.

Das Verfahren nach WTA ist jedoch nicht unumstritten. Zunächst einmal ist zu beachten, dass diese Zielwerte nur in Sanierungsbereichen angewendet werden können, die ohne Außenlufteinfluss, also komplett abgeschottet und unter Unterdruck gehalten werden. Besteht Außenlufteinfluss, was in den Gefährdungsklassen 1 und 2a durchaus üblich ist, werden saisonal bedingt bereits höhere Sporenkonzentrationen erreicht. Dann wäre eine Bewertung nach UBA 2017 besser geeignet, um den Sanierungserfolg nachzu-

Pilztyp	vor Mobilisierung [Sporen/m³]	nach Mobilisierung [Sporen/m³]
Typ *Aspergillus/ Penicillium*	300	800
Chaetomium	50	100
Hyphenstücke	100	200
Typ *Stachybotrys*	20	50
Typ *Scopulariopsis/ Doratomyces*	100	200

Tabelle 7-4 Zielwerte, die gemäß WTA- Merkblatt 4-12 nach einer Feinreinigung nach der Mobilisierung sedimentierter Stäube erreicht werden sollen. Überschreitungen der Konzentration bis max. 50 % für einen Typ bzw. eine Gattung sind akzeptabel, wenn die Zielwerte für alle übrigen Typen/Gattungen sicher eingehalten werden. Wenn auch die Sichtkontrolle nd Wischtests keine Hinweise auf noch vorhandene Quellen oder eine unzureichende Reinigung ergeben, ist die Sanierung als erfolgreich zu bewerten.

weisen. Zum zweiten gibt es insbesondere bei erhöhten Partikellasten den sogenannten Bounce-Effekt. Kleinere Partikelchen, wie Schimmelsporen es sind, prallen wie ein Gummiball wieder ab und entwischen aus der Schlitzdüse, d. h. es kommt zu einer Unterpräsentation der kleineren Fraktionen. Häufig wird auch beobachtet, dass es zu einer Überbelegung der Objektträger kommt, sodass diese nicht mehr sicher ausgezählt werden können [Me1]. Andere Autoren sprechen von einer guten Reproduzierbarkeit, wenn schnell nach der Mobilisierung gemessen wird. Auf diese Weise wären falsch-positive Ergebnisse nahezu auszuschließen [Ri5]. Hier muss noch abgewartet werden, welche Erfahrungen mit den Messungen nach Mobilisierung gemacht werden, bevor diesem Verfahren eine Absage erteilt wird.

Die Beprobung der Luft bei der Sanierungskontrolle erfolgt ausschließlich durch Partikelsammlungen. Von der Luftkeimsammlung als alleinige Methode wird abgeraten, da bei der Sanierungskontrolle erfasst werden soll, wie die Partikelbelastung insgesamt aussieht und nicht, was davon noch keimfähig ist. Insbesondere nach Biozidbehandlungen, z. B. durch Vernebeln (Foggen) von Wasserstoffperoxid, können kultivierende Verfahren falsch-negative Resultate liefern [Me8]. Sie zeigen nichts an, obwohl die Partikelbelastung womöglich noch vorhanden ist.

7.10 Sonderverfahren zur Sanierung von Schimmelschäden an Holz und Holzwerkstoffen

Die Bewertung von Schimmelschäden an Holz- und Holzwerkstoffen wurden bereits in den vorangegangen Kapiteln erläutert. Für die folgenden Betrachtungen unterstellen wir, dass die Schadensursachen bekannt und beseitigt sind und es bei der Sanierung lediglich um die Entfernung des übermäßigen Schimmelwachstums geht. Wir beseitigen den Schimmel hauptsächlich aufgrund seines Einflusses auf die Innenraumhygiene, denn es ist kaum zu befürchten, dass Schimmelbefall zu Schäden am Holz führt. (Eine Ausnahme stellt die Moderfäule dar, die ebenfalls von Schimmelpilzen verursacht werden kann.) Lediglich bei Holzwerkstoffen kann es durch Abbau von Leimen zu Strukturverlusten kommen. In der Praxis spielt das jedoch kaum eine Rolle, da die betroffenen Holzwerkstoffe vorab durch den Feuchteschaden bereits derart geschädigt sein können, dass aus technischen Gründen der Ausbau erfolgt.

Bei der Beseitigung von Schimmelschäden soll die Bausubstanz erhalten bleiben. Holz ist für erhaltende Maßnahmen bestens geeignet, da die Zellstruktur lediglich ein oberflächiges Bewachsen erlaubt. Also sind auch im verbauten Zustand sehr häufig reinigende Verfahren ausreichend, um zufriedenstellende Ergebnisse zu erzielen.

Auch bei der Beseitigung von Schimmelschäden an Holz und Holzwerkstoffen hat der Arbeits- und Umgebungsschutz oberste Priorität. Das zeigt sich in der Baustellengestaltung, der Auswahl der Sanierungsverfahren und in der Festlegung der persönlichen Schutzausrüstung.

Im Folgenden sind die Abläufe einer Schimmelbeseitigung auf Holz- und Holzwerkstoffen dargestellt. Wir wollen hier nur auf die Abweichungen eingehen. Die Baustelleneinrichtung und Planung der Arbeitsschutzmaßnahmen mit Erstellung der Gefährdungsbeurteilung sind im Vorfeld mit der gleichen Sorgfalt durchzuführen wie bei Tätigkeiten zum Entfernen von Putz oder Tapete.

In schimmelbelasteten Dachstühlen können Gefährdungen von Biostoffen sowie von anderen Schadstoffen, wie KMF, ausgehen. Daher sind bereits beim Beräumen Schutzmaßnahmen notwendig.

Biomasse kann bei Vollholz durch abrasive Verfahren, aber auch durch Abbürsten oder Abwaschen entfernt werden. Durch eine anschließende Feinreinigung wird ein Verschleppen in den Wohnbereich vermieden.

Mit dem Latexverfahren lassen sich starke Befälle binden und Biomasse reduzieren. Dabei wird der Bewuchs im Latex eingeschlossen (siehe Seite 231). In den meisten Fällen wird jedoch eine Nachreinigung erforderlich sein.

Bild 7-11: Schimmel auf Holz wird unter den gleichen Arbeitsschutzvorgaben entfernt wie auf Tapeten oder Putz. Wie das Ergebnis im Einzelfall aussehen sollte, sollte nach eingehender Beratung als Sanierungsziel festgelegt werden.

Zusätzlich zur sensibilisierenden Wirkung der Biostoffe muss beim Arbeiten mit Holz auch auf Holzstäube und ihre lungengängigen und sensibilisierenden Wirkungen eingegangen werden. Wir können jedoch unter Beachtung der Maßnahmen der DGUV-I 201-028 davon ausgehen, dass diese Gefährdungen berücksichtigt und vermieden werden.

Bei alten Dachstühlen kann auch Taubenkot eine Rolle spielen. Hinweise im Umgang mit diesen teilweise infektiösen Exkrementen und mit Tierkadavern finden sich in der DGUV Information 201-031 »Handlungsanleitung zur Gefährdungsbeurteilung nach Biostoffverordnung (BioStoffV) Gesundheitsgefährdungen durch Taubenkot«.

7.10.1 Grobreinigung

Auch bei Schimmelschäden an Holz beginnen wir nach der Baustelleneinrichtung mit einer Grobreinigung. Die Grobreinigung umfasst das Entfernen loser Biomasse und leicht entfernbarer Oberflächenmyzele. Dazu werden die Oberflächen mit einem Industriesauger mit HEPA-Filter, ggf. mit Bürsten- oder Fegeraufsatz, abgesaugt. Die Grobreinigung erfasst nur oberflächliche Befälle und Verschmutzungen; eine vollständige Entfernung des Befalls wird damit nicht erreicht. Ziel der Grobreinigung ist eine Minimierung der Sporen- und Partikelbelastung bei der Sanierungsmaßnahme.

7.10.2 Geeignete erhaltende Sanierungsverfahren

Grundsätzlich kann Holz bei Schimmelbefall erhalten werden. Der Befall tritt in der Regel nur oberflächig auf, d.h. abrasive und reinigende Verfahren, die nur wenig der Holzoberfläche abtragen, sollten bevorzugt werden. Ein Rückbau ist nur dann notwendig, wenn alle anderen Maßnahmen nicht erfolgreich waren.

Erhaltende Maßnahmen können auch an Holzwerkstoffen angewendet werden, wenn sichergestellt ist, dass durch die Maßnahmen technische Eigenschaften oder z.B. statische Anforderungen nicht negativ beeinflusst oder Zulassungen unwirksam werden. Bei Holzwerkstoffen sollte zuvor geprüft werden, ob und in welchem Umfang die Materialien mikrobiell besiedelt sind. Gerade bei Spanplatten können tiefe Schichten oder sogar der gesamte Querschnitt besiedelt sein.

Steht einer Erhaltung der Werkstoffe nichts entgegen, so können die betroffenen Bauteilschichten mit den nachfolgend dargestellten Arbeitstechniken entfernt werden, sodass das grundsätzliche Ziel, mikrobiell befallene Materialien zu entfernen, erfüllt werden kann [Be2, Me2]:

- **Abbeilen und Hobeln:** Abbeilen ist eine historische, handwerkliche Technik, die vor allem zur Bearbeitung von massiven Hölzern gedacht ist, z.B. wenn lokal Moderfäule auftritt. Dabei können Schichten mit einer Dicke bis von mehreren Zentimetern entfernt werden. Mit Hand- oder Elektrohobeln können ebenfalls mehrere Zentimeter dicke Bauteilschichten mechanisch entfernt werden. Dabei können an die meisten Elektrohobel geeignete Industriesauger der Staubklasse H mit Filtern der Klasse H 12/13 angeschlossen werden, sodass eine Freisetzung von Schimmelpilzbestandteilen minimiert werden kann. Es entstehen glatte Oberflächen, für Holzwerkstoffe ist das Verfahren eher ungeeignet.
- **Strahlen:** Mit verschiedenen Strahltechniken können die Oberflächen von Holz und

Holzwerkstoffen abrasiv bearbeitet werden. Dabei ist die Bearbeitungstiefe abhängig vom verwendeten Strahlgut, dem Strahldruck und dem Volumenstrom. Durch das exakte Steuern dieser Parameter können Zehntelmillimeter bis zu mehrere Millimeter abgestrahlt werden. Es können sowohl Holz als auch Holzwerkstoffe, auch mit starker Struktur in der Oberfläche (z. B. OSB-Platten), bearbeitet werden. Der Vorteil aller Strahlverfahren ist, dass schwer zu erreichende Bereiche bearbeitet werden können, die mit anderen Werkzeugen unzugänglich sind. Als besonders geeignet für das mechanisch abrasive Reinigen von Holz und Holzwerkstoffen hat sich das Trockeneisstrahlen herausgestellt [Ha5]. Strahltechniken gelten als stark staubend und verlangen daher einen sorgfältigen Arbeits- und Umgebungsschutz.

- **Schleifen:** Mit elektrisch betriebenen Schleifgeräten (z. B. Rotations-, Exzenter-, Schwing-, Bandschleifer), die mit verschiedenen Schleifmaterialien ausgestattet werden können, lassen sich ebenfalls mit unterschiedlicher Abrasivität einzelne Schichten von Holz und Holzwerkstoffen im Zehntelmillimeter- bis Millimeterbereich entfernen. Je nach Schleifmittel sind die Oberflächen ggf. nachzubearbeiten und zu glätten.
- **Latex-Reinigung:** Bei diesem Verfahren handelt es sich um eine spezielle Reinigungstechnik, bei der ein flüssiges Latexgemisch auf die zu reinigende Oberfläche im Streich- oder Spritzverfahren aufgetragen wird. Nach der Trocknung/Vulkanisation des Materials wird die Latexschicht abgezogen. Dabei werden die auf der Oberfläche aufsitzenden Partikel durch das Anhaften an der Latexschicht entfernt. Auch erhaltenswerte historische Oberflächen (Holzmalereien, Kunstgegenstände, Furniere) können auf diese Weise bearbeitet werden. Auf rauen Oberflächen ist das Verfahren allein nicht ausreichend, um oberflächlichen Befall zuverlässig zu entfernen; hier sind weitere Reinigungsschritte notwendig.
- **Abwaschen:** Holz und Holzwerkstoffoberflächen können z. B. mit speziellen Reinigungspads aus der Gebäudereinigungstechnik abgewaschen werden. Dabei handelt es sich um Reinigungsgeräte bzw. Hilfsmittel, die aus Mikrofaser hergestellt sind und zusätzlich entsprechende Borsten haben, um eine geringfügige abrasive Wirkung zu erzielen. Dabei können dem Wasser Tenside zugegeben werden, um die Oberflächenspannung des Wassers zu reduzieren.
- **Abbürsten:** Mit elektrisch betriebenen speziellen Bürstmaschinen bzw. Elektrohobeln und verschiedenen abrasiven Bürstenaufsätzen können Oberflächen von Holz oder Holzwerkstoffen ebenfalls mechanisch abrasiv bearbeitet werden. An diese Geräte können auch geeignete Industriesauger angeschlossen werden. Bei dieser Technik handelt es sich eher um eine abrasive Reinigung als um eine Entfernung von Bauteilschichten.
- **Absaugen:** Dieses Reinigungsverfahren ist für die Entfernung lose aufsitzender Partikel geeignet. Die Reinigung erfolgt durch Industriesauger der Staubklasse H mit Filtern der Kategorie H12/13. Im Regelfall wird die Saugleistung jedoch nicht ausreichend sein, um einen Schimmelpilzbefall von porösen Oberflächen zu entfernen. Dieses Verfahren ist daher eher geeignet für die Grob- und Feinreinigung von rauen und porösen Oberflächen. Das beste Ergebnis wird in Kombination mit entsprechenden Saugpinseln bzw. Bürstendüsen erreicht.

Es sollte berücksichtigt werden, dass abrasive Verfahren wegen der Staub- und Aerosolverwirbelung möglichst mit lokaler Absaugung durchgeführt werden sollten. Dabei sollte der Ausführende im Hinterkopf behalten, dass ggf. nicht nur ein Kontakt mit Biostoffen vorliegt, sondern auch gesundheitsschädliche Wirkungen von Gefahrstoffen ausgehen können. Auf Holzstaub wurde schon verwiesen, aber auch Holzschutzmittel und künstliche Mineralfasern, vielleicht sogar Asbest, können eine Rolle spielen [Be2, Me6].

Von einer Biozidbehandlung schimmelpilzbelasteter Holzkonstruktionen wird abgeraten. Insbesondere auf Holz ist die Wirkung von Bioziden durch die absorbierenden Eigenschaften der Holzzellen deutlich eingeschränkt. Das Ziel, die Schimmelpilze bis auf die natürlichen Hintergrundkonzentrationen zu reduzieren, wird damit selbst im Dachstuhl nicht erreicht.

Von der Maskierung von Befällen durch Beschichtungen wird bei Holz abgeraten, da die Voraussetzung für ein Haften der Beschichtung eine Untergrundvorbereitung ist, bei der die Biomasse zumindest grob entfernt werden muss. In der Praxis werden solche Oberflächen dazu abgesaugt oder abgebürstet, was durchaus zufriedenstellende Ergebnisse erzielen kann. Eine Beschichtung bewirkt dann lediglich einen optischen Effekt, um Verfärbungen im Holz zu kaschieren.

Wenn sichergestellt wird, dass eine Holzkonstruktion gegenüber dem Innenraum komplett und dauerhaft abgeschottet ist, z. B. in der Nutzungsklasse IV, muss die Biomasse nicht rückstandslos entfernt werden, es reicht eine grobe Reinigung. Dann muss jedoch die Ursache des Befalls abgestellt und das Holz entsprechend trocken sein, damit der Befall nicht voranschreitet oder ggf. sogar holzzerstörende Pilze auftreten können. Zudem muss ein erneuter Feuchteeintrag ausgeschlossen werden.

7.10.3 Rückbau

Der Rückbau schimmelpilzbefallener Holzbauteile, insbesondere kompletter Dachstühle, ist sehr aufwendig. In der Regel ist diese Maßnahme bei Hölzern aus hygienischen Gründen nicht notwendig. Bei reinen Holzkonstruktionen sind demzufolge die bereits beschriebenen oberflächenbezogenen Sanierungsverfahren zu bevorzugen [Me32].

Aus technischer Sicht kann der Rückbau von Holzkonstruktionen und Holzwerkstoffen jedoch notwendig sein, wenn durch Feuchte die geforderten technischen und tragenden Eigenschaften der Hölzer und Holzwerkstoffe nicht mehr gegeben sind.

Der Ausbau bzw. Teilausbau von Holzverbundwerkstoffen aus hygienischen Gründen gilt üblicherweise nur dann als notwendig, wenn Schimmelpilze bereits in tiefe Schichten eingedrungen sind. Ursache dafür kann eine periodische oder temporäre Befeuchtung sein in Verbindung mit einer veränderten Holzstruktur, eingesetzten Klebern und Füllstoffen, die sowohl durch das Feuchteverhalten als auch durch die Nährstoffverfügbarkeit das Schimmelpilzwachstum begünstigen.

Nicht berücksichtigt sind hierbei Schäden durch Moderfäule oder durch holzzerstörende Pilze, die generell nach Vorgaben der DIN 68800 saniert werden müssen.

Wird ein Rückbau oder Teilausbau vereinbart, müssen ggf. zusätzliche Maßnahmen im Arbeitsschutz (z. B. eine Absturzsicherung) und ein Witterungsschutz bei Dachstuhlrückbauten eingeplant werden.

7.10.4 Feinreinigung

Auch bei einer Sanierung schimmelbelasteter Bauteile und Konstruktionen aus Holz und Holzwerkstoffen muss eine Feinreinigung vorgenommen werden. Damit soll sichergestellt werden, dass keine Schimmelbestandteile und Holzstäube verschleppt werden. Häufig müssen große Flächen bearbeitet werden, sodass Schimmelpartikel auch bei vermeintlich abgetrennten Dachstühlen in den Innenraum gelangen.

Die Feinreinigung wird analog zu den Prozeduren im Wohnraum durchgeführt, beginnend mit der Reinigung horizontaler Flächen, wie Fußböden und Fensterbänke. Anschließend folgt die Reinigung der abgeklebten Oberflächen. Abschließend findet die Reinigung der Decke und der Wände statt, wobei Balken etc. einbezogen werden müssen. Für die Feinreinigung von Holzoberflächen, insbesondere von sägerauem Holz und grobstrukturierten Holzverbundwerkstoffen, können die weiter oben beschriebenen Reinigungspads sowie Industriesauger der Filterklasse 12–13 zur Anwendung kommen. Zuletzt wird der Zugangsbereich gereinigt. Bei glatten Oberflächen sollte immer der Feuchtreinigung den Vorzug gegeben werden.

7.10.5 Sanierungskontrolle

Auch für die Sanierung von Schimmelschäden an Holzbauteilen und Holzwerkstoffen ist eine Sanierungskontrolle empfehlenswert. Dabei wird so vorgegangen, wie bereits im Kapitel 7.9 beschrieben. Zunächst wird ein Gesamteindruck festgehalten, anschließend wird der Sanierungsbereich auf sichtbare Biomasserückstände und Staubablagerungen überprüft.

Verfärbungen, auch als Bläue bezeichnet, stellen keinen Befall dar und können durch Klebefilmproben überprüft werden. Wird hierbei eine optische Beeinträchtigung festgestellt, jedoch kein aktiver Befall, kann die Bläue später durch Anstriche maskiert werden, sofern dies gewünscht wird [Me32].

Wird ein Einfluss auf die Innenraumluft und damit auf die Innenraumhygiene vermutet, sollten auch Partikelmessungen der Luft vorgenommen werden.

7.10.6 Wiederaufbau und Prävention

Der Wiederaufbau mit Holz und Holzwerkstoffen sollte zur Vermeidung erhöhter Feuchtelasten planerische und koordinative Maßnahmen, aber auch materialtechnische Empfehlungen berücksichtigen. Hinweise dazu sind u.a. im DHBV-Merkblatt 02/15/S nachzulesen. Die Autoren schlagen abweichend zur DIN 68800 den Einbau von trockenem Holz mit einer Holzfeuchte von weniger als 18 % vor [Be2, Me6].

Damit Holzwerkstoffe beim Einbau die vorgeschlagene geringe Holzfeuchte aufweisen, müssen nicht nur entsprechend vorbehandelte Materialien verwendet werden, sondern es sollte auch sichergestellt werden, dass beim Transport, bei Lagerung auf der Baustelle und im Rohbau die Materialien so geschützt sind, dass keine Wiederauffeuchtung entstehen kann.

Das gilt nicht nur beim Wiederaufbau, sondern auch beim Neubau. Holzwerkstoffe sollten nicht frei bewittert werden und auch nicht als Abdeckung dienen, selbst wenn dies laut Herstellerangabe möglich ist. Stattdessen sollte bei der Lagerung der Materialien oder bei Arbeiten an Dachkonstruktionen ein wirkungsvoller Witterungsschutz installiert werden.

Wichtig ist zudem die Koordination mit anderen Gewerken, die hohe Feuchtelasten in das Gebäude bringen, z.B. bei Putz- oder Estricharbeiten. Hier können begleitend Lüftungs- und Trocknungsmaßnahmen notwendig sein. Auch bei Arbeiten am verbauten Holz sollte die Holzfeuchte nochmals geprüft werden. Wenn z. B. diffusionsdichte Anstriche o. Ä. aufgebracht werden, sollte die Holzfeuchte bei 15 % liegen.

Neben der Feuchte muss auch berücksichtigt werden, dass Holz und Holzwerkstoffe bereits kontaminiert oder befallen an der Baustelle ankommen können. Holzwerkstoffe, wie z. B. OSB-Platten, sind produktionsbedingt bereits mit vielen Pilzsporen und Befallsresten beaufschlagt. Das stellt kein Problem dar, solange die Feuchte abgehalten wird. Kondensatbildung auf eingeschweißten Paletten, unsachgemäße Lagerung in Produktion und Handel oder einfach auch Sortierklassen, die Schimmel als Verfärbung zulassen, machen eine sorgfältige Eingangskontrolle notwendig. Damit der Aufwand dabei für den Handwerker überschaubar ist, werden zwei Prüfkriterien empfohlen:

1. Sichtkontrolle: Sind einzelne oder alle Platten erkennbar befallen? Dann muss der ganze Stapel aussortiert werden.
2. Kontrolle der Holzfeuchte oder der relativen Luftfeuchte in der Folienverpackung: Ist die Holzfeuchte sehr viel geringer als 18 %, am besten um die 15 %? Oder alternativ: Ist die relative Luftfeuchtigkeit unter der Folie kleiner als 80 %, besser kleiner als 70 %? Liegt die Holzfeuchte bzw. die relative Luftfeuchte im gewünschten Bereich, kann das Holz verwendet werden.

Kann ein Befall nicht eindeutig ausgeschlossen werden, weil eine erhöhte Holzfeuchte festgestellt wird oder aber Verfärbungen erkennbar sind, muss geprüft werden, ob dies generell einen Einbau ausschließt oder ob im Rahmen von Trocknungsmaßnahmen dem Einbau nichts im Wege steht [Me32].

Bei unklaren Verfärbungen bieten sich Klebefilme an. Mehr an Schimmeldiagnostik ist nicht notwendig, um eine sichere Entscheidung zu treffen.

Alle diese Maßnahmen sind jedoch nur sinnvoll, wenn zuvor ein konstruktiver Feuchteschutz geplant wurde und mit den ausgewählten Materialien umgesetzt werden kann. Bei Dachkonstruktionen sollten belüftete Konstruktionen (Kaltdach) oder eine Aufdachdämmung bevorzugt werden. Um Schäden an einem Warmdach zu vermeiden, sollte beispielsweise beim Einbau von Putz und Estrichkonstruktionen in den kalten Jahreszeiten der Einbau einer Dampfbremse mit ausreichend hohem s_d-Wert (>100 m) vorgenommen werden. Können Maßnahmen zum konstruktiven Holzschutz nicht oder nur unzureichend umgesetzt werden, sind ggf. zusätzliche Schutzmaßnahmen durch chemischen Holzschutz notwendig.

7.11 Sonderverfahren: Biozidbehandlung von schimmelbelasteten Bauteilen

Im Zusammenhang mit Schimmelschäden fällt häufig der Begriff Desinfektion. Im Bausektor ist der Begriff jedoch irreführend. Technisch und fachlich richtig muss von einer Biozidbehandlung gesprochen werden, auch wenn viele der einsetzbaren Produkte der Gruppe der Desinfektionsmittel zugeordnet werden. Zunächst sollten einige Begriffe geklärt werden, bevor die Biozidthematik vertieft wird.

Biozide sind Wirkstoffe, die das Wachstum von Mikroorganismen hemmen, indem eine Inaktivierung von Wachstums- und Fortpflanzungsprozessen erfolgt, Zellen direkt abgetötet werden oder Sporen derart zerstört werden, dass ein Auskeimen nicht mehr möglich ist. Diese Wirkung kann kurzfristig oder über einen längeren Zeitraum erfolgen.

Biozide sind in vielen Anwendungen notwendig, um das Wachstum von Schadorganismen einzuschränken, sodass Gefahren für Menschen, aber auch für Produkte und Materialien abgewendet werden. Sie helfen Infektionen zu vermeiden, den Verderb von Lebensmitteln aufzuhalten, Kosmetika zu konservieren sowie Textilien, Beschichtungen und Baumaterialien vor Bewuchs durch Schimmelpilze, Bakterien oder Algen zu schützen.

Zum Schutz vor Infektionen werden sogenannte Desinfektionsmittel angewendet. Auch die Bedeutung und Wirkung von Desinfektionsmitteln ist klar umrissen. Unter Desinfektion versteht man ganz allgemein eine Reduktion der Lebendkeimzahl, sodass keine Infektion mehr stattfinden kann.

Der Ursprung der Desinfektionsmaßnahmen ist im medizinisch-hygienischen Umfeld zu sehen. Eine Desinfektion wird präventiv vorgenommen, z. B. wenn nach einem Patientenwechsel beim Arzt der Tisch wischdesinfiziert wird oder vor dem Einstechen einer Kanüle die Haut behandelt wird. In beiden Fällen wird vorsorglich gehandelt, obwohl keine übermäßige Keimlast erkennbar ist. Es werden also keine erkennbaren Befälle behandelt, sondern ein potenzielles Risiko minimiert. Desinfektion ist also nicht das richtige Wort und schon gar nicht der richtige Vorgang, wenn Biozide in der Sanierung von Schimmelschäden eingesetzt werden.

Daher wird ganz allgemein von einer Biozidbehandlung gesprochen, um klar zu verdeutlichen, dass es hier um eine Einschränkung der mikrobiellen Aktivität im Sinne der Schadensminimierung und nicht um das Herabsenken eines Infektionsrisikos geht.

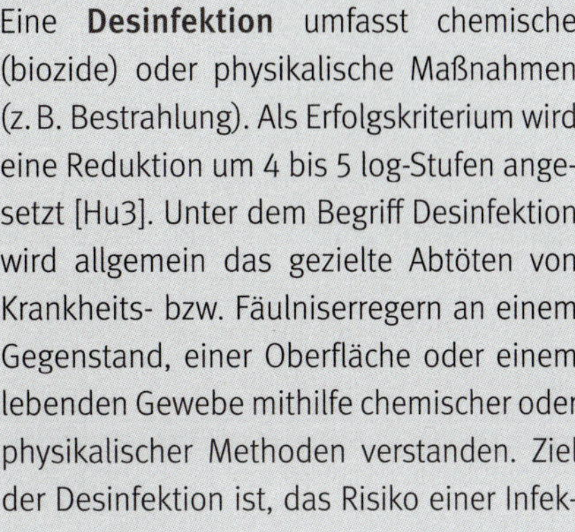

Desinfektion oder Biozidbehandlung

Eine **Desinfektion** umfasst chemische (biozide) oder physikalische Maßnahmen (z. B. Bestrahlung). Als Erfolgskriterium wird eine Reduktion um 4 bis 5 log-Stufen angesetzt [Hu3]. Unter dem Begriff Desinfektion wird allgemein das gezielte Abtöten von Krankheits- bzw. Fäulniserregern an einem Gegenstand, einer Oberfläche oder einem lebenden Gewebe mithilfe chemischer oder physikalischer Methoden verstanden. Ziel der Desinfektion ist, das Risiko einer Infektion an Mensch und Tier zu minimieren.

Bei Schimmelschäden ist ein Infektionsrisiko als gering einzuschätzen. Biozide werden bei Schimmelschäden nur eingesetzt, um Wachstum zu verzögern. Daher ist der Begriff Desinfektion irreführend. Stattdessen wird von einer **Biozidbehandlung** gesprochen.

Eine kurative (bekämpfende) Biozidbehandlung ist immer dann erforderlich, wenn hohe mikrobielle Lasten sowie ein signifikantes Infektionsrisiko vorliegen. Bekämpfende Desinfektionen werden z. B. in wasserführenden Systemen und in industriellen dauernassen Bereichen durchgeführt, um Verstopfungen, Geruchsentwicklungen oder Kontaminationen anderer Bereiche zu vermeiden. In diesen Bereichen sind grundsätzlich (unvermeidbare) Biofilme vorhanden. Biozidbehandlungen dämmen eine übermäßige Entwicklung der Biofilme ein. Im Vordergrund steht hierbei eine Konditionierung der Systeme, nicht die Ursachenbeseitigung oder aber Entfernung der Biomasse. Diese Definition ist auch zutreffend, wenn eine Biozidbehandlung an schimmelbelasteten Bauteilen vorgenommen wird.

Eine konservierende Biozidbehandlung wird vorgenommen, wenn bereits bei der Konstruktion oder aufgrund von Erfahrungswerten abzusehen ist, dass Baustoffe, Beschichtungen und Bauteile in ihrer Nutzung einer erhöhten Feuchtebeanspruchung unterliegen und somit deutlich stärker gefährdet sind, durch Mikroorganismen besiedelt zu werden. Diese Materialien sind entweder bereits werkseitig biozid ausgestattet oder können auf der Baustelle behandelt werden (z. B. Badsilikon, Imgrägnierungsmittel für Holzwerkstoffe, Biozidgrund für Mauerwerk etc.). Die hierfür eingesetzten Wirkstoffe werden auch als Schutzmittel bezeichnet. Wobei es keine Seltenheit ist, dass derselbe Wirkstoff sowohl als Desinfektionsmittel als auch als Schutzmittel Anwendung findet.

7.11.1 Zulassung von Bioziden zur Schimmelbekämpfung

Die Zusammensetzung von Bioziden und ihre gewünschte Wirkung kann für Menschen, Tiere und die Umwelt gefährlich sein. Biozide müssen daher mit Umsicht und fachkundig eingesetzt werden. Um das sicherzustellen, ist das Inverkehrbringen und Verwenden von Biozidprodukten auf europäischer Ebene geregelt [Biozid-Verordnung (EU) Nr. 528/2012]. Damit sowohl für den Sanierer, aber auch für den Nutzer der Umgang mit Bioziden sicher ist, die Umwelt nicht gefährdet wird und darüber hinaus auch die gewünschte Wirkung eintritt, dürfen grundsätzlich nur Biozidprodukte verwendet werden, die nach behördlicher Prüfung zugelassen wurden.

Durch den Gesetzgeber wurden bereits über die EG-Richtlinie sogenannte Produktgruppen und Produkttypen festgelegt. Biozide, die bei Schimmelschäden zum Einsatz kommen, sind in der Richtlinie der Hauptgruppe 1 *»Desinfektionsmittel«* zugeordnet, und weiter der Produktart 2 (PT 2) *»Desinfektionsmittel und Algenbekämpfungsmittel (...). Produkte zur Desinfektion von Oberflächen, Stoffen, Einrichtungen und Möbeln (...).«* [Anhang V der Biozid-Verordnung (EU) Nr. 528/2012]. Die Anwendungsbereiche umfassen Klimaanlagen sowie Wände und Böden in privaten, öffentlichen, industriellen und anderen für eine berufliche Tätigkeit genutzten Bereichen sowie Produkte zur Desinfektion von Luft und zur Sanierung von Baumaterial.

Wirkstoffe der Hauptgruppe 2 »Schutzmittel« finden insbesondere als Zusatz für Farben in der Produktgruppe PT 7 oder als Konservierungsmittel in PT 10 Anwendung.

Die Zulassung für ein Biozidprodukt ist nur dann möglich, wenn die darin enthaltenen Wirkstoffe, die auch als aktive Substanzen bezeichnet werden, in der jeweiligen Produktart genehmigt sind. Dazu muss nach Biozid-Verordnung [EU528] für alle aktiven Substanzen eines Biozidprodukts eine Bewertung vorliegen, welche die Wirksamkeit gegen die Zielorganismen sowie mögliche Auswirkungen auf Menschen, Tiere und Umwelt darlegt. Diese Überprüfung erfolgt nach Kriterien, die auf europäischer Ebene einheitlich festgelegt wurden. Aktive Substanzen, die genehmigt sind, werden hierbei in der sogenannten Unionsliste geführt. Dabei ist es möglich, in jedem Teilnehmerstaat eine Zulassung zu erwirken. Die deutsche Zulassungsstelle für Biozide ist die Bundesstelle für Chemikalien der Bundesanstalt für Arbeitsschutz und Arbeitsmedizin (BAuA).

Für Biozidprodukte, deren Wirkstoffe bereits vor der Anwendung der aktuellen Biozid-Verordnung [EU528] auf dem Markt waren, existiert eine Übergangsregelung. Ordnungsgemäß nach Biozid-Meldeverordnung [MeldeV] und

Chemikaliengesetz [ChemG] gemeldete Produkte, die dieser Übergangsregelung unterliegen, sind in Deutschland bis zu Entscheidung über die Genehmigung der enthaltenen Altwirkstoffe zulassungsfrei verkehrsfähig. Ist für die eingesetzten Altwirkstoffe eine Genehmigung erteilt, so verliert das Biozidprodukt mit einem festen Stichtag (Aufnahme in die Unionsliste) seine Verkehrsfähigkeit, kann jedoch mit einer Frist abverkauft und noch genutzt werden. Mit der Genehmigung der aktiven Substanz tritt automatisch die Durchführungsverordnung in Kraft, die unter anderem Anforderungen an den gewerblichen Einsatz formuliert. Dahinter verbirgt sich unter anderem die Verknüpfung zu nationalen Regelungen im Arbeitsschutz und Gefahrstoffrecht.

Soll das Biozidprodukt seine Verkehrsfähigkeit behalten, muss ein Zulassungsverfahren eingeleitet werden. Biozidprodukte können, auch wenn sie nach Biozid-Meldeverordnung bis zum Stichtag verkehrsfähig waren, nicht automatisch eine Zulassung nach Biozid-Verordnung erhalten. Grund dafür ist, dass die für eine Zulassung erforderliche Bewertung der Wirksamkeit in der Übergangsregelung nicht notwendig war. Dies muss nun nachgeholt werden.

Seit September 2015 dürfen Biozidprodukte nur noch Wirkstoffe von Herstellern enthalten, die in einer von der ECHA (Europäische Chemikalienagentur) erstellten Liste aufgeführt werden.

Die meisten Biozidprodukte zur Schimmelpilzbekämpfung befinden sich zurzeit unter dieser Übergangsregelung auf dem Markt. So sind derzeit ca. 1000 Biozidprodukte in der Datenbank der Biozid-Meldeverordnung [MeldeV] gelistet, aus deren Handelsnamen sich der Einsatz zur Schimmelbeseitigung, als Mittel zur Behandlung von Oberflächen und der Luft, aber

Kennzeichnungspflicht

Die Zulassungsinhaber müssen sicherstellen, dass das Etikett hinsichtlich der Risiken und seiner Wirksamkeit nicht irreführend ist. Verboten sind Angaben wie »Biozidprodukt mit niedrigem Risikopotenzial«, »ungiftig«, »unschädlich«, »natürlich«, »umweltfreundlich«, »tierfreundlich«.

Die Angaben auf Biozidprodukten sind in Artikel 69 Absatz 2 der Verordnung (EU) Nr. 528/2012 gesetzlich streng geregelt.

auch zur Nutzung als Anti-Schimmelfarbe direkt ableiten lässt. Davon ist bisher ein Produkt zugelassen, weitere acht Produkte, die den Wirkstoff Wasserstoffperoxid (H_2O_2) mit dem Stichtag vom 1. Februar 2017 enthalten, befinden sich derzeit im Zulassungsverfahren. Keines dieser Produkte wird in der Schimmelschadenssanierung eingesetzt.

Mit dem Stichtag vom 1. Oktober 2017 bedürfen alle Produkte mit Peressigsäure als aktivem Wirkstoff einer Zulassung, ab dem 1. Januar 2019 gilt dies für Biozidprodukte auf Aktivchlorbasis. Altwirkstoffe, für die bisher keine Genehmigung erteilt ist, bleiben vorbehaltlich weiterer Entscheidungen bis zum 31. Dezember 2024 verkehrsfähig. Diese unterschiedlichen Fristen ergeben sich dadurch, dass innerhalb der Teilnehmerstaaten die einzelnen Wirkstoffe nacheinander bewertet werden.

Kennzeichnung von Bioziden

Ganz klar ist die Kennzeichnung und Bewerbung von Biozidprodukten geregelt. Die Kennzeichnung soll deutlich machen, dass die gewünschte Wirksamkeit gegen die Schadorganismen auch eine unerwünschte Wirkung gegen den Anwender und die Umwelt mit sich bringen kann, die durch geeignete Maßnahmen abzuwenden ist.

Deshalb müssen die einem Biozidprodukt beigefügten Informationen (Etikett, Beipackzettel usw.) grundsätzlich dazu anleiten, den Einsatz von Biozidprodukten auf ein Minimum zu begrenzen. Dasselbe fordert auf nationaler Ebene die Gefahrstoffverordnung (GefStoffV, §16 Abs. 3, Nr. 3).

Außerdem muss das Etikett die in Artikel 69 Absatz 2 der Verordnung (EU) Nr. 528/2012 genannten Angaben deutlich lesbar und unverwischbar enthalten. Nach Artikel 25 können Biozide mit geringem Risikopotenzial in einem vereinfachten Verfahren zugelassen werden. Dies darf jedoch nicht beworben werden, die Produkte müssen genauso gekennzeichnet sein wie ein risikoreiches Biozid.

Geregelt sind auch die Anforderungen an die Gestaltung und den Inhalt von Sicherheitsdatenblättern (SDB), die auch in den Durchführungsverordnungen zu den jeweiligen aktiven Substanzen vorgeschrieben sind. Diese müssen praxisnahe Empfehlungen zur sicheren Handhabung von Biozidprodukten am Arbeitsplatz, zum Transport und zum Umweltschutz enthalten. Außerdem bieten sie Informationen und Daten, aus denen sich diese Empfehlungen ableiten.

Für Biozidprodukte gelten zudem in Bezug auf die Werbung weitere spezielle Regelungen. Gemäß Artikel 72 Absatz 2 der Verordnung (EU) Nr. 528/2012 muss zusätzlich zur Einhaltung der Verordnung (EG) Nr. 1272/2008 folgender Hinweis angebracht sein: »Biozidprodukte vorsichtig verwenden. Vor Gebrauch stets Etikett und Produktinformationen lesen.« Diese Sätze müssen sich von werbenden Inhalten deutlich abheben und gut lesbar sein. Wird ein Biozidprodukt beworben, darf das Produkt durch irreführende Formulierungen, wie »Biozidprodukt mit niedrigem Risikopotenzial«, »natürlich«, »umweltfreundlich« o. Ä., nicht verharmlosend dargestellt werden, da solche Angaben von den Risiken für die Gesundheit von Mensch, Tier oder Umwelt ablenken.

Regelungen auf nationaler Ebene

Mit den europäischen Regelungen sind dennoch Regelungen auf nationaler Ebene möglich. Diese betreffen im Wesentlichen die Anwendung und den Arbeitsschutz. In Deutschland regelt dies die Gefahrstoffverordnung (GefStoffV) mit den dazugehörigen Technischen Regeln (TRGS) und dazugehöriges Regelwerk. Tiefergehende anwendungs- bzw. branchenspezifische Regelungen oder Empfehlungen können beispielsweise in den Veröffentlichungen der DGUV nachgelesen werden. Bei Anwendung im medizinischen Umfeld oder im Seuchenfall müssen die Vorgaben des Robert Koch-Instituts als beauftragte Institution befolgt werden.

7.11.2 Unterscheidung und Wirkmechanismen von Bioziden

Biozide sind also Wirkstoffe, die auf chemische Weise aktiv in die Physiologie von Mikroorganismen (Target) eingreifen, sodass diese ihre Lebensfunktionen einstellen. In der Folge kommt es zu einer Hemmung der Fortpflanzung, Inaktivierung von Stoffwechselprozessen bis hin zum Tod der Zellen. Die hemmende oder abtötende Wirkung von Bioziden ist abhängig vom eingesetzten Wirkstoff. Sie hängt zudem ab von der Art und der Lebensphase der Zielorganismen, den Umgebungsbedingungen sowie der Wirkstoffkonzentration. Biozide können durch anwesende Störstoffe deaktiviert werden. Unabhängig davon verbrauchen sich Biozide im Kontakt mit den Zielorganismen, d.h. die Wirkung ist zeitlich limitiert, da das Biozid verbraucht wird.

Biozide werden nach ihrem Zielort und ihren Angriffsmechanismen unterschieden. So werden die aktiven Substanzen in oxidierende und nichtoxidierende Wirkstoffe eingeteilt [Pa5].

Oxidierende Biozide

Oxidierende Biozide zeichnen sich durch eine schnelle Reaktion mit organischen Verbindungen aus. Dabei spielt es anscheinend keine Rolle, ob es sich um Bakterien, Algen oder Pilze handelt, sie umfassen nahezu alle Mikroorganismen. Man spricht von unspezifischer Wirkung.

Der Wirkmechanismus beruht häufig auf der Freisetzung hochreaktiver sauerstoffhaltiger Moleküle, Ionen und Radikale, die auch als sogenannte reaktive Sauerstoffspezies (ROS) bezeichnet werden. Oxidierend wirken aber auch Brom- oder Chlorabspalter. In jedem Fall zersetzt sich das Biozid unmittelbar in der Reaktion. Nach der Reaktion/Wirkung steht das Biozid nicht mehr zur Verfügung. Auch dann nicht, wenn es gar keinen Kontakt zu Mikroorganismen hatte.

Unter den oxidierenden Bioziden finden sich typische Wirkstoffe aus der Schimmelpilzbeseitigung wie

- Hypochlorid,
- Chlordioxid,
- Wasserstoffperoxid und andere Persäuren (z.B. Peressigsäure),
- Ozon (mit Einschränkung, vgl. Seite 240).

Chlorgas wirkt direkt auf die Zellen durch Oxidationsprozesse an der Zellmembran und weiter durch Anreicherung in der Zelle. In Wasser eingeleitet, reagiert Chlor mit Wasser zu hypochloriger Säure und wirkt antimikrobiell, wenn die nichtdissoziierte (nicht in Ionen aufgespaltete) Säure vorliegt. Im alkalischen Milieu, z.B. auf basischem Untergrund, bildet sich bevorzugt das Hypochlorid-Anion, wodurch die Wirksamkeit deutlich eingeschränkt ist. Chlorabspaltende Wirkstoffe wirken wie freies Chlor, jedoch mit verzögerter Freisetzung und daraus resultierend langer Einwirkzeit.

Chlordioxid hingegen ist ein relativ stabiles freies Radikal. Es hat eine elektrophil-aktive Wirkung (vgl. unten), die auf der Übertragung eines ungepaarten Elektrons auf die DNA beruht. Die DNA wird dabei zerstört und so der Zelltod ausgelöst.

Eines der gebräuchlichsten Biozide ist Wasserstoffperoxid. Wasserstoffperoxid ist im Vergleich zu anderen Peroxiden ein schwaches Oxidationsmittel, die Wirkung ist im sauren Milieu am effektivsten. Wasserstoffperoxid neigt insbesondere im alkalischen Milieu zur Disproportion in Wasser und Sauerstoff, wodurch es seine oxidative Wirkung ohne weitere Stabilisierung schnell verliert. Katalysiert man diese Disproportion im Sauren durch Metallionen (Fenton-Reaktion), entsteht das hochreaktive Hydroxylradikal OH•. Man geht davon aus, dass die biozide Wirkung allein auf das Hydroxylradikal zurückzuführen ist, von dem Makromoleküle, DNS und Proteine angegriffen werden. Da Wasserstoffperoxid auch bei Stoffwechselprozessen innerhalb der Zelle entstehen kann, produzieren Mikroorganismen spezielle Enzyme (Katalasen, Peroxidasen), um Wasserstoffperoxid zu inaktivieren. Um diese Reparaturmechanismen überwinden zu können, muss die Konzentration in der Anwenderzubereitung größer 5% sein [Br1, Pa5]. Bei geringeren Einsatzkonzentrationen führt die Zugabe von Fruchtsäuren zu einer Inhibierung der Katalase-Aktivität innerhalb der Zellen.

Häufig wird auch Peressigsäure eingesetzt, die im Vergleich zum Wasserstoffperoxid eine deutlich bessere mikrobizide Wirksamkeit aufweist, denn in stabilisierten Lösungen stellt sich ein Gleichgewicht zwischen Peressigsäure, undissoziierter Essigsäure sowie Wasserstoffperoxid ein. Bei der Verwendung von Peressigsäure sollte ein pH-Wert von 4,5 nicht überschritten werden.

Ozon als triatomarer Sauerstoff ist ebenfalls ein starkes Oxidationsmittel mit unspezifischer Wirkung. Es ist ein instabiles Molekül und kann nicht gelagert werden, seine Halbwertszeit beträgt nur wenige Sekunden. Daher muss Ozon direkt am Einsatzort unter Verwendung von Ozongeneratoren hergestellt werden. Ozon wird hauptsächlich in der Wasserbehandlung eingesetzt [Pa5], hier konnte eine gute Wirkung gegen Pilze festgestellt werden. In der Sanierung nach Brandschäden wird Ozon häufig zur Geruchsbeseitigung verwendet. Anwendungen zur Luftreinigung bei Schimmelschäden werden beschrieben, jedoch wird aufgrund der gesundheitsgefährdenden Wirkungen und nicht erwiesener Wirksamkeiten davon abgeraten.

Nichtoxidierende Biozide

Im Gegensatz zu den oxidierenden sind die nichtoxidierenden Biozide in ihrer Wirksamkeit spezifisch, d. h. den einzelnen Wirkstoffen sind Grenzen in ihrer Wirkung und Schnelligkeit gesetzt. Sie entfalten ihre Wirkung langsam und zersetzen sich erst bei Reaktion mit dem Zielorganismus. Daher werden sie eingesetzt, wenn eine Depotwirkung (z. B. eine konservierende Biozidbehandlung) erzeugt werden soll. Aus der selektiven Wirkung leiten sich spezifische Bezeichnungen wie bakterizid, fungizid oder algizid ab. Diese Spezialisierung führt jedoch dazu, dass Wirkungslücken auftreten, d. h. es kann nur eine bestimmte Organismengruppen oder Gattung behandelt werden. In der Praxis wird dies durch die Kombination mehrerer Wirkstoffe ausgeglichen.

Auch in der Wirkstoffgruppe der nichtoxidierenden Biozide sind Wirkstoffe vertreten, die aus der Schimmelpilzbeseitigung bekannt sind, wie z. B.

- Aldehyde,
- Alkohole,
- oberflächenaktive Substanzen, wie Quats, Biguanide, Guanidine (siehe Seite 242).

Bei der Wirkungsweise von Bioziden wird zudem nach dem Angriffsort und dem Wirkmechanismus in elektrophil-aktiv und membran-aktiv unterschieden [Pa5].

Elektrophil-aktive Biozide verfügen in ihrer chemischen Struktur über eine elektronegative Gruppe, die mit nukleophilen Bestandteilen innerhalb der Zelle reagieren, z. B. mit Amino-, Thiol- oder Amidgruppen von Enzymen und Proteinen. Dadurch werden lebenswichtige Enzyme inaktiviert. Allerdings gelten solche Effekte als reversibel, da die Zellen die Wirkung durch Bildung von Schutzproteinen und Enzymen abschwächen und Schäden reparieren können. Damit ist die Wirkung zeitlich begrenzt. Zu den elektrophil-aktiven Substanzen zählen Aldehyde, Biozide mit aktivierten Halogenatomen und organo-metallische Verbindungen (Bild 7-12).

Membran-aktive Biozide bilden zunächst eine Art Umhüllung der Schimmelpilzzelle. Dieser Vorgang gilt als reversibel, insbesondere bei nicht-letaler Dosierung und geringer Einwirkzeit. Das heißt, dass z. B. durch Spülen die Belegung der Zelloberfläche wieder abgelöst werden kann. In einem weiteren Schritt kommt es zu einer Korrumtion der äußeren Zellmembran, bis schließlich die Cytoplasmamembran erreicht wird. Dies

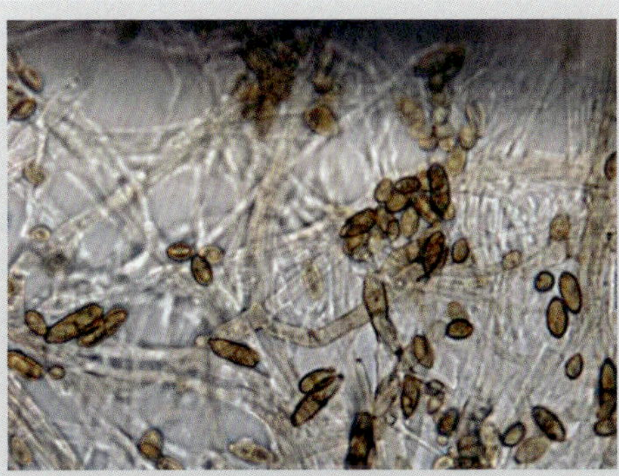
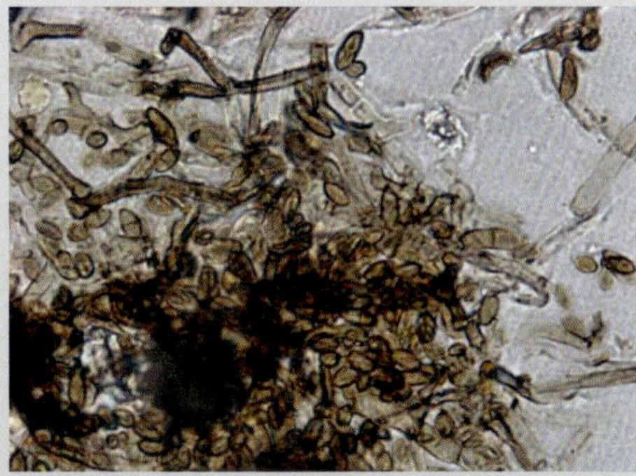

Biozide sind in anwendungsüblichen Konzentrationen in der Lage, die Keimfähigkeit von Schimmelpilzen zu reduzieren. Biomasse, wie hier auf einer mit Isopropanol behandelten OSB-Platte, wird jedoch nicht entfernt, Sporen und Myzel bleiben intakt.

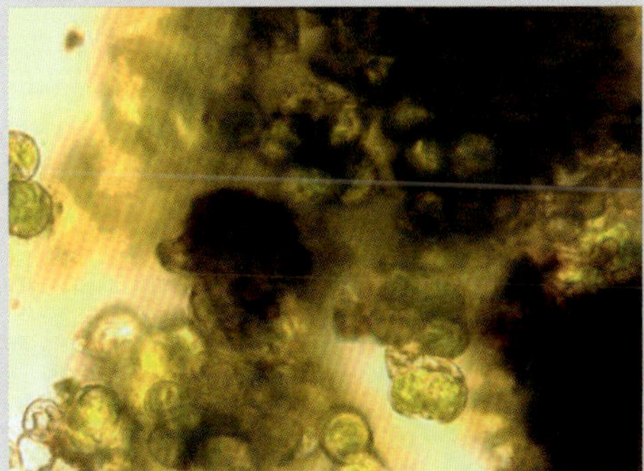
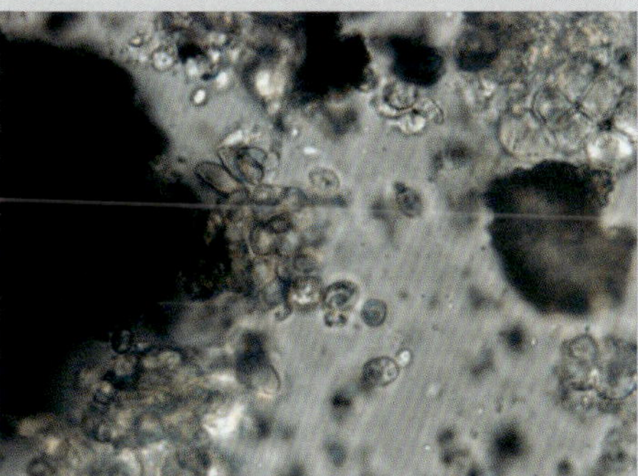

Oxidativ wirkende Biozide wie Wasserstoffperoxid wirken bleichend. Das grüne Chlorophyll in den Algenzellen wird zerstört. Die Zellwände der Algen bleiben jedoch erhalten, Biomasse wird nicht reduziert.

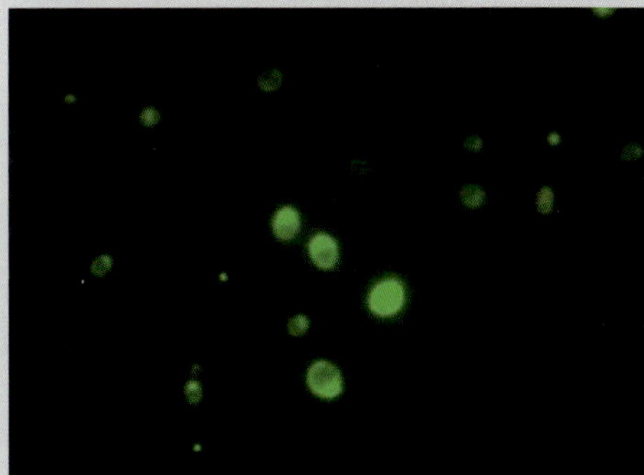
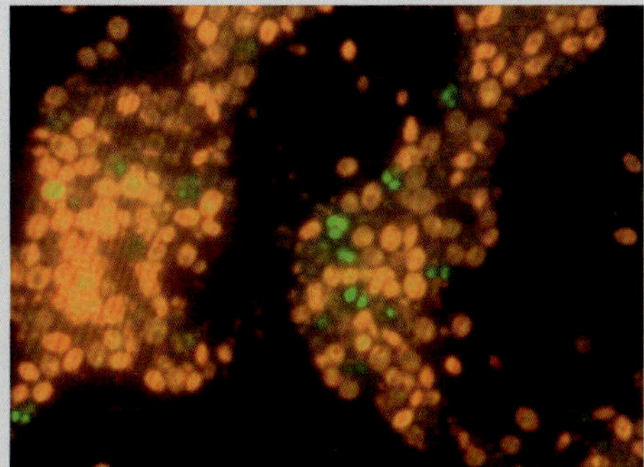

Vitale Hefezellen (grün) gelten nach Kontakt mit einem membran-aktiven Biozid (hier aus der Gruppe der Isothiazolinone) als letal, wenn die mit einem membrangängigen Tot-Farbstoff (rot) markiert werden können. Der Defekt in der Membran kann nicht mehr repariert werden, die Wirkung ist irreversibel. Dennoch ist die Abtötung nicht vollständig, denn innerhalb der Biofilme und Kolonien überleben 25 % die Biozidbehandlung.

Bild 7-12: Biozide sollten nur in Ausnahmefällen (Nutzungsklasse I, Fäkalschäden, Konservierung von Bauteilen) eingesetzt werden. Eine Biomasseentfernung ist damit nicht möglich. Das Sanierungsziel wird nicht erreicht.

ist der eigentliche Wirkort dieser Biozidklasse. Durch Reaktion mit Membranbausteinen verliert die Cytoplasmamembran ihre semipermeablen Eigenschaften, bis die Zellwand die Integrität der Zelle nicht mehr aufrechterhalten kann. Die Zellen gelten als letal, selbst wenn zu diesem Zeitpunkt noch Stoffwechselaktivität besteht [Pa5, Br1]. Membran-aktive Biozide sind Alkohole, Phenolderivate, Säuren und oberflächenaktive Substanzen und komplexierende Verbindungen.

Mitunter lassen sich die Wirkorte nicht so eindeutig abgrenzen. Metallorganische Verbindungen und Isothiazolinone können sowohl elektrophil- wie auch membran-aktiv sein.

Nichtoxidierende Substanzen, die ihre höchste Wirksamkeit gegen Bakterien entfalten, werden Bakterizide genannt. Algizide blockieren selektiv die Photosynthese bei Algen.

Fungizide wirken speziell gegen Pilze, wie z. B. die Azolfungizide, welche die bei Pilzen einzigartige Ergosterol-Synthese in der Zellmembran unterbinden und so zu einer Korrumption der Zellmembran führen. Bei Fungiziden sind einige Besonderheiten zu beachten. Nicht alle Mittel wirken gleichartig gegen Schimmelpilze und holzzerstörende Pilze. Die fungizide Wirkung besteht darin, dass das Fungizid nur die vegetativen Zellen, wie Hyphen, angreift, dabei die Membran zerstört oder den Stoffwechsel blockiert. Pilzsporen werden hierbei nicht abgetötet, da diese eine deutlich höhere Zellwandstärke zeigen und zudem nicht stoffwechselaktiv sind.

Keimen Sporen jedoch aus, sind sie für eine fungizide Wirkung zugänglich. Sollen Sporen direkt inaktiviert werden, muss dies vom Hersteller des Biozids ausdrücklich ausgewiesen werden, z. B. durch den Zusatz »sporozid« oder »wirkt auch gegen Pilzsporen«.

Alkohole zählen zu den membran-aktiven Substanzen. Ihre Wirkung auf Membranen wird damit erklärt, dass wichtige Proteine, welche die Austauschprozesse und Stofftransporte in der Zellmembran regeln, denaturiert werden, nachdem die Alkohole durch die Membran adsorbiert wurden. Alkohole wirken nicht gegen Sporen, ihre Wirkung ist auf lebende Zellen beschränkt. Reine Alkohole wirken dabei ausschließlich dehydrierend, die Wirkung bleibt hinter entsprechenden wässrigen Lösungen zurück. Niedere Alkohole sind besonders wirksam bei 50 bis 70 % Verdünnung. Besonders effektiv ist 60 bis 70%iges Ethanol, 50%iges Isopropanol verfügt über eine bessere Wirksamkeit als Ethanol.

Beliebt sind auch Quartäre Ammoniumverbindungen (Quats). Quats haben eine Wirkungslücke gegen *Pseudomonas spp.* im Speziellen sowie eine generell herabgesetzte Wirkung gegen gram-negative Bakterien und Mycobakterien. Man geht davon aus, dass sich die Quats zunächst an die Zellen anheften, es aber anschließend zu einer Agglomeration der Zellen kommt, sodass die Zellen im Inneren der Zellaggregate vor Biozidkontakt geschützt sind. Erschwerend kommt hinzu, dass Eisenionen zur Inaktivierung der Quats führen. Als besonders wirkungsvoll, insbesondere gegen Pilze, werden Verbindungen mit einer C_{14}-Alkylkette beschrieben. Sie sollten in einem pH-Bereich von › 3 bis 9 eingesetzt werden.

Als weitere Gruppe oberflächenaktiver Substanzen stehen Guanidine und Biguanide zur Verfügung. In ihrem Wirkungsspektrum sind diese den Quats durchaus gleichgestellt, gelten aber als etwas langsamer und benötigen teilweise höhere Einsatzkonzentrationen. Die bekanntesten Biguanide sind Chlorhexidin und Polyhexanid, die überwiegend in hygienischen und medizinischen Produkten eingesetzt werden. Im Gegensatz zu den Quats zeigen sie keine

Wirkungslücke bei Pseudomonaden. Empfohlen wird hierbei ein pH-Wert von 5 bis 7.

Allen oberflächenaktiven Stoffen ist gemein, dass sie auf Oberflächen »aufziehen«, d.h. auf Oberflächen einen dünnen Film bilden, der auch noch nach dem Reinigungsvorgang vorhanden ist. Dies muss bei den jeweiligen Anwendungen berücksichtigt werden. Zu beachten ist ebenfalls, dass oberflächenaktive Substanzen zu unerwünschten Wechselwirkungen mit Kunststoffen führen können.

7.11.3 Nachweis der Wirksamkeit von Bioziden zur Beseitigung von Schimmel

Um die Wirksamkeit von Bioziden im Rahmen der Biozidverordnung nachzuweisen, müssen die Produkte ein dreistufiges Prüfregime durchlaufen. Zunächst muss in der Stufe 1 die Wirksamkeit der aktiven Substanz beschrieben werden. In Stufe 2 muss in quantitativen Versuchen unter praxisnahen Bedingungen die Wirksamkeit des Wirkstoffs in der jeweiligen Produktanwendung belegt werden. Stufe 3 beinhaltet Feldstudien und Praxistests. Dazu hat die Europäische Chemicals Agency ECHA die Richtlinie »Guidance on the Biocidal Products Regulation, Volume II Efficacy - Assessment and Evaluation, Parts B+C« herausgegeben, wie bei den einzelnen Anwendungen vorgegangen werden muss und welche Normen dabei relevant sind. Für die Wirksamkeitsprüfungen von Bioziden im Baubereich existieren jedoch keine standardisierten Testverfahren. Daher wird – unter anderem auch deshalb, weil der Ursprung der Desinfektion im medizinischen Bereich liegt – auf Prüfungen mit Hygieneanwendungen im Gesundheitswesen zurückgegriffen. Die Ergebnisse aus diesen Anwendungsfeldern lassen sich jedoch weder in Bezug auf die gewünschte Wirkung gegen die Zielorganismen noch in Bezug auf die möglichen Gesundheitsgefahren übertragen.

Da Desinfektionsmaßnahmen in Krankenhäusern und im Zusammenhang mit übertragbaren Krankheitserregern, zu denen die Schimmelpilze aber nicht zählen, sehr wichtig sind, wird klar, dass für diese Fälle Produkte anzuwenden sind, die nachweislich die auftretenden Krankheitserreger ausreichend, d.h. mindestens um fünf log-Stufen reduzieren (siehe unten). Entsprechend auf ihre Wirksamkeit für den jeweiligen Anwendungsfall geprüfte Desinfektionsmittel finden sich in der VAH-Liste [VAH] sowie in der RKI-Liste [RKI4], die für den Seuchenfall anzuwenden ist.

Je höher die in Logarithmusstufen angegebene Reduktionsrate, desto besser ist das Desinfektionsverfahren. Die log-Stufen geben eine Abtötungswahrscheinlichkeit an und lassen außer Acht, welche Ausgangkontamination vorliegt. Dieser Zusammenhang ist in Tabelle 7-5 dargestellt. Wie schon beschrieben, bleiben je nach der Reduktionsstufe lebensfähige Keime zurück. In der Reduktionsstufe log 6 überlebt von 1.000.000 Keimen gerade mal ein Organismus, bei 10 Millionen sind es schon zehn Zellen, die vermehrungsfähig bleiben usw. Je schlechter die Desinfektionswirkung, umso höher der Anteil an überlebenden Keimen.

In Prozent	In log-Stufen	Überlebende Keime
99	2	1 von 100
99,9	3	1 von 1.000
99,99	4	1 von 10.000
99,999	5	1 von 100.000
99,9999	6	1 von 1.000.000

Tabelle 7-5: Reduktionsstufen und Restkeimgehalt an vitalen Mikroorganismen

Soll die Wirksamkeit von Bioziden für die Schimmelbekämpfung gemäß der ECHA-Guidance [Gui1] nachgewiesen werden, muss nicht nur die Wirksamkeit der aktiven Substanzen belegt werden, sondern auch die Effizienz des Produkts unter typischen Anwendungsbedingungen. Getestet wird jedoch meist an definierten, aber in Bezug auf Schimmelschäden vollkommen praxisfernen Systemen im Labor. Im Wesentlichen beruhen dabei alle Testverfahren, z. B. nach der Norm DIN EN 14885 *Chemische Desinfektionsmittel und Antiseptika – Anwendung Europäischer Normen für chemische Desinfektionsmittel und Antiseptika*, auf einer Prüfung der Wirkstoffe gegen eine Sporensuspension. Im Anwendungsfall eines Schimmelschadens kann die Wirksamkeit einer aktiven Substanz damit aber nur sehr begrenzt widergespiegelt werden. Abgedeckt wären hierbei lediglich Anwendungen mit präventivem Charakter, z. B. um eine nicht befallene Wand vor auskeimenden Sporen zu schützen oder aber um nach der Feinreinigung verbliebene Sporen zu inaktivieren.

Die ECHA verweist hier zu Recht auf die in der Stufe 3 notwendigen Praxistests, die unter anderem auch das Behandeln betroffener Wände und Räume etc. vorsehen. Es gibt jedoch nur wenige Studien zur Wirkung von Bioziden bei Schimmelbefall unter praxisnahen Bedingungen, wobei diese auch noch teilweise methodische Einschränkungen und Defizite bei der statistischen Aussagekraft aufweisen. Dennoch zeigen die Ergebnisse dieser Untersuchungen nahezu einheitlich, dass unter praxisnahen Bedingungen keine oder keine nachhaltige Wirkung der Biozidbehandlung auf das Schimmelpilzwachstum in Innenräumen erreicht werden kann [Ba4, Me23, Ko2]. Eine Entfernung der abgetöteten Biomasse, von der in gleicher Weise wie von den aktiv wachsenden Schimmelpilzen Gesundheitsgefahren ausgehen können [UBA2017], kann durch Biozidanwendungen grundsätzlich nicht erreicht werden. Die Studien zeigen zudem, dass Biozide wie H_2O_2, NaOCl, Peressigsäure, Isopropylalkohol oder quartäre Ammoniumverbindungen zwar kurzfristig Schimmelpilze inhibieren, aber die lebensfähigen Zellen nicht vollständig eliminieren können, sodass mit den entsprechenden Mitteln keine langfristige Verhinderung des Schimmelwachstums erzielt werden kann [Ba4, Me23, Ko2, UBA2017].

Die Ursachen hierfür sind systemimmanent. Erfolgt eine Biozidanwendung gegen etablierte Schimmelbefälle, so muss die aktive Substanz nicht etwa ein Auskeimen der Sporen verhindern, sondern gegen vitale und differenzierte Zellverbände wirken und auch deren Abwehrstrategien überwinden. Die meisten Schimmelpilze bilden Ruhestadien, wenn sie diesen Mitteln ausgesetzt werden. Sobald sich die Wachstumsbedingungen wieder verbessern, weil eine Verdünnung oder Entfernung der eingesetzten Substanzen stattfindet und/oder die Feuchtigkeit wieder zunimmt, keimen die Pilze erneut aus, sodass sich oft schon nach wenigen Tagen kein Unterschied zur Situation vor der Fungizidanwendung feststellen lässt [Hu4].

Zudem sind Zellzahl und Zelldichte in Myzelien im Vergleich zu einzelnen Sporen deutlich höher als in den normativen Prüfungen, sodass die bei den Produktprüfungen eingesetzten Konzentrationen und die Wirkzeiten in der Regel nicht ausreichen, um eine ausreichende Wirkung in der Praxis zu erzielen. Die geforderten Reduktionsraten von fünf log-Stufen werden auf Baustoffen in der Regel nicht erreicht.

Im Gegensatz zu den in den Prüfungen verwendeten chemisch inerten und hochglatten OP-Fliesen kommt es beim Kontakt mit porösen und alkalischen Baustoffen zu inhibierenden Wechselwirkungen. Viele Biozide entfalten ihre optimale Wirkung im sauren Milieu und zerfallen sehr schnell beim Kontakt mit alkalischen Medien (z. B. Wasserstoffperoxid, Peressigsäure) [Pa5]. Dies reduziert die verfügbare Wirkstoffmenge ebenso wie eine Adsorption im Porenraum der Baustoffe. Im Endeffekt können diese Mittel nur kurzfristig eine Überführung der Schimmelpilze in Ruhestadien, in denen sie dann evtl. für kurze Zeit nicht kultivierbar sind, bewirken. Die Zellen, die sich in den Poren von rauen Materialien befinden, werden hingegen durch die Mittel gar nicht erreicht [Me23].

Es besteht zudem auch die Möglichkeit, dass Feuchte- bzw. Schimmelschäden durch die Behandlung mit Bioziden nachteilig beeinflusst werden, da bei diesen Behandlungen üblicherweise große Wassermengen zusätzlich ins Baumaterial eingebracht werden müssen [Me23, UBA2017]. Beobachtet wurde zudem, dass robuste Gattungen eine Biozidbehandlung besser überstehen und nachher das Befallsbild dominieren [Me 23].

Unerwünschte Reaktionsprodukte bei der Biozidbehandlung

Wie schon ausgeführt, kann es bei der Anwendung von Bioziden, insbesondere bei unspezifisch und oxidierend wirkenden Substanzen, zu Fehlreaktionen mit anderen organischen Verbindungen, den sogenannten Non-Targets kommen. Bei der Verwendung von Ozon können in der Innenraumluft sekundäre Aerosole entstehen, wenn Rückstände von Ölen, Seifen oder anderen Haushaltschemikalien mit den Oxidationsmitteln reagieren. Auch Wechselwirkungen mit Augen, Schleimhäuten und der Haut sind beschrieben. Bei diesen Reaktionen entstehen wiederum reaktive Sauerstoffspezies (ROS, z. B. Hydroxylradikale) als entscheidende Zwischenprodukte. Eine inhalative Exposition gegenüber den hoch oxidierten Produkten mit Hydroperoxid- und Peroxid-Gruppen wird als besonders problematisch angesehen, weil sie sich an vorhandene Partikel (Staub) anlagern bzw. zu neuen Partikeln kondensieren können und sich dadurch eine Aufkonzentrierung ergibt. Einen potenziell negativen Einfluss auf die Innenraumluftqualität haben solche Reaktionsprodukte auch aufgrund ihres oft niedrigen Geruchsschwellenwertes [Fa2, Hu2, Wa4, Wa5].

Vergleichbare Prozesse werden auch bei der Reaktion von Wasserstoffperoxid mit Bestandteilen der Innenraumluft beschrieben, die ebenfalls zur Freisetzung reaktiver Sauerstoffspezies führen können. Hier sind die Oxidationsprozesse der Innenraumluft noch weitgehend unverstanden, dennoch wird davon ausgegangen, das H_2O_2 unter bestimmten Bedingungen als Oxidationsmittel eine Rolle im Innenraum spielen kann [Wa5].

Aber auch an Oberflächen wie Kunststoffen können Fehlreaktionen mit irritativ wirkenden Reaktionsprodukten stattfinden. Es wird vermutet, dass insbesondere bei Reaktionen an Oberflächen eine erhöhte Anzahl an Reaktionsprodukten freigesetzt wird als in der Raumluft.

Auswirkungen auf die Mykotoxinproduktion

Schimmelpilze verfügen über zahlreiche Schutzmaßnahmen, um Biozide abzuwehren. Auf eine Biozidbehandlung reagieren die überlebenden Schimmelpilze häufig mit Änderungen ihrer Wachstumsstrategie, ihres Metabolismus oder ihrer Mykotoxinproduktion. Dass Biozide auf die Mykotoxin-Biosynthese bestimmter Pilze einwirken oder fungizide Wirkstoffe eine verstärkte Mykotoxinproduktion der Pilze provozieren [Go2], ist bereits seit längerem bekannt und konnte auch in Laborversuchen nachgestellt

Wirkstoff/ Auswahl	**Einteilung**	**Wirkweise**	**Target**	**Besonderheiten in der Anwendung**
Wasserstoffperoxid H_2O_2	▪ oxidierend	▪ reaktive Sauerstoffspezies, insbesondere – H_2O_2 – Hydroxylradikal	▪ unspezifisch, breites Wirkspektrum ▪ Inhibierung durch Katalasebildung diverser Mikroorganismen	▪ Verwendung in Kombination mit Peressigsäure, Biguaniden, Carbonsäuren; dabei nur wirksam im sauren Bereich; Zersetzung im neutralen bis alkalischen Umfeld ▪ bei baustellenüblichen Konzentrationen $< 10\,\%$ keine wirkungsvolle Abtötung der Biostoffe auf Bauteiloberflächen möglich
Peressigsäure $C_2H_4O_3$	▪ oxidierend ▪ sporozid	▪ sehr gute antimikrobielle Wirkung, besser als H_2O_2 ▪ H_2O_2 und Radikale ▪ lipophile Wirkung der Essigsäure	▪ unspezifisch, breites Wirkspektrum	▪ in Kombination mit Wasserstoffperoxid, Fruchtsäuren ▪ wirkt fixierend, d. h. Mikroorganismen werden an der Oberfläche zurückgehalten und können nach der Behandlung nur noch durch mechanische Reinigung/(mikro)abrasive Maßnahmen entfernt werden
Hypochlorit NaClO	▪ oxidierend ▪ sporozid	▪ Abspaltung hypochloriger Säure	▪ eher schlechte Wirkung gegen Pilze und Sporen, bleichende Wirkung	▪ kann gegenüber Metallen korrosiv sein
Isopropanol C_3H_8O	▪ nichtoxidierend ▪ membranaktiv	▪ Denaturierung von Proteinen in der Zellmembran führt zur Blockade der Membranfunktion	▪ schlechte Wirkung gegen Pilze und Sporen, keine Reduktion der Biomasse	▪ wirksam in 50%iger Verdünnung, reine Alkohole wirken deutlich schlechter
Benzalkoniumchlorid (QUAT C8-C12))	▪ nichtoxidierend ▪ membranaktiv		▪ gegen Algen, Pilze und gram-positive Bakterien, Wirkungslücke bei gram-negativen Bakterien und Mycobakterien	▪ Wirkungslücke bei geringen Dosierungen ▪ filmbildend und fixierend, bleibt als Oberflächenfilm zurück

Wirkstoff/ Auswahl	Einteilung	Wirkweise	Target	Besonderheiten in der Anwendung
Ozon O_3	▪ oxidierend	▪ Oxidationsmittel	▪ wirkt unspezifisch in der Wasserbehandlung ▪ keine Erfahrungen über Anwendung im Schimmelschaden	▪ muss vor Ort hergestellt werden ▪ Anwendungen in der Raumluft aufgrund Gesundheitsgefahr nicht empfohlen

Tabelle 7-6: Zusammenfassende Darstellung von Bioziden, ihrer Wirkungsweise sowie Besonderheiten bei der Anwendung

werden. So weiß man mittlerweile, dass bei ausgewählten *Aspergillus*-Arten die reaktiven Sauerstoffspezies und die daraus entstehenden Produkte sowie auch die direkte Zugabe von H_2O_2 [Ro4] die Aflatoxinsynthese steigern können [Ro1, Ro2, Ro3].

Untersuchungen mit oxidierenden Bioziden konnten zeigen, dass die Mykotoxinproduktion von *Stachybotris chartarum*, der direkt auf Baumaterialien angezüchtet wurde, nach der Biozidbehandlung anstieg. Vergleichbares wurde auch für die Toxinproduktion bei *Fusarien* festgestellt [Fe1, Po1].

Zwar wird im Allgemeinen die Meinung vertreten, dass unter typischen Innenraumbedingungen von diesen Mykotoxinen keine Gefahr für den Menschen ausgeht, weil die biologischen Wirkschwellen für die inhalative Exposition nicht erreicht werden [UBA2017, Ke1, Me33], jedoch sind kaum belastbare Daten zu den potenziell in der Raumluft vorkommenden Mykotoxinen verfügbar [Me33]. Zudem wäre es aus hygienischen Gründen bzw. aus präventivmedizinischer Sicht nicht tolerierbar, wenn sich infolge des Einsatzes von Bioziden zu Sanierungszwecken eine Zunahme der Konzentrationen dieser teilweise sehr potenten Giftstoffe ergäbe [Ke1, Ba3, Se2]. Auch die Erhöhung von Mykotoxinkonzentrationen infolge von Biozid-Anwendungen, die sich auf die Innenraumluftqualität auswirken kann, ist bisher nicht weiter untersucht worden.

7.11.4 Arbeitsschutz beim Einsatz von Bioziden zur Schimmelbekämpfung

Werden bei Schimmelschäden Biozide eingesetzt, so müssen insbesondere bei der professionellen Anwendung durch einen Sanierer die gesetzlichen Arbeitsschutzvorgaben (Durchführungsverordnungen, GefStoffV) eingehalten werden. Das ist auch der Tatsache geschuldet, dass der Sanierer, wenn er regelmäßig große Flächen mit Bioziden behandelt, einer erhöhten Menge an freigesetzten Gefahrstoffen ausgesetzt ist, die seine Gesundheit, aber auch die von Dritten gefährden.

Zusätzlich sollte bedacht werden, welche Maßnahmen sinnvoll und notwendig sind, wenn die Beschäftigten bei der Schimmelpilzsanierung durch das Einatmen von Sporen oder Myzelien in erster Linie durch deren mögliche sensibilisierende Wirkung gefährdet werden. Diese Wirkung kann auch von nicht lebensfähigen oder biozid behandelten Schimmelpilzbestandteilen ausgehen. Da eine Infektionsgefährdung für den Sanierer als unwahrscheinlich angesehen wird, hat eine Biozidanwendung vor Beginn der Sa-

Arbeitsschutz bei Biozideinsatz

Für Tätigkeiten mit Bioziden gilt die Gefahrstoffverordnung. Als Voraussetzungen für einen sicheren Umgang muss der Sanierer vor Aufnahme der Tätigkeiten:

- die Gefährdungen ermitteln und beurteilen,
- Schutzmaßnahmen festlegen und dabei das STOP-Prinzip einhalten,
- prüfen, ob Ersatzstoffe oder Ersatzverfahren angewendet werden können,
- eine Betriebsanweisung erstellen und die Beschäftigten unterweisen,
- die arbeitsmedizinische Vorsorge gewährleisten,
- zugelassene und verkehrsfähige Biozidprodukte auswählen (auch bei Verfahren, bei denen ein Biozid vor Ort hergestellt wird, z. B. Hypochlorit durch elektrochemisch-aktiviertes Wasser oder die Generierung von Ozon).

nierung keinen Einfluss auf die Zuordnung der Tätigkeiten zu den Gefährdungsklassen gemäß DGUV-Information 201-028 [Bo1]. Daher hat der Gesetzgeber in der GefStoffV das STOP-Prinzip als eine Erweiterung des TOP-Prinzips etabliert, das vorgibt, gefährdende Substanzen oder Verfahren durch ungefährliche zu ersetzen. Zusammenfassend kann festgehalten werden, dass eine generelle und unbegründete Biozidanwendung keinen Nutzen für den Schutz der Sanierer bringt, sondern eine zusätzliche Gefährdung darstellt.

Es gibt jedoch Ausnahmen. Bei Fäkalschäden kann eine Biozidbehandlung von Oberflächen vor der Durchführung der Sanierungsmaßnahmen sinnvoll sein, um die Beschäftigten vor Infektionen durch Fäkalkeime zu schützen. Hinweise dazu enthält das vom Berufsverband Deutscher Baubiologen herausgegebene Informationsblatt VDB 2010. Weiterhin kann es Vorgaben bei Sanierungen in sensiblen Bereichen geben, die wie in Kapitel 6.3 beschrieben, ein abweichendes Vorgehen erfordern.

Wie auch immer der Sanierer entscheidet, die Anwendung von Bioziden muss im Rahmen der Gefährdungsbeurteilung bewertet und dokumentiert werden. Dabei ist zunächst zu prüfen, ob der Einsatz von Bioziden durch andere Maßnahmen ersetzt werden kann. Anstelle einer Oberflächendesinfektion vor dem Entfernen befallener Materialien wird das Absaugen der Oberflächen mit einem Industriestaubsauger der Staubklasse H oder die Feuchtreinigung empfohlen. Zur Reduzierung der Biostoffe in der Luft können Luftreinigungsgeräte mit H-Filter eingesetzt werden. Wird auf eine mögliche Substitution von Bioziden verzichtet, ist dies im Rahmen der Gefährdungsbeurteilung zu begründen [Bo1].

Auch aus Sicht des Arbeitsschutzes wird eindeutig festgestellt, dass es mit einer Biozidanwendung nicht möglich ist, vorhandene Biomasse vollständig zu entfernen oder neues Schimmelpilzwachstum nachhaltig zu verhindern. Auch ist bisher kein Verfahren bekannt, mit dem dies erreicht werden kann. Daher ist eine Biozidbehandlung zur Beseitigung der Schadensursache und des Schimmelpilzbefalls nicht geeignet [Me 23, Bo1, Lo1].

7.11.5 Zusammenfassung

Unabhängig von Wirkstoffen, Wirkungsweisen und Verfahren ist die Anwendung von Bioziden auf schimmelbefallenen Baustoffen limitiert. Das ergibt sich aus den Schadensbildern, den Baustoffeigenschaften und den sich dadurch ändernden Rahmenbedingungen für eine Effizienz der aktiven Substanzen. Wer, aus welchen Gründen auch immer, Biozide anwenden will oder es im Sonderfall muss, sollte folgende Punkte bei der Auswahl geeigneter Mittel und Verfahren beachten:

- Es dürfen nur verkehrsfähige Biozidprodukte eingesetzt werden, das heißt entweder nach Biozidverordnung [Verordnung (EU) Nr. 528/2012] zugelassene oder nach Biozidmeldeverordnung gelistete Biozidprodukte aus dem Altwirkstoffprogramm. Ferner muss das Produkt in der entsprechenden Produktart (z. B. 2 oder 10) verkehrsfähig sein. Genehmigte Mittel aus dem Altwirkstoffprogramm dürfen mit einer Frist von 360 Tagen auch nach dem Stichtag verwendet werden.
- Die Wirkung für Biozidprodukte im Altwirkstoffprogramm muss derzeit nicht nachgewiesen werden. Eine größere Sicherheit in der Anwendung bieten Biozidprodukte, die beim Robert Koch-Institut und Verbund der Angewandten Hygiene für den Wirkungsbereich A (Wirksamkeit gegen Bakterien und Pilze) gelistet sind. Es sollten Mittel verwendet werden, deren Wirksamkeit auch auf rauem Holz nachgewiesen wurde.
- Sind Biozidbehandlungen, z. B. als Desinfektion, nach einer Sanierung in sensiblen Bereichen gefordert, dann sollten grundsätzlich Produkte verwendet werden, die geprüft wurden und in der Desinfektionsmittelliste des Robert Koch-Instituts aufgeführt sind.
- Es muss akzeptiert werden, dass auf Baustoffen nicht die Reduktionsraten erreicht werden, die bei der Prüfung durch das RKI erzielt werden. Die Wirkung der Desinfektionsmittel wird durch Oberflächenrauigkeiten, organische Zuschläge, geringe Wandtemperaturen und vor allem durch höhere Zelldichten im Schimmelrasen teilweise drastisch reduziert.
- Also müssen Wirkstoffkonzentrationen und Einwirkzeiten verlängert werden. Dadurch erhöht sich auch für den Anwender für und Dritte die Belastung durch die Wirkstoffe selbst. Schutzmaßnahmen müssen deshalb verstärkt werden. Da dies ein nicht kalkulierbares Risiko darstellt, wird deutlich, warum von einer generellen Biozidbehandlung abgeraten wird. Zudem rechtfertigt das Ergebnis nicht immer den Aufwand, wenn die Anzahl vitaler Zellen nach der Behandlung übliche Hintergrundwerte übersteigt.
- Biomasse muss dennoch entfernt werden, auch nach erfolgreicher Desinfektion. Toxine, Allergene und Zellbruch sind auch nach dem Abtöten oder erst durch die Biozidbehandlung vorhanden. Zudem ist tote Biomasse ein perfekter Nährboden für neue Befälle, insbesondere wenn die eigentliche Ursache der Befälle nicht beseitigt wird.
- Eine Biozidbehandlung kann daher nur im Einzelfall eine unterstützende Maßnahme sein. Als Sanierungsmaßnahme ist eine Biozidbehandlung ungeeignet.

8 Wiederaufbau

Mit bestandener Sanierungskontrolle ist die Schimmelschadenbeseitigung im engsten Sinne zunächst einmal abgeschlossen. Es wurde nachgewiesen, dass innerhalb des Sanierungsbereichs übliche Hintergrundwerte anzutreffen sind. Die Abschottung wird abgebaut. Es ist davon auszugehen, dass die Schadensursache behoben oder zumindest erkannt wurde und im Rahmen der Wiederherstellung der Räume und Bauteile beseitigt wird.

Damit sind wir beim Thema Wiederaufbau. Da es nicht möglich ist, dieses komplexe Tätigkeitsfeld vollumfänglich zu erörtern, beschränken sich die folgenden Abschnitte auf die Bereiche, die sich unmittelbar an die Entfernung des schimmelbelasteten Materials anschließen. Ausführlich soll auf die Bauteiltrocknung, den Wiederaufbau mit geeigneten Baustoffen und auf den Aspekt der Schimmelresistenz eingegangen werden. Abschließend findet ein kleiner Ausblick auf das Thema Lüftung statt.

Der Wiederaufbau ist nicht nur in seinen Teilbereichen anspruchsvoll, sondern erfordert vom Sanierer auch koordinierende Fähigkeiten, denn der Wiederaufbau kann nur unter Einbeziehung unterschiedliche Gewerke gelingen.

8.1 Bauteiltrocknung

Unmittelbar an den Ausbau der schimmelbelasteten Materialien schließt sich, wenn notwendig, die Bauteiltrocknung an. Die Bauteiltrocknung hat zum Ziel, die in der Raumluft oder in den Bauteilen enthaltene Feuchtigkeit soweit zu reduzieren, dass eine mikrobielle Aktivität, also neues Wachstum, auf den vom Befall befreiten und gereinigten Flächen nicht mehr stattfinden kann.

Natürlich ist eine Bauteiltrocknung auch als Erstmaßnahme möglich, sofern sichergestellt ist, dass keine Besiedlung des zu trocknenden Bauteils vorliegt. Die Bauteiltrocknung findet also entweder direkt, d.h. spätestens drei bis fünf Tage nach Schadenseintritt statt, oder aber, wenn die Prüfung durch das Labor bestätigt, dass das Bauteil mikrobiell unauffällig ist. Dies gilt für Wände ebenso wie für Fußbodenaufbauten [Ha2, DGUV, Me20].

Die Prüfung ist notwendig, da auch eine geringe Besiedlung schnell anwachsen kann und deshalb ernst genommen werden muss. Denn die Verschlechterung der Lebensbedingungen – in diesem Fall durch Bauteiltrocknung – löst bei Schimmelpilzen Stressreaktionen aus, auf die sie mit Sporenbildung reagieren. Bei ausreichender Luftströmung auf das Bauteil ist eine Verdriftung der Sporen unausweichlich. Der Schadens- und später Sanierungsbereich, insbesondere bei der Feinreinigung, wird dadurch unnötig vergrößert [DGUV].

Um entscheiden zu können, ob eine technische Trocknung sinnvoll ist oder technische wie hygienische Gründe einen Ausbau rechtfertigen, kann die Handlungsempfehlung aus dem »Schimmelleitfaden« des Umweltbundesamtes (UBA2017) herangezogen werden. Diese bezieht sich auf Feuchteschäden im Fußbodenaufbau und beschreibt in der Bewertungsstufe 1 (B1 Szenario), wie bereits durch Kenntnis des Schadenshergangs, der Schadensdauer sowie der verbauten Materialien ohne mikrobielle Untersuchung die Notwendigkeit von Trocknungsverfahren abgeschätzt werden kann.

Feuchtebelastete Bauteile in Fußbodenkonstruktionen

Nach Anlage 3 des »Schimmelleitfadens« werden vier Szenarien unterschieden, bei denen eine Schadensbeurteilung schnell und ohne mikrobielle Untersuchungen möglich ist [UBA2017, S. 161-162]:

B.1.1 Szenario: Rückbau nicht erforderlich durch schnelle Trocknung und schwer besiedelbare Materialien

Ein Rückbau von feuchtebelasteten Baustoffen in Fußbodenkonstruktionen ist in der Regel nicht notwendig, wenn ein signifikantes mikrobielles Wachstum auf dem Baustoff nicht zu erwarten ist. Hiervon ist auszugehen, wenn es sich um ein aktuelles, einmaliges, kurzzeitiges Ereignis ohne Vorschaden mit nicht fäkalhaltigem Wasser handelt und die betreffenden Baustoffe aufgrund ihrer mineralischen oder dichten Struktur von Mikroorganismen schwer zu besiedeln sind und eine ausreichende Trocknung innerhalb etwa eines Monats nach Schadenseintritt sichergestellt werden kann. In diesen Fällen ist eine mikrobiologische Untersuchung nicht erforderlich.

B.1.2.Szenario: Rückbau aufgrund mikrobiellen Wachstums empfohlen

Ein Rückbau der Fußbodenkonstruktion ist dann zu empfehlen, wenn sich eine Trocknung nach Schadenseintritt über einen längeren Zeitraum von über drei Monaten hinziehen würde bzw. hingezogen hat oder wenn der Feuchteschaden über längere Zeiträume immer wieder aufgetreten ist (mehrmalige Feuchteereignisse) und jeweils Baustoffe vorliegen, die leicht von Mikroorganismen besiedelt werden und zu einem massiven Wachstum führen können. In diesem Szenario ist ein mikrobieller Befall des Fußbodenaufbaus sehr wahrscheinlich. Auch hier sind mikrobiologische Untersuchungen prinzipiell nicht erforderlich.

B.1.3 Szenario: Rückbau aus technischen Gründen empfohlen

Der Rückbau eines Fußbodenaufbaus ist dann zu empfehlen, wenn eine Trocknung aus technischen Gründen nicht möglich oder aus ökonomischen Erwägungen nicht vertretbar ist. Dies trifft insbesondere auf Materialien zu, die durch die Feuchteeinwirkung und/oder beim Trocknen ihre spezifischen funktionsrelevanten Eigenschaften verlieren. Dies ist z. B. der Fall bei Zellulosefasern oder bei (gealterten) künstlichen Mineralfasern in der Dämmschicht von schwimmenden Estrichen (Materialintegrität nach Sichtprobe beurteilen) sowie bei Materialien, die in dünnen Schichten nur langsam und damit kostenaufwendig und in dicken Schichten meist gar nicht getrocknet werden können, wie Sand, Lehm oder Perlite. Auch Holzbalkendecken mit Einschüben von Lehm/Stroh gehören in dieses Szenario.

B.1.4 Szenario: Rückbau aufgrund von Geruchsbildung empfohlen

Der Rückbau eines Fußbodenaufbaus ist dann zu empfehlen, wenn sich eine auffällige Geruchsbildung einstellt und auch nach der Sanierung mit einer bleibenden Geruchsbildung zu rechnen ist. Der Geruch kann durch Zersetzungsprozesse in feuchten Materialien oder durch den Eintrag von verunreinigtem Wasser (Abwasser oder fäkalhaltiges Hochwasser) verursacht werden.

Im Infokasten auf Seite 252 sind die vier Situationen dargestellt, die eine solche Entscheidung rechtfertigen [UBA2017, S. 161].

Abweichende Szenarien, aber auch nicht eindeutig aufgeklärte Situationen bedürfen weiterhin einer mikrobiellen Untersuchung. In der Regel wird selbst in eindeutigen Fällen aus Gründen der Beweissicherung und Absicherung eine Beprobung veranlasst.

Ob mit oder ohne mikrobielle Untersuchung, am Ende muss entschieden werden, ob getrocknet oder auszubaut wird. Da mit der Fußboden-Handlungsempfehlung aus Anlage 3 des »Schimmelleitfadens« auch Möglichkeiten eröffnet wurden, schimmelbelastete Fußböden zu erhalten, ergibt sich folgerichtig, dass eine Bauteiltrocknung nicht nur der GefStoffV, sondern auch der BioStoffV unterliegt. Die daraus resultierenden Anforderungen an Schutzmaßnahmen werden wir noch besprechen.

8.1.1 Grundlagen der Bauteiltrocknung

Um Bauteile zu trocknen, muss das Wasser durch den Baustoff transportiert werden. Physikalisch ist dazu ein Feuchtigkeitsgefälle notwendig, das durch Druck (Absaugen), Temperatur und Konzentration erzeugt werden kann.

Der Feuchtetransport erfolgt über die verbundenen Poren und die Kapillaren im Baustoff. Je kleiner die Kapillaren sind, umso größer ist das hydrostatische Gefälle – kleine Kapillaren transportieren weiter als Kapillaren mit großen Durchmessern [Ha2].

Der Wassertransport in mineralischen Baustoffen wird in drei Phasen unterteilt:

a. Flüssigwassertransport,
b. Kapillartransport,
c. Diffusion.

Beim Flüssigwassertransport ist die Kapillare komplett mit Wasser gefüllt; in dieser Phase verläuft die Austrocknung am schnellsten, da das meiste Wasser von innen nach außen befördert wird. Je nach Baustoff kann diese Phase nach einem Feuchteschaden drei bis fünf Tage andauern [Ha2].

Nach dem Flüssigwassertransport wechselt das Trocknungsgeschehen in den Kapillartransport. Die Kapillaren sind nun nicht mehr ganz mit Wasser gefüllt, jedoch sind die Kapillarwände mit Wassermolekülen komplett belegt, sodass der Transport über ein »Schieben« der Wassermoleküle entlang der Kapillarwand erfolgt. Da es sich hierbei um den optimalen Bereich des Trocknens handelt, sollte diese Phase so lange wie möglich aufrechterhalten werden.

Mit Eintritt in die Diffusionsphase geht die Trocknungsleistung signifikant zurück. In den Kapillaren wird jetzt nur noch Wasserdampf transportiert. Das ist nicht nur aus Sicht der Bauteiltrocknung problematisch. Wasserdampf, der durch Diffusion im Baustoff transportiert wird, ist weder physikalisch noch chemisch gebunden und wird als freies Wasser bezeichnet. Mikroorganismen können auf diesen Wasserdampf zugreifen und ihn verwerten [Ha2, Me20]. Daher sollte diese Trocknungsphase nicht nur aus technischen Gründen vermieden werden. Sie ermöglicht mikrobielles Wachstum, wodurch möglicherweise eine hohe neue Belastung entstehen kann, die einen Ausbau erforderlich macht und die gesamte Trocknung zum Scheitern bringt. Tritt bei einer Trocknungsmaßnahme eine Diffusionsphase ein, sollten zunächst die Entfeuchtungsgeräte abgeschaltet und ggf. die Bauteile bewässert werden, damit der Kapillartransport wieder aufgenommen wird [Ha2, WTA2].

8.1.2 Möglichkeiten der Bauteiltrocknung

Ziel der Bauteiltrocknung ist das Erreichen der Ausgleichsfeuchte bzw. vorgegebener Materialfeuchten, z. B. bei Holz und Holzwerkstoffen oder bei Estrichen und Estrichdämmschichten. Grundsätzlich kann eine Trocknung aber nur dann Erfolg haben, wenn die Ursache der Durchfeuchtung beseitigt wurde.

Dazu sind verschiedene technische Möglichkeiten einsetzbar. Die Auswahl eines Trocknungsverfahrens richtet sich nach dem zu trocknenden Bauteil, dem Durchfeuchtungsgrad und den Materialeigenschaften der zu trocknenden Baustoffe. Im Wesentlichen sind die folgend beschriebenen Verfahren üblich.

Raumtrocknung: Die Reduktion der Raumluftfeuchtigkeit kann durch das Aufstellen von Kondensationstrocknern oder Adsorptionstrocknern erreicht werden (Bild 8-1).

Wandtrocknung: Bei der Wandtrocknung sind zunächst die Wandbeläge (z. B. Putze) zu entfernen, die eine Trocknung des Wandaufbaus behindern. Es kann erforderlich sein, ein Folienzelt aufzustellen (siehe Bild 8-2), um die konvektive Trocknung zu verbessern. Grundsätzlich ist für eine ausreichende Luftzirkulation an der Wand zu sorgen, z. B. mithilfe von Ventilatoren, um die ruhende Luftschicht vor der Wand zu durchbrechen. Erst dadurch ist eine Feuchteabgabe an die Raumluft möglich.

Bild 8-1: Bei der Raumtrocknung ist auf die Dimensionierung der Trocknungsgeräte zu achten. Mikrobielle Befälle sollten nicht erkennbar sein.

Die an die Raumluft abgegebene Feuchtigkeit kann durch Kondensationstrockner oder Adsorptionstrockner reduziert werden. Als zusätzliche Maßnahme können Wandoberflächen auch mit Infrarot-Platten (wie in Bild 8-2 B) erwärmt werden. Diese Maßnahmen sind aber nicht langfristig, sondern lediglich für für zwei bis drei Tage geeignet [Ha2].

Luftkissenverfahren: Mitunter kann der Trocknungserfolg durch das Aufstellen eines Folienzelts forciert werden (Bild 8-2). Die Folienabschottung wird direkt vor dem zu trocknenden Bauteil aufgebaut, wodurch weniger Luftvolumen für die Trocknung benötigt wird. Zudem ist die konvektive Umströmung direkt auf das zu trocknende Bauteil gerichtet [Ha2].

Mikrowellentrocknung bei homogenem Mauerwerk: Mithilfe von Mikrowellen, die tief in das Mauerwerk eindringen, lassen sich auch kompakte Mauerwerkskonstruktionen trocknen. Dazu ist die Unterstützung von Ventilatoren zur Luftzirkulation an der Bauteiloberfläche wichtig. Weiterhin ist an die Reduzierung der Luftfeuchte zu achten. In Bild 8-3 sind zwei Trocknungsaufbauten mit Mikrowellengeräten im Innen- und im Außenbereich dargestellt.

Mikrowellen können Einfluss auf die Gesundheit haben, daher sollten Personen mit Herzschrittmachern und implantierten Defibrillatoren diese Bereiche meiden. Bereiche, in denen Mikrowellen zur Anwendung kommen, müssen gekennzeichnet werden. Auch ist auf der Rückseite der Trocknungsbereiche zu prüfen, ob hier Mikrowellen austreten können [Ha2].

Bild 8-2: Bei der Trocknung im Folienzelt wird die Umströmung mit Luft und somit der Trocknungseffekt forciert (Bild A). Unterstützend können auch Infrarotplatten eingesetzt werden (Bild B). (Fotos: Wolfgang Böttcher)

Bild 8-3: Aufbau einer Bauteiltrocknung mit Mikrowellengeräten (Bild A: an massivem historischen Mauerwerk im Außenbereich; Bild B: im Keller). Mikrowellengeräte sind zu kennzeichnen, da die elektromagnetische Strahlung Einfluss auf die Gesundheit nehmen kann.

Trocknung mit Heizstäben oder Heizpackern: Massive Wände können ebenso mit Heizstäben oder sogenannten Heizpackern getrocknet werden. Dazu werden die Wände angebohrt und die Heizstäbe bzw. Heizpacker eingeführt. Eine schematische Darstellung des Funktionsprinzips zeigt Bild 8-4. Die Trocknung des Mauerwerks erfolgt durch die Aufheizung der Heizstäbe und der an den Heizpackern vorbeiströmenden Luft. Die Feuchtigkeit wird an die Oberfläche abgeführt. Bei Einsatz von Heizstäben ist in den Zwischenräumen ein System zur Absaugung der Luft zu installieren [Ha2].

Dämmschichttrocknung: Dämmschichttrocknungen sollten immer unter Einsatz von HEPA-Filtern erfolgen, auch wenn eine Laboruntersuchung ergeben hat, dass keine mikrobielle Belastung vorliegt. Dies gilt nicht nur, wenn Abluft in den Sanierungsbereich oder in andere Räume rückgeführt wird, sondern auch bei Abgabe der Abluft in den Außenbereich. Das ist in erster Linie eine Sicherheitsmaßnahme, da insbesondere bei langwierigen Trocknungsvorhaben mikrobielles Wachstum auftreten kann, das dann zu einer mikrobiellen Belastung der Abluft führen kann. Wird entschieden, dass trotz

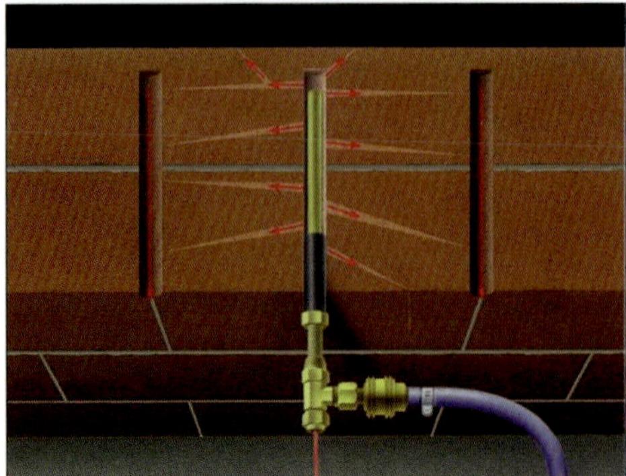

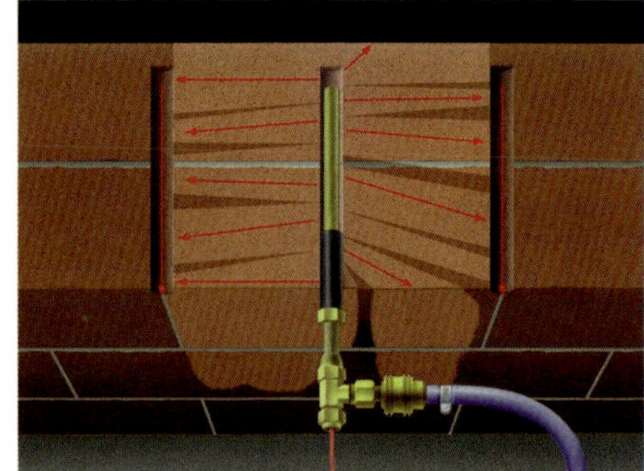

Bild 8-4: Funktionsprinzip von Heizpackern: Die Heizpacker werden in jedes zweite Bohrloch eingeführt und in Betrieb genommen. Durch das Einschalten der Anlage wird die durchströmende Luft erwärmt und das Wasser ausgetragen (Grafik: Remmers Baustofftechnik GmbH & Co. KG).

einer mikrobiellen Belastung getrocknet wird, sind diese Schutzmaßnahmen obligatorisch, da hier immer mit einer Verdriftung von Sporen und anderen Schimmelbestandteilen in die Raumluft gerechnet werden muss. Zudem schützen HEPA-Filter auch vor einer Belastung durch künstliche Mineralfasern (KMF), z.B. bei einer Trocknung von Konstruktionen mit Mineralfaserdämmungen [Ha2, DGUV].

Estrich-Dämmschicht-Trocknungen stellen hierbei eine sehr anspruchsvolle Aufgabe dar. Hier kann es durch Abriss des Kapillartransports und Übergang zur Wasserdampfdiffusion während des Trocknungsprozesses zu mikrobiellem Wachstum kommen [Me20, WTA2]. Daher müssen die Trocknungsbedingungen geprüft und auch abgeschätzt werden, ob das zu trocknende Dämmmaterial in dieser Hinsicht als problematisch einzustufen ist. Theoretisch kann jedes Material getrocknet werden; Schüttungen oder organische Dämmstoffe benötigen jedoch deutlich längere Trocknungszeiträume und sind zudem besonders anfällig für mikrobielles Wachstum. Weitere Hinweise hierzu finden sich auch in der Fußboden-Handlungsempfehlung des UBA [UBA2017, Anlage 3].

Üblicherweise werden Estrich-Dämmschicht-Trocknungen im betroffen Raum durch Öffnung der Randfugen und Bohrungen im Fußbodenaufbau vorgenommen. Es gibt jedoch auch die Möglichkeit, von der Geschossunterseite aus zu trocknen. Dieses Verfahren ist insbesondere bei schwer zugänglichen Konstruktionen oder aber bei besonders wertvollen Bodenbelägen denkbar [Ha2].

Dabei kommen die folgenden Verfahren zum Einsatz [Ha2].

Schiebe-Zug-Verfahren: Beim Schiebe-Zug-Verfahren (Bild 8-5) wird über zwei voneinander getrennte Systeme durch Bohrungen trockene warme Luft eingeflutet und feuchte Luft abgesaugt. Vorteil des Verfahrens ist seine Effizienz und die gezielte Luftführung im Estrich, die normalerweise ohne Belastung der Raumluft erfolgt. Dabei ist darauf zu achten, dass keine Luft unkontrolliert entweicht bzw. angesaugt wird. Bei der Dimensionierung der Geräte ist die Leistung auf der Ansaugseite im Verhältnis 2:1 zur Einflutseite zu planen.

Unterdruck-/Saugverfahren: Beim Unterdruck- oder auch Saugverfahren wird die feuchte Luft aus dem Dämmmaterial oder dem Hohl-

Bild 8-5: Schiebe-Zug-Verfahren mit der Unterdruckseite in doppelter Dimensionierung auf der linken Seite und der Druckseite rechts

raum abgesaugt, was zu einem Unterdruck in der Konstruktion führt, wodurch die Zuluft, z. B. über geöffnete Randfugen oder extra eingefügte Entlastungsöffnungen, eingesaugt wird, wie in Bild 8-6 dargestellt. Die Zuluft, hier als Raumluft, wird zuvor erwärmt und getrocknet (Kondenstrockner in Bild 8-6). Die Abluft wird durch Bohröffnungen abgeführt und ausgeleitet. Vorteil des Verfahrens ist, dass durch den Unterdruck im Fußbodenaufbau keine mikrobiell oder mit Stäuben belastete Abluft entweichen kann.

Überdruckverfahren: Das Überdruckverfahren entspricht nicht mehr dem Stand der Technik und ist insbesondere durch das hohe

Bild 8-6: Aufbau einer Unterdrucktrocknung

Kontaminationspotenzial in Verruf geraten. Dennoch gibt es Sonderanwendungen, die dieses Verfahren mit erhöhten Schutzmaßnahmen erfordern [Ha2].

Beim Überdruckverfahren wird trockene und erwärmte Luft in die Dämmschicht oder an der Dämmschicht vorbei mit Überdruck eingeflutet. Die erwärmte Luft durchströmt die Dämmstoffe und nimmt dabei die Feuchtigkeit auf. Mit dieser Feuchte beladen, entweicht die Abluft über die Randfuge oder über geplante Entlastungsöffnungen in die Raumluft, die dann wiederum mit Entfeuchtungsgeräten getrocknet werden muss.

Durch die mit Druck eingeleitete warme Luft kann es passieren, dass ein Teil der Feuchtigkeit in angrenzende trockene Bauteile gedrückt wird, was den Trocknungserfolg verzögert oder aber ganz zunichtemacht.

Beim Überdruckverfahren wird bewusst in Kauf genommen, dass Sporen und Stäube in die Raumluft »gedrückt« werden. Daher müssen die Räume mit zusätzlichen Maßnahmen gesichert und abschließend einer Feinreinigung unterzogen werden.

8.1.3 Schutzmaßnahmen bei der Trocknung

Unabhängig davon, ob eine technische Trocknung als Erstmaßnahme oder aber nach der Entfernung von schimmelbelastetem Material durchgeführt wird – auch hier ist auf die Einhaltung des Arbeitsschutzes zu achten. Bei der Planung von Trocknungsmaßnahmen muss z. B. vorab geprüft werden, ob und welche Mineralfasern freigesetzt werden können oder ob andere Innenraumschadstoffe eine Rolle spielen. Bereits beim Anlegen der Zuluft- und Entlastungsöffnungen können diese freigesetzt werden.

Schutzmaßnahmen gegen Sporenverdriftung

Befallene Oberflächen, insbesondere bei erkennbarem Schimmelbefall, dürfen nicht direkt mit einem Ventilator angeblasen werden. Beim Einsatz von Entfeuchtern zur Raum- bzw. Oberflächentrocknung ist ggf. ein Folienzelt oder eine komplette Einhausung der betroffenen Räume vorzunehmen.

Bei der Hohlraum- bzw. Estrich-Dämmschicht-Trocknung ist ausschließlich das Unterdruckverfahren anzusetzen.

Die angesaugte Luft aus der Fußboden- oder Hohlraumkonstruktion ist über ein geeignetes Filtersystem zu leiten, bevor sie der Raumluft bzw. Umgebungsluft zugeführt wird. Die Filterkette ist so wählen, dass am Ende die Schimmelpilzsporen von den Filtern zurückgehalten werden.

Besondere Probleme können auftreten, wenn eine Trocknung nach Hochwasser mit chemisch und biologisch kontaminiertem Wasser durchgeführt werden soll. Hinweise zum Vorgehen bei derartigen Schäden sind in [Ha2] sowie in [WTA2] nachzulesen.

Die Trocknungsmaßnahmen sind stets so vorzunehmen, dass es dabei nicht zu einer Verbreitung von Sporen, Stäuben oder anderen Innenraumschadstoffen kommt. Anweisungen zum richtigen Trocknen findet man in der DGUV-I 201-028 .

8.1.4 Nachweis des Trocknungserfolgs

Eine Trocknungsmaßnahme wird nach WTA-Merkblatt E-6-16 [WTA2] als erfolgreich angesehen, wenn mithilfe des hydrodynamischen Ausgleichsverfahrens in massiven Baustoffen eine relative Feuchte von weniger als 75 %, in Hohlräumen und Dämmschichten weniger als 80 % festgestellt wird. Bezogen auf den Absolutgehalt an Wasserdampf darf ein Wert von 8 g/m^3 nicht überschritten werden. Dieser Wert stellt sicher, dass die relative Feuchte nach Abkühlung der bei der Trocknung erwärmten Baustoffe und Bauteile nicht in kritische Bereiche ansteigt.

Zudem sollte insbesondere nach Abschluss von Dämmschicht-Trocknungen der mikrobielle Status überprüft werden. Sollte sich zeigen, dass es während der Trocknung zu einem massiven Schimmelwachstum gekommen ist, sind entsprechende Maßnahmen zu ergreifen. Entweder wird ein Rückbau notwendig oder es müssen Maßnahmen zur Abschottung getroffen werden. Wie derartige Maßnahmen jedoch aussehen können, ist zurzeit noch nicht abschließend geklärt, sodass empfohlen wird, Abschottungen dieser Art mit einem Monitoring der Raumluft zu verbinden. Auch kann die Fußboden-Handlungsempfehlung herangezogen werden, jedoch wird es letzten Endes immer eine Bauherrenentscheidung sein, die sich nach Nutzung, Alter und anderen Parametern richten wird [Me20, WTA2, UBA2017].

8.2 Schimmelresistente Materialien

Für den Wiederaufbau nach einer Schimmelbekämpfung werden sogenannte schimmelresistente oder schimmelfeste Bau- und Dämmstoffe empfohlen. Klären wir hier kurz auf, was sich hinter diesen Definitionen verbirgt, bevor einzelne Aspekte genauer besprochen werden.

Schimmelresistenz beschreibt die Fähigkeit eines Baustoffs, auch unter Infektionsdruck und Kontamination mit keimfähigen Mikroorganismen einen Befall zu unterbinden oder zumindest mittel- bis langfristig hinauszuzögern. Dies kann durch Kapillaraktivität, eine natürliche oder künstliche biozide Ausstattung, aber auch durch eine nährstoffarme Zusammensetzung erzeugt werden. Der Effekt ist jedoch abhängig von der Nutzung, der Lebensdauer und dem umgebenden Milieu. Schimmelresistenz ist somit nur ein temporärer Zustand, der mit der Alterung, Nutzung/Behandlung und Verschmutzung der Baustoffoberfläche verloren geht [Me29].

Schimmelfestigkeit hingegen beschreibt die Eigenschaft eines Baustoffs, zwar als Substrat, aber nicht als Nährstoff zur Verfügung zu stehen. Schimmelfeste Baustoffe können besiedelt werden, die Besiedlung wird nicht unterdrückt, aber es kommt zu keiner mikrobiellen Materialzerstörung oder zum Massenverlust. Die Schimmelfestigkeit organischer Dämmstoffe muss für die Ausstellung einer europäischen technischen Bewertung (ETA) nach der Bauprodukte-Richtlinie auf Grundlage von Europäischen Bewertungsdokumenten (EAD) der EOTA nachgewiesen werden, z. B. für Hanffasern, Kokosmatten oder Zelluloseflocken. Diese Materialien sind oft bereits durch Herkunft und Produktion unvermeidbar kontaminiert, sodass im Falle eines Feuchteschadens ein Auskeimen und Besiedeln sehr wahrscheinlich ist. Der Nachweis der Schimmelfestigkeit soll hier sicherstellen, dass die Wärmedämmeigenschaften im Gefach oder Hohlraum trotz eines Befalls erhalten bleiben und das Material nicht abgebaut wird [Ri2, Me29]. Dieser Fall soll hier jedoch nicht weiter betrachtet werden

Schimmelgerechtes Bauen beschreibt alle Maßnahmen von der Konstruktion bis zur Materialauswahl, um Schimmelpilzwachstum präventiv zu vermeiden. Dabei bedeutet »schimmelgerecht«, dass die Lebensansprüche der Pilze verstanden wurden und dies beim Baustoffdesign und bei der Konstruktion berücksichtigt wird, sodass den Anforderungen zur Vermeidung einer mikrobiellen Aktivität entsprochen wird [Me30].

8.2.1 Schimmelresistenz durch Biozideinsatz (Anti-Schimmel-Farben)

Mineralische Putze und Farben gelten nach dem Abbinden im Allgemeinen als beständig gegen Pilzbefall. Ursache dafür ist zunächst die Alkalität dieser Baustoffe, die pH-Werte um 12 und höher erreichen kann. Allerdings ist dieser Effekt nur von kurzer Dauer. Eigene Untersuchungen an Rückstellproben von Putzprüfkörpern ergaben einen Abfall von einem halben pH-Punkt innerhalb von sechs Monaten bei Lagerung im Trocknen und Dunkeln. Ursache hierfür ist die Carbonatisierung des Bindemittels. Bereits in Kapitel 2 haben wir ausgeführt, dass Pilze problemlos auch alkalische Oberflächen besiedeln können.

Organisch gebundene Beschichtungen gelten in der Regel als anfällig. Pastöse Farben und Putze können bereits beim Produktionsprozess kontaminiert und so noch vor dem Auftragen durch Bakterien und Pilze zersetzt werden. Daher wird hier immer eine Biozidausstattung zur Produktstabilität eingesetzt. Nach dem Abbinden können bereits frühzeitig Befälle auftreten – zum einen, weil der pH-Wert hier produktbedingt unter dem der mineralischen Farben und Putze liegt, zum anderen weil beim Abbindeprozess genügend organische Monomere und Additive freisetzt werden, die mikrobiell verwertbar sind [Me4]. Vergleichbares gilt auch für organische Dichtstoffe und Fugenmassen.

Die Schimmelresistenz von Putzen und Farben ist also ohne zusätzliche Maßnahmen nicht gegeben. Daher werden Bauprodukte konserviert, also mit Bioziden (aktiven Substanzen) versetzt. Die hier eingesetzten fungiziden Breitbandwirkstoffe wirken vornehmlich gegen Pilze, können aber auch gegen andere Organismengruppen effizient sein. Fungizide haben einen hemmenden oder abtötenden Effekt auf die Pilzzelle. Typische Wirkungsweisen sind die Zerstörung der Zellmembran, Hemmung der Enzym- und Stoffwechseltätigkeit, Respirationshemmung, aber auch Hemmung der Reproduktion durch Eingriff in das Erbgut. Fungizide Konservierungsmittel sind keine Desinfektionsmittel, sondern zeigen Depotwirkung. Die Wirkung erfolgt deutlich langsamer und richtet sich gegen vegetative Zellen. Sporen werden nicht abgetötet. Wenn es zur Auskeimung kommt, wird die ausgekeimte Zelle/Hyphe am weiteren Wachstum gehindert, [Br1, Me7, Me11]. Bild 8-7 zeigt mikroskopische Aufnahmen von Farben in einem Besiedlungsversuch: Die Farbprobe links reduziert effektiv das Pilzwachstum, dennoch sind einzelne Sporen ausgekeimt und haben Hyphen ausgebildet. Die rechte Probe ist stark besiedelt. Es ist keine Wachstumshemmung feststellbar. Ein mit Bioziden ausgestatteter Baustoff funktioniert als Freisetzungssystem, d.h. das Biozid wird langsam freigesetzt, verlässt die Baustoffmatrix und wandert zum Target, dem Wirkziel Zelle. Dazu muss das Fungizid gelöst werden und in gelöster Form die Zellwand passieren. Also bedarf es hierzu einer ausreichenden Wasserverfügbarkeit.

Die Freisetzung der Wirkstoffe führt gleichzeitig zu einer Verarmung der Ausrüstung im Baustoff, d.h. der Effekt ist zeitlich begrenzt. Dies kann durch Letalitätstests nachgewiesen werden. In diesem Schnelltest werden Hefezellen auf die zu testenden Farben aufgetragen und nach einer kurzen Inkubationszeit die Anzahl abgetöteter Zellen gezählt. Bild 8-8 zeigt die Abnahme der bioziden Wirkung an drei Dispersionsfarben vor und nach einer künstlichen Bewitterung. Der Wirkmechanismus der meisten Biozide beinhaltet den Verbrauch des Wirkstoffs, d.h. das Molekül geht eine feste Verbindung mit

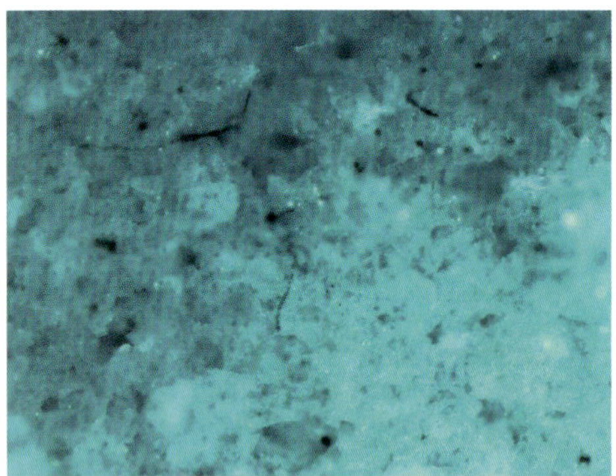

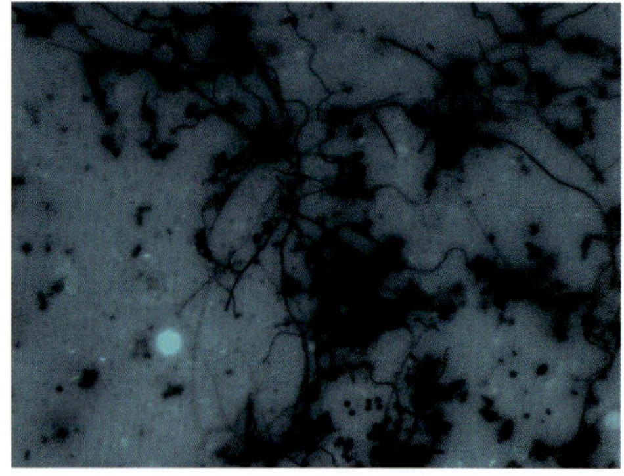

Bild 8-7: Die Effizienz von Anti-Schimmel-Farben ist abhängig vom eingesetzten Biozid, aber auch vom Bindemittel. In beiden abgebildeten Beispielen kam es zum Auskeimen der Sporen. Allerdings wird das Wachstum auf der linken Probe deutlich reduziert, rechts geht das Wachstum ungestört weiter (Epifluoreszenzmikroskopie mit 100-facher Vergrößerung, UV-Anregung).

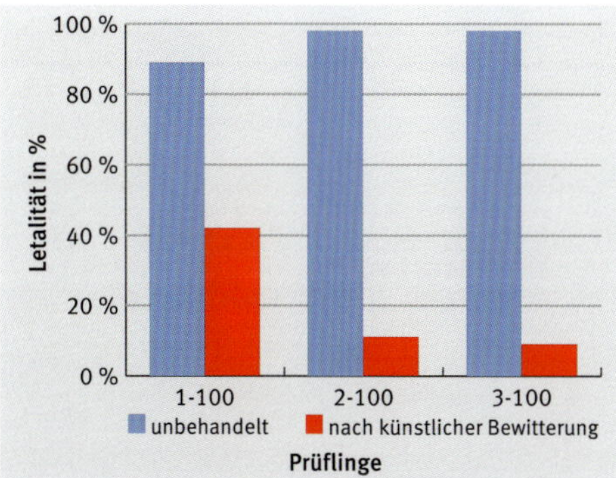

Bild 8–8: Ergebnisse von Letalitätstests (Letalitätsrate in %) an drei verschiedenen Farben mit gleicher biozider Ausstattung, aber unterschiedlichen Bindemitteln. Die biozide Wirkung nimmt bei allen Farben mit zunehmender Bewitterung im Vergleich zu frischen Oberflächen rapide ab.

dem Target ein und steht nach dem Abtöten der Zelle nicht mehr zur Verfügung [Br1]. Auch eine übermäßige Freisetzung durch erhöhte Feuchtelasten, z. B. an der Fassade durch Niederschlag, führt zur Auswaschung (Leaching) der Wirkstoffe. Dieser Effekt kann durch bestimmte Verankerungen oder Verkapselungen der Biozide in der Baustoffmatrix minimiert werden. Unterbunden werden darf das Leaching nicht, denn dann gelangen keine Moleküle mehr zur Zelle und die antimikrobielle Wirkung ist trotz des Wirkstoffgehalts nicht mehr gegeben [Me11].

Vorteil von biozid ausgestatteten Baustoffen ist ihre Wirksamkeit unter Feuchtelast. Genau genommen wirken sie *nur* unter feuchten Bedingungen. Sie können daher in wiederholt oder dauerhaft nassen Bereichen eingesetzt werden.

Nachteil ist, dass viele der eingesetzten aktiven Substanzen in die Raumluft übergehen und sensibilisierend wirken. Die Wirkung ist zudem begrenzt, der Anstrich oder die Fuge muss regelmäßig erneuert werden.

Im Endeffekt ergibt sich daraus die Empfehlung, Anti-Schimmelfarben nur da einzusetzen, wo mit einer wiederkehrenden Feuchtelast zu rechnen ist, die weder konstruktiv noch materialtechnisch vermieden werden kann. In dauerhaft genutzten Innenräumen, in Schulen und Kindergärten sollten diese Farben generell nicht angewendet werden. Im Lebensmittelbereich und Hygienic Design sind Biozide freisetzende Beschichtungen aufgrund möglicher Lebensmittelkontaminationen nicht zulässig [EHEDG, Do8]. Aktuelle Anwendungen im Klinikbereich sind als kritisch zu bewerten; ein signifikant hemmender Einfluss auf die Verbreitung multiresistenter Keime konnte bisher nicht nachgewiesen werden [Br2].

Abschließend ist noch darauf hinzuweisen, dass die in Anti-Schimmelfarben eingesetzten aktiven Substanzen wie Desinfektionsmittel nach Biozid-Verordnung zugelassen sein müssen [EU582].

8.2.2 Photokatalytisch aktive Farben und Putze

Photokatalytisch aktive Baustoffe enthalten keine aktiven Substanzen, erzeugen aber reaktive Sauerstoffspezies. In Kontakt mit dem Photokatalysator (Halbleiter wie Titandioxid in der Modifikation Anatas, Zinkoxid oder auch Aluminiumoxid) reagieren der Luftsauerstoff und Wasser unter dem Einfluss von UV-Licht zu freien Radikalen, die dann einen antimikrobiellen Effekt zeigen. Eine bevorzugte Reaktion ist hierbei die Bildung des OH-Radikals. Damit ist die Wirkung vergleichbar mit der von Wasserstoffperoxid, d. h. unspezifisch und oxidierend. Im besten Falle werden der Theorie zufolge organische Verbindungen bis zum Kohlendioxid aufoxidiert. Ein Nebeneffekt ist, dass dabei eine Hydrophilisierung der Oberfläche stattfindet. Oberflächen mit photokatalytischer Ausstattung werden

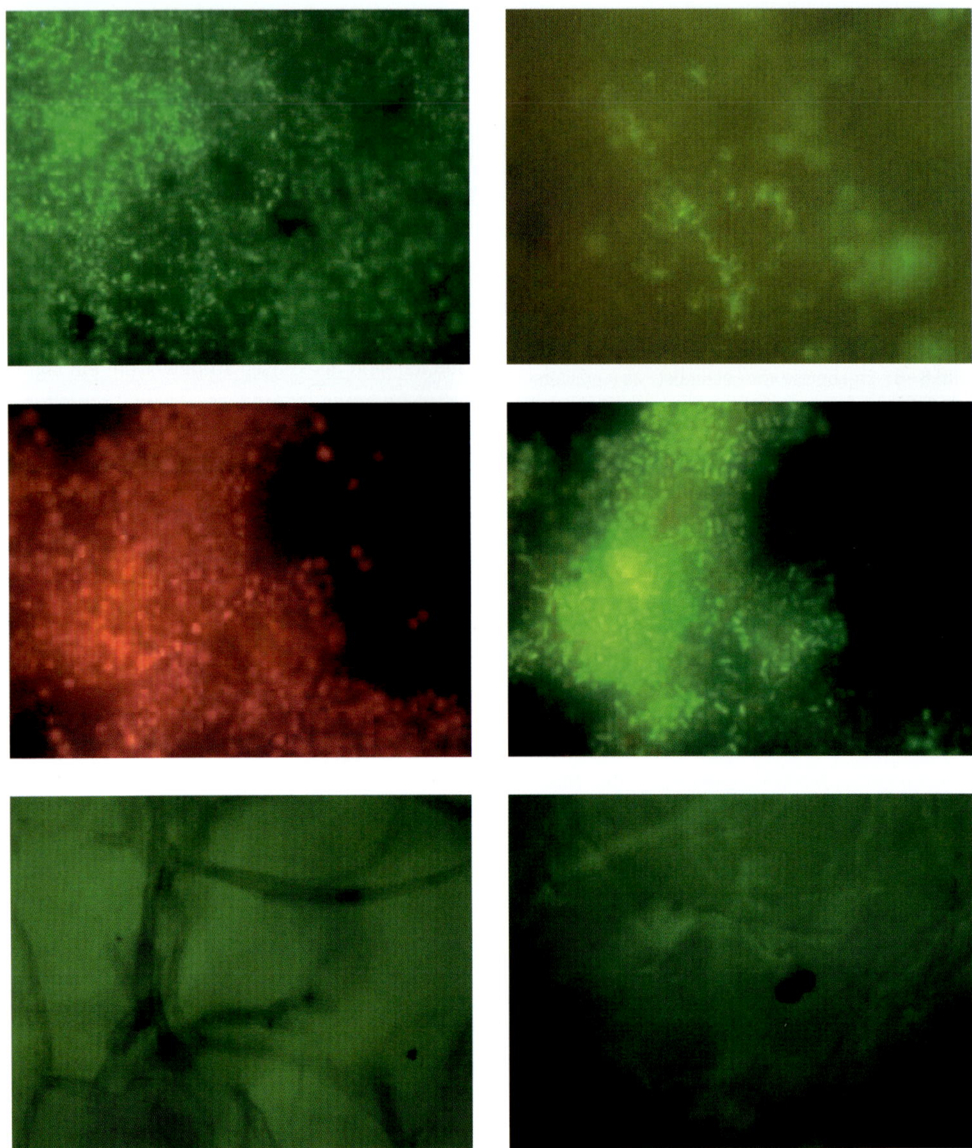

Bild 8-9: Photokatalytisch aktive Beschichtungen im Test: Gezeigt werden Tests gegen Bakterien, Algen und Pilze. Reihe 1: Die Bakterien auf der Kontrollprobe links sind gut gewachsen, die bestrahlte Probe hingegen zeigt eine deutlich reduzierte Biomasse (Baclight, Blauanregung, 600-fache Vergrößerung). Reihe 2: Algen werden im Bestrahlungsversuch abgetötet, jedoch wird die Biomasse nicht reduziert (Sytox, Blauanregung, 600-fache Vergrößerung). Reihe 3: Aufgrund der dicken Zellmembran bei Schimmelpilzen hat der Photokatalysator keine Wirkung, der DEAD-Sensor-Sytox kann die Zellen nicht anfärben, wie bei den Algen beobachtet wurde (Sytox, Blauanregung, 600-fache Vergrößerung).

daher auch als *Easy-to-clean* bezeichnet. Der Photokatalysator zersetzt sich dabei nicht, der Effekt kann quasi lebenslang abgerufen werden [Me7, Me14, Ti1].

Photokatalytische Beschichtungen konnten insbesondere als lufterfrischende Beschichtungen punkten, z. B. konnte damit in Raucherkneipen nachweislich der Nikotingeruch reduziert werden. Bei komplexer aufgebauten Molekülen kam es aber zur Bildung von Zwischenprodukten mit erheblicher Geruchsentwicklung.

Auf diese Weise können auch Mikroben angegriffen werden (Bild 8-9). Bei Bakterien kann es sogar bis zum vollständigen Abbau der Zellen kommen. Bei Algen konnte eine letale Wirkung nachgewiesen werden. Ein Abbau der Algenbiomasse blieb jedoch aus. Auf Pilze konnte keine Wirkung festgestellt werden. Im Gegenteil: In einem Besiedlungsversuch mit Bakterien auf beschichteten Prüfkörpern konnte abweichend sogar eine Provokation von Schimmelpilzwachstum beobachtet werden. Durch den Abbau der Bakterienbiomasse, die natürlich nicht so einfach als Kohlendioxid verschwindet, wurden durch den Photokatalysator kleinste Biomassehäppchen erzeugt, die durch Pilze hervorragend verstoffwechselt werden können. Auch in Freibewitterungsversuchen wurde dieser Effekt beobachtet, generell wurden längere bewuchsfreie Zeiträume detektiert. Kam es jedoch zu einem Befall, so war er stärker ausgeprägt als auf den Referenzproben [Wa3].

Vorteil der photokatalytisch aktiven Beschichtungen ist der Langzeiteffekt des Photokatalysators. Der Effekt ist auch bei normaler Raumluftfeuchte abrufbar. Im Innenraum werden speziell dotierte Katalysatoren eingesetzt, um bei der geringeren UV-Strahlung im Innenraum dennoch wirkungsvolle Ausbeuten an Radikalen zu erzeugen.

Nachteil ist, dass die Wirkung unspezifisch ist, sich also auch gegen die organischen Bestandteile der Baustoffe oder anderer Kunststoffe im Innenraum richtet. Zudem wirken jeweils nur Formulierungen mit Nanopartikeln photokatalytisch, was zu Gesundheitsbedenken geführt hat. Titandioxid-Nanopartikel wurden durch die International Agency for Research on Cancer (IARC) in die Kategorie 2B eingestuft und stehen im Verdacht, bei Inhalation krebserregend zu sein.

Zudem ist noch nicht abschließend geklärt, ob der physikalische Effekt der Photokatalyse auch als biozide Wirkung einzustufen und damit zulassungspflichtig ist. Nanopartikel müssen gesondert zugelassen werden, selbst wenn für die aktive Substanz bereits eine Zulassung erteilt wurde [EU528].

8.2.3 Kapillaraktive Baustoffe

Es stellt sich die Frage, was es nun mit dem guten alten Kalkputz oder der Silikatfarbe auf sich hat, wenn es letztlich doch nicht der pH-Wert ist, der befallsvermeidend wirkt? Es ist ihre Eigenschaft, Feuchte zu binden und damit den Mikroorganismen zu entziehen. Diese wichtige Eigenschaft soll nun vertiefend betrachtet werden.

Wasser ist der Masterfaktor für mikrobielle Aktivität schlechthin. Keine andere, ökophysiologisch wirksame Einflussgröße dominiert derart weitreichend mikrobielle Prozesse wie Keimung, Wachstum, Stoffwechsel und Fortpflanzung. Doch nicht nur die Mikrobiologie, sondern auch Salzbildung und chemische Reaktionen sind elementar an die Verfügbarkeit von Wasser gebunden. Soll beurteilt werden, ob feuchteadaptive Baustoffe derartige Prozesse beeinflussen, hemmen oder gar vermeiden, geht dies nicht ohne die Betrachtung hygrothermischer

Prozesse. Dabei wird sowohl im Labor als auch auf der Baustelle als messbares Bewertungskriterium die Wasseraktivität a_W herangezogen.

Die Wasseraktivität beeinflusst nicht nur mikrobielle Aktivität und Wachstumsprozesse, sondern alle Prozesse, die durch das chemische Potenzial bestimmt sind, und damit auch Phasenübergänge und Diffusion, wie bei der Bauteiltrocknung bereits beschrieben.

Wasser ist nicht gleich Wasser, es muss in freier Form vorliegen. »Freies« Wasser bedeutet in diesem Fall, es hat die gleichen physikalischen Eigenschaften wie reines Wasser. Freies Wasser ist notwendig, damit Nährstoffe und Metabolite, aber auch Gase Zellmembranen passieren können. Der Wasserbedarf von Mikroorganismen ist artspezifisch [Pi1, Me30]. Als Maß für diesen Wasserbedarf wird die Wasseraktivität a_W angegeben, vereinfacht dargestellt in der Formel

$$a_W = \text{rel. Feuchte } (\%)/100\,\%$$

Es kann als grobe Vereinfachung angenommen werden, dass im Gleichgewichtszustand die relative Feuchtigkeit der Raumluft in etwa dem a_W-Wert des Bauteils entspricht, da ein bestehendes Dampfdruckgefälle durch Wasserdampfdiffusion ausgeglichen wird. Das gilt für einen theoretischen Baustoff ohne Porenraum, ohne Grenzflächen und ohne jedwede Wechselwirkung mit Wassermolekülen. Bei einfachen bauphysikalischen Berechnungen wird von diesen Annahmen ausgegangen [Lo1]. Berechnungen zur Ermittlung der Tautemperatur an der Bauteiloberfläche oder an Grenzflächen geben hierbei also die relative Luftfeuchtigkeit an der Bauteiloberfläche bzw. Grenzfläche wieder, jedoch nicht den a_W-Wert des Baustoffs. Von Bedeutung sind diese Berechnungen dennoch, da sie beschreiben, welches Feuchtereservoir dem Baustoff zur Verfügung steht.

Die Wasseraktivität wird jedoch nicht ausschließlich von der Wasserdampfdiffusion bestimmt. Die Verfügbarkeit von freiem Wasser im Baustoff ist abhängig von den Stoffeigenschaften wie Zusammensetzung, Kapillarität und Schichtung. Dabei kann Wasser durch Kapillarkräfte absorbiert, durch Adhäsion an Moleküloberflächen, durch Adsorption an Grenzflächen physikalisch oder als Kristallwasser chemisch gebunden werden. Derart fixiertes Wasser leistet zwar einen entscheidenden Beitrag zur Gesamtwasseraufnahme, steht aber nicht als freies Wasser zur Verfügung und wird auch nicht als freies Wasser erfasst [Lo1, In1]. In Bild 8-10 ist schematisch dargestellt, wie man sich die Wasseraktivität und die mit diesem Begriff verbundenen physikalischen Vorgänge vorstellen kann.

Baustoffe können bei gleicher Temperatur zwar den gleichen Wassergehalt, aber unterschiedliche a_W-Werte aufweisen. Umgekehrt kann von gleichen a_W-Werten bei konstanter Temperatur nicht auf den Wassergehalt geschlossen werden. Im Vergleich zur relativen Feuchte kann die Wasseraktivität bei Temperaturanstieg sowohl zunehmen als auch abnehmen. Dieser Effekt ist physikalisch bedingt und kann zudem als Bewertungskriterium für Baustoffeigenschaften genutzt werden [Me25, Me30].

Ein Zusammenhang zwischen dem Absolutwassergehalt an sich und der Wasseraktivität a_W besteht nicht, denn Letztere wird durch die innere Struktur der Baustoffe bestimmt, d. h. durch die zur Verfügung stehenden inneren Porenräume und das Partialdruckverhältnis (Gradient) korrespondierender Dampfvolumina [In1, At1].

Die Wasseraktivität ist also nicht mit der Gleichgewichtsfeuchte identisch, nicht einmal im Gleichgewichtszustand. Nach Lohmeyer et al. ist die Ausgleichs- bzw. Gleichgewichtsfeuchte

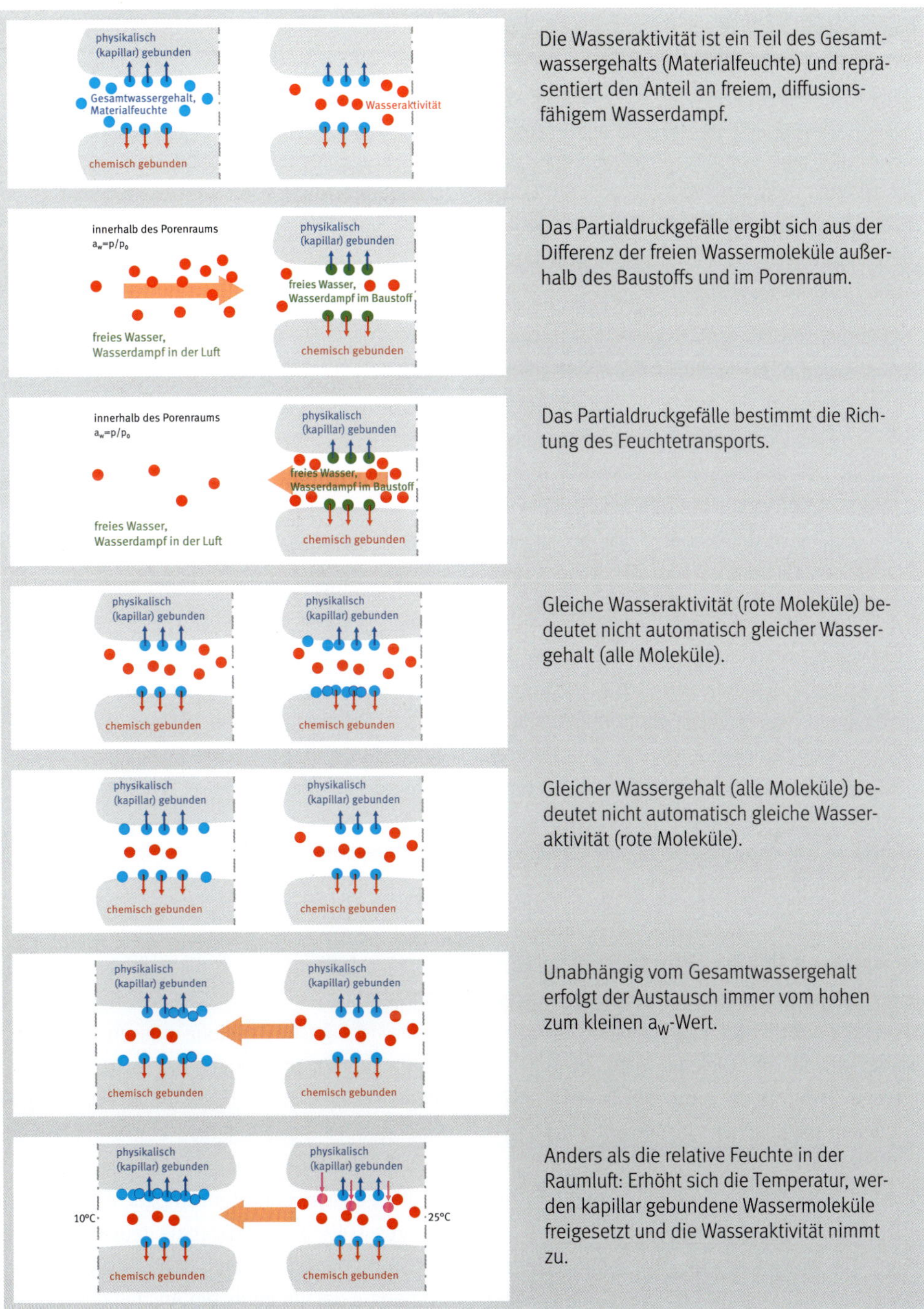

Bild 8-10: Wasseraktivität in porösen Baustoffen

a_W-Wert und Kapillaraktivität

Die Wasseraktivität stellt ein Maß für den Energiestatus des Wassers in einem System dar. Über die Temperaturabhängigkeit des a_W-Wertes können deshalb der Bindungszustand und damit auch die feuchteadaptiven Eigenschaften eines Baustoffs identifiziert und beschrieben werden.

Gelangen die Wassermoleküle aufgrund eines Wasserdampfdruckgefälles in den Baustoff, kollidieren sie mit freien Bindungspunkten an inneren Oberflächen. Bei kapillaraktiven bzw. kapillarporösen Baustoffen mit großen inneren Oberflächen werden besonders viele Moleküle adsorbiert. Dabei geben sie ihre kinetische Energie ab und die Adsorptionsenergie wird freigesetzt (4 bis 40 kJ/mol).

Die dabei entstehenden physikalischen Bindungen beruhen auf Van-der-Waals-Wechselwirkungen. Physikalisch gebundene Moleküle haben keinen Anteil an der Wasseraktivität. Diese Bindung ist jedoch reversibel, es muss lediglich Energie zugeführt werden, in der Regel in der Größenordnung der Bindungs- bzw. Adsorptionsenergie. Das geschieht bei Temperaturerhöhung. Um 1 mol Wassermoleküle wieder abzulösen, wird eine Temperaturerhöhung von maximal 9 K benötigt.

Mit der Desorption, also der Freigabe der physikalisch fixierten Wassermoleküle, erhöht sich der Partialdampfdruck und die Wasseraktivität im kapillaraktiven Baustoff steigt an [Lo1, In1, At1]. Wird also in einem wasserdampfdichten geschlossenen Prüfsystem bei einer Temperaturerhöhung von 10 K ein höherer a_W-Wert gemessen, so ist dies ein zweifelsfreies Indiz für einen kapillaraktiven Baustoff.

Der Gesamtwassergehalt spielt hierbei keine Rolle, vielmehr »wandert« das freie Wasser von Bereichen mit hohem a_W-Wert zu Bereichen mit niedrigem a_W-Wert, aber durchaus in Richtung höherer Wassergehalte, solange nur genug Platz im Porenluftvolumen ist und es nicht unterwegs durch bindungsaffine Oberflächen und Kapillaren zurückgehalten wird

der Wassergehalt, der sich im Baustoff bei konstanter Temperatur und Luftfeuchtigkeit einstellt, wenn alle Gradienten ausgeglichen sind, die Wasseraktivität im Gleichgewichtszustand sei hingegen lediglich der Anteil des freien Wassers an diesem spezifischen Wassergehalt [Lo1, At1].

Die Wechselwirkungen des Wassers mit dem Baustoff unter Temperatureinfluss ergeben zum einen den Gesamtwassergehalt und zum anderen die Wasseraktivität. Wie sich dabei die Wasseraktivität verhält, ist baustoffabhängig, was Grundvoraussetzung für die Entwicklung feuchteadaptiver und kapillaraktiver Baustoffe ist [Me30].

Praxistaugliche Baustoffe müssen schnell und effektiv auf Veränderungen der Raumluftfeuchte reagieren. Bezogen auf die Kondensatbildung in Innenräumen bedeutet dies eine Adaption an hohe Luftfeuchten über einen längeren Zeitraum bei nur geringen Entlastungsmöglichkeiten (kurzzeitiges Lüften). Der optimale feuchteadaptive Baustoff zeigt hierbei eine hohe Gesamtwasseraufnahme bei nur geringem Anstieg der Wasseraktivität (Bild 8-11). Dabei sollte der Ausgleich mit der Umgebungsfeuchte sehr langsam vonstattengehen, d.h. der Zeitpunkt des Erreichens kritischer Wasseraktivitäten im Baustoff sollte möglichst lang hinausgezögert werden. Je nach Zusammensetzung und Struktur des Baustoffs kann das Erreichen kritischer Wasseraktivitäten um mehrere Stunden verzögert werden. Auch die Rücktrocknung (Entlüftung) ist von Bedeutung. Hier sollte der optimale Baustoff schnell einen unkritischen a_W-Wert erreichen und gleichzeitig einen reduzierten Gesamtwassergehalt aufweisen. Untersuchungen haben gezeigt, dass bei ausreichendem Gradienten (hinreichend trockener Luft) innerhalb einer Stunde unkritische Werte erreicht wurden [Me 30].

In zyklischen Belastungstests zeigte sich jedoch, dass bei dauerhaft hoher Feuchtebelastung die Rücktrocknung nicht mehr ausreichend stattfinden konnte, sondern sowohl der Gesamtwassergehalt der Baustoffe als auch die Wasseraktivität mit einiger Verzögerung in kritische Bereiche anstieg und in kurzen Entlastungsphasen nicht mehr gesenkt werden konnte. Bild 8-12 zeigt den Verlauf der Wasseraktivität und des Wassergehalts in einem Langzeitversuch. Es ist erkennbar, dass die Wasseraktivität, aber auch der Wassergehalt mit jedem Belastungszyklus zunimmt, da die Entlastung durch Lüftung nicht ausreicht. Es darf also nach wie vor nicht auf das Lüften verzichtet werden.

Durch den Einsatz von kapillaraktiven Baustoffen ist es also möglich, freies, mikrobiell verfügbares Wasser aus der Raumluft im Baustoff physikalisch zu binden, sodass mikrobielles Wachstum minimiert werden kann, denn nur freies, weder chemisch noch physikalisch gebundenes Wasser leistet einen Beitrag zur Wasseraktivität. Kritische Feuchtelasten können bis zu einem Tag durch feuchteadaptive Baustoffe aufgefangen werden, allerdings nicht unter Dauerlast. Damit entlässt der Einbau feuchteadaptiver Baustoffe nicht aus der Verantwortung des Wohnungslüftens.

8.2.4 Schimmelgerechtes Bauen

Die Ausführungen zeigen, dass Schimmelresistenz nur ein temporärer Zustand ist und nur

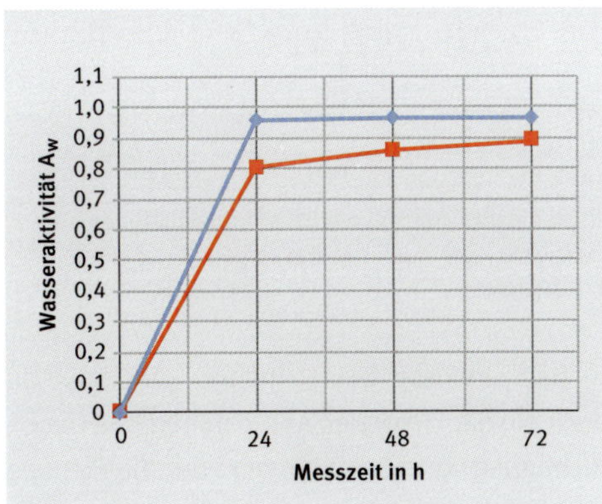

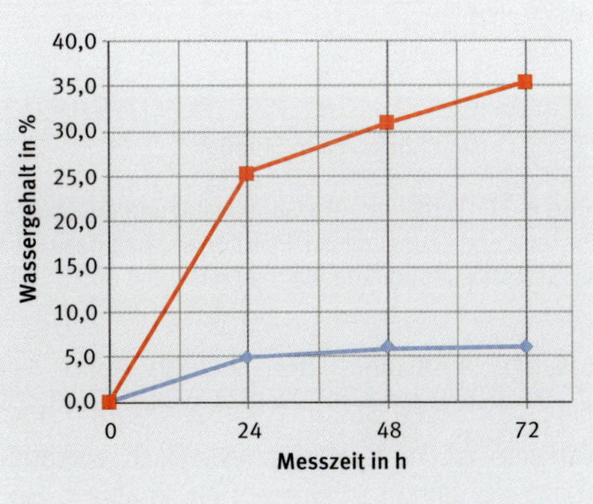

Bild 8-11: Wasseraktivität und Wasseraufnahme bei kapillaraktiven Baustoffen: Vorgegeben ist eine relative Feuchte von 97 %. Es wird gemessen, wie schnell die Wasseraufnahme erfolgt und wie sich dabei der a_W-Wert entwickelt. Der rote Baustoff nimmt fast 5-mal soviel Wasser auf wie der blaue, bleibt aber in der Wasseraktivität deutlich länger unterhalb kritischer Werte. Das Schimmelkriterium von 0,8 wird 4 Stunden später erreicht.

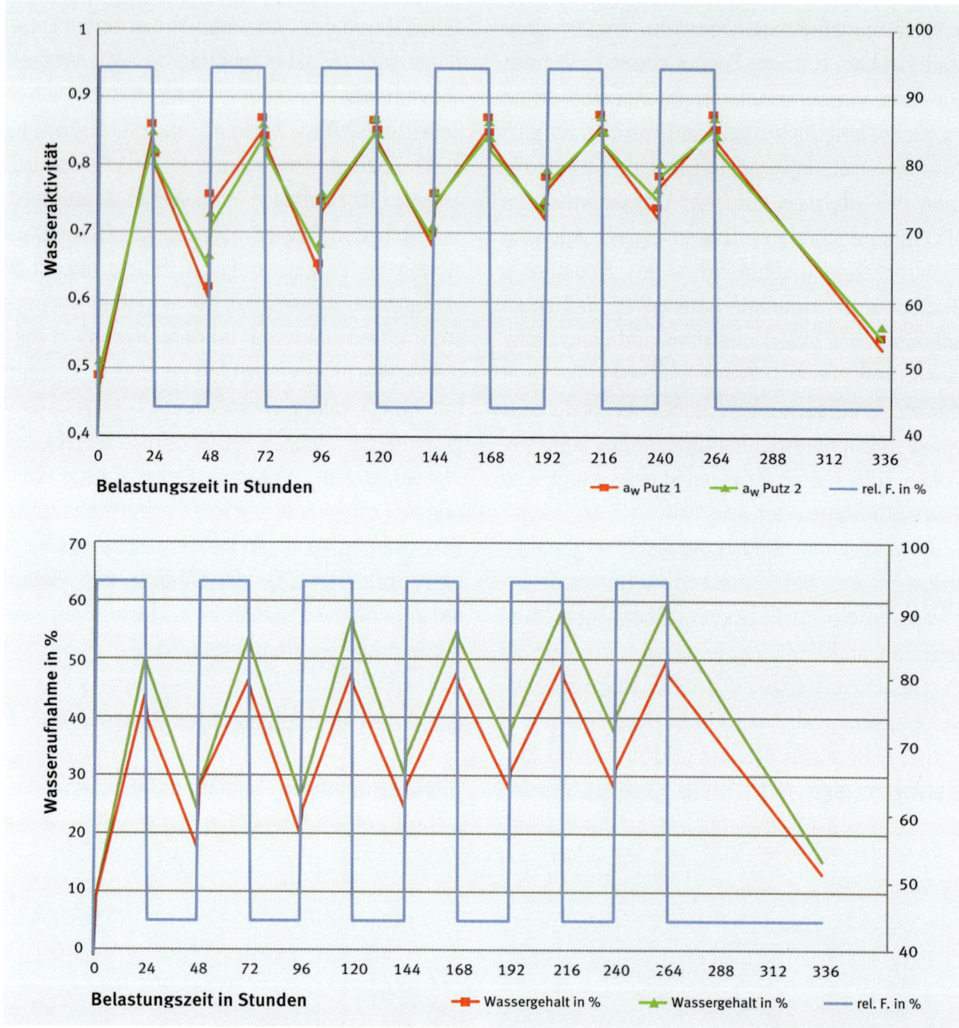

Bild 8-12: Verlauf der Wasseraktivität und des Wassergehalts in einem Langzeitversuch mit regelmäßigen Be- und Entlastungszyklen. Es ist erkennbar, dass die Wasseraktivität, aber auch der Wassergehalt mit jedem Belastungszyklus zunimmt, da die Entlastung durch Lüftung nicht ausreicht.

solange aufrechterhalten werden kann, wie eine biozide Ausstattung vorhanden und auch wirksam ist, oder aber physikalisch wirkende Baustoffe ein Milieu bilden, in dem eine Feuchteabgabe möglich ist. Neben der schimmelgerechten Materialauswahl muss aber auch feuchtegerecht konstruiert und gebaut werden.

Das umfasst beim Thema Wiederaufbau auch die flankierenden Maßnahmen, wie die Ertüchtigung von Abdichtungen oder die Planung von Dämmmaßnahmen. Wichtig ist, Baustoffe und Bauprodukte so einzusetzen, dass keine Situationen auftreten, die neues Schimmelwachstum fördern.

Bei der Auswahl ist daher zu beachten, ob der ausgewählte Baustoff überhaupt zu der erwarteten Feuchtelast und der Nutzung passt. Ein paar Beispiele:

Der feuchte Keller kann, wenn er lediglich zur Lagerung verwendet wird, mit einer Anti-Schimmel-Farbe versehen werden. In Wohnräumen sollte auf Farben mit bioziden Zusätzen verzichtet werden.

Bei Wohnräumen mit moderaten Feuchtelasten und üblicher Nutzung sind mineralische Farben und Putze auf Kalk- und Silikatbasis geeignet, um ein angenehmes Wohnklima zu erzeugen.

Auch Lehmputze und Wandbekleidungen aus Holz sind dafür geeignete Bauprodukte und nach der am Anfang dieses Kapitels angegebenen Terminologie als schimmelfest zu bezeichnen. Kommt es jedoch bei der Einbausituation zu erhöhten Feuchtelasten, die nicht kontrolliert und ggf. abgeführt werden, bilden sie ein hervorragendes Substrat für Schimmelpilze. Bei üblicher Belastung überwiegen aber die feuchteadaptiven Eigenschaften.

Wohnräume mit periodisch auftretenden erhöhten Feuchtelasten können mit Dickschichtsystemen (Dickbeschichtungen, Streichputze) mit kapillaraktiver Wirkung ausgestattet werden. Dabei handelt es sich um pastöse Produkte, die mit einer Topfkonservierung ausgerüstet sind. Daher kann nach Auftragen der Putze eine erhöhte Konzentration der aktiven Substanzen in der Raumluft nachweisbar sein, die beim Menschen Befindlichkeitsstörungen auslösen kann.

Soll eine kapillaraktive Wirkung mit einer Erhöhung der Oberflächentemperatur einhergehen, so werden häufig Calciumsilikatplatten und feuchteadaptive Klimaplatten eingesetzt. Allerdings handelt es sich hierbei bauphysikalisch gesehen um Innendämmungen mit den bereits ausgeführten hohen Ansprüchen an die Planung und Ausführung.

Kurz wiederholt

Hohe pH-Werte bieten keinen Schutz vor Schimmelpilzbefall. Die Pilze passen ihren Stoffwechsel und ihre Morphologie der Alkalität der Baustoffe an. Unter Umständen führt das dazu, dass hohe Zelldichten bei unauffälligem Befallsmuster anzutreffen sind [Me29].

Fungizid ausgestattete Baustoffe entfalten ihre Wirkung als Freisetzungssysteme nur unter Feuchtelast. Ihre Anwendung ist daher nur dann sinnvoll, wenn aufgrund nicht zu beseitigender Umstände immer wieder hohe Feuchtelasten auftreten. Allerdings verbrauchen sich die Fungizide während ihrer Aktivität, d.h. der Schutz ist nur temporär [Me11, Me17].

Photokatalytische Innenbeschichtungen sind gut geeignet, um Gerüche abzubauen. Als Hygienebeschichtungen können sie wirksam gegen Bakterien sein. Eine Wirkung gegen Pilze ist nicht gegeben, es kann sogar sein, dass durch den Abbau von organischen Stoffen Pilzwachstum gefördert wird, da mehr Nährstoffe bereitstehen [Wa3, Ti1].

Kapillaraktive und feuchtepuffernde Baustoffe können das Zeitfenster bis zum Schimmelpilzbefall verschieben, allerdings nicht beliebig lange und schon gar nicht ohne Regeneration der feuchtepuffernden Eigenschaften. Ohne Lüften ist ein Versagen vorprogrammiert [Me25, Me30].

8.3 Lüftung

Das Thema Lüftung spielt immer eine bedeutende Rolle, selbst wenn wir hochmoderne feuchtepuffernde Baustoffe einsetzen. Es ist ein sehr umfangreiches und anspruchsvolles Thema, das hier nur angerissen werden soll.

Die Erstellung eines Lüftungskonzepts nach DIN 1946-6 wird nach einer Sanierung notwendig, wenn ein Drittel der Fenster ausgetauscht oder andere bauphysikalisch wirksame Eingriffe vorgenommen wurden, die das Gebäudeklima betreffen. Gerade beim Verarbeiten feuchteadaptiver und kapillaraktiver Baustoffe ist es hilfreich, den Nutzer über richtiges Lüften aufzuklären, damit die in den Baustoffen gespeicherte Feuchtigkeit wieder abgeführt wird.

8.3.1 Möglichkeiten der Raum- und Gebäudelüftung

Sowohl im Sinne des Feuchteschutzes, aber auch aus hygienischen Gründen muss sichergestellt werden, dass die Raumluft regelmäßig ausgetauscht wird, um Feuchtigkeit, aber auch Schadstoffe und angereicherte Gase wie Kohlendioxid abzuführen und durch frische Luft zu ersetzen [UBA2017].

Ist die Luftdichtheit eines Gebäudes so hoch, dass der notwendige Volumenstrom zum Feuchteschutz nicht mehr durch eine natürliche Infiltration durch Undichtigkeiten sichergestellt ist, muss ein Lüftungskonzept erstellt werden. Für Neubauten müssen in diesen Fällen in der Regel lüftungstechnische Maßnahmen geplant werden. Für unsanierte, undichte Gebäude erfolgt eine solche Planung meist erst nach Modernisierungsmaßnahmen [DIN 1946-6, Na1].

Bei der Planung sind vier Lüftungsstufen nachzuweisen. Neben der Lüftung zum Feuchteschutz (FL) sind das eine reduzierte Lüftung zur Gewährleistung der Mindesthygieneanforderungen (RL), die Nennlüftung (NL) bei der Anwesenheit der Nutzer (und den damit verbundenen zusätzlichen Feuchtelasten) und die Intensivlüftung bei Spitzenbelastung (IL). In der Realisierung unterscheidet man dann zwischen freier und ventilatorgestützter Lüftung. Die Lüftungssysteme werden in DIN 1946-6 nach dem Wirkprinzip systematisiert (Tabelle 8.1).

Die freie Lüftung nutzt natürliche Druckunterschiede zum Luftaustausch, die durch Wind (Luv, Lee) und oder Temperaturströmungen ausgelöst werden. Dazu werden auf manuellem Wege Fensteröffnungen genutzt oder Luftschächte eingebaut. Luftschächte finden sich häufig in Altbauten in innenliegenden Bädern oder Küchen.

Wird manuell über die Fenster gelüftet, so ist eine Stoßlüftung gegenüberliegender Fenster (Querlüftung) am effektivsten. Möglich ist aber auch eine Passivlüftung durch am Fenster eingebaute regelbare Schlitze.

Eine freie Lüftung hat den Nachteil, dass je nach Wetterlage, Windverhältnissen, aber auch baulichen Gegebenheiten der Luftwechsel unkontrolliert erfolgt und nicht gesteuert werden kann.

Ventilatorgestützte Lüftungssysteme werden in Abluftsysteme, Zuluftsysteme und kombinierte Zu- und Abluftsysteme unterteilt. Dabei sind einfache mechanische Lüftungseinrichtungen bis hin zu komplexen raumlufttechnischen Anlagen mit Wärmerückgewinnung möglich.

Einfache ventilatorbetriebene Abluftanlagen sind meist in Bädern zu finden und saugen über einen Ventilator, der an den Lichtschalter gekoppelt ist, die feuchte Luft ab. Der dabei ent-

Lüftungskonzept	Wirkungsprinzip	Lüftungsstufen
(Infiltration)	kein Lüftungskonzept nach DIN 1946-6	–
Freie Lüftung	Querlüftung (Feuchteschutz)	FL
	Querlüftung	FL, RL, (NL)
	Schachtlüftung	FL, RL, (NL)
Ventilatorgestützte Lüftung	Abluftsystem	FL, RL, NL, (IL)
	Zuluftsystem	FL, RL, NL, (IL)
	Zu- und Abluftsystem	FL, RL, NL, (IL)

Tabelle 8.1 Systeme der Wohnungslüftung nach DIN 1946-6

stehende leichte Unterdruck sorgt dafür, dass frische Luft aus natürlichen Undichtigkeiten der Gebäudehülle oder aber über Außenluftdurchlässe nachströmt. Um Feuchtigkeit auch bei Spitzenbelastungen abführen zu können, sind mehr oder weniger aufwendig gestaltete, sensorgesteuerte Abluftanlagen zu bevorzugen, die den Lüfterbetrieb überwachen und die Laufzeit regeln.

Zuluftsysteme werden nicht mehr empfohlen [Na1].

Zu- und Abluftsysteme werden auch als raumlufttechnische Anlagen (RLT-Anlagen) bezeichnet. Üblicherweise sind diese Anlagen mit einer Wärmerückgewinnung ausgestattet. Der Austausch der Innenraumluft erfolgt automatisch und nutzerunabhängig, kann jedoch über Sensoren an die jeweiligen Nutzungsbedingungen sowie saisonale Aspekte (Heizperiode) angepasst werden.

8.3.2 Wartung

Lüftungssysteme bedürfen zur Aufrechterhaltung einer fehlerfreien Funktion regelmäßiger Kontrollen und Wartung. Die Prüfungen sollten von speziell geschultem Personal vorgenommen werden. Geregelt ist dies in der VDI-Richtlinie 6022 Blatt 1, *Hygieneanforderungen an Raumlufttechnische Anlagen und Geräte*. Neben Regelungen und Vorgaben zur Planung, Inspektion und Reinigung enthält die Richtlinie in Tabelle 9 eine Bewertung der Mikrobiologie. Geprüft wird hierbei durch Abklatschproben, ob ein hygienisch bedenklicher Zustand vorliegt, der ein sofortiges Handeln (Reinigung und Desinfektion) erfordert; zudem wird damit die Qualität einer Reinigungsmaßnahme überprüft.

Das Prüfverfahren der VDI-Richtlinie inklusive der in der Tabelle 9 hinterlegten Bewertungsgrundlage ist nur für die Kontrolle von Lüftungssystemen anwendbar. Ein grober Fehler wäre es, diese Kriterien für die Bewertung von Schimmelpilzbefällen in Innenräumen oder gar als Ausbaukriterium für Estrichdämmschichten heranzuziehen. Wie beim Nachweis und bei der Bewertung von Schimmelschäden vorzugehen ist, wurde in den Kapiteln 5 und 6 ausführlich besprochen.

9 Berichte schreiben, Gutachten lesen

Schimmelgutachten werden von Sachverständigen erstellt und gehören nicht in den Aufgabenbereich von Sachkundigen. Oftmals müssen jedoch auch Sachkundige im Rahmen ihrer Tätigkeit den Zustand, Messergebnisse, Sanierungsempfehlungen oder bei der Sanierung durchgeführte Tätigkeiten schriftlich dokumentieren. Ebenso müssen Ausführende anhand von Gutachten oder Prüfberichten ein Sanierungskonzept erstellen können. Grundkenntnisse über den Aufbau, die wesentlichen Inhalte und die Bedeutung von Prüfberichten gehören deshalb zum Handwerkszeug des Sachkundigen. Im Folgenden wird erklärt, wie ein verständlicher Baustellenbericht erstellt wird und woran unseriöse Gutachten erkannt werden.

Vorweg: In einem Gutachten oder einem Baustellenbericht muss ein Bauschaden beschrieben werden. Auch beim Thema Schimmel werden Innenraumquellen und Bauschäden gesucht, dokumentiert und beseitigt. Sachkundige machen jedoch weder eine umweltmedizinische noch eine juristische Beratung. Daher ist es zwingend notwendig, die Dokumentationen auch auf das zu beschränken, was den Kern der Tätigkeit eines Sachkundigen ausmacht [Le2, UBA2017]. Aus diesem Grund gehören die folgenden beiden Punkte ausdrücklich **nicht** in diese Ausführungen:

1. Dossiers darüber, wo Schimmelpilze üblicherweise vorkommen. Es spielt keine Rolle, ob Schimmelpilze üblicherweise im Kompost oder im Blumentopf wachsen, wenn sie an der Wand zu finden sind. Ursache für den Schimmelschaden ist nicht der Blumentopf, sondern der Feuchteschaden.
2. Dossiers über Erkrankungen und Toxine der nachgewiesenen Schimmelpilze oder gar Verallgemeinerungen, ohne dass überhaupt eine Gattungsbestimmung vorgenommen wurde. Selbstverständlich sollte die hygienische Situation bei Schimmelschäden nicht verharmlost werden. Es genügt aber ein Verweis auf das im »Schimmelleitfaden« [UBA2017] dargelegte Vorgehen bei übermäßigem Schimmelwachstum, das der Sachkundige anzuwenden versteht [Le2].

9.1 Anforderungen an Baustellenprotokoll, Bericht und Gutachten

Da es keinerlei Vorschriften gibt, wie Baustellenberichte oder Messprotokolle aussehen müssen, kann jeder Sachkundige die Form wählen, die ihm zweckmäßig erscheint. Möglich sind Stichpunkte, Tabellen oder ausformulierte Texte, wobei knappen, aussagekräftigen Darstellungen der Vorzug zu geben ist.

Egal wie ausführlich das Dokument gestaltet wird, es muss für Laien nachvollziehbar und sprachlich wie inhaltlich verständlich sein, aber auch durch Fachleute überprüft werden können. Der Bericht muss systematisch gegliedert werden. Ebenso muss daraus deutlich hervorgehen, welche der dargestellten Ergebnisse eigene Feststellungen oder Messergebnisse sind und welche Daten aus anderen Berichten übernommen wurden [Ha6]. Die verwendeten Messgeräte sind genau anzugeben, auf das Beifügen des Gerätedatenblatts kann aber verzichtet werden.

Das Beifügen von Bildmaterial ist hilfreich. Bilder sollten aber immer so eingesetzt und auch beschrieben werden, dass das untersuchte Objekt erkennbar ist. Bereits beim Fotografieren ist deshalb darauf zu achten, nicht den Schimmelfleck im Detail, sondern auch das befallende Bauteil aufzunehmen. Detailaufnahmen benötigen immer einen Maßstab. Zum Vergleich können auch ein Geldstück, eine Streichholzschachtel oder ein Kugelschreiber verwendet werden, damit die Größenverhältnisse im Bild erkennbar werden. Neben Fotos können auch Skizzen beigefügt werden, um die Aussagekraft zu erhöhen.

Für einen Baustellenbericht oder ein Begehungsprotokoll kann man sich eine tabellarische Vorlage (Checkliste) erstellen.

Aus dem Bericht sollte ersichtlich sein, wer die Besichtigung durchgeführt hat und welche anderen Personen anwesend waren. Zudem gehören die genaue Bezeichnung von Ort, Anschrift, Objekt, Datum und Uhrzeit in jedes Protokoll. Wurden Messungen durchgeführt, müssen die Geräte notiert, die Rohdaten aufgezeichnet und dann im Büro ggf. umgerechnet werden. Wer von einer Messung Fotos machen möchte, sollte es vermeiden, dabei beispielsweise den Kugelkopf des Feuchtemessinstruments falsch herum zu halten oder zu verdrehen, damit das Messergebnis auf dem Foto erkennbar ist. So etwas erweckt im Bericht immer einen schlechten Eindruck und wird später in den sozialen Netzwerken gern verunglimpft. Besser ist es, beim Fotografieren jemanden um Hilfe zu bitten oder einfach die »Hold«-Funktion vieler Geräte nutzen.

Bilder und Skizzen sollten im Bericht eine sinnvolle Nummerierung und eine nachvollziehbare Beschriftung erhalten. Hilfreich ist, wenn bereits auf dem Foto eindeutig erkennbar ist, wo es aufgenommen wurde und was deutlich werden soll. Ein Beispiel: Es soll das Büro 1.8 untersucht werden. In diesem Fall kann eine kleine Bilderserie, beginnend mit dem Schild an der Tür, über die geöffnete Tür in den Raum im Überblick bis hin zu einer Detailaufnahme des Schimmelschadens hilfreich sein, um die Begehung nachzuvollziehen. Häufig werden viele Details festgehalten und später festgestellt, dass die Übersicht fehlt. Kleine Videos, mit der Handykamera aufgenommen, können helfen, den Überblick zu behalten.

Mithilfe der Messwerte und der Bilder wird im **Protokoll** der Istzustand des Bauwerks oder Bauteils präzise beschrieben, zunächst ohne diesen zu bewerten. Dazu werden alle Feststellungen in Bezug auf den Zustand in Stichpunkten oder kurzen Sätzen notiert. Es ist wichtig, dabei die korrekte zeitliche Abfolge einzuhalten (auch in der Wahl der Zeitformen) und nicht in Bewertungen des Zustands abzugleiten.

Bei einem **Baustellenbericht** kann auf die Erfassung des Istzustandes eine Bewertung oder auch die Maßnahmenplanung folgen. Einfach ausgedrückt: Was ist kaputt und was muss repariert werden? Zum Schluss kann noch festgelegt werden, wer die Maßnahmen durchführen wird und an welchen Terminen die Umsetzung und deren Überprüfung erfolgen sollen. Sind andere Gewerke oder Personen im Bericht erwähnt oder von der Sanierungsmaßnahme betroffen, sollte das Protokoll von ihnen gegengezeichnet werden.

Sollen aus den Feststellungen bei der Begehung auch Aussagen zum Schadenshergang oder zur Schadensursache in Form eines Schadensberichtes oder eines Gutachtens abgeleitet werden, muss der Sachkundige entscheiden, ob er diese Aufgaben selbst erfüllen kann, oder ob möglicherweise ein Sachverständiger hinzugezogen werden sollte. Die relevanten Richtlinien müssen korrekt angewendet und im Gutachten zitiert werden. Bei allen Berechnungen muss genau beachtet werden, dass die den Methoden zugrunde liegenden Grundvoraussetzungen gegeben sind. Die Bewertungen müssen dem Stand der Technik entsprechen [Ba6]. Bei komplexen Fragestellungen muss in einem Gutachten unter Umständen auch der Stand von Wissenschaft und Technik berücksichtigt werden. Das heißt nicht, dass der Sachkundige/Sachverständige keine eigene, davon abweichende Meinung haben darf. Solange erkennbar ist, dass aufgrund eigener Erfahrungen oder Kenntnisse eine andere als die in der Fachwelt übliche Meinung vertreten und letztere nicht unterschlagen wird, ist das kein Problem. Der Leser des Gutachtens muss dies aber eindeutig erkennen können, um selbst entscheiden zu können, welche Aussage für ihn in dieser Situation plausibel ist.

Beispiel: Beim Pumpeffekt von schwimmenden Estrichen und der Abschottung des Estrichs mit Verbleib der Biomasse in der Fußbodenkonstruktion würde der Ersteller des Gutachtens zunächst einen Wasserschaden in der Fußbodenkonstruktion feststellen. Außerdem würde er untersuchen, ob und in welcher Konzentration eine mikrobielle Belastung vorliegt. Im Falle einer Sanierungsempfehlung sollten alle infrage kommenden Möglichkeiten dargestellt werden. Stand der Technik ist hierbei die Ausbauempfehlung, wenn ein eindeutiger Befall festgestellt wird [UBA2017]. Neben dem Ausbau stellt der Schimmelleitfaden auch die Möglichkeit dar, die Biomasse in der Fußbodenkonstruktion zu belassen, sofern sichergestellt ist, dass durch eine dauerhafte Abschottung eine Freisetzung von Sporen durch den sogenannten Pumpeffekt unterbunden wird. In diesem Fall muss der Ersteller des Gutachtens klar darlegen, dass die Abschottung eine Sonderlösung ist, deren Nachhaltigkeit und Dauerhaftigkeit bisher nicht ausreichend nachgewiesen sind. Zudem muss er den übermäßigen Verbleib von Biomasse im Fußboden dokumentieren, damit Handwerker bei späteren Arbeiten entsprechende Schutzmaßnahmen ergreifen oder Käufer über den versteckten Befall informiert werden können.

Kurz zusammengefasst: Im Gutachten muss klar und verständlich dargestellt werden, welche Vor- und Nachteile die vorgeschlagenen Maßnahmen haben. Dabei darf der Ersteller eigenen Erfahrungen folgend durchaus einen Sanierungsvorschlag favorisieren, solange erkennbar ist, dass auch andere Möglichkeiten bestehen und der eigene Vorschlag nachvollziehbar begründet wird. Der Besteller des Gutachtens muss anhand der vorgeschlagenen Maßnahmen selbst entscheiden können, welchen Sanierungsvorschlag er umsetzen möchte.

Abweichungen von den allgemein anerkannten Regeln der Technik

Sollen Schäden bewertet oder Sanierungsmaßnahmen vorgeschlagen werden, dürfen Sachkundige/Sachverständige eigene Auffassungen vertreten und Empfehlungen aussprechen, die von der üblichen Lehrmeinung abweichen. Allerdings müssen von der Lehrmeinung abweichende Empfehlungen stichhaltig und nachvollziehbar begründet werden. Dazu muss die eigene Meinung immer im Kontext der Lehrmeinungen und der anerkannten Regeln der Technik dargelegt werden.

Das bedeutet aber auch, dass die Ausführungen und formellen Anforderungen an das zu erstellende Dokument steigen. Neben einer präzisen

Inhalte des Sachverständigengutachtens

Wenn Berichte mehr als nur den Istzustand wiedergeben sollen, müssen sie Folgendes enthalten:

- eine Darstellung der verwendeten Methoden, Geräte und Hilfsmittel,
- eine Bewertung der ausgewählten Methoden hinsichtlich Informationsgehalt und Fehlerquellen,
- Angaben über verwendete Normen, Richtlinien und Literatur (jeweilige Fassung und relevante Inhalte müssen zitiert werden),
- die Namen der Hilfskräfte und ihr Anteil an der Gutachtenerstellung sowie
- die vollständigen Laborberichte von Dritten, deren Ergebnisse entsprechend gekennzeichnet sein müssen.

Sprache und einer sauberen Struktur müssen auch die Grundregeln des wissenschaftlichen Schreibens berücksichtigt werden: korrektes Zitieren, Angabe von Quellen, Anlegen eines Literaturverzeichnisses und die Berücksichtigung von Urheber- und Nutzungsrechten [Ba6].

Offene Fragen

Eine Anmerkung zum Schluss: Es gibt nicht immer auf alles eine Antwort. Auch in einem Bericht oder in einem Gutachten bleiben manchmal Fragen offen. Ein seriöser Bericht zeichnet sich dadurch aus, dass offene Fragen klar und deutlich gekennzeichnet und nicht spekulativ beantwortet werden. Sachkundig zu sein, bedeutet eben auch, sich innerhalb der eigenen fachlichen Grenzen zu bewegen.

Es müssen nichts zwangsläufig ausformulierte Berichte geschrieben werden. Wer sich damit schwertut, kann auch stichpunktartige Berichte erstellen, sofern diese präzise, in sich logisch und nachvollziehbar gegliedert sind und den Sachverhalt vollständig wiedergeben. Die Sprache selbst sollte klar und eindeutig verständlich sein. Blumige Formulierungen oder die Verwendung von Fremdwörtern sollten vermieden werden, auch wenn dadurch manche Wörter immer wieder wiederholt werden müssen. Dazu ist zu sagen: Ein Schimmelpilz bleibt ein Schimmelpilz und ein Protokoll ist kein Roman. Im Zweifel sollte der Verfasser einen (fachfremden) Dritten bitten, den Text zu lesen und ihn fragen, ob dieser das Anliegen und die Aussage des Berichts verstanden hat.

9.2 Gutachten lesen

Als Sachkundiger wird man mitunter mit Gutachten von Kollegen konfrontiert, muss diese lesen und überprüfen. Gerade wenn ein Gutachten inhaltlich zunächst nicht den eigenen Vorstellungen entspricht, ist nur eine sachliche Auseinandersetzung damit zielführend.

Der erste Schritt zur Beurteilung eines Gutachtens sollte eine rein formelle Prüfung mit folgender Fragestellung sein: Ist eine klare Gliederung erkennbar, ist der Text flüssig zu lesen und sind alle Anlagen beigefügt?

Anschließend geht es um die inhaltliche Prüfung. Mit den Messungen und Feststellungen wurden Gegebenheiten geschaffen, mit denen zunächst einmal gearbeitet werden muss. Die Fragestellungen beim Lesen lauten demnach [nach Ba6]:

1. Wenn ich diese Messungen selbst und mit denselben Geräten unter denselben Bedingungen durchgeführt hätte, wäre ich dann zu denselben Ergebnissen gekommen?
2. Wenn ich zu denselben Ergebnissen gekommen wäre, hätte ich diese genauso bewertet?
3. Wäre ich zu anderen Ergebnissen gekommen? Warum?
4. Reichen diese Ergebnisse? Hätte ich andere Messungen durchgeführt? Zu welchen Erkenntnissen hätte das führen können? Wie hätte ich das bewertet?

Beantwortet man die Fragen 1 und 2 für sich selbst wie der Gutachter auch, dann ist das Gutachten plausibel. Es geht dann gleich weiter zu Frage 4, ob die Messungen und Ergebnisse ausreichen. Hier muss geprüft werden, ob das Gutachten ausreichend Informationen enthält, um die Sanierung zu planen, durchzuführen und erfolgreich abzuschließen: Müssen ergänzende Untersuchungen vorgenommen werden? Oder hat sich mittlerweile die Situation vor Ort geändert, z. B. bei massivem Zeitverzug zwischen Schadensfeststellung und Beginn der Sanierung? Kann es deshalb möglich sein, dass die Ergebnisse des Gutachtens zwar nicht falsch, aber möglicherweise überholt sind? Letzteres kann man dem Gutachten nicht vorwerfen.

Stolpert man beim Lesen bereits bei Frage 1 und dann auch bei Frage 2, kann man davon ausgehen, dass das Gutachten fachlich falsch ist oder zumindest gravierende Mängel aufweist. Die Fragen 3 und 4 runden dann das Bild ab und helfen bei der Entscheidung, ob das Gutachten teilweise verwertet werden kann oder nutzlos ist [Ba6]. Dann ist es hilfreich, die Fehler des Gutachtens in Reihenfolge der Fragen 1–4 zu dokumentieren und ggf. unter Bedenkenanmeldung die Verwendung des Gutachtens abzulehnen.

Die sachliche Bewertung anhand der Fragen 1 bis 4 zeigt sehr schnell, fair und fundiert an, ob das Gutachten zurecht abgelehnt wird oder ob vielleicht andere Gründe zur Verärgerung geführt haben. Solche Situationen tragen im Übrigen auch dazu bei, die eigene Dokumentation zu verbessern: Kein Gutachten ist so schlecht, dass man nicht noch daraus lernen könnte.

Protokoll Ortstermin (Vorlage zum Ausfüllen vor Ort)

Auftraggeber	Datum/ Uhrzeit	Ort	Geräte	Ausführender
Herr Meier (Eigentümer)	11.06.18	Wohnung Fam. Müller	☐ Pyrometer	
Eigentümer Str. 1		Reihenhausgasse 2	☐ Hydrometer	
12345 Hausherrenstadt	9.00 Uhr bis 13.00 Uhr	34567 Mietershausen	☐ kapazitive Messsonde	
			☐ Kernbohrer	
			☐ Luftkeimsammler	
			...	

Auftragsnummer	Teilnehmende Personen/Firmen	
BV 100300-2018	**Eigentümer:**	Herr Meier
	Mieter:	Frau Müller
	Hausmeister:	Herr Schnell
	Trocknungsfirma:	Fix, Herr Fix
	...	

ggf. eine Liste anfertigen und unterschreiben lassen, z. B. beim gerichtlichen Ortstermin

Auftrag/Untersuchungsgegenstand
Beispieltext: Feststellen von Feuchteschäden und Schimmelbefall nach Meldung von Befindlichkeitsstörung
durch den Mieter; es soll auch einen Wasserschaden gegeben haben; weitere Informationen liegen nicht vor

Dokumentation und Zusammenfassung

Durchführung

Die Feststellungen vor Ort stichpunktartig eintragen: Sind Schäden erkennbar? Wie sind die Möbel aufgestellt? Was kann zum Wandaufbau gesagt werden? Welche Informationen liefern die Teilnehmer?

Messungen

Beschreibung der durchgeführten Messungen. Formblätter ggf. als Anlage anfügen.

Probennahme

Dokumentieren, welche Proben an welchen Stellen genommen wurden; auf Kennzeichnung achten; Fotos machen, die später in ein ausführliches Protokoll oder in einen Bericht eingefügt werden

Beigefügte Unterlagen

Dokumentieren, welche Unterlagen übergeben wurden

Abschlussbemerkung und Unterschrift

Beispiele: Sind weitere Termine nötig? Müssen weitere Firmen eingebunden werden? Sind Erstmaßnahmen empfohlen worden? Wurden die Mieter über richtiges Lüften informiert?

Baustellenbericht (Vorlage zum Ausfüllen vor Ort)

Bauvorhaben	Datum/ Uhrzeit	Beteiligte Firmen	Geräte	Ausführender
BV 223344-17	23.06.18	Hausmeister, Herr Schnell	☐ Hydrometer	
Wohnung Fam. Müller Reihenhausgasse 2 34567 Mietershausen	9.00 Uhr bis 11.00 Uhr	Fa. Schimmelraus, Herr Pilz	☐ kapazitative Messsonde	
		Trocknungsfirma Fix, Herr Fix		
		...		

Auftrag
Fortschritt des Trocknungserfolgs im Kinderzimmer prüfen
Fortschritt des Ausbaus der Trockenbauwände in der Küche prüfen

Beauftragte Leistungen	Verantwortlich	Ergebnis
Staubschutz	Schimmelraus	Ok, keine Beanstandung
Bauteiltrocknung KiZi	Fix	Nicht abgeschlossen
Rückbau GK, Kü	Schimmelraus	Nicht abgeschlossen
Entsorgung	Schnell	Ok, Container fast voll

Dokumentation und Zusammenfassung

Durchführung

Die Feststellungen vor Ort stichpunktartig eintragen: Ist der Sanierungsbereich sauber?
Sind im Weißbereich Staubbelastungen erkennbar? Wie läuft die Trocknung?

Messungen

Beschreibung der durchgeführten Messungen

Formblätter ggfs. als Anlage anfügen

Probennahme

Probenummer:	**Beschreibung:**
Entnahmeverfahren:	**Entnahmestelle:**
Foto-Nr.:	

Beigefügte Unterlagen

Laborberichte

Protokolle

Noch zu erledigen	***Verantwortlich***	***Nachweis bis wann***
Neuen Container bestellen	Herr Schnell	Bis 01.07.18
Staubschutzwand links erneuern	Herr Pilz	sofort
Trocknung prüfen	Herr Fix	wöchentlich

Unterschriften der Teilnehmer

Muster für den Aufbau von Prüfberichten und Gutachten mit gekürzten Textpassagen[1]

1. Auftrag

In Sachen

Wasserschaden in der Wohnung Müller in Mietershausen und Einleitung von Trocknungsmaßnahmen

wurde die Firma MICOR beauftragt, den Erfolg der Trocknungsmaßnahmen zu überwachen und die betroffenen Räume auf Schimmelpilzwachstum zu untersuchen.

2. Material und Methoden

Objektbeschreibung: Das zu untersuchende Objekt ist ein Reihenmittelhaus, Baujahr 2016, ausgeführt als Niedrigenergiehaus (Standard KfW 55) ...
Ein Schaden nach Bruch der Trinkwasserleitung im HWR wurde am 07.03.18 dem Eigentümer gemeldet, nachdem Wasser in der angrenzenden Küche austrat. ...

Ortstermin: Der Ortstermin fand am 11.03.2018 beginnend um 9.00 Uhr statt. Im Rahmen des Ortstermins wurden mit den Beteiligten (Mieter, Eigentümer, Firma Fix, Firma Schnell) die betroffenen Räume ausgehend von der Schadensursache in der Küche in Augenschein genommen. In einer kurzen Besprechung wurde das weitere Vorgehen bezüglich Probennahme abgestimmt und erläutert, welche Messverfahren eingesetzt werden. Anschließend erfolgte die Probennahme. Der Ortstermin wurde um 13.00 Uhr beendet. Das Protokoll »Ortstermin« ist im Anhang aufgeführt.

Probennahme: Die Probennahme erfolgte unter der Maßgabe, minimalinvasiv Untersuchungsmaterial zu beschaffen. Dazu bot sich an, die bereits vorhandenen Bauteilöffnungen durch die Trocknungsmaßnahme zu nutzen. Mit einem zuvor sterilisierten Löffel wurde Probenmaterial entnommen und in sterilen Beuteln verpackt ...
In der folgenden Tabelle sind die entnommenen Proben mit ihrer Herkunft aufgelistet. In Tab. 1 sind die Probenahmestellen verzeichnet.

Nr.	Bezeichnung	Material	Analysemethode
	M-1	Küche EPS	Kultivierung Suspensionsmethode
	M-2	Kinderzimmer EPS	Kultivierung Suspensionsmethode
	M-3	Kinderzimmer GK links	Direktmikroskopie Epifluoreszenz mit DAPI-Färbung

Tab. 1: Übersicht über die entnommenen Materialproben

1 Die favorisierte Vorgehensweise der Autorin ist, den Text möglichst kurz zu halten und stattdessen sehr ausführliche Protokolle anzuhängen.

Weitere Prüfmittel: Zur Erfassung der Raumklimadaten wurde das Trotec T200 MultiMeasure Professional eingesetzt. Orientierende Feuchtemessungen erfolgten mit der kapazitiven Messsonde Trotec BM30. Zur Dokumentation wurde die Kamera Leica Summilux-H verwendet. Mikroskopische Untersuchungen wurden am OLYMPUS IX 51, Olympus XC10 digital imaging camera system mit Olympus Stream durchgeführt.

Verwendete Unterlagen:

U1 »Schimmelleitfaden«, Umweltbundesamt, Dessau 2017

U2 DGUV Information 201-028: Handlungsanleitung Gesundheitsgefährdungen durch biologische Arbeitsstoffe bei der Gebäudesanierung, Berlin 2016

U3 Handlungsempfehlung zur Beurteilung von Feuchteschäden in Fußböden, Umweltbundesamt, Dessau 2017

U4 WTA-Merkblatt E-6-16: Technische Trocknung durchfeuchteter Bauteile Teil 2: Planung, Ausführung und Kontrolle

3. Ergebnisse

Der Wasserschaden durch ein Leck im Hauswirtschaftsraum wurde zeitnah festgestellt, dennoch konnte sich das Wasser über den Wand- und Fassadenaufbau bis in die Küche und das Kinderzimmer ausbreiten. Gegenmaßnahmen wurden unverzüglich eingeleitet, durchfeuchtete Trockenbauwände, Deckenverkleidungen und Mineralwolldämmung wurden vorsorglich entfernt. Die Maßnahmen konnten das Wachstum von Schimmelpilzen in den betroffenen Räumen verhindern. Lediglich eine Gipskartonwand in der Küche muss noch entfernt werden (Protokoll »Ortstermin«, Bild 17). Orientierende Messungen zum Feuchtegehalt der Wandkonstruktion ergaben keine auffälligen Werte, die auf einen erhöhten Feuchtegehalt schließen ließen.

Der Fußbodenaufbau im Kinderzimmer wird im Unterdruckverfahren getrocknet, zum Zeitpunkt der Ortsbesichtigung war die Trocknung nicht abgeschlossen. Eine Messung nach dem hygrothermischen Ausgleichsverfahren (U3, U4) wurde durch den Trockner nicht vorgenommen. Eine orientierende Messung im Bohrloch M-2 ergab einen Wasserdampfgehalt von 14 g/m^3. Diese Messungen sollten für alle Bohrlöcher wiederholt werden.

Die aus den Bohrlöchern entnommenen EPS-Proben wurden auf mikrobielles Wachstum untersucht (Protokoll Kultivierung Suspension). Die Ergebnisse sind in Tab. 2 dargestellt[2]. Generell ergibt sich derzeit aus den festgestellten Schimmelpilzkonzentrationen keine Ausbauempfehlung, es sollte jedoch nach Abschluss der Trocknung erneut beprobt werden.

2 Wer ein Labor beauftragt hat, sollte hier auf den Prüfbericht des Labors verweisen, der im Anhang vollständig beigefügt werden sollte.

Die Probe M-3 wurde direktmikroskopiert. Dabei konnte keine erhöhte Belastung an Schimmelpilzbestandteilen oder Bakterien festgestellt werden (Protokoll Epifluoreszenzmikroskopie).

Probe	DG-18 KBE/g	MEA KBE/g	Bewertung
M-1	$0{,}2 \cdot 10^3$ Sterile Myzelien	$3{,}0 \cdot 10^3$ Hefen und Bakterien	ok
M-2	$4{,}0 \cdot 10^4$ *Penicillium spp.*	$3{,}0 \cdot 10^4$ *Penicillium spp.*	Bereich noch feucht, erneut prüfen

Tab. 2: Übersicht über die ermittelten Schimmelpilzkonzentrationen in den entnommenen Materialproben

4. Fazit[3]

a) Durch die eingeleiteten Maßnahmen konnte Schimmelpilzbefall in Wand- und Deckenaufbau erfolgreich verhindert werden. In einzelnen Bereichen sollten die bereits gekennzeichneten Bauteile noch entfernt werden.

b) Die Trocknung sollte durch Messungen nach dem hygrothermischen Ausgleichsverfahren auf Erfolg der Maßnahme überprüft werden. Nach aktuellem Regelwerk (WTA E-6-16-17/D Technische Trocknung durchfeuchteter Bauteile. Teil 2: Planung, Ausführung und Kontrolle) ist eine orientierende Prüfung durch Widerstandsmessungen nicht ausreichend.

c) Nach Abbau der Trocknung sollte der mikrobielle Status erneut überprüft werden.

d) Die Räume sollten einer Feinreinigung unterzogen werden. Anschließend kann durch Luftmessungen bestätigt werden, dass keine erhöhten Belastungen mehr vorliegen.

Rostock, den 23.04.2018

Dr. Constanze Messal

Anlagen
Protokoll Ortstermin
Protokoll Kultivierung Suspension
Protokoll Epifluoreszenzmikroskopie

3 Achtung: Soll es nur ein Prüfbericht werden, ist nach Punkt 3 (Ergebnisse) Schluss. Es werden keine Schlussfolgerungen gezogen. Dies gilt auch oder insbesondere, wenn einem Gutachter zugearbeitet wird, denn die Bewertung ist Aufgabe des Gutachters. Dahinter stecken auch haftungsrechtliche Gründe.

Glossar

A

Abklatschverfahren: Methode zur Überprüfung von Desinfektionsmaßnahmen (z. B. nach VDI 6022), bei der Mikroorganismen durch Abdrücken (Abklatschen) eines Nährbodens auf einer Oberfläche direkt auf den Nährboden übernommen werden.

Aerosol: Gemisch aus festen und/oder flüssigen Schwebteilchen und einem Gas.

Allergen: Substanz, die über Vermittlung des Immunsystems Überempfindlichkeitsreaktionen auslöst.

Autotrophie: Lebensweise, die auf anorganische Nährstoffe zurückgreifen kann, z. B. mittels Photosynthese.

B

Bioaerosol: Gemisch aus festen und/oder flüssigen Schwebteilchen, biologischen Partikeln und einem Gas.

Biofilm: Vergesellschaftung verschiedener Mikroorganismen innerhalb einer Matrix aus extrazellulären Polymeren mit dem Ziel einer erhöhten Effektivität und Toleranz gegenüber Umweltbedingungen.

Biostoff: Bezeichnung für Mikroorganismen, Zellen oder Zellbestandteile, die eine Gefährdung für Arbeitnehmer und Dritte darstellen können.

BioStoffV: Biostoffverordnung; aktuell gültige Verordnung von 2013, die Schutzmaßnahmen im Umgang mit Biostoffen regelt.

Biozid: Stoff oder Stoffgemisch, mit dem Schadorganismen und ihre Wirkung abgetötet, abgeschreckt, unschädlich gemacht oder in anderer Weise bekämpft werden. Biozide wirken nicht physikalisch oder mechanisch, sondern chemisch auf die Organismen ein.

Biomasse: Die Gesamtheit an lebendem, ruhendem, totem oder auch zersetztem organischen Material wie Zellen, Sporen, Detritus, aber auch Stoffwechselprodukte wie Kohlenhydrate. Rein analytisch kann Biomasse auch als organisch gebundener Kohlenstoff, z. B. als Trockenmasse, erfasst werden.

C

Chelat: Schwer lösliches, komplexiertes organisches Salz, das zu einer massiven Volumenvergrößerung führt und so Salzsprengung auslösen kann.

D

Dampfbremse/Dampfsperre: Bauteilschicht mit einem definierten Wasserdampfdiffusionswiderstand, die das Eindringen von Feuchtigkeit aus der Innenraumluft in die Wärmedämmung eines Gebäudes verhindern oder reduzieren soll. Bei einer wasserdampfdiffusionsäquivalenten Luftschichtdicke (s_d-Wert) von 0,5 bis 1500 m spricht man von diffusionshemmenden Dampfbremsen. Dampfsperren haben einen s_d-Wert von über 1500 m und gelten als diffusionsdicht.

Dekontamination: Beseitigung einer Kontamination, z. B. durch Reinigung.

Desinfektion: Maßnahme, um totes oder lebendiges Material vorrübergehend in einen Zustand zu versetzen, dass es nicht mehr infizieren kann. Die Biomasse wird durch eine Desinfektion nicht entfernt.

Diffusion: thermodynamisch bedingter Stofftransport zum Ausgleich unterschiedlicher Konzentrationen.

DHBV: Deutscher Holz- und Bautenschutzverband e. V.

DG18-Agar: Dichloran-Glycerol 18 %-Agar zur Anzucht xerophiler Schimmelpilze.

Dormante Zellen: vegetative Zellen, deren Stoffwechsel ruht.

E

Endotoxin: Bestandteil der Zellwand von gram-negativen Bakterien mit toxischer und reizender Wirkung.

Exposition: Das Ausgesetztsein des Körpers gegenüber Umwelteinflüssen, insbesondere solchen mit schädigender Wirkung.

F

Fachkunde (nach BioStoffV): Grundlegende Kenntnisse im Arbeitsschutz sowie Berufserfahrung bei der Sanierung von Schäden, bei denen Biostoffe freigesetzt werden können.

Filtrationsverfahren: Sammeln von Mikroorganismen auf Filtern aus einem definierten Luftvolumen, bspw. nach DIN ISO 16000-16 oder TRBA 405.

Fungizid: Chemischer oder biologischer Wirkstoff, der gezielt bei Pilzen die Zellstruktur, den Stoffwechsel und das Genom nachhaltig beeinflusst oder schädigt und so das Wachstum inhibiert oder den Organismus abtötet. Fungizide können unerwünschte Nebenwirkungen auf andere Organismen haben. Sie wirken nicht gegen Sporen.

G

Gattung: Gruppe von Organismen, die morphologisch und genetisch weitreichende Übereinstimmung zeigen, aber dennoch weiter in Arten differenziert werden kann.

Gleichgewichtsfeuchte: Gesamtwassergehalt im Baustoff, wenn die Wasseraufnahme und die Wasserabgabe unter den herrschenden Klimabedingungen ein thermodynamisches Gleichgewicht bilden.

Gebrauchsklasse: Die Gebrauchsklasse beschreibt je nach Einbausituation eine potenzielle Gefährdung von Holz und Holzbaustoffen gegenüber einem Angriff durch holzzerstörende Pilze und/oder Insekten. Die Einteilung hierfür erfolgt nach DIN 68800 Teil 1 und ersetzt den bisher verwendeten Begriff der Gefährdungsklasse. Schimmelpilze sind hierbei nicht berücksichtigt.

H

Hefe: Pilze, die sich im Wesentlichen als Einzelzellen durch Sprossung vermehren (auch Sprosspilze genannt), aber auch Pseudomyzele bilden können.

HEPA-Filter: Filter mit hoher Ausfilterungsleistung von Teilchen (High Efficiency Particulate Air-Filter).

Heterotrophie: Lebensweise, die auf ein Verstoffwechseln organischer Verbindungen angewiesen ist, wie z.B. das Veratmen von Zucker.

Holzwerkstoff: Material, das durch Zerkleinern von Holz und anschließendes Zusammenfügen der Strukturelemente erzeugt wird; die Holzpartikel können mit und ohne Bindemittel oder mechanisch miteinander verbunden sein.

Hyphen: von Schimmelpilzen gebildete Zellfäden, deren Gesamtheit als Myzel bezeichnet wird.

I

Impaktionsverfahren: Sammeln von mikrobiellen Bestandteilen oder Partikeln aus einem definierten Luftvolumen durch Ableiten der Sammelluft über einen Nährboden (Luftkeimsammlung) oder einen adhäsiven Objektträger (Partikelsammlung/Gesamtsporenzahl).

Infektion: Erkrankung, ausgelöst durch das Eindringen vitaler Zellen oder pathogener Molekülstrukturen (Viren), die den Körper bei Vermehrung schädigen.

Intoxikation: Vergiftung, z.B. mit sekundären Stoffwechselprodukten von Mikroorganismen.

Indikatorkeime: Bakterien, Pilze oder andere Mikroorganismen, deren Nachweis als typisch für bestimmte Umweltbedingungen angesehen werden kann, z.B. für die Luft- und Wasserqualität.

K

Kanzerogenität: Eigenschaft eines Stoffs, Krebs auslösen zu können.

Kapillaraktivität: Fähigkeit eines Baustoffs, aufgrund seiner sehr großen inneren Oberfläche, eine große Menge an Wasserdampfmolekülen physikalisch zu binden.

Kolonie: Visuell nachweisbare Wachstumsform von Bakterien, Hefen und Schimmelpilzen, z.B. bei der Anzucht auf festen Nährmedien.

Koloniebildende Einheit (KBE): Parameter, der die Anzahl der anzüchtbaren Mikroorganismen angibt. Im Idealfall entspricht dies den tatsächlich in der Probe vorhandenen Mikroorganismen. Meist liegen die KBE jedoch weit unterhalb der realen Zellgehalte, da häufig Kolonien aus Zellaggregaten oder nicht richtig separierten Zellen entstehen.

Kontamination: Verunreinigung durch Ablagerung von Mikroorganismen oder biogenen Partikeln aus der Luft oder durch direkten Kontakt mit befallenem oder belastetem Material.

KRINKO: Kommission für Krankenhaushygiene und Infektionsprävention am Robert Koch-Institut. Diese gibt regelmäßig aktualisierte Leitlinien heraus, die als Standard für Präventionsmaßnahmen dienen.

Kultivierungsverfahren: Anreicherung und Nachweis von Mikroorganismen durch Anzucht auf/in Nährmedien. Dabei werden jedoch nur die zu diesem Zeitpunkt und auf diesem Nährmedium kultivierbaren Zellen erfasst.

L

Leitorganismen: (hier) Schimmelpilze, die als stellvertretend für alle anderen auftretenden Gattungen angesehen und bewertet werden und somit ein Abschätzen von Expositionen, Übertragungswegen und möglichen Beeinträchtigungen erlauben. Im Einzelfall, wie z.B. bei einem Fäkalschaden, ist abzuwägen, ob diese Verallgemeinerung noch zulässig ist.

Luftwechselzahl n: Maß für den Zuluftstrom in Gebäuden. Die Luftwechselzahl gibt an, welche Luftmenge bezogen auf das Raumvolumen und pro Stunde zugeführt wird.

M

MCF (Micro Colonial Melanised Fungi): Pilze, die stark melanisiert sind und keine Hyphen bilden, sondern in kleinen Pellets/Aggregaten wachsen. Diese Eigenschaft ermöglicht den MCF eine Anpassung an extreme Lebensräume.

Mikroorganismen: Mikroskopisch kleine ein- oder mehrzellige Organismen wie Bakterien, Pilze, Algen oder Viren, die generell vermehrungsfähig sind, Stoffwechsel betreiben und genetisches Material austauschen können.

Mineralische Kohlenwasserstoffe: (hier) im Wesentlichen Erdöl, Erdgas und Leichtbenzin, die im Falle einer Havarie oder eines Hochwassers Gebäude kontaminieren können.

Morphologie: Lehre von der Struktur der Lebewesen und ihrer Bestandteile.

MVOC (Microbial Volatile Organic Compounds): von Mikroorganismen gebildete flüchtige organische Verbindungen.

Mykose: Infektion durch Schimmelpilze.

Mykotoxin: Sekundäre Stoffwechselprodukte mit toxischen und reizenden Eigenschaften für Menschen und Tiere, aber auch für andere Mikroorganismen.

Myzel: Pilzgeflecht; etablierte Wachstumsform der Pilze, wenn Hyphen verzweigen und differenzieren. Unterschieden werden das Substratmyzel zur Besiedlung und das Fortpflanzungsmyzel zur Bildung von Sporen.

N

Nährmedium: Substrat mit Nährstoffen in fester oder flüssiger Form für die Anzucht von Mikroorganismen. Je nach Zusammensetzung und Beigaben können Mikrorganismen selektiert oder sogar gehemmt werden, sodass nur die gewünschte Mikroflora anwächst und vermehrt oder gehältert werden kann.

P

PAMP (Pathogen Associated Molecular Pattern): dt: pathogen assoziierte molekulare Muster; kleine Molekülstrukturen von Mikroorganismen, die aufgrund ihrer typischen Muster vom Immunsystem erkannt werden, um ein Eindringen von Bakterien, Viren, Pilzen oder Parasiten abzuwehren.

Pathogenität: Fähigkeit, eine Krankheit auszulösen.

PSA: Persönliche Schutzausrüstung.

Q

Quarantäneraum: Raum mit abgeschotteter oder eigener Luftführung zur Lagerung von stark mit Bioziden oder Biostoffen belasteten Funden und Archivgut. Zweck der Abschottung ist, Mitarbeiter zu schützen und eine Verdriftung der Schadstoffe in das Depot zu vermeiden.

Quorum Sensing: Beschlussfassung von Mikroorganismen durch Erreichen bestimmter Konzentrationen an Botenstoffen; Zellkommunikation im Biofilm.

R

Relative Luftfeuchte: Verhältnis von tatsächlich enthaltenem Wasserdampf und maximal möglichem Wasserdampfgehalt (Sättigungsfeuchte) in der Luft in Prozent.

Resistenz: genetisch hinterlegte Unempfindlichkeit eines Organismus gegenüber schädlichen äußeren Einwirkungen.

R-Wert: Wärmeübergangswiderstand, der sich baustoffabhängig aus der Konstruktion ergibt und eine Bewertung des Mindestwärmeschutzes erlaubt.

Risikogruppe (BiostoffV): Einteilung von Mikroorganismen nach ihrer Fähigkeit, eine Infektion auszulösen.

Risikogruppe (KRINKO): Einteilung von Patienten, die aufgrund schwerer Vorerkrankungen und aufgrund ihrer Immunsuppression ein hohes Risiko haben, an einer Infektion zu erkranken.

S

Sachkunde: (hier) Gesamtheit der Fähigkeiten und Fertigkeiten, die bei einer Schimmelbeseitigung notwendig sind, um sowohl handwerklich als auch aus Sicht des Arbeitsschutzes den Sanierungserfolg zu garantieren.

Schimmel: Gesamtheit der Mikroorganismen wie Schimmelpilze, Hefen, Bakterien, die im Schadensfall auf oder in einem Material nachweisbar sind und sich vermehren können.

Schimmelbefall: Übermäßige Besiedlung eines Materials durch Mikroorganismen (Schimmelpilze, Hefen, Bakterien) mit Ausbildung etablierter Strukturen. Dabei kann es sich um einen aktiven Befall, aber auch um einen Altbefall handeln.

Schimmelpilz: Sammelbegriff für filamentöse Pilze aus verschiedenen Gruppen der Ascomycota.

Schwarz-Weiß-Tuch: Tuch mit schwarzem und weißem Stoff zum Sichtbarmachen von Staubablagerungen bei der Sanierungskontrolle.

Sensibilisierung: Erwerb einer fehlgeleiteten Immunantwort bei Erst- oder wiederholtem Kontakt mit einem Fremdstoff (z. B. Allergen). Bei einem erneuten Kontakt kann es dann zu einer allergischen Reaktion kommen, die sich unmerklich oder auch bis hin zum allergischen Schock manifestieren kann.

Sofortmaßnahme: Maßnahme zur Eindämmung und Reduktion der Sporenfreisetzung und Ausbreitung; ggf. auch Maßnahmen zur Verhinderung weiteren Wachstums vor dem Sanierungsbeginn. Sofortmaßnahmen umfassen in der Regel nicht die Ursachenbeseitigung. Auch wird der Befall nicht vollständig im Sinne des Sanierungsziels entfernt.

Sporen: zur Vermehrung und Verbreitung von Schimmelpilzen gebildete Dauerstadien, die bei asexueller Fortpflanzung als Konidiosporen und bei sexueller Vermehrung als Zygosporen und Ascosporen bezeichnet werden. Bakterien bilden z. B. Endosporen.

Stempelverfahren: Methode zur Übertragung von Mikroorganismen von einem Nährboden oder einer Oberfläche auf einen anderen Nährboden mithilfe von einem Tuch oder mit Samt bespannten Stempeln.

T

Taxonomie: Zweig der Systematik, der sich mit der Einordnung der Lebewesen in systematische Kategorien befasst.

Temperaturfaktor: Der Temperaturfaktor f_{Rsi} ist eine bauspezifische Konstante, die unabhängig von dem aktuell herrschenden Temperaturunterschied zwischen Innenraum und Außenluft eine Bewertung des Schimmelrisikos erlaubt.

Thermografie: bildgebendes Verfahren, mit dem Oberflächentemperaturen von Objekten dargestellt werden können; die Differenzen in der Temperatur von Bauteiloberflächen werden als Farbmuster dargestellt.

Tupferverfahren: Aufnahme von Mikroorganismen von Oberflächen mithilfe steriler Wattetupfer (trocken oder feucht) zur Übertragung auf oder in ein Nährmedium; qualitatives Verfahren, da ein Flächen- oder Massenbezug nur schwer herstellbar ist.

U

Überdauerungsstadium: Mikroorganismen bilden spezielle Strukturen aus, um ihr Überleben auch bei schlechten Umweltbedingungen zu sichern. Dazu gehören Sporen, die über Fortpflanzungsorgane gebildet werden, aber auch Chlamydosporen, die aus dem Myzel abgeschnürt bzw. verkapselt werden.

Unterdruckhaltung: Verfahren zur technischen Be- und Entlüftung, um im Sanierungsbereich einen leichten Unterdruck zu erzeugen, sodass keine mikrobiellen Partikel aus dem Sanierungsbereich entweichen können; gleichzeitig wird der Sporengehalt in der Luft im Sanierungsbereich reduziert.

W

Wärmedurchgangskoeffizient (U-Wert): Maß für den Wärmedurchgang durch ein Bauteil aufgrund eines Temperaturunterschieds; der Wärmedurchgangskoeffizient beschreibt im Bauwesen das Dämmniveau eines Bauteils der Außenhülle.

Wasseraktivität: Maß für die Verfügbarkeit an freiem Wasser in einem System, sodass Diffusion, chemische Reaktionen oder Phasenübergänge möglich sind; die Wasseraktivität – Kurzform a_W-Wert – ist auch ein Maß dafür, ob und in welchem Ausmaß mikrobielle Aktivität wie Stoffwechsel oder Enzymtätigkeit stattfinden kann.

WTA: Wissenschaftlich-Technische Arbeitsgemeinschaft für Bauwerkspflege und Denkmalerhaltung e. V.

Anhang

Übersicht über die Normenreihe 16000

DIN EN ISO 16000-1 Innenraumluftverunreinigungen – Teil 1: Allgemeine Aspekte der Probenahmestrategie (ISO 16000-1:2004); Deutsche Fassung EN ISO 16000-1:2006

DIN EN ISO 16000-2 Innenraumluftverunreinigungen – Teil 2: Probenahmestrategie für Formaldehyd (ISO 16000-2:2004); Deutsche Fassung EN ISO 16000-2:2006

DIN ISO 16000-4 Innenraumluftverunreinigungen – Teil 4: Bestimmung von Formaldehyd – Probenahme mit Passivsammlern (ISO 16000-4:2011)

DIN EN ISO 16000-5 Innenraumluftverunreinigungen – Teil 5: Probenahmestrategie für flüchtige organische Verbindungen (VOC) (ISO 16000-5:2007); Deutsche Fassung EN ISO 16000-5:2007

DIN ISO 16000-6 Innenraumluftverunreinigungen – Teil 6: Bestimmung von VOC in der Innenraumluft und in Prüfkammern, Probenahme auf Tenax TA®, thermische Desorption und Gaschromatographie mit MS oder MS-FID (ISO 16000-6:2011)

DIN EN ISO 16000-7 Innenraumluftverunreinigungen – Teil 7: Probenahmestrategie zur Bestimmung luftgetragener Asbestfaserkonzentrationen (ISO 16000-7:2007); Deutsche Fassung EN ISO 16000-7:2007

DIN ISO 16000-8 Innenraumluftverunreinigungen – Teil 8: Bestimmung des lokalen Alters der Luft in Gebäuden zur Charakterisierung der Lüftungsbedingungen (ISO 16000-8:2007)

DIN EN ISO 16000-11 Innenraumluftverunreinigungen – Teil 11: Bestimmung der Emission von flüchtigen organischen Verbindungen aus Bauprodukten und Einrichtungsgegenständen – Probenahme, Lagerung der Proben und Vorbereitung der Prüfstücke (ISO 16000-11:2006); Deutsche Fassung EN ISO 16000-11:2006

DIN EN ISO 16000-12 Innenraumluftverunreinigungen – Teil 12: Probenahmestrategie für polychlorierte Biphenyle (PCB), polychlorierte Dibenzo-p-dioxine (PCDD), polychlorierte Dibenzofurane (PCDF) und polycyclische aromatische Kohlenwasserstoffe (PAH) (ISO 16000-12:2008); Deutsche Fassung EN ISO 16000-12:2008

DIN ISO 16000-13 Innenraumluftverunreinigungen – Teil 13: Bestimmung der Summe gasförmiger und partikelgebundener dioxin-ähnlicher Biphenyle (PCB) und polychlorierter Dibenzo-p-dioxine/Dibenzofurane (PCDD/PCDF) – Probenahme auf Filtern mit nachgeschalteten Sorbenzien (ISO 16000-13:2008)

DIN ISO 16000-14 Innenraumluftverunreinigungen – Teil 14: Bestimmung der Summe gasförmiger und partikelgebundener polychlorierter dioxin-ähnlicher Biphenyle (PCB) und polychlorierter Dibenzo-p-dioxine/Dibenzofurane (PCDD/PCDF) – Extraktion, Reinigung und Analyse mit hochauflösender Gaschromatografie und Massenspektrometrie (ISO 16000-14:2009)

DIN EN ISO 16000-15 Innenraumluftverunreinigungen – Teil 15: Probenahmestrategie für Stickstoffdioxid (NO‹(Index)2›) (ISO 16000-15:2008); Deutsche Fassung EN ISO 16000-15:2008

DIN ISO 16000-24 Innenraumluftverunreinigungen – Teil 24: Leistungsprüfung zur Beurteilung der Konzentrationsminderung von flüchtigen organischen Verbindungen (ohne Formaldehyd) durch sorbierende Baumaterialien (ISO 16000-24:2009)

DIN EN ISO 16000-26 Innenraumluftverunreinigungen – Teil 26: Probenahmestrategie für Kohlendioxid (CO‹(Index)2›) (ISO 16000-26:2012); Deutsche Fassung EN ISO 16000-26:2012

DIN ISO 16000-27 Innenraumluftverunreinigungen – Teil 27: Bestimmung von abgelagerten Faserstäuben auf Oberflächen mittels REM (Rasterelektronenmikroskopie) (direkte Methode) (ISO 16000-27:2014)

DIN ISO 16000-29 Innenraumluftverunreinigungen – Teil 29: Prüfverfahren für VOC-Detektoren (ISO 16000-29:2014)

DIN ISO 16000-30 Innenraumluftverunreinigungen – Teil 30: Sensorische Prüfung der Innenraumluft (ISO 16000-30:2014)

DIN ISO 16000-31 Innenraumluftverunreinigungen – Teil 31: Bestimmung von Flammschutzmitteln und Weichmachern auf der Basis phosphororganischer Verbindungen – Phosphorsäureester (ISO 16000-31:2014)

DIN EN ISO 16000-32 Innenraumluftverunreinigungen – Teil 32: Untersuchung von Gebäuden auf Schadstoffe (ISO 16000-32:2014); Deutsche Fassung EN ISO 16000-32:2014

DIN ISO 16000-33 Innenraumluftverunreinigungen – Teil 33: Bestimmung von Phthalaten mit Gaschromatographie/Massenspektrometrie (GC/MS) (ISO/DIS 16000-33:2015); Text Deutsch und Englisch

DIN ISO 16000-34 Innenraumluftverunreinigungen – Teil 34: Strategien zur Messung von Schwebstoffen (ISO/DIS 16000-34:2017); Text Deutsch und Englisch

Literaturverzeichnis

[2006/42/EG] Richtlinie 2006/42/EG des Europäischen Parlaments und des Rates vom 17. Mai 2006 über Maschinen und zur Änderung der Richtlinie 95/16/EG (Neufassung); Veröffentlicht im Amtsblatt der Europäischen Union: ABl. L 157 vom 9.6.2006, S. 24–86

[Ab1] Abdelouas, A.; Crovisier, J.-R.; Lutze, W.; Müller, R.; Bernotat, W.: Structure and chemical properties of surface layers developed on R7I7 simulated nuclear waste glass altered in brine at 190 °C. European Journal of Mineralogy 7 (1995), Nr. 5, S. 1101–1113

[Ab2] Abdulla, H.; Morshedy, H.; Dewedar, A.: Characterization of actinomycetes isolated from the indoor air of the church of Saint Katherine Monastery, Egypt. Aerobiologia 24 (2008), Nr. 1, S. 35–41

[ABAS1] Ausschuss für Biologische Arbeitsstoffe (Hrsg.): Checkliste Gefährdungsbeurteilung nach TRBA 240 »Schutzmaßnahmen bei Tätigkeiten mit mikrobiell kontaminiertem Archivgut«. Ausgabe Dezember 2010; Änderungen: GMBl. Nr. 29 vom 21. Juli 2015, S. 566–576

[ABAS2] Ausschuss für Biologische Arbeitsstoffe (Hrsg.): Stellungnahme des ABAS »Kriterien zur Auswahl der PSA bei Gefährdungen durch biologische Arbeitsstoffe« vom 05.12.2011

[ABAS3] Ausschuss für Biologische Arbeitsstoffe (Hrsg.): Bericht »Irritativ-toxische Wirkungen von luftgetragenen biologischen Arbeitsstoffen am Beispiel der Endotoxine« vom 17.06.2005

[AGöF2004] Arbeitsgemeinschaft ökologischer Forschungsinstitute e. V. (AGÖF) (Hrsg.): AGÖF-Orientierungswerte für mittel- und schwerflüchtige Verbindungen und Schwermetalle im Hausstaub. Fassung: Frühjahr 2004

[AGöF2013] Arbeitsgemeinschaft ökologischer Forschungsinstitute e. V. (AGÖF) (Hrsg.): AGÖF-Orientierungswerte für mittel- und schwerflüchtige Verbindungen und Schwermetalle im Hausstaub. Fassung: 28.11.2013

[AGöF2013G] Arbeitsgemeinschaft ökologischer Forschungsinstitute e. V. (AGÖF) (Hrsg.): »Gerüche in Innenräumen – sensorische Bestimmung und Bewertung«. Stand 25.09.2013. URL: http://www.agoef.de/orientierungswerte/agoef-geruchsleitfaden.html [Stand: 07.03.2018]

[An1] Andreas, H: Schweinfurter Grün – das brillante Gift. Chemie in unserer Zeit 30 (1996), Nr. 1, S. 23–31

[Ao1] Aonofrisei, F.: Microbial Life in Polar Region? TTL The Vienna Symposium on Polar Tourism, Wien, 22. bis 25. Oktober 2008, University of Technology (S. 74–80)

[ArbSchG] Gesetz über die Durchführung von Maßnahmen des Arbeitsschutzes zur Verbesserung der Sicherheit und des Gesundheitsschutzes der Beschäftigten bei der Arbeit (Arbeitsschutzgesetz – ArbSchG) vom 7. August 1996 (BGBl. I S. 1246), zuletzt geändert durch Artikel 427 der Verordnung vom 31. August 2015 (BGBl. I S. 1474)

[ArbStättV] Verordnung über Arbeitsstätten (Arbeitsstättenverordnung – ArbStättV) vom 12.08.2004 (BGBl.I (2004), S. 2179), zuletzt geändert durch Artikel 5 Absatz 1 der Verordnung vom 18. Oktober 2017 (BGBl. I S. 3584)

[At1] Atkins, P.; De Paula, J.: Physikalische Chemie. Weinheim: Wiley-VCH, 2013

[Ba1] Barberousse, H.; Ruot, B.; Yepremian, C.; Boulon, G.: An assessment of facade coatings against colonisation by aerial algae and cyanobacteria. Building and Environment 42 (2007), Nr. 7, S. 2555–2561

[Ba2] Bargel, H. J.; Schulze, G.(Hrsg.): Werkstoffkunde. 6. Aufl. Berlin: Springer Verlag, 1999

[Ba3] Bartram, F.: Schimmelpilzexpositionen in Innenräumen als (Mit-)Ursache umweltmedizinischer Erkrankungen. umwelt medizin gesellschaft 23 (2010), Nr. 3, S. 181–190

[Ba4] Baschien, C.: Fachgerechte Schimmelpilzsanierung in der Wohnung: ohne Desinfektion! In: Bundesinstitut für Risikobewertung (Hrsg.): Fortbildung für den Öffentlichen Gesundheitsdienst 2011, BfR Abstracts. Berlin: Bundesinstitut für Risikobewertung, 2011

[Ba5] Baudisch, C.; Prösch J.: DDT- und Lindanexposition nach Anwendung von Holzschutzmitteln (Hylotox 59). Umweltmedizin in Forschung und Praxis 5 (2000), Nr. 3, S. 161–166

[Ba6] Bayerlein, Dr. W. et al.(Hrsg.): Praxishandbuch Sachverständigenrecht. München: C. H. Beck Verlag, 2015

[Ba7] Bast, E: Mikrobiologische Methoden. Eine Einführung in grundlegende Arbeitstechniken. 2. Aufl. Heidelberg: Spektrum Akademischer Verlag, 2001

[Be1] Deutscher Holz- und Bautenschutzverband e. V. (Hrsg.); Becker, N. et al.: Merkblatt 01/10/S: Fachgerechte Schimmelpilzbeseitigung in Innenräumen. Köln, 2010

[Be2] Deutscher Holz- und Bautenschutzverband e. V. (Hrsg.); Becker, N. et al.: Merkblatt 02/15/S: Schimmel auf Holz und Holzkonstruktionen in Dachstühlen. Köln, 2015

[Be3] Becker, N.: Mikrobiologische Belastung von Baustoffen vor/oder kurz nach deren Einbau. Schützen und Erhalten (2012), Nr. 3, S. 20–22

[Be4] Becker, N.: Rückbau beim Schimmelpilzschaden – muss das sein? Schützen und Erhalten (2010), Nr. 4, S. 15–17

[Be5] Becker, N.: Schimmelpilze im Dachstuhl was tun? Schützen und Erhalten (2012), Nr. 2, S. 24–26

[Be6] Becker, N.: WTA 4 –12: Merkblatt Ziele und Kontrolle bei der Sanierung von Schimmelpilzschäden in Gebäuden. In: Berufsverband deutscher Baubiologen (Hrsg.): Begutachten, Bewerten, Sanieren, Kontrollieren. 18. Pilztagung, Gemeinsame Fachtagung für Biogene Schadstoffe, Bonn/Gustav-Stresemann-Institut, 1./2. Juli 2014, Fürth: AnBUS, 2014

[Be7] Betz, S.; Doll, T.; Münzenberg, U.: Sauber oder (s)porentief rein? – Feinreinigung bei der Schimmelpilzsanierung. Bautenschutz und Bausanierung (2015), Heft 1, S. 60–65

[BfR2010] Bundesinstitut für Risikobewertung (Hrsg.): Stellungnahme Nr. 032/2010 : »Krebserzeugende polyzyklische aromatische Kohlenwasserstoffe (PAK) in Verbraucherprodukten sollen EU-weit reguliert werden – Risikobewertung des BfR im Rahmen eines Beschränkungsvorschlages unter REACH« Stellungnahme Nr. 032/2010 des BfR vom 26. Juli 2010. Berlin: 2010

[BfS2011] Bundesamt für Strahlenschutz: Merkblatt Maßnahmen zum Schutz vor erhöhten Radonkonzentrationen in Gebäuden (2011)

[BfS2016] Bundesamt für Strahlenschutz: Radon – ein kaum wahrgenommenes Risiko. Stand: Juli 2016. URL: http://www.bfs.de/SharedDocs/Downloads/BfS/DE/broschueren/ion/stko-radon.html

[BG BAU] Berufsgenossenschaft der Bauwirtschaft -BG BAU- (Hrsg.): DGUV Information 201-028: Handlungsanleitung Gesundheitsgefährdung durch biologische Arbeitsstoffe bei der Gebäudesanierung. Oktober 2006. URL: http://www.bg-bau-medien.de/dguv/201_028/titel.htm [Stand: 07.03.2018]

[BioStoffV] Verordnung über Sicherheit und Gesundheitsschutz bei Tätigkeiten mit Biologischen Arbeitsstoffen (Biostoffverordnung – BioStoffV) vom 15. Juli 2013 (BGBl. I S. 2514) zuletzt geändert durch Artikel 146 des Gesetzes vom 29. März 2017 (BGBl. I S. 626)

[Biozid-M] Verordnung über die Meldung von Biozid-Produkten nach dem Chemikaliengesetz (Biozid-Meldeverordnung – ChemBiozidMeldeV) vom 14. Juni 2011 (BGBl. I S. 1085).

[BKK1] Empfehlungen der Bundeskonferenz der Kommunalarchive beim Deutschen Städtetag/Unterausschuss Bestandserhaltung (Hrsg.): Arbeitshilfe »Umgang mit Schimmel in Archiven«, Verabschiedung: Beschluss der BKK von 2010-09-28/29 in Dresden. URL: http://www.bundeskonferenz-kommunalarchive.de/empfehlungen.html [Stand: 09.03.2018]

[BLU1] Bayerisches Landesamt für Umwelt (Hrsg.): Infoblatt: Künstliche Mineralfasern. UmweltWissen – Abfall. Augsburg 2017

[BLU2] Bayerisches Landesamt für Umweltschutz (Hrsg.): Holzschutzmittel und Pestizide. Dokument Nr. 507, Stand: März 2004, Augsburg: 2004

[BMU] Bundesministerium für Umwelt, Naturschutz und Reaktorsicherheit (Hrsg.): Radon-Handbuch Deutschland. Stand: September 2001, letzte Aktualisierung: 2010, Bonn: 2010

[Bo1] Bonner, A.: DGUV-Information 201-028: Gesundheitsgefährdungen durch Biostoffe bei der Schimmelpilzsanierung. In: Berufsverband Deutscher Baubiologen VDB e. V. (Hrsg.): Tagungsband der 20. Pilztagung, gemeinsame Fachtagung für biogene Schadstoffe– gemeinsame Fachtagung für biogene Schadstoffe. Bonn: 2016, S. 13–20

[Br1] Brill, H.: Mikrobielle Materialzerstörung und Materialschutz. Jena: Gustav Fischer Verlag, 1995

[Br2] Brenner, T.; Meder, M.: Kümmerliche Keim-Killer. Über die Sinnhaftigkeit antimikrobieller Anstriche. Farbe und Lack 116 (2010), Nr. 6, S. 25–28

[BVLS] Bundesamt für Verbraucherschutz und Lebensmittelsicherheit (Hrsg.): Stellungnahme der ZKBS zur Risikobewertung von Sarcinomyces petricola als Spender- oder Empfängerorganismus bei gentechnischen Arbeiten gemäß § 5 Absatz 1 GenTSV vom 9. Februar 2011. Braunschweig: 2011

[Ch1] Chunduri, J. P. R.: Indoor Fungal Populations Inhabiting Cement Structures – Remedial Measures. IOSR Journal of Environmental Science, Toxicology and Food Technology 8 (2014), Nr. 4, S. 19–24

[CHEM] Gesetz zum Schutz vor gefährlichen Stoffen (Chemikaliengesetz – ChemG). In der Fassung der Bekanntmachung vom 28. August 2013 (BGBl. I S. 3498, 3991), zuletzt geändert durch Artikel 2 des Gesetzes vom 18. Juli 2017 (BGBl. I S. 2774)

[Da1] Daunderer, M.: Handbuch der Umweltgifte. Klinische Umwelttoxikologie für die Praxis. Loseblatt-Ausg. Landsberg/Lech: ecomed, 2006

[DBU1] Deutsche Bundesstiftung Umwelt: DBU-Abschlussbericht 26217-45: Entwicklung von Konservierungsmaterialien und – techniken zum Schutz von Kulturgut vor anthropogen induzierter mikrobieller Zerstörung am Beispiel der Ev. – ref. Dorfkirche zu Sonneborn, 2014

[DIN 1946-6] DIN 1946-6:2009-05: Raumlufttechnik – Teil 6: Lüftung von Wohnungen – Allgemeine Anforderungen, Anforderungen zur Bemessung, Ausführung und Kennzeichnung, Übergabe/Übernahme(Abnahme) und Instandhaltung

[DIN 4108-2] DIN 4108-2:2013-02 Wärmeschutz und Energie-Einsparung in Gebäuden – Teil 2: Mindestanforderungen an den Wärmeschutz

[DIN 4108-8] DIN-Fachbericht 4108-8:2010-09: Wärmeschutz und Energie-Einsparung in Gebäuden – Teil 8: Vermeidung von Schimmelwachstum in Wohngebäuden

[DIN EN 14885] DIN EN 14885:2015-11 Chemische Desinfektionsmittel und Antiseptika – Anwendung Europäischer Normen für chemische Desinfektionsmittel und Antiseptika

[Do1] Donlan, R. M.: Biofilms: Microbial Life on Surfaces. Emering Infectious Diseases 8 (2002), Nr. 9, S. 881–890

[Do2] Dorn, E.: Über die von radioaktiven Substanzen ausgesandte Emanation. Abhandlungen der Naturforschenden Gesellschaft zu Halle 23 (1901), S. 1–15

[Dr1] Drusche, V: Wohnraumschimmel. Ursachenanalyse, Vermeidung, Sanierung. Stuttgart: Fraunhofer IRB-Verlag, 2015

[Du1] Dunken, H. H.: Physikalische Chemie der Glasoberfläche. Leipzig: Deutscher Verlag für Grundstoffindustrie, 1981

[Dy1] Dyas, A.; Bougthon, B. J.; Das, B.C.: Ozone killing action against bacterial and fungal species; microbiological testing of a domestic ozone generator. Journal of Clinical Pathology 36 (1983), Nr. 10, S. 1102–1104

[ECHA1] European Chemicals Agency (ECHA): Guidance on the biocidal products regulation, Volume II Efficacy – assessment and evaluation (Parts B+C). ECHA-17-G-03-EN. Helsinki: 2017

[EG1272] Verordnung (EG) Nr. 1272/2008 des Europäischen Parlaments und des Rates vom 16. Dezember 2008 über die Einstufung, Kennzeichnung und Verpackung von Stoffen und Gemischen, zur Änderung und Aufhebung der Richtlinien 67/548/EWG und 1999/45/EG und zur Änderung der Verordnung (EG) Nr. 1907/2006; Veröffentlicht im Amtsblatt der Europäischen Union: ABl. L353 vom 31.12.2008, S. 1–1355

[EG1907] Verordnung (EG) Nr. 1907/2006 des Europäischen Parlaments und des Rates vom 18. Dezember 2006 zur Registrierung, Bewertung, Zulassung und Beschränkung chemischer Stoffe (REACH), zur Schaffung einer Europäischen Agentur für chemische Stoffe, zur Änderung der Richtlinie 1999/45/EG und zur Aufhebung der Verordnung (EWG) Nr. 793/93 des Rates, der Verordnung (EG) Nr. 1488/94 der Kommission, der Richtlinie 76/769/EWG des Rates sowie der Richtlinien 91/155/EWG, 93/67/EWG, 93/105/EG und 2000/21/EG der Kommission; Veröffentlicht im Amtsblatt der Europäischen Union: L 396 vom 30.12.2006, S. 1–851

[EHEDG] European Hygienic Design Group (EHEDG): Document No. 8 »Gestaltungskriterien für hygienegerechte Maschinen, Apparate und Komponenten«, 2. Aufl. Frankfurt: April 2004

[Ei1] Eickner, S.; Messal, C.: Mikroorganismen und Oberflächenspannung. Mikrobielles Wachstum an Fassaden und Dächern – Ursache, Hintergründe und Bekämpfung. Vortrag DECHEMA-Kolloquium »Algen auf Baustoffen« Frankfurt a. M.: 11.02.2010

[EU1272] Verordnung (EU) Nr. 1272/2013 der Kommission vom 6. Dezember 2013 zur Änderung von Anhang XVII der Verordnung (EG) Nr. 1907/2006 des Europäischen Parlament und des Rates zur Registrierung, Bewertung, Zulassung und Beschränkung chemischer Stoffe (REACH) hinsichtlich polyzyklischer aromatischer Kohlenwasserstoffe; Veröffentlicht im Amtsblatt der Europäischen Union: ABl. L328 vom 7.12.2013, S. 69–71

[EU528] Verordnung (EU) Nr. 528/2012 des Europäischen Parlaments und des Rates vom 22. Mai 2012 über die Bereitstellung auf dem Markt und die Verwendung von Biozidprodukten; Veröffentlicht im Amtsblatt der Europäischen Union: ABl. L 167 vom 27.6.2012, S. 1–123

[Ex1] Exner, M.; Engelhart, S.; Gebel, J.; Ilschner, C.; Pfeifer, R.; Höller, C.; Dilloo, D.; Maschmeyer, G.; Simon, A.: Hygiene-Tipps für immunsupprimierte Patienten zur Vermeidung übertragbarer Infektionskrankheiten. Hygiene + Medizin 36 (2011), Nr. 1–2, S. 36–44

[Fa1] Fanning, S.; Mitchell, A. P.: Fungal Biofilms. PLoS Pathogens 8 (2012) Nr. 4, S. 1–4

[Fa2] Fan, Z.; Lioy, P.; Weschler, C.; Fiedler, N.; Kipen, H.; Zhang, J.: Ozone-initiated reactions with mixtures of volatile organic compounds under simulated indoor conditions. Environmental science & technology 37(2003), Nr. 9, S. 1811–1821

[Fe1] Ferrigo, D.; Raiola, A.; Bogialli, S.; Bortolini, C.; Tapparo, A.; Causin, R.: In Vitro Production of Fumonisins by Fusarium verticillioides under Oxidative Stress Induced by H_2O_2. Journal of Agricultural and Food Chemistry 63 (2015), Nr. 19, S. 4879–4885

[Fi1] Fischer, G.: Ergebnisse des UFO-Plan-Projektes zur Hintergrundbelastung von Schimmelpilzen und Bakterien in Baumaterialien (erweiterter Abstract). In: Berufsverband Deutscher Baubiologen VDB e. V. (Hrsg.): Tagungsband der Prävention. 17. Pilztagung, Gemeinsame Fachtagung für Biogene Schadstoffe, Bonn/ Gustav-Stresemann-Institut, 2./3. Juli 2013, Fürth: AnBUS, 2013 (S. 113–120)

[Fr1] Frey, H.-H.; Löscher, W.: Lehrbuch der Pharmakologie und Toxikologie für die Veterinärmedizin. Stuttgart: Georg Thieme Verlag, 2010

[Fr2] Fritsche, W.: Umweltmikrobiologie. Jena: Gustav Fischer Verlag, 1998

[Ge1] Geisen, R.; Graf, E.; Schmidt-Heydt, M.: Molekulares Monitoring der Mykotoxinbildung: der Einfluss von Umweltfaktoren auf die Biosynthese. In: Deutsche Gesellschaft für Qualitätsforschung (Hrsg.): Omics-Techniken in der Qualitäts- und Sicherheitsforschung bei pflanzlichen Lebensmitteln. DGQ Kiel; MRI Karlsruhe, S. 16

[GefStoffV] Verordnung zum Schutz vor Gefahrstoffen (Gefahrstoffverordnung – GefStoffV), Gefahrstoffverordnung vom 26. November 2010 (BGBl. I S. 1643, 1644), zuletzt geändert durch Artikel 148 des Gesetzes vom 29. März 2017 (BGBl. I S. 626)

[Gl1] Glauert, M.: Empfehlungen zum Umgang mit schimmelbefallenem Archivgut. In: Mario Glauert und Sabine Ruhnau (Hrsg.): Verwahren, Sichern, Erhalten. Handreichungen zur Bestandserhaltung in Archiven, Bd.1. Potsdam: Landesfachstelle für Archive und Öffentliche Bibliotheken, 2005, S. 73–89

[Go1] Gorbushina, A. A.; Kotlova, E. R.; Sherstneva, O. A.: Cellular responses of microcolonial rock fungi to long-term desiccation and subsequent rehydration. Studies in Mycology 61 (2008), S. 91–97

[Go2] Gottschalk, C.; Bauer, J.; Meyer, K.: Detection of satratoxin G and H in indoor air from a water-damaged building. Mycopathologia 166 (2008), Nr. 2, S. 103–107

[Gr1] Groth, I.; Saiz-Jimenez, C.: Actinomycetes in hypogean environments. Geomicrobiology Journal 16 (1999), Nr. 1, S. 1–8

[Ha1] Haberditzl, A.: Was tun mit schimmelbefallenen Archivalien und Büchern? Betrachtungen zum Allheilmittel Desinfektion. In: Hartmut Weber (Hrsg.): Bestandserhaltung. Herausforderung und Chancen. Stuttgart: Kohlhammer, 1997, S. 259–281 (Veröffentlichungen der Staatlichen Archivverwaltung Baden-Württemberg; 47)

[Ha2] Hankammer, G.; Resch, M.: Böttcher, W.: Bautrocknung im Neubau und Bestand. Köln: Rudolf Müller Verlag, 2013

[Ha3] Hamann, A.; Brust, D.; Osiewacz, H. D.: Apoptosis pathways in fungal growth, development and ageing. Trends in Microbiology 16 (2008), Nr. 6, S. 276–283

[Ha4] Hänseler, M.: Eisige Zeiten für ungebetene Gäste Schimmelpilzbefall an Holz und Holzwerkstoffen in Dachstühlen im Trockeneisstrahlverfahren sanieren. In: Bautenschutz und Bausanierung, Bd. 2 (2015), S. 62–66

[Ha6] Haas, R., Heck, H.-J.: Der Sachverständige des Handwerks. 6. Aufl. Stuttgart: Gentner Verlag, 2009

[Ha7] Haun, Pia: Feuchtemanagement. Schützen und Erhalten (2017), Nr. 1, S. 41–43

[He1] Hermann, P: Kompendium der allgemeinen und anorganischen Chemie. 3., überarb. Auflage. Jena: Gustav Fischer Verlag, 1982

[He1] Herrmann, P.: Kompendium der allgemeinen und anorganischen Chemie. Urban & Fischer Verlag, 1986

[He2] Herrnstadt, C.: BSS-Standard: Schimmelpilzspürhunde. In: Berufsverband Deutscher Baubiologen e. V. et al. (Hrsg.): Methoden und Bewertung. 16. Pilztagung, Gemeinsame Fachtagung für Biogene Schadstoffe, Dessau-Roßlau/Umweltbundesamt, 18. bis 20.06.2012; Fürth: AnBUS 2012

[Ho1] Hof, H.; Dörries, R. et al.: Medizinische Mikrobiologie. 5. vollst. überarb. Aufl. Stuttgart: Georg Thieme Verlag, 2014

[Hu1] Ammon, H. P. T.: Hunnius – Pharmazeutisches Wörterbuch, 8. Aufl. Berlin: de Gruyter, 1998

[Hu2] Hubbard HF, Coleman BK, Sarwar G, Corsi RL: Effects of an ozone-generating air purifier on indoor secondary particles in three residential dwellings. Indoor Air 15 (2005), Nr. 6, S. 432–444

[Hu3] Huraß, J., Messal, C. Bonner, A: Biozidanwendung bei Schimmelpilzschäden. Gefahrstoffe – Reinhaltung der Luft (2018), Nr. 1–2, S. 31–41

[HygMedVO] Verordnung über die Hygiene und Infektionsprävention in medizinischen Einrichtungen (HygMedVO) vom 13. März 2012 (Gesetz- und Verordnungsblatt (GV. NRW. Ausgabe 2012 Nr. 8 vom 30.3.2012, S. 139–154)

[IFA1] Deutsche Gesetzliche Unfallversicherung e. V. (DGUV) (Hrsg.): Innenraumarbeitsplätze – Vorgehensempfehlung für die Ermittlungen zum Arbeitsumfeld. 3. komplett überarb. Aufl. Berlin: September 2013

[IFA2] Deutsche Gesetzliche Unfallversicherung e. V. (DGUV) (Hrsg.): IFA Report 3/2017: Grenzwerteliste 2017. Sicherheit und Gesundheitsschutz am Arbeitsplatz. Berlin: Juni 2017

[In1] Inglezakis, V.; Poulopoulos, S.: Adsorption, Ion Exchange and Catalysis: Design of Operations and Environmental Applications. Amsterdam: Elsevier Verlag, 2006

[IRK1996] Ausschuss für Innenraumrichtwerte (vormals Ad-hoc-Arbeitsgruppe) des Umweltbundesamtes (Hrsg.): Richtwerte für die Innenraumluft: Basisschema. Bundesgesundheitsblatt – Gesundheitsforschung – Gesundheitsschutz (1996), Nr. 11, S. 422–426

[IRK1999] Kommission Innenraumlufthygiene des Umweltbundesamtes (Hrsg.): DDT in US-Housings. Bundesgesundheitsblatt – Gesundheitsforschung – Gesundheitsschutz 42 (1999), Nr. 1, S. 88

[Is1] Isard, J. O.: Emission of thermal radiation from hot glass. Part 1. Emissivity of sheets, spheres, cylinders, and tubes. Physics and Chemistry of Glasses 27 (1986), Nr. 1, S. 24–31

[Ka1] Kastner, C.; Weide, M. R.; Bolte, A.; Schöttmer, B.; Breves, R.: Alternative Wege zu schimmelresistenten Materialien – Schimmelbefall im Haus. BIOSpektrum 18 (2012), Nr. 4, S. 444–446

[Ka2] Kayser, F. H.; Böttger, E. C.; Deplazes, P.; Haller, O.; Roers, A.: Taschenlehrbuch Medizinische Mikrobiologie. 13. Aufl. Stuttgart: Georg Thieme Verlag 2014

[Ke1] Kelman, B. J.; Robbins, C. A.; Swenson, L. J; Hardin, B. D.: Risk from inhaled mycotoxins in indoor office and residential environments. International Journal of Toxicology 23 (2004), Nr. 1, S. 3–10

[KHGG-NRW] Krankenhausgestaltungsgesetz des Landes Nordrhein-Westfalen (KHGG NRW) vom 11. Dezember 2007 (GV. NRW. S. 702, ber. 2008 S. 157) SGV. NRW. 2128; zuletzt geändert durch Art. 4 Haushaltsbegleitgesetz 2017 vom 17.10.2017

[Kl1] Klingner, H. J.: Anstrichstoffe. Zusammensetzung, Verwendung, verkaufskundliche Hinweise. Leitfaden für den Drogisten, Fachverkäufer, Maler und Lackierer. Leipzig: VEB Fachbuchverlag, 1961

[Ko1] Koare, C. R.; Chakraborty, S.; Khopade, A. N.; Mahadik, K. R.: Biofilm: Importance and applications. Indian Journal of Biotechnology 8 (2009), Nr. 2, S. 159–168

[Ko2] Koburger, T; Below, H.; Dornquast, T.; Kramer, A.: Decontamination of room air and adjoining wall surfaces by nebulizing hydrogen peroxide. GMS Krankenhaushygiene Interdisziplinär 6 (2011), Nr. 1; URL: https://www.egms.de/static/de/journals/dgkh/2011-6/dgkh000166.shtml [Stand: 06.03.2018]

[Kr1] Krumbein, W. E.; Urzi, C. E. ; Gehrmann, C.: Biocorrosion and biodeterioration of antique and medieval glass. Geomicrobiology Journal 9 (1991), Nr. 2–3, S. 139–160

[Kr2] Krus, M.; Sedlbauer, K.; Künzel, H.: Innendämmung aus Bauphysikalischer Sicht: Vortrag gehalten auf der Fachtagung »Innendämmung – eine bauphysikalische Herausforderung«, Münster, 21. April 2005

[La1] Lacey, J.; Crook, B.: Fungal and actinomycete spores as pollutants of the workplace and occupational allergens. Annals of Occupational Hygiene. 32 (1988), Nr. 4, S. 515–533

[La2] Langen, U.: Sensibilisierungsstatus bei Kindern und Jugendlichen mit Heuschnupfen und anderen atopischen Erkrankungen. Ergebnisse aus dem Kinder- und Jugendgesundheitssurvey (KiGGS). Bundesgesundheitsblatt – Gesundheitsforschung – Gesundheitsschutz 55 (2012), Nr. 3, S. 318–328

[Lagus] Landesamt für Gesundheit und Soziales Mecklenburg-Vorpommern (Hrsg.): Informationsblatt Hylotox 59. DDT und Lindan in Innenräumen. Rostock: Juli 2015

[Le1] Leupold, C.: Rosafarbene Bakterien auf Wandflächen. Untersuchungen zu den Wachstumsbedingungen. Diplomarbeit HAWK Hochschule für angewandte Wissenschaft und Kunst, Fachhochschule Hildesheim/Holzminden/Göttingen, Fachbereich Konservierung und Restaurierung, Studienrichtung Wandmalerei/Architekturoberfläche, 2006

[Le2] Lerch, P.; Donadio, S.: Formulierung sachverständiger Schlüsse bei Feuchteschäden und mikrobiellem Befall. In: Berufsverband Deutscher Baubiologen VDB e. V. (Hrsg.): Prävention. 17. Pilztagung, Gemeinsame Fachtagung für Biogene Schadstoffe, Bonn/ Gustav-Stresemann-Institut, 2./3. Juli 2013, Fürth: AnBUS, 2013

[LGA2011] Landesgesundheitsamt Baden-Württemberg im Regierungspräsidium Stuttgart (Hrsg.): Handlungsempfehlung für die Sanierung von mit Schimmelpilzen befallenen Innenräumen. Stuttgart: 2011

[Li1] Lindgreen, J. N.: Anwendung von DNA-Analysen (qPCR) zur Erfassung von Typen und Mengen von Schimmelpilzen und Bakterien in Innenräumen. Vortrag DHBV-Frühjahrstagung, Kolding (2014)

[LKHG-MV] Krankenhausgesetz für das Land Mecklenburg-Vorpommern (Landeskrankenhausgesetz LKHG M-V -) vom 20. Mai 2011, GVOBl. M-V 2011, S. 327

[Lo1] Lohmeyer, G.: Praktische Bauphysik. Stuttgart: Teubner Verlag, 1995

[Lo2] Lorenz, W; Betz, S.: Praxishandbuch Schimmelpilzschäden. Diagnose und Sanierung. 2. Aufl. Köln: Rudolf Müller Verlag, 2016

[Ma1] Madison, M. T.; Martinko, M.; Stahl, D. A.; Clark, D. P.: Brock Mikrobiologie kompakt. 13. aktual. Aufl. Hallbergmoos: Pearson Studium, 2014

[Ma2] Martin, E.; Kämpfer, P. ; Jäckel, U.: Erfassung der bakteriellen Diversität in der Innenraumluft. Gefahrstoffe – Reinhaltung der Luft 69 (2009), Nr. 3, S. 97–101

[Me1] Meider, J: Schimmelpilz-Analytik. Grundlagen, Methoden, Beispiele. Köln: Rudolf Müller Verlag, 2016

[Me2] Meier, C.: Schimmelpilze in Archiven, Magazinen und Sammlungen – Erkennung, Gesundheitsgefährdung, Umgang mit kontaminierten Objekten und Prävention. Aufsatz 2006

[Me3] Messal, C.: Mikrobielle Diagnostik für den Bausachverständigen. In: Fraunhofer IRB Verlag/Bundesanzeiger Verlag (Hrsg.): Der Bausachverständige. 5. Fachtagung. »Beweismittel und Beweisführung – Aktuelle technische Entwicklungen und rechtliche Aspekte.« Köln, 28. Mai 2015. Stuttgart: Fraunhofer IRB Verlag, 2015

[Me4] Messal, C.: Mikrobielle Materialzerstörung an Baustoffen – Einblicke in eine allgegenwärtige Korrosionserscheinung. Der Bausachverständige 8 (2012), Nr. 5, S. 9–14

[Me5] Messal, C.: Mikrobieller Befall und Salzbildung bei mineralischen Baustoffen. In: Venzmer, H. (Hrsg.): Feuchte- und salzbelastete Mauerwerke. Möglichkeiten und Grenzen elektroosmotischer Verfahren der Bauwerkstrockenlegung. 2. Dahlberg-Kolloquium, Wismar, 14./15. September 2000. Berlin: Huss-Medien GmbH-Verlag Bauwesen, 2001 (Schriftenreihe Altbauinstandsetzung; 2)

[Me6] Messal, C.: Neues zum Umgang mit verschimmelten Holzkonstruktionen; Bewertung und Sanierung. In: EIPOS GmbH (Hrsg.): Tagungsband der EIPOS-Sachverständigentage Holzschutz 2014. Beiträge aus Praxis, Forschung und Weiterbildung. Stuttgart: Fraunhofer IRB Verlag, 2014.

[Me7] Messal, C.: New biodeterioration evaluation methods for facade coatings. Surface Coatings International –New series 92 (2009), Nr. 3, S. 113–116

[Me8] Messal, C.: Probennahme leicht gemacht! Oder: Wie die Schimmelpilzdiagnostik sanierungstauglich wird. Schützen & Erhalten (2013), Nr. 4, S. 20–24

[Me9] Messal, C.: Sonderfälle der Sanierung! – Teil 1. Schützen & Erhalten (2014), Nr. 1, S. 18–22

[Me10] Messal, C.: Sonderfälle der Sanierung! – Teil 2. Schützen & Erhalten (2014), Nr. 2, S. 24–28

[Me11] Messal, C.: Testing dry film biocides – are we going the right way? Chemistry Today 29 (2011), Nr. 3, S. 36–43

[Me12] Messal, C.: Klein aber clever. Malerblatt 78 (2007), Nr. 4, S. 28–33

[Me13] Messal, C.: Wenn es muffelt und in den Augen brennt. Versteckten Schimmelpilzbefall nachweisen, Teil 1. B+B Bauen im Bestand 37 (2014), Nr. 5, S. 73–77

[Me14] Messal, C.: Gesundheitsgefährdung durch Schimmelpilze bei der Sanierung von Feuchteschäden. Zwischen Panikmache und Verharmlosung. Schützen & Erhalten (2015), Nr. 3, S. 24–28

[Me15] Messal, C.; Gerber Th.; Ballin, G.: Biodeterioration on Oxidic Glasses. Part II: Biocorrosive reasons for appearance of Glaspest of antique glasses like Mecklenburger Waldglas. Materials and Corrosion 50 (1998), Nr. 1, S. 166–172

[Me16] Messal, C.; Gerber, Th.: Biodeterioration on Oxidic Glasses. Part I: Glaspes on antique glasses as a special kind of biodeterioration on oxidic glasses. Materials and Corrosion 49 (1998), Nr. 12, S. 870–876

[Me17] Messal, C.; Warkentin, M.; Schumann, R.: Using Light as a Biocide. European Coatings Journal (2007), Nr. 11, S. 36–43

[Me18] Messal, C.; Holland, R.; Taschenbrecker, J.: Oldach, A. ;Venzmer, H.: Qualitätsbewertung ausgewählter Putze im Hinblick auf ihre Algenanfälligkeit. In: Feuchte- und Altbausanierung e. V. (Hrsg.): Qualität und Bewertung in der Bauwerkssanierung. Vorträge 13. Hanseatische Sanierungstage im November 2002 in Rostock-Warnemünde. Berlin: Verlag Bauwesen, 2002 (Schriftenreihe Feuchte und Altbausanierung; 13)

[Me19] Messal, C.; Holland, R., Taschenbrecker, J.;Oldach, A.;. Venzmer, H.: Neues zur Bewertung der Algenanfälligkeit von Fassadenbeschichtungen. In: Venzmer, H. (Hrsg.): Algen an Fassadenstoffen II. Ursachen – Schadensausmaß – Lösungsansätze. 4. Dahlberg-Kolloquium, Zeughaus zu Wismar, 8./9. Mai 2003. Berlin: Huss Medien GmbH/Verlag Bauwesen, 2003, S. 149–158 (Schriftenreihe Altbauinstandsetzung; 5/6)

[Me20] Messal, C.; Resch, M.: Trocknen Sie bitte vorsichtig! Trocknungsmaßnahmen nach Havarie- und Fäkalschäden. Sanierung von Feuchteschäden. B+B Bauen im Bestand 38 (2015), Nr. 1, S. 24–27

[Me21] Messal, C.: Auf feindlichem Gebiet siedeln. Mikrokoloniale Pilze an Fassaden und in Innenräumen. B+B Bauen im Bestand 38 (2015), Nr. 3, S. 72–76

[Me22] Messal, C.: Das Imperium schlägt zurück. Schützen & Erhalten (2015), Nr. 2, S. 22–25

[Me23] Messal, C.: Desinfektion von Schimmelpilzbefällen – wo stehen wir? Schützen & Erhalten (2012), Nr. 4, S. 24–27

[Me24] Messal, C.: Erkennen – Bewerten – Sanieren. Der neue UBA-Leitfaden steht zur Diskussion. Der Bausachverständige 12 (2016), Nr. 3, S. 39–45

[Me25] Messal, C.: Masterfaktor Wasser. Der Bausachverständige 10 (2014), Nr. 2, S. 40–45

[Me26] Messal, C.; Koch, C.: Gegen die Mikrobeninvasion. Farbe und Lack 122 (2016), Nr. 6, S. 56–63

[Me27] Messal, C.: Möglichkeiten und Grenzen feuchteadaptiver Baustoffe in der Altbausanierung zur Vermeidung von Feuchte- und Schimmelpilzschäden. In: BuFAS e. V. (Hrsg.): Schadenfreies Bauen – Wunsch oder Realität? 26. Hanseatische Sanierungstage vom 5. bis 7. November 2015 im Ostseebad Heringsdorf/Usedom. Stuttgart/Berlin: Fraunhofer IRB Verlag/ Beuth, 2016 (Forum Altbausanierung; 10)

[Me28] Messal, C.: Schimmelpilze und Bakterien in Archiven – was tun? Schützen & Erhalten (2014), Nr. 4, S. 28–32

[Me29] Messal, C.: Schimmelresistente Baustoffe. Schützen & Erhalten (2017), Nr. 4, S. 24–28

[Me31] Messal, C.: Fein, Feiner, Feinreinigung. Schützen & Erhalten (2014), Nr. 1, S. 23–27

[Me32] Messal, C.: Schimmel auf Holz: Alte Probleme und neue Lösungen! Oder ist es umgekehrt? In: EIPOS GmbH (Hrsg.): Tagungsband der EIPOS-Sachverständigentage Holzschutz 2017. Beiträge aus Praxis, Forschung und Weiterbildung. Stuttgart: Fraunhofer IRB Verlag, 2017

[Me33] Messal, C: Gesundheitsgefahren für Raumnutzer erkennen und begrenzen. In: Ingrid Kaiser, Constanze Messal, Uwe Münzenberg, Michael Thiesen: der Bauschaden Spezial Schimmelpilzsanierung. 3. aktual. Aufl. Merching: Forum Verlag Herkert, 2018

[Mo1] Moriske, H. J.: Schimmel, Fogging und weitere Innenraumprobleme. Stuttgart: Fraunhofer IRB Verlag, 2007

[Mü1] Münzenberg, U.; Lorenz, W.: Messstrategie und Bewertungshilfe zur Sanierungskontrolle der Feinreinigung nach einer Schimmelpilzsanierung. In: Berufsverband deutscher Baubiologen (Hrsg.): Begutachten, Bewerten, Sanieren, Kontrollieren. 18. Pilztagung, Gemeinsame Fachtagung für Biogene Schadstoffe, Bonn/ Gustav-Stresemann-Institut, 1./2. Juli 2014, Fürth: AnBUS, 2014

[Na1] Nadler, N.: Lüftungskomponenten nach DIN 1946-6. Mitteilungen aus der C.A.T.S.-Academy. tab 5 (2011), S. 48–57

[Ne1] Neuheuser, H.-P.: Gesundheitsvorsorge gegen Schimmelpilzkontamination in Archiv, Bibliothek, Museum und Verwaltung. Bibliothek Forschung und Praxis 20 (1996), Nr. 2, S. 194–215

[no1] novasina GmbH: Theorie Wasseraktivität (aW). Lachen: Novasina, 2006 URL: Dokument unter http://wasseraktivitaet.de/assets/documents/AW-presentation-D.pdf [Stand: 20.03.2018]

[Ot1] O'Toole, G.; Kaplan, H. B.; Kolter R.: Biofilm Formation as Microbial Development. Annual Reviews in Microbiology 54 (2000), S. 49–79

[Pa1] Palmer, F. E.; Emery, D. R.; Stemmler, J.; Staley, J. T.: Survival and growth of microcolonial rock fungi as affected by temperature and humidity. New Phytologist 107 (1987), Nr. 1, S. 155-162

[Pa2] Palmer, F. E.; Staley, J. T.; Ryan, D. B.: Ecophysiology of microcolonial fungi and lichens on rocks in northeastern Oregon. New Phytologist 116 (1990), Nr. 4, S. 613-620

[Pa3] Palmer, R. J.: Microbial Activities in weathered stone – Biomass, structure and nutrients. Werkstoffe und Korrosion – Materials And Corrosion. 45 (1994), Nr. 2, S. 114–116

[Pa4] Partida-Martinez, L. P.; Hertweck, C.: A Gene Cluster Encoding Rhizoxin Biosynthesis in »Burkholderia rhizoxina«, the Bacterial Endosymbiont of the Fungus Rhizopus microsporus. ChemBioChem 8 (2007), Nr. 1, S. 41–45

[Pa5] Paulus W: Directory of Microbicides for the Protection of Materials. A Handbook. Dordrecht: Springer Netherlands, 2005

[PCB] Arbeitsgemeinschaft für zeitgemäßes Bauen e. V. (Hrsg.): Richtlinie für die Bewertung und Sanierung PCB-belasteter Baustoffe und Bauteile in Gebäuden (PCB-Richtlinie). Kiel: Selbstverlag, 1995 (Fassung September 1994)

[Pe1] Pepe, O.; Sannino, L.; Palomba, S.; Anastasio, M.; Blaiotta, G.; Villani, F.; Moschtet, G.: Heterotrophic microorganisms in deteriorated medieval wall paintings in southern Italian churches. Microbiological Research, 165 (2010), Nr. 1, S. 21–32

[Pe2] Perry, R. S.; Gorbushina, A. A.; Engel, M. H.; Kolb, V. M.; Krumbein, W. E.; Staley, J. T.: Accumulation and deposition of inorganic and organic compounds by microcolonial fungi. In: Harris, R. A.; Ouwehand, L.: Proceedings of the Third European Workshop on Exo-Astrobiology, Madrid, 18.–20. November 2003; Noordwijk: ESA Publications Division, S. 55–58

[Pe3] Perry, R. S.; Sephton, M. A.: Solving the mystery of desert varnish with micros-copy. Infocus magazine 62 (2008), Nr. 11, S. 62–76

[Pi1] Pichardt, K.: Lebensmittelmikrobiologie. Grundlagen für die Praxis. 4. Aufl. Berlin/Heidelberg: Springer Verlag, 1998

[Po1] Ponts, N., Couedelo, L., Pinson-Gadais, L., Verdal-Bonnin, M. N., Barreau, C., Richard-Forget, F.: Fusarium response to oxidative stress by H_2O_2 is trichothecene chemotype-dependent. Fems Microbiology Letters 293 (2009), Nr. 3, S. 255–262

[Ra1] Bundesamt für Strahlenschutz (Hrsg.): Die Radonkarte Deutschlands. URL: https://www.bfs.de/DE/themen/ion/umwelt/radon/boden/radon-karte.html, Stand 05.03.2018

[Re1] Reichenbacher, D.; Thanheiser, M.; Krüger, D.: Aktueller Stand zur Raumdekontamination mit gasförmigem Wasserstoffperoxid. In: Hygiene + Medizin 35 (2010), Nr. 6, S. 204–208

[Re2] Reinsch, D.: Natursteinkunde. Eine Einführung für Bauingenieure, Architekten, Denkmalpfleger und Steinmetze. Stuttgart: Ferdinand Enke Verlag, 1991

[Re3] Reponen, T. A.; Gazenko, S. V.; Grinshpun, S. A.; Willeke, K.; Cole, E C.: Characteristics of Airborne Actinomycete Spores. Applied and Environmental Microbiology 64 (1998), Nr. 10, S. 3807–3812

[Re4] Reuter, P.: Springer Lexikon Medizin. Berlin: Springer Verlag, 2004

[Ri1] Riedel, E.; Janiak, C.: Anorganische Chemie. 6. Aufl. Berlin: Walter de Gruyter, 2007

[Ri2] Riesner, K.: Vermeidungsstrategien für Tauwasser-und Schimmelpilzrisiken in Außenwandgefachen, verursacht durch natürliche Konvektion in der Dämmung. (Abschlussbericht) Stuttgart: Fraunhofer IRB Verlag, 2009 (Bau-und Wohnforschung; F 2547)

[Ri3] Richardson, N.; Grün, L.: Schimmelpilze in Innenräumen – Sanierung betroffener Wohnungen und Gebäude. In: Moriske, H. J.; Turowski, E. (Hrsg.): Handbuch für Bioklima und Lufthygiene. Mensch, Wetter, Klima, Innenraum- und Außenlufthygiene. Grundlagen, Forschungsergebnisse, Trends. Landsberg am Lech: Ecomed, 2005

[Ri4] Richardson, N. : Beurteilung von mikrobiell befallenen Materialien aus der Trittschalldämmung. In: Arbeitsgemeinschaft Ökologischer Forschungsinstitute e. V. (Hrsg.): Umwelt, Gebäude & Gesundheit. Schadstoffe, Gerüche und Sanierung. Ergebnisse des 9. AGÖF-Fachkongresses in Nürnberg, 23./24. September 2010; Springe-Eldagsen: AGÖF, 2010

[Ri5] Richardson, N.: Reproduzierbare Messbedingungen für Schimmelpilze am Beispiel des WTA-Merkblattes zur Sanierungskontrolle. In: Arbeitsgemeinschaft Ökologischer Forschungsinstitute e. V. (Hrsg.): Umwelt, Gebäude & Gesundheit. Schadstoffe, Gerüche und Sanierung. Ergebnisse des 11. AGÖF-Fachkongresses in Hallstadt bei Bamberg, 17./18. November 2016; Springe-Eldagsen: AGÖF, 2016

[RKI1] Robert Koch-Institut: Nachtrag zur Liste der vom Robert Koch-Institut geprüften und anerkannten Desinfektionsmittel und -verfahren. Bundesgesundheitsblatt – Gesundheitsforschung – Gesundheitsschutz 59 (2016), Nr. 6, S. 814–817

[RKI2] Robert Koch-Institut (Hrsg.): Empfehlung des Robert Koch-Instituts: Schimmelpilzbelastung in Innenräumen – Befunderhebung, gesundheitliche Bewertung und Maßnahmen. Bundesgesundheitsblatt – Gesundheitsforschung – Gesundheitsschutz 50 (2007), Nr. 10, S. 1308–1323

[RKI3] Robert Koch-Institut (Hrsg.); Hempel, U. et al.: Erste Ergebnisse der KiGGS-Studie zur Gesundheit von Kindern und Jugendlichen in Deutschland. Berlin: Selbstverlag, 2006

[RKI4] Robert Koch-Institut: Liste der vom Robert Koch-Institut geprüften und anerkannten Desinfektionsmittel und -verfahren. Bundesgesundheitsblatt – Gesundheitsforschung – Gesundheitsschutz 60 (2017), Nr. 11, S. 1274–1297 (Stand: 31. Oktober 2017)

[RKI5] Kommission für Krankenhaushygiene und Infektionsprävention beim Robert Koch-Institut (RKI): Anforderungen an die Hygiene bei der medizinischen Versorgung von immunsupprimierten Patienten. Empfehlung der Kommission für Krankenhaushygiene und Infektionsprävention beim Robert Koch-Institut (RKI). Bundesgesundheitsblatt – Gesundheitsforschung – Gesundheitsschutz 53 (2010), Nr. 4, S.·357–388.

[RKI6] Robert Koch-Institut (Hrsg.): Richtlinie für Krankenhaushygiene und Infektionsprävention. Alte Anlagen zur Richtlinie für Krankenhaushygiene und Infektionsprävention. München: Elsevier, Urban & Fischer, 1996

[Ro1] Rombock, U.: Verwitterung von Naturstein – Steinzerfall. Stuttgart: Fraunhofer IRB Verlag, 1994 (Monudoc Faktenauslese; 6)

[Ro2] Thieme Verlag: RÖMPP Enzyklopädie zur Chemie und den angrenzenden Wissenschaften in deutscher Sprache. Stuttgart: Georg Thieme Verlag, 2014 URL: https://roempp.thieme.de/roempp4.0/do/UeberRoempp.do [Stand: 02.03.2018]

[Ro3] Robertson, L. W.; Ludewig, G.: Polychlorinated Biphenyl (PCB) carcinogenicity with special emphasis on airborne PCBs. Gefahrstoffe – Reinhaltung der Luft 71 (2011), Nr. 1–2, S. 25–38

[Ro4] Roze, L. V., Chanda, A., Wee, J., Awad, D., Linz, J. E.: Stress-related transcription factor AtfB integrates secondary metabolism with oxidative stress response in Aspergilli. Journal of Biological Chemistry 286 (2011), Nr. 40, S. 35137–35148

[Ro5] Roze L. V. , Hong S. Y., Linz J. E.: Aflatoxin biosynthesis: Current frontiers. Annual Review of Food Science and Technology (2013), Nr. 4, S. 293–311

[Ru1] Ruiz-Herrera, J: Dimorphic fungi: Their importance as models for differentiation and fungal pathogenis. Dubai: Bentham eBooks, 2012

[Ru2] Rüschendorf, A.: Medizinische Mykologie. 3. überarb. Aufl. Köln: Lehmanns , 2014

[Sa1] Samson, R. A.; Houbraken, J.; Thrane, U.; Frisvad, J. C.; Anderson, B.: Food and indoor fungi. Utrecht: CBS-KNAWFungal Biodiversity Center, 2010

[Sa2] Sand, W.: Microbial Corrosion and its Inhibition. In: Rehm, H.-J., Reed, G.: Biotechnology Set. 2. kompl überarb. Aufl. Weinheim: Wiley-VCH, 2001

[Sc1] Schäfer, J.; Trautmann, C.; Dill, I.; Fischer, G.; Gabrio, T.; Groth, I.; Jäckel, U.; Lorenz, W.; Martin, K.; Miljanic, T.: Vorkommen von Actinomyceten in Innenräumen. Gefahrstoffe – Reinhaltung der Luft 69 (2009), Nr. 9, S. 335–341

[Sc2] Schenke, S.: Erfassung und Bewertung von mikrobiellen volatilen organischen Substanzen (MVOC) in schimmelpilzfreien Innenräumen im Rahmen der Gießener Innenraumallergen-Studie (GINA-Studie). Dissertation Justus-Liebig-Universität Gießen Institut: Medizinisches Zentrum für Ökologie, Institut für Hygiene und Umweltmedizin, 2010

[Sc3] Schlegel, H. G.: Allgemeine Mikrobiologie. 7. überarb. Aufl. Stuttgart: Georg Thieme Verlag, 1992

[Sc4] Schramm, H. P.; Hering, B.: Historische Malmaterialien und ihre Identifizierung. Ravensburg: Ravensburger Buchverlag, 2000 (Bücherei des Restaurators; 1)

[Sc5] Schubert, S.; Wieser, A.: MALDI-TOF-MS in der mikrobiellen Diagnostik. Biospektrum 16 (2010), Nr. 7, S. 760–762

[Sc6] Schumann, R.; Messal, C.; Karsten, U.; Venzmer, H.: Die Spuren der Sporen – Mikroalgen auf Häuserfassaden – Bauphysikalische und biologische Betrachtungen. Bautenschutz und Bausanierung 25 (2002), Nr. 5, S. 27–31

[Sc7] Schwebke, I.: Methoden zur Prüfung der Wirksamkeit von Desinfektionsmitteln. In: Bundesanstalt für Arbeitsschutz und Arbeitsmedizin – baua (Hrsg.): Tagungsdokumentation zur Fachtagung »Zulassung/Registrierung von Biozid-Produkten, Schwerpunkt Desinfektionsmittel«. Dortmund: Oktober 2009, S. 68–78

[Sc8] Schmitz-Spanke, S.; Nesseler, T.; Letzel, S.; Nowak, D. (Hrsg.): Umweltmedizin Neue Erkenntnisse aus Wissenschaft und Praxis. Landsberg am Lech: ecomed, 2017

[Se1] Sedlbauer, K.: Vorhersage von Schimmelpilzbildung auf und in Bauteilen. Dissertation Universität Stuttgart, Fakultät Bauingenieur- und Vermessungswesen; Stuttgart: Selbstverlag, 2001

[Se2] Seidl, H. P.: Schimmelpilze zwischen Hysterie und aktuellen klinischen Problemen. Umweltmedizin in Forschung und Praxis (2010), Nr. 2, S. 71–75

[Se3] Semighini, C. P.; Hornby, J. M.; Dumitru, R.; Nickerson, K. W.; Harris, S. D.: Farnesol-induced apoptosis in Aspergillus nidulans reveals a possible mechanism for antagonistic interactions between fungi. Molecular Microbiology 59 (2006), Nr. 3, S. 753–764

[Si1] Siegert, W.; Brill, H.: Prüfung der antimikrobiellen Ausrüstung von Putzen. Farbe und Lack (1985), Nr. 91, S. 193–195

[SMMV] Sozialministerium Mecklenburg-Vorpommern: Richtwerte für die Innenraumluft in Mecklenburg-Vorpommern, Stand 2005

[St1] Sterflinger, K.; Tesei, D.; Zakharova, K.: Fungi in hot and cold deserts with particular reference to microcolonial fungi. Fungal Ecology 5 (2012), Nr. 4, S. 453–462

[St2] Steinfurth, A.: Mikrobiologische Prüfung von Baustoffoberflächen mittels MycoMeter-Test. In: Venzmer, H. (Hrsg.): Biofilme und funktionale Baustoffoberflächen. 8. Dahlberg-Kolloquium, Zeughaus zu Wismar, 25./26. September 2008. Stuttgart/Berlin: Fraunhofer IRB Verlag/Beuth Verlag, 2008

[Sz1] Szewzyk, U.; Szewzyk, R.: Biofilme – die etwas andere Lebensweise. Biospektrum 9 (2003), Nr. 3, S. 253–255

[Test2004] Stiftung Warentest: Bleierne Schwere. Test (2004), Nr. 9, S. 68–69

[Th1] Thüringer Landesanstalt für Umwelt und Geologie: Maßnahmen zum Schutz vor erhöhten Radon-Konzentrationen in Wohngebäuden. URL: https:/who/www.thueringen.de/th8/tlug/umweltthemen/umweltradioaktivitaet/radon_wohngebaeuden/massnahmen/index.aspx [Stand: 02.03.2018]

[Ti1] Tiller, J. C.: Antimikrobielle Oberflächen – der ewige Kampf zwischen Natur und Materialwissenschaften. In: Innovent (Hrsg.): Tagungsband zu den 9. ThGOT Thementagen Grenz- und Oberflächtechnik mit 9. Biomaterial-Kolloquium, Zeulenroda, 3. bis 5. September 2013

[Tr1] Trautmann, C.: Aussagekraft von Schimmelpilzuntersuchungen. In: Berufsverband Deutscher Baubiologen -VDB- e. V. (Hrsg.): Schimmel sicher erkennen, bewerten und sanieren. Tagungsband zur 9. Pilztagung des VBD, Hamburg, 9. bis 10. Juni; 2. Aufl. Fürth: AnBUS, 2005

[Tr2] Trautmann, C.: Hintergrundwerte Schimmelpilze auf Baumaterialien. Vortrag und Tagungsdokumentation, 3. Schimmelpilztag 2017

[TRBA200] TRBA 200: Anforderungen an die Fachkunde nach Biostoffverordnung. Ausgabe: Juni 2014; GMBl. 2014 Nr. 38 vom 30. Juni 2014, S. 803

[TRBA240] TRBA 240: Schutzmaßnahmen bei Tätigkeiten mit mikrobiell kontaminiertem Archivgut. Ausgabe: Dezember 2010; Änderungen: GMBl. Nr. 29 vom 21. Juli 2015, S. 566–576

[TRGS200] TRGS 200: Einstufung und Kennzeichnung von Stoffen, Zubereitungen und Erzeugnissen. Ausgabe: Oktober 2011; GMBl S. 831 [Nr. 42/43] (vom 24.11.2011), aufgehoben: GMBl Nr. 30/2017

[TRGS500] TRGS 500: Schutzmaßnahmen. Ausgabe: Januar 2008, ergänzt: Mai 2008

[TRGS521] TRGS 521: Abbruch-, Sanierungs- und Instandhaltungsarbeiten mit alter Mineralwolle. Ausgabe: Februar 2008

[TRGS522] TRGS 522: Raumdesinfektion mit Formaldehyd. Ausgabe: Januar 2013; GMBl 2013 S. 298–320 vom 07.03.2013 [Nr. 15]

[TRGS551] TRGS 551: Teer und andere Pyrolyseprodukte aus organischem Material. Ausgabe: August 2015; GMBl 2015 S. 1066–1083 [Nr. 54] (vom 06.10.2015) geändert und ergänzt: GMBl 2016, S. 8–10 [Nr. 1] (vom 27.01.2016)

[TRGS552] TRGS 552: N-Nitrosamine. Technische Regel für Gefahrstoffe. Ausgabe: Mai 2007

[TRGS900] TRGS 900: Arbeitsplatzgrenzwerte. Ausgabe: Januar 2006; BArBl. Heft 1/2006 S. 41–55, zuletzt berichtigt: GMBl 2018 S. 9 [Nr. 1] (vom 29.01.2018)

[TrinkwV] Verordnung über die Qualität von Wasser für den menschlichen Gebrauch (Trinkwasserverordnung – TrinkwV 2001) vom 10. März 2016 (BGBl. I S. 459), zuletzt geändert durch Artikel 1 der Verordnung vom 3. Januar 2018 (BGBl. I S. 99)

[UBA2002] Umweltbundesamt/Innenraumlufthygiene-Kommission des Umweltbundesamtes (Hrsg.): Leitfaden zur Vorbeugung, Untersuchung, Bewertung und Sanierung von Schimmelpilzwachstum in Innenräumen. Berlin: 2002

[UBA2005] Umweltbundesamt/Innenraumlufthygiene-Kommission des Umweltbundesamtes (Hrsg.): Leitfaden zur Ursachensuche und Sanierung von Schimmelpilzwachstum in Innenräumen. Dessau-Roßlau: 2005

[UBA2008] Umweltbundesamt/Innenraumlufthygiene-Kommission des Umweltbundesamtes (Hrsg.): Leitfaden Für die Innenraumhygiene in Schulgebäuden. Berlin: August 2008

[UBA2016] Umweltbundesamt (Hrsg.): Polyzyklische Aromatische Kohlenwasserstoffe, Umweltschädlich! Giftig! Unvermeidbar? Dessau-Roßlau: Januar 2016 (Hintergrundpapier; Januar 2016)

[UBA2017] Umweltbundesamt/Innenraumlufthygiene-Kommission des Umweltbundesamtes (Hrsg.): Leitfaden zur Vorbeugung, Erfassung und Sanierung von Schimmelbefall in Gebäuden. Dessau-Roßlau: November 2017

[VAH2017] Verbund für Angewandte Hygiene (VAH) e. V. (Hrsg.): Desinfektionsmittel-Liste des VAH. Wiesbaden: mhp-Verlag, 2017

[VDB1] Berufsverband Deutscher Baubiologen VDB e. V. (Hrsg.): Informationsblatt zur Beurteilung und Sanierung von Fäkalschäden im Hochbau . Jesteburg: Dezember 2010

[VDI6022-1] VDI 6022 Blatt 1:2018-01 Raumlufttechnik, Raumluftqualität – Hygieneanforderungen an raumlufttechnische Anlagen und Geräte (VDI-Lüftungsregeln)

[Ve1] Venzmer, H. (Hrsg.): Praxishandbuch Mauerwerkssanierung von A–Z. Berlin: Verlag Bauwesen, 2001

[Wa1] Wallner, J.: Schimmelspürhund und Laboranalytik. Eine vergleichende Zuverlässigkeitsuntersuchung. Zürich: vdf Hochschulverlag AG an der ETH Zürich, 2013

[Wa2] Walter, C.: Bibliotheken und Archive: (K)ein Platz für Schimmelpilze. Leitfaden für Bau, Ausstattung und Betrieb. Frankfurt a. M.: Unfallkasse Hessen, 2005 (Schriftenreihe der Unfallkasse Hessen; 11)

[Wa3] Warkentin, M.; Schumann, R.; Messal, C.: Faster Evaluation. European Coatings Journal (2007), Nr. 9, S. 26–32

[Wa4] Watkinson, S. C.; Boddy, L.; Money, N. P.: The Fungi. 3. Aufl. St. Louis: Elsevier, 2016

[Wa5] Wang H, Morrison G: Ozone-surface reactions in five homes: surface reaction probabilities, aldehyde yields, and trends. Indoor Air 20 (2010), Nr. 3, S. 224–234

[Wa6] Waring MS, Siegel JA: The effect of an ion generator on indoor air quality in a residential room. Indoor Air 21 (2010), Nr. 4, S. 267–276

[We1] Weichert, M.; Fleißner, A.: Zellen im Dialog: Zellfusionen im roten Brotschimmel Neurospora crassa. Biospektrum 19 (2013), Nr. 4, S. 373–375

[We2] Thüringer Landesamt für Verbraucherschutz, Abteilung Arbeitsschutz (Hrsg.); Wenzel, E.: Schimmelpilzbefall in Archiven, Depots oder Magazinen, Gesundheitsgefährdung – Prophylaxe – Beseitigung. Bad Langensalza: Januar 2015

[WHO 2005] WHO (Hrsg.): WHO Workshop on Mechanisms of Fibre Carcinogenesis and Assessment of Chrysotile Asbestos Substitutes. 8. bis 12. November 2005, Lyon, France, Summary Consensus Report, 2005

[WHO 2009] WHO Regional Office for Europe (Hrsg.): WHO guidelines for indoor air quality: dampness and mould. Kopenhagen: Selbstverlag, 2009

[WHO1999] Occupational and Environmental Health Department of Protection of the Human Environment World Health Organization (Hrsg.): Hazard Prevention REVENTION and Control in the Work Environment: Airborne Dust, Genf: WHO, 1999

[WHO2010] WHO Regional Office for Europe (Hrsg.): WHO guidelines for indoor air quality: selected pollutants. Kopenhagen: Selbstverlag, 2010

[Wi2] Wiesmüller, G. A.; Szewzyk, R.; Baschien, C.; Gabrio, Th.; Fischer, G.; Grün, L.; Heinzow, B.; Hummel, Th.; Panašková, J.; Hurraß, J.; Herr C. E. W. : Häufige Fragestellungen in Zusammenhang mit der Bewertung möglicher Geruchswirkungen und Befindlichkeitsstörungen von Schimmelpilzexpositionen: Antworten eines Round Table auf dem Workshop »Schimmelpilze – Geruchswirkungen und Befindlichkeitsstörungen« im Rahmen der GHUP-Jahrestagung 2012. Umweltmedizin in Forschung und Praxis 18 (2013), Nr. 1, S. 35–40

[Wi3] Wiesmüller, G. A.; Szewzyk, R.; Gabrio, Th.; Baschien, C.; Fischer, G.; Heinzow, B.; Raulf-Heimsoth, M.; Herr, C. E. W.: Häufige Fragestellungen in Zusammenhang mit der Bewertung möglicher toxischer Reaktionen von Schimmelpilzexpositionen: Antworten eines Round Table auf dem Workshop »Schimmelpilze und toxische Reaktionen« im Rahmen der GHUP-Jahrestagung 2011. Umweltmedizin in Forschung und Praxis 17 (2012), Nr. 3, S. 159–169

[Wi4] Wiesmüller, G. A.; Szewzyk, R.; Gabrio, Th.; Fischer, G.; Lichtnecker, H.; Merget, R.; Ochmann, U.; Nowak, D.; Schultze-Werninghaus, G.; Steiß, J.-O.; Herr C. E. W.: Häufige Fragestellungen in Zusammenhang mit der Bewertung eines möglichen allergischen Risikos von Schimmelpilzexpositionen: Antworten eines Round Table auf dem Workshop »Schimmelpilze und allergische Erkrankungen« im Rahmen der GHUP-Jahrestagung 2010. Umweltmedizin in Forschung und Praxis 16 (2011), Nr. 2, S. 98–106

[Wi5] Wiesmüller, G. A.; Szewzyk, R.; Gabrio, T.; Engelhart, S.; Heinz, W. J.; Cornely, O. A.; Seidl, H . P.; Fischer, G.; Herr, C. E. W.: Häufige Fragestellungen in Zusammenhang mit der Bewertung eines möglichen Infektionsrisikos von Schimmelpilzexpositionen: Antworten eines Round Table auf dem Workshop »Schimmelpilze und schwere Grunderkrankungen – welches Risiko ist damit verbunden?« im Rahmen der GHUP-Jahrestagung 2009. Umweltmedizin in Forschung und Praxis 15 (2010), Nr. 2, S. 104–110

[WTA1] Wissenschaftlich-Technische Arbeitsgemeinschaft für Bauwerkserhaltung und Denkmalpflege e. V. – WTA-, Referat 4 Mauerwerk/Bauwerksabdichtung, München (Hrsg.): WTA-Merkblatt 4-12-16/D: Ziele und Kontrolle von Schimmelpilzschadensanierungen in Innenräumen. Stuttgart: Fraunhofer IRB Verlag, 2017

[WTA2] Wissenschaftlich-Technische Arbeitsgemeinschaft für Bauwerkserhaltung und Denkmalpflege e. V. – WTA-, Referat 6 Bauphysik, München (Hrsg.): WTA-Merkblatt E-6-16-17/D: Technische Trocknung durchfeuchteter Bauteile. Teil 2: Planung, Ausführung und Kontrolle. Stuttgart: Fraunhofer IRB Verlag, 2017

[Wu1] Wunder, T.: Biozidauswahl zur Vermeidung von Pilzen und Algen. In: Venzmer, H. (Hrsg.): Algen an Fassadenstoffen II. Ursachen – Schadensausmaß – Lösungsansätze. 4. Dahlberg-Kolloquium, Zeughaus zu Wismar, 8./9. Mai 2003. Berlin: Huss Medien GmbH/Verlag Bauwesen, 2003, S. 149–158 (Schriftenreihe Altbauinstandsetzung; 5/6)

[Za1] Zakharova, K.: Survival strategies of rock inhabiting fungi in extreme environments. Dissertation, Universität für Bodenkultur Wien/Department für Biotechnologie, Wien: 2014

[Za2] Zakharova, K.; Tesei, D.; Marzban, G.; Dijksterhuis, J.; Wyatt, T.; Sterflinger, K.: Microcolonial Fungi on Rocks: A Life in Constant Drought? Mycopathologia 175 (2013), Nr. 5, S. 537–547

Stichwortverzeichnis